CONGRÈS SCIENTIFIQUE

DE DAX

Ire SESSION

(MAI 1882)

CONGRÈS SCIENTIFIQUE

DE DAX

1re SESSION

(MAI 1882)

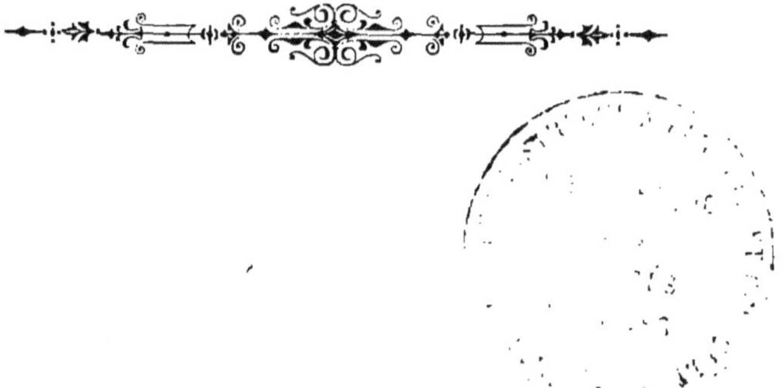

DAX

IMPRIMERIE J. JUSTÈRE

24, BOULEVARD DE LA MARINE, 24.

ARRÊTÉ

PRIS PAR LA

SOCIÉTÉ DE BORDA

POUR LA TENUE DU

CONGRÈS SCIENTIFIQUE DE DAX

EN MAI 1882

(Séance du 5 Novembre 1881)

Après avoir décidé en séance générale la convocation d'un Congrès Scientifique à Dax et s'être assurée du Concours des principales Sociétés savantes de la Région, l'arrêté suivant a été pris par la Société de Borda :

Art. I. — A l'occasion du Concours Régional qui se tiendra à Dax en Mai 1882, la Société de Borda convoque en un Congrès Scientifique toutes les Académies et Sociétés savantes, principalement celles avec lesquelles elle est en relations.

Art. II. — Toutes les personnes qui s'intéressent au progrès des sciences et des arts dans la région du Sud-Ouest de la France sont invitées à s'associer aux travaux de cette session.

Art. III. — La durée de la session sera de six jours au plus.

Art. IV. — Les travaux du Congrès seront répartis en trois sections : 1° Sciences physiques, naturelles et mathématiques ; 2° Anthropologie, archéologie préhistorique et sciences médicales ; 3° Histoire et archéologie historique ; une sous-section des sciences physiques et naturelles pourra comprendre les travaux relatifs à l'Agriculture, au Commerce et à l'Industrie de la région, s'il en est présenté au Congrès.

Art. V. — La Société désigne comme Secrétaire général du Congrès, M. H. du Boucher, Président de la Société de Borda. Le Secrétaire général sera chargé de toute la correspondance relative au Congrès ; de concert avec le Comité d'Organisation, il désignera les secrétaires de section.

Art. VI. — La Société choisit comme Trésorier du Congrès M. le Trésorier de la Société de Borda.

Art. VII. — Sont nommés Présidents d'honneur du Congrès :

MM. Le PRÉFET des Landes.
Le MAIRE de la ville de Dax.
Le PRÉSIDENT de la Cour d'Appel de Pau.
Mgr L'ÉVÊQUE d'Aire et de Dax.
Le Général DUMONT, commandant en chef le 18e corps d'armée.
Le PRÉSIDENT du Conseil Général des Landes.
Le RECTEUR de l'Académie de Bordeaux.
Le Docteur DENUCÉ, doyen de la Faculté de Médecine de Bordeaux.
A. D'ABBADIE, membre de l'Institut.
MOREAU (Frédéric), à Paris.
WILSON (Daniel), député d'Indre-et-Loire.

En exécution de cet arrêté, M. le Secrétaire général élu fit imprimer et distribuer à qui de droit la circulaire, le Règlement Organique et le Programme des Questions dont on trouvera le texte plus loin. Ces différentes pièces avaient, au préalable, reçu l'approbation de la Société réunie en assemblée générale spécialement convoquée.

CONGRÈS SCIENTIFIQUE DE DAX

RÈGLEMENT ORGANIQUE DU CONGRÈS

(La Société de Borda n'a cru devoir apporter aucune modification au Règlement de l'Institut des Provinces qui a servi au Congrès de Pau en 1873).

I

A l'ouverture de la première séance, on nommera le Président général et les trois Vice-Présidents du Congrès qui, avec le Secrétaire général et le Trésorier, formeront le *Bureau central*. On fixera ensuite l'ordre et l'heure d'ouverture des séances de chaque section et des séances générales.

II

Le jour ou le lendemain de l'ouverture du Congrès, chaque section nommera son Président et ses Vice-Présidents, et fixera, si elle le croit convenable, la durée des séances.

III

Les sections s'assembleront chaque jour dans la matinée ; elles pourront, dans l'intérêt de leurs travaux, se diviser en sous-sections.

IV

Chaque jour, il y aura, dans l'après-midi, assemblée générale de toutes les sections. Le Secrétaire général lira le procès-verbal de la séance de la veille. Chaque section fera ensuite connaître, par un compte-rendu analytique présenté par l'un de ses secrétaires, le résumé de la séance tenue dans la matinée. Le reste de la séance sera consacré à des lectures de mémoires et aux communications verbales.

V

Chaque jour, à la fin de la séance générale, il sera donné lecture de l'ordre du jour des séances des sections et de la séance générale du lendemain. Tout membre qui se proposerait de traiter deux questions appartenant à deux sections différentes et portées à l'ordre du même jour, pourra demander le renvoi de l'une d'elles.

VI

Nul ne pourra prendre la parole à une séance sans l'autorisation du Président.

VII

Aucune délibération ne sera prise, soit dans les sections, soit dans les séances générales, si le quart des membres n'est pas présent.

VIII

Toute discussion sur la politique ou la religion est formellement interdite.

IX

Aucun travail ne sera lu en séance générale s'il n'a, au préalable, été approuvé par la section à laquelle il appartient.

X

Le programme n'est pas limitatif ; les membres du Congrès pourront demander à traiter d'autres questions. Ces questions devront être déposées préalablement sur le Bureau en séance générale. Elles seront examinées le soir même par la *Commission Permanente* qui jugera si elles peuvent être admises. Le résultat de la délibération sera communiqué le lendemain aux sections compétentes.

XI

La Commission permanente est composée des membres du Bureau central et les Présidents de section.

XII

Des excursions pourront avoir lieu pendant la durée du Congrès.

XIII

Seront membres du Congrès les personnes qui, ayant accepté l'invitation qui leur aura été faite, auront versé entre les mains du Trésorier de la Société de Borda la somme de dix francs pour servir à acquitter les frais de la tenue du Congrès et à imprimer le Compte-rendu des travaux de la session. La liste des membres du Congrès sera imprimée en tête du Compte-rendu.

XIV

Chaque membre du Congrès aura droit à un exemplaire de ce Compte-rendu qui sera publié pas les soins du Secrétaire général.

XV

Les personnes empêchées de se rendre au Congrès pourront, de même que celles qui y assisteront, présenter des mémoires sur les diverses questions contenues dans le Programme ou sur tout autre sujet relatif aux travaux des sections, sauf dans ce dernier cas à se conformer à l'article X.

XVI

Toute difficulté non prévue par les présentes dispositions sera soumise à la Commission permanente.

SOCIÉTÉ DE BORDA

CONGRÈS SCIENTIFIQUE DE DAX

EN 1882

M

J'ai l'honneur de vous informer qu'à l'occasion du Concours Régional de 1882, la Société de Borda, d'accord avec la Municipalité Dacquoise, convoque en un Congrès Scientifique toutes les Sociétés savantes avec lesquelles elle est en relations, ainsi que toutes les personnes qui, dans la région, s'intéressent aux progrès des sciences et des arts.

Ce Congrès s'ouvrira à Dax le lundi 1er Mai 1882 et sera clos le samedi 6 du même mois ; il a pour but l'étude aussi complète que possible de toutes les questions d'histoire, d'archéologie et de sciences naturelles pouvant intéresser la région comprise géographiquement entre la Garonne, les Pyrénées et l'Océan.

L'expérience a démontré que ces sortes de réunions n'étaient jamais sans profit pour la science ; en effet, elles permettent aux savants d'une même région de se mieux apprécier, de se mieux connaître et, par la solidarisation de leurs travaux, de contribuer plus efficacement aux progrès de la science, but poursuivi par chacun d'eux.

Si la Société de Borda vient à son tour tenter un de ces essais de décentralisation scientifique, si Dax a été choisi par elle pour la tenue de ces assises, c'est que, suivant les expressions mêmes de l'illustre M. de Quatrefages, qui a bien voulu prendre notre œuvre sous sa haute protection « la Société se trouve placée au centre d'une région » exceptionnelle sous bien des rapports, qu'elle a à poser des

» problèmes spéciaux dont la solution peut apporter des enseignements
» qu'on chercherait vainement ailleurs. »

C'est pour cela que nous appelons spécialement l'attention des amis des sciences naturelles sur les sources thermales et minérales de la région, en particulier sur la Fontaine-Chaude de Dax, cette merveille hydrologique, qu'il serait si désirable de voir étudiée d'une façon complète au point de vue de son origine, de sa thermalité, de la flore et de la faune qui l'habitent, de sa composition chimique, du mode d'action de son activité thérapeutique, de la possibilité de l'utilisation de son calorique, etc.

Aux géologues nous recommandons l'étude de l'ophite si largement représenté dans nos contrées et des curieuses modifications qu'il semble avoir apportées à nos terrains dont les gisements fossilifères sont aujourd'hui classiques.

Aux anthropologistes et à ceux qui s'occupent de l'histoire de l'humanité primitive, nous présenterons comme problèmes bien intéressants à résoudre ceux de l'origine des populations de races diverses qui habitent la région, l'étude de leurs migrations si mal connues, de leur outillage industriel aux diverses phases de leur existence, etc.

Les historiens, enfin, auront devant eux un vaste champ de recherches s'ils veulent élucider tous les points restés obscurs de l'histoire de la Guyenne et de la Gascogne.

Comme complément indispensable du Congrès, la Société de Borda organise différentes expositions : 1° Une de tous les animaux vivants de la région ; 2° une autre d'histoire naturelle régionale (minéraux, coquilles modernes et fossiles, entomologie, etc.) ; 3° une exposition d'archéologie historique comprenant les monuments et les objets de l'antiquité, du moyen-âge et de la renaissance ; 4° une exposition préhistorique où seront réunies les plus intéressantes trouvailles faites dans les cavernes, grottes, abris sous roche, dolmens, tumuli, cachettes de fondeurs, stations à l'air libre du Midi ; 5° enfin, une exposition des Beaux-Arts.

Des excursions et des fouilles seront faites pendant la durée du Congrès.

Nous vous prions, M   , de vouloir bien accorder votre patronage et votre concours à cette solennité. Nous vous serions très reconnaissants de vouloir bien lui gagner des adhésions dans le cercle de vos relations personnelles.

Si, comme nous aimons à le croire, vous avez l'intention de traiter quelques-unes des questions insérées au Programme, ou quelque sujet s'y rattachant, vous voudrez bien, pour assurer votre rang d'inscription, nous en prévenir avant l'ouverture de la session.

Veuillez agréer, M   , l'assurance de ma considération la plus distinguée,

H. DU BOUCHER,

Président de la Société de Borda, Secrétaire général du Congrès.

N.-B. — La Compagnie des chemins de fer du Midi a bien voulu accorder une réduction de 50 %, sur ses tarifs à MM. les membres du Congrès. Ceux-ci, en échange du bulletin d'adhésion ci-contre, qu'ils auront rempli et retourné à M. le Président de la Société de Borda, recevront une carte personnelle de membre du Congrès qui leur donnera droit : 1° d'assister aux séances ; 2° de recevoir le volume des Comptes-rendus qui sera publié à l'issue du Congrès ; 3° de jouir de la réduction sus-mentionnée.

A cet effet, on devra, en payant le tarif plein à l'aller, faire viser cette carte à la gare de départ. Le voyage de retour sera gratuit sur la présentation de cette même carte visée par le Secrétaire général et constatant que le porteur a assisté aux séances du Congrès. La Compagnie du Midi exigeant une liste *nominative* des personnes qui désirent jouir de la réduction, ainsi que l'indication des parcours à effectuer, on est prié de se faire inscrire le plus tôt possible, pour que les renseignements demandés puissent être transmis en temps utile.

Excursions Proposées.

Excursions archéologiques. — Visite à l'abbaye et aux grottes de Sorde, à la villa Gallo-Romaine de Barat-de-Vin.

Fouilles des tumuli de Mimbaste, de Clermont et de Pomarez — Camps romains de Gamarde ; Tuc et grotte du Saumon — Stations préhistoriques des environs de Dax.

Excursions géologiques. — Terrains crétacés, ophite, marnes irisées, sources thermales de Tercis — Carrières de Saint-Pandelon, du Hourn, d'Arzet, de Bénesse et de Pouillon — Salines de Dax, puits d'Arzet et de Pouillon — Fontaine salée de Bidas — Tertiaire inférieur (Gàas) — Tertiaire moyen (St-Paul, Cabannes) — Tertiaire supérieur (Narrosse, Saugnacq).

PROGRAMME

DES

QUESTIONS SOUMISES

A L'EXAMEN

DES DIVERSES SECTIONS

(Comme il a été dit au Réglement organique, ce Programme n'est nullement limitatif ; les questions qui y sont insérées doivent être considérées comme celles sur lesquelles la Société de Borda désire appeler d'une façon plus particulière l'attention des savants compétents.)

PREMIÈRE SECTION

Sciences Physiques, Mathématiques et Naturelles

Météorologie.

1° Organisation du travail scientifique. Manque de plan et d'unité. *Desiderata* de la science. Nécessité d'une entente et formation d'une Commission Régionale du Sud-Ouest.

2° Des observations faites dans la région et notamment dans le bassin de l'Adour. De leur valeur. Parti qu'on peut en tirer pour la comparaison des climats aux différents points de la région. Proverbes gascons et béarnais, et Dictons populaires relatifs à la météorologie.

3° Météorologie dynamique. De l'influence de la chaîne des Pyrénées sur la marche des orages et des bourrasques. Cartes d'orages, de grêles, etc. Des tourbillons spéciaux au Sud-Ouest de la France. Formations de tourbillons secondaires. Sirocco.

4° Bénéfices qui résulteraient pour la science d'une entente avec les stations Espagnoles pour l'étude des phénomènes sur les deux versants de la chaîne.

5° Des nouveaux instruments applicables à l'étude des phénomènes météorologiques.

6° Des observatoires de la Région et notamment de l'Observatoire du Pic du Midi. Observatoires du Nord de l'Espagne ; leurs travaux ; critique des observations.

7° De la prévision du temps à courte échéance dans le Sud-Ouest.

8° Des instruments les plus récents pour la mesure de l'évaporation de l'eau et des autres liquides dans l'atmosphère.

9° Influence des conditions atmosphériques sur la visibilité des montagnes.

Physique et Chimie.

10° Analyse minérale des sources thermales de la région, notamment de la Fontaine-Chaude de Dax.

11° Etude de la thermalité de ces sources, des variations qu'elles peuvent présenter, des causes qui les produisent et de leurs rapports avec la physique du globe.

12° Possibilité de la transformation du calorique des sources thermales en électricité ou force motrice. Etude des meilleurs moyens à employer.

13° De l'état de tension électrique des sources thermales et de l'influence que cette tension peut exercer sur les courants telluriques locaux. Etude de ces mêmes courants. Des variations que subit leur intensité et de leurs causes.

14° Des applications nouvelles de l'électricité. Du téléphone et du parti qu'on en pourrait tirer au point de vue des études physiologiques et météorologiques.

15° Du mouvement Brownien.

16° Radiométrie. Ses relations avec la Radiophonie.

17° Du spectrophone et de la possibilité de son utilisation pour les analyses minéralogiques.

18° Influence des soulèvements ophitiques sur les composantes du magnétisme terrestre

19° Chimie agricole régionale. Analyse des marnes et des faluns de la contrée.

20° Peut-on, par des moyens simples, commodes, peu coûteux, arriver à déterminer en un lieu donné l'intensité de la pesanteur ?

Géologie.

21° Le sable des Landes. Son origine, sa composition minéralogique aux différents points de la région. Son âge géologique.

22° Le fer limoneux des Landes. Des formations connues dans le pays sous le nom de *lapas, garluche, alios.*

23° Des formations argileuses du plateau des Landes et de leurs relations avec les sables qui les recouvrent.

24° Caractères qui distinguent le *diluvium* des formations pliocènes.

25° De l'ophite dans la région Pyrénéenne. Sa composition pétrologique ; ses âges ; son mode d'apparition ; son cortége minéralogique.

26° Les salines et les gisements salifères de la région. Leur exploitation actuelle ; leur avenir.

27° Des grands accidents du sol dans le Sud-Ouest ; théories des failles et des alignements.

28° Paléontologie animale et végétale de la région. Décrire les principaux gisements fossilifères, les espèces fossiles récemment découvertes. Étude comparative des formations synchroniques des terrains de la région.

Histoire naturelle.

29° Flore du Sud-Ouest, ses applications à la pharmaceutique. Plantes rares, plantes exotiques récemment acclimatées.

Mycologie Pyrénéenne et sub-Pyrénéenne. Champignons comestibles nouveaux.

30° Ornithologie de la région. Oiseaux sédentaires. Oiseaux de passage. Étude de leurs migrations. Existe-t-il une relation entre les phénomènes météoriques et les lois qui régissent ces migrations ?

31° Faune malacologique et carcinologique de la région.

32° Faune entomologique. Insectes cavernicoles. Insectes rares. Question du Phylloxera et du Peronospora.

33° Flore et Faune des sources thermales. (Diatomées, Desmidiées, infusoires, algues, filaires, etc.)

34° Histoire naturelle des animaux et des plantes vivant dans les fonds sous-marins du rivage océanique. •

35° Utilité de la création d'un laboratoire zoologique sur les côtes du golfe de Gascogne. Quel est l'endroit qui réunirait le mieux les conditions voulues pour cette destination ?

DEUXIÈME SECTION

ANTHROPOLOGIE. — ARCHÉOLOGIE PRÉHISTORIQUE. SCIENCES MÉDICALES.

Anthropologie

1° Mensurations crâniologiques des populations anciennes et modernes de l'Aquitaine.

2° Existe-t-il des caractères anthropologiques bien marqués qui différencient les différents peuples de la contrée? Les habitants de la rive gauche de l'Adour et ceux de la rive droite (Chalosse et Marensin).

3° Quelles sont les races-types auxquelles doivent être rattachées les populations de la contrée? Les Basques et les Gascons. Des découvertes récentes ont-elles apporté quelques faits nouveaux pour l'éclaircissement de ce qu'on appelle la question Ibérienne ?

4° Étude de la Toponymie Basque et de la Toponymie Gasconne. Quel parti peut-on en tirer pour la connaissance de l'aire ancienne d'habitation de ces deux peuples ?

5° Les études linguistiques dans le Sud-Ouest peuvent-elles jeter quelque jour sur l'origine des peuples qui parlent le Basque et le Gascon ?

Archéologie préhistorique.

6° Trouve-t-on dans la région des traces de l'existence de l'homme à l'époque tertiaire ?

7° Indiquer les points de la région où l'on trouve des stations préhistoriques, paléolithiques, néolithiques, de l'âge du bronze ou de l'âge du fer.

8° Trouve-t-on dans la région des instruments en cuivre pur ?

9° Étude des cavernes et des monuments mégalithiques de la région.

10° L'homme primitif a-t-il taillé le quartzite comme le silex? Quelles sont les localités où l'on a rencontré des vestiges de cette ancienne industrie et à quelle époque doit-on les reporter.

11º Étude de la patine ou cacholong des silex travaillés. Est-il possible d'établir une chronologie sur le degré plus ou moins grand d'altération de la silice à sa surface ?

12º Existe-t-il des vestiges de stations lacustres dans la région sub-Pyrénéenne ?

13º Répartition des Tumuli dans la région de l'ancienne Aquitaine. Étude du mobilier funéraire de ces monuments. A quel âge doit-on les rapporter ? Ont-ils apporté quelques éclaircissements à l'histoire des migrations des peuples qui les ont élevés ?

Sciences médicales.

14º De l'impaludisme dans ses rapports avec les autres affections et principalement avec les affections chirurgicales.

15º Pourquoi dans les conditions topographiques où Dax se trouve placée est-elle à peu près indemne de fièvres intermittentes ?

16º Des maladies endémiques de la région du Sud-Ouest, goître, pellagre, envisagées surtout au point de vue de leur fréquence actuelle et des causes qui en ont amené la rareté relative.

17º De la folie alcoolique dans le Sud-Ouest.

18º De quelques affections rares, entr'autres des gommes tuberculeuses. Etiologie, traitement.

19º De la métallothérapie ou Burqisme. Son état présent, son avenir.

20º Les traitements antiseptiques de Lister. Confirment-ils d'une façon absolue les théories panspermistes de Pasteur ?

21º Des théories zymotiques en Pathologie.

22º Climatologie de la région au point de vue médical.

23º Hydrologie médicale de la Région envisagée surtout au point de vue des progrès accomplis dans l'installation et le fonctionnement des établissements thermaux ; desiderata.

TROISIÈME SECTION

Histoire, Archéologie historique.

1º A-t-on trouvé dans les environs du golfe de Gascogne des vestiges de mœurs maritimes pendant la période Gauloise, tels que débris d'embarcations, etc. ?

2° Rechercher si les *Boii* du Bassin d'Arcachon avaient conservé des relations avec leurs congénères de Germanie et d'Italie. A-t-on trouvé dans les environs du bassin d'Arcachon des objets ou des monnaies constatant ces relations, particulièrement ces *statères scyphates* appelées *Regenbogen-Schüsselchen* qu'on attribue généralement aux *Boii ?*

3° Déterminer l'emplacement du champ de bataille de Crassus.

4° Cartes de voies romaines de la région du Sud-Ouest, des chemins de St-Jacques et de ceux qui portent encore dans le pays le nom de *Camin Roumiou.*

5° Quelles sont les principales villas gallo-romaines de la région. Les décrire. Fixer leur position sur une carte.

6° Décrire exactement les diverses régions occupées par les peuples de la Novempopulanie.

7° Dresser la liste des marques des potiers trouvées dans la contrée.

8° Rechercher l'origine et la destination des piles romaines qui se trouvent dans le Sud-Ouest et plus particulièrement dans le Gers. En existe-t-il dans les Landes ?

9° Quelle est l'origine et quelle était la destination de la Montjoie de Roquebrune (Gers) et des autres monuments analogues, s'il en existe.

10° Indiquer les localités de la région où des vestiges de l'occupation Romaine ont été trouvés comme : mosaïques, inscriptions, bornes milliaires, monnaies, etc.

11° Relater les inscriptions antiques découvertes dans l'un des départements de la Région.

12° Des ouvrages de castramétation connus dans le pays sous le nom de Castra, Terrés, Tucs, Tucots, Turons, Mottes, Salles, Sallasses, etc. A qu'elle époque faut-il rapporter ces fortifications, quels sont les caractères qui les distinguent et peuvent servir à les classer ?

13° Relater les découvertes de monnaies Ibériennes, Gauloises, Romaines, faites dans la contrée ; à quels objets étaient-elles associées ?

14° Déterminer l'aire ancienne d'habitation des Ibériens.

15° Antiquités Celtibériennes trouvées dans la Région.

16° De l'emplacement de Beneharnum.

17° Faire connaître les divinités locales de la région, les lieux et les temples où elles ont été honorées. Travail d'ensemble sur les cultes anté-chrétiens de l'Aquitaine.

18° Antiquités Frankes et Mérovingiennes. Faire connaître les diverses découvertes de bijoux anciens en mauvais argent faites dans la région. Les comparer à celles faites dans d'autres contrées. Indiquer les objets qui les accompagnaient et qui peuvent aider à déterminer l'origine de ces bijoux qualifiés de Gallo-romains par les uns, de Vandales par les autres.

19° Quels sont les ateliers monétaires qui ont existé dans la région aux diverses époques, et plus particulièrement dans les Landes.

20° Origines du Christianisme dans la contrée. Histoire des premiers évêques des anciens diocèses, surtout ceux des provinces ecclésiastiques d'Auch et de Bordeaux.

21° Recherches historiques sur Saint-Vincent-de-Xaintes.

22° Des monogrammes du Christ que l'on rencontre si fréquemment dans les Landes, les Bassses et les Hautes-Pyrénées.

23° Monuments ou vestiges de monuments chrétiens antérieurs au XIIe siècle.

24° Liste des hôpitaux placés sur les chemins de St-Jacques. Age de leur fondation et notes sommaires sur leur histoire.

25° Les églises gothiques du Marensin.

26° Influence de l'Espagne sur l'architecture religieuse de la région pendant la période gothique, notamment sur la largeur de certaines nefs du XIVe et du XVe siècles.

27° Monuments d'architecture civile antérieurs au XVe siècle.

28° Des anciennes *Sauvetats* et des colonnes qui les limitent (St-Girons, Mimizan, Lüe, dans le département des Landes).

29° Recherches sur les Bastides.

30° Constitution de la féodalité. Etat social aux XIe et XIIe siècles. De la division des propriétés rurales aux environs de Dax en *Capcazaux*, *ahitons* et *novellins*. Quel est le véritable sens de ces mots et quelles sont les prérogatives attribuées par le Droit ancien aux propriétaires de ces divers biens ?

32° Q'entendait-on par les *caveries* et les seigneurs *caviers ?*

33° Etudes des coutumes locales et notamment de celles de Dax, de St-Sever, de la Soule, ainsi que des *Fors* du Béarn.

34° Institutions judiciaires de la contrée et leurs modifications successives jusqu'à la création des juridictions actuelles.

35° Etudier les anciens poids et mesures de la région.

36° Rechercher quels sont les sceaux et les armoiries des évêques et des anciennes familles de la contrée.

37° Etude des anciennes abbayes de la région et particulièrement des Landes, de leurs archives et de leurs cartulaires.

38° Des ressources fournies à l'histoire locale par les archives des municipalités, des paroisses, des communautés religieuses, des anciennes familles, etc., et par les vieilles minutes des notaires.

39° Rechercher l'étymologie des noms de *lieux dits* de la contrée.

40° Déterminer exactement l'ancienne topographie de Dax à différentes époques. Signaler les vieux plans.

41° Faire le même travail pour les autres villes anciennes de la région.

42° Faire la monographie d'un pays, d'une vallée, d'une paroisse ou d'une localité de la région.

43° Origine des Cagots et plus particulièrement de ceux des Landes.

44° Origine des Bohémiens du pays Basque. Traditions, coutumes, mœurs, langage de ces peuplades.

45° Peut-on attribuer une origine gothique à certaines localités telles que Gouts, Gousse, Goos, etc., dans les Landes ?

46° Les Sarrazins ont-ils laissé des traces de leur passage dans la contrée, particulièrement à Sarraziet, Castel-Sarrasin, etc ?

47° Etude des divers patois, plus particulièrement du gascon et du Béarnais.

48° Quel est l'âge du chêne de Quillacq près de Dax ? A quelle époque remonte le culte superstitieux dont il est l'objet ?

49° Rechercher ceux des lieux de dévotion réelle, ou superstitieuse qui ont été jadis l'objet d'un culte et particulièrement les sources guérissantes.

50° Biographies des personnages notables originaires des départements de la région.

51° Du parti que l'on pourrait tirer pour l'histoire du pays des textes originaux qui se trouvent à la Tour de Londres et notamment de ceux qui ont été déjà publiés.

52° Etudier les proverbes et dictons locaux.

53° Recherches sur les chants et les légendes de Région.

Le Secrétaire Général du Congrès

H. du BOUCHER.

COMMISSION D'ORGANISATION

DU CONGRÈS

MM. H. ᴅᴜ BOUCHER, Président de la Société de Borda.

Dʳ BOURRETÈRE, Vice-Président.

COSTADOUAT, médecin à Castets.

COUDANNE, pharmacien.

DUFFOURC-BAZIN, professeur d'Agriculture.

DUFOURCET, Vice-Président de la Société de Borda.

DUVERGER, conservateur du Musée Municipal de Borda.

GASSANNÉ, négociant.

LAGARDE (abbé), Directeur de l'Institution Libre de Dax.

LANDRY, pharmacien.

Dʳ LARAUZA.

LATAULADE (Gᴀsᴘᴀʀᴅ ᴅᴇ), Secrétaire-Général de la Société de Borda.

LORRIN, sous-directeur des Salines de Dax.

MAQUE, avoué.

SANGUINET, architecte.

SERRES, ancien pharmacien.

TAILLEBOIS, Archiviste de la Société de Borda.

TEYSSANDIER, Trésorier de la Société.

THORE.

TRÉBUCQ, Directeur de l'Ecole Normale.

TRÉPIED, Ingénieur des Ponts et Chaussées.

VILLEHÉLIO (Aᴍᴇ́ᴅᴇ́ᴇ ᴅᴇ ʟᴀ).

Sous-Commission de l'Exposition des Beaux-Arts.

MM. CORTA, ✳.
MAGUÈS.
SERRES, (Hector).
TRÉPIED.
De la VILLEHÉLIO.

Sous-Commission de l'Exposition d'histoire naturelle et de Préhistorique

MM. du BOUCHER.
CHASTEIGNER, (Comte de).
DUVERGER.
LANDRY.
THORE.

Sous-Commission de l'Exposition d'Archéologie Historique.

MM. DUFOURCET.
TAILLEBOIS.
N.....

LISTE ALPHABÉTIQUE

DES MEMBRES

du Congrès Scientifique de Dax

MM.

Abbadie (Antoine d'), membre de l'Institut, à Paris.

Abbadie (François), ancien magistrat, à Paris.

Antin (Alexandre d'), propriétaire, à Mugron (Landes).

Armieux (Docteur) O. ✿, médecin-principal, à Toulouse.

Armana (Abdon d'), propriétaire, à Dax.

Arnaudin (F), propriétaire et industriel, à Labouheyre (Landes).

Arné (Georges), membre du Club Alpin-Français, à Bordeaux.

Aubé (Émile), ✿, ingénieur en chef, à Bayonne.

Audoin (Abbé), chanoine, à Bordeaux.

Batbedat, notaire, à Poyanne (Landes).

Baleix (de), propriétaire, à Aire-sur-l'Adour.

Barrère (Fils), propriétaire, à Gourbera (Landes).

Bayonne (Société des Sciences et Arts de)

Beur (Léonce de), propriétaire, à Gamarde (Landes).

Bayssellance, ancien ingénieur de la marine, à Bordeaux.

Bernadou, de la Société des Sciences et Arts, à Bayonne.

Bérillon (Ferdinand), photographe et naturaliste, à Bayonne.

Bessellère (Abbé), curé-doyen de Sabres (Landes).

Bizeul, horloger, à Dax.

Blanchet (Docteur), à Bayonne.

Bladé, à Agen (Lot-et-Garonne).

Bonhomme, (Abbé Jules), à Aire-sur-l'Adour.

Bonnore (G), à Lesparre (Gironde).

Bonnebaigt, juge de paix, à Prauthoy (Haute-Marne).

Bonzom, pharmacien, à Monein (Basses-Pyrénées).

Borda (Baron Alexandre de Cardenau de), conseiller général, à Tilh.

Borda (Société Scientifique de), à Dax.

Bordenave-d'Abère (Alexandre de), conseiller honoraire à la Cour d'Appel, à Pau.

Boucau (Albert), député des Landes, à Lévignacq (Landes).

Boucher (Adolphe du), O. ✽, officier supérieur de cavalerie en retraite, à Dax.

Boucher (Henry du), membre de plusieurs Sociétés savantes, Président de la Société de Borda, à Dax.

Boucher (Mᵐᵉ Henry du), à Dax.

Boudon (Abbé), curé de Gourbera (Landes).

Bouillé (Marquis R. de), à Arcachon (Gironde).

Bousquet (Adolphe), avoué, à Dax.

Boutin, sous-préfet de l'arrondissement de Dax.

Boutteville (Elie de), à Pau.

Bourretère (Docteur E.), Vice-Président de la Société de Borda, à Dax.

Brive (Société scientifique, historique et archéologique de la Corrèze.

Brochon, (E.-Henry), bâtonnier de l'ordre des avocats, à Bordeaux.

Calmon (Paul), receveur des Finances, à Libourne.

Camiade (Georges), propriétaire, à Guéret (Creuse).

Camiade (Henri), propriétaire, à Gaàs (Landes).

Campet (Gustave), notaire, à Dax.

Cantin (Charles), juge de paix, à Morcenx.

Caron (Émile), vice-président de la Société Française d'Archéologie et de numismatique, à Paris.

Cartailhac (Émile), Directeur des Matériaux pour l'Histoire de l'Homme, à Toulouse.

Cazaubon (Jules), propriétaire, à Dax.

Cazaux (Docteur Jean), à Lüe par Labouheyre (Landes).

Céron, agent-voyer d'arrondissement, à Dax.

Cirot de la Ville (Mᵍʳ), Camérier du Pape, Doyen de la Faculté de Théologie, à Bordeaux.

Chabert, trésorier-payeur général des Landes, à Mont-de-Marsan.

Champetier de Ribes, ✽, Directeur de l'Enregistrement et des Domaines en retraite, à Tilh.

Chasteigner (Comte Alexis de), ancien officier des Haras, à Bordeaux.

CHATEAUNEUF (Abbé), curé de Notre-Dame, à Oloron (Basses-Pyrénées).

CHAUTON (Léonce de), propriétaire et maire, à Duhort-Bachen (Landes).

CLAVÉ (Armand), médecin-vétérinaire, à Pontenx (Landes).

CLAVERIE, négociant, à Tarbes.

CLAIREFOND, négociant, à Paris.

CLAYE (Baron de), propriétaire, à Amou (Landes).

CLAYE (Anatole de), à Paris.

COMET, clerc de notaire, à Dax.

CORTA (Paul), ✻, officier d'infanterie démissionnaire, à Tercis (Landes).

COTTEAU, ancien Président de la Société Française de Géologie, à Auxerre (Yonne).

COUDANNE (Félix), pharmacien, à Dax.

COUMOUL, procureur de la république, à Dax.

COUZIERS (Docteur), Bagnères-de-Bigorre (Hautes-Pyrénées).

CRESTIN, négociant, à Dax.

CROIZIER (Marquis de), Président de la Société Indo-Chinoise de France, à Paris.

CURIE-SEIMBRE, juge de paix, à Trie sur Baïse (Hautes-Pyrénées).

DARQUÉ (Eugène), propriétaire, à Dax.

DARLES, avocat, à Heugas (Landes).

DARRACQ (Emile), ✻, avocat, ancien membre du corps législatif, à Dax.

DARRACQ (Auguste), ✻, notaire, à Dax.

DARRICAU (Albert), juge au tribunal de Bayonne, (Basses-Pyrénées).

DARRICAU (Augustin), ✻, avocat, conseiller général, à Dax.

DARMUZEY, propriétaire, à Parentis-en-Born (Landes).

DASCONAGUERRE, notaire, à Bayonne.

DAVEZAC DE CASTERA (A), propriétaire, à Dax.

DAVEZAC DE MORAN (Aymar), propriétaire, à Dax.

DAUDIRAC (Docteur), à Cauterets.

DEGRANGE-TOUZIN, avocat, à Bordeaux.

DEJEANNE (Docteur), médecin-inspecteur des eaux de Bagnères-de-Bigorre.

DELASSASSEIGNE, sous-inspecteur des forêts, à Dax.

DELISSE, ancien pharmacien, à Dax.

DELMAS (Docteur Paul), directeur de l'Institut Hydrothérapique de Longchamps, à Bordeaux.

DELOYNES (Paul), président de la Société Linnéenne de Bordeaux.

Delvaille (Docteur), président de la Socité des Sciences et Arts de Bayonne.

Demoulin (Hector), propriétaire, directeur des Forges d'Uza (Landes).

Détroyat (Arnaud), banquier, à Bayonne.

Devert (Emile), O. ✻, officier supérieur en retraite, à Tarnos (Landes).

Devert (Paul), notaire, à Saint-Martin-de-Hinx (Landes).

Desquerre (Abbé), à Dax.

Dieulafait, professeur de Géologie à la Faculté de Marseille.

Dorlanne (Adolphe), expert-géomètre, à Castets (Landes).

Dubalen (P.-E.), pharmacien à Saint-Sever.

Duboué (Docteur), à Pau.

Dufourcet (Eugène), juge au tribunal de Dax, vice-président de la Société de Borda.

Léon-Dufour (Docteur Albert), à Saint-Sever (Landes).

Dufourcq (de), ingénieur-civil, à Mont par Argagnon, (Basses-Pyrénées).

Duffourc-Bazin, professeur d'agriculture, à Dax.

Duhourcau (Docteur), médecin-consultant, à Cauterets.

Dulau (Abbé), curé de Saint-Vincent-de-Xaintes, à Dax.

Dulau (Constant), substitut du Procureur de la République, à Avesnes (Nord).

Dulau (Julien), négociant, à Hagetmau (Landes).

Dumont (général), G. O. ✻, commmandant le 18ᵉ corps d'armée à Bordeaux.

Dumoulin de Labarthète, avocat, ancien magistrat, à Aire-sur-l'Adour.

Duplaa-Garat (Docteur), à Capbreton (Landes).

Dupoy (Henri), propriétaire, à Dax.

Durant (H.), ancien directeur des Douanes, à Bayonne.

Duverger (Alexandre), naturaliste, conservateur du Musée de Borda.

Estrampe, directeur de l'Ecole communale supérieure, à Dax.

Eyssautier (d') ✻, capitaine de cavalerie en retraite, à Pau.

Faton de Favernay, ✻, conseiller général, à Fleurus, par Saint-Sever (Landes).

Faugère-Dubourg, conservateur du Musée de Nérac.

Filhote, conducteur des Ponts et Chaussées, à Orthez.

Fischer (Docteur Paul), ancien président de la Société géologique de France, à Paris.

Foix (Docteur), à Salies-de-Béarn.

Folin (marquis L. de), à Biarritz (Basses-Pyrénées).

Fontenille (de), archéologue, à Cahors (Lot).

Fos du Rau (Henry de), propriétaire à Gamarde.

Fraisse (Damien), négociant à Dax.

François St-Maur, président de chambre à la Cour d'appel, à Pau.

Franck (Maurice), directeur des Salines de Dax, à Paris.

Fréchou, pharmacien, à Nérac.

Fronsacq, expert-géomètre, Saugnac-et-Muret (Landes).

Frossard (Charles), pasteur de l'Eglise réformée, à Paris.

Gabarra (abbé), curé de Capbreton.

Roger-Gaillart, géomètre, à Lévignacq (Landes).

Galard (comte de), officier de cavalerie à Paris.

Gandy (Docteur), à Bagnères-de-Bigorre.

Ganry, maréchal-ferrant, à Dax.

Gardilanne (Eug.) ✳, propriétaire, à Dax.

Garrigou (Docteur), à Toulouse.

Garrigou (madame), à Toulouse.

Gaudry (Albert), membre de l'Institut, à Paris.

Gassanné (Adrien), négociant à Dax.

Gauville (de), propriétaire à Saint-Pandelon (près Dax).

Gavardie (Dufaur de), sénateur des Landes, à Paris.

Gentilhe (Docteur), à Tosse (Landes).

Gibert (Eugène), secrétaire de la Société Indo-Chinoise, à Paris.

Gindre (J.), propriétaire et géologue, à Itsatssou (Basses-Pyrénées).

Giraud (Victor), officier supérieur en retraite, à Pau.

Gischia (Henri), directeur de l'usine à gaz à Dax.

Gobert (Docteur), à Mont-de-Marsan.

Gorostarsou, avocat, à Pau.

Goudard (Charles), à Pau.

Goulard, sous-lieutenant au 28e bataillon de chasseurs à pied, à Dax.

Goyeneche (Docteur), à Saint-Jean-de-Luz (Basses-Pyrénées).

Guichemerre, avoué, à Mont-de-Marsan.

Guerreau (Paul), trésorier de la Société Indo-Chinoise, à Paris.

Guillaud (Docteur), professeur de botanique à la faculté de Bordeaux.

Hébert, professeur de géologie à la Sorbonne, à Paris.

Hoffmann, numismate. 33, quai Voltaire, à Paris.

Hiriart, conservateur du Musée de Bayonne.

Inchauspe (abbé), secrétaire-général de l'Evêché de Bayonne.

Jacquot, inspecteur général des mines, à Paris.

Jeantet, greffier du tribunal de Dax.

Jomier (Emmanuel), ancien négociant, à Dax.

Justère, imprimeur, à Dax.

Labat (Docteur), à Ozourt (Landes).

Labat (Le R. P.), à Dax.

Labatut (Docteur), à Dax.

Laborde (Henry de), conseiller général, à Montfort (Landes).

Laborde (Bernard), pharmacien, à Dax.

Labrouche (Paul), avocat, à Paris.

Lacave-la-Plagne-Barris, conseiller à la Cour d'Appel, à Paris.

Lacaze (L), ancien Inspecteur de l'Enregistrement, à Pau.

Lacoin (Léon), ancien magistrat, à Dax.

Laclabère, négociant, à Dax.

Lafabrie (Pèdre), avocat, juge suppléant, à Mont-de-Marsan.

Lafitte (Léon), négociant, à Dax.

Lafitte (Louis), instituteur, à Vicq (Landes).

Lafitte (Baptiste), négociant, à Hagetmau.

Lafosse, médecin-vétérinaire à Dax.

Lagerie (de), conseiller à la Cour d'Appel, à Pau.

Lagrange, industriel, à Pouillon (Landes).

Lagarde (Abbé), chanoine honoraire, directeur de l'Institution Libre de Dax

Lajus (Salvat), ancien avoué, à Dax.

Lamy, pharmacien, Préparateur à la Faculté de Bordeaux.

Landry, pharmacien, à Dax.

Laneufville (Ch. Le Quien de), propriétaire, à Dax.

Lapeyrère, propriétaire, à Castets (Landes).

Laporterie (J. de), avocat, juge suppléant, à Pau.

Laroche (O. de), propriétaire, château d'Estillac par Agen.

Larreillet, propriétaire, à Pau.

Larroque (Abbé), curé d'Orx (Landes).

Larroque (Eugène), à Orthez.

Larralde, (Maurice), propriétaire, à Saubrigues.

Larrassiette, professeur à l'Ecole Normale, à Dax.

Lartigue, propriétaire et industriel, à Poustagnacq par St-Paul-lès-Dax.

Lartigue (Etienne), aspirant au notariat, à Dax.

Lartigau, curé-doyen de Sauveterre-de-Béarn.

Lartet (Louis), Docteur-ès-sciences, professeur à la Faculté des sciences,
    à Toulouse.

Lasserre (Ernest), propriétaire, à Dax.

Latapie (Docteur), à Lourdes.

Lataulade (Gaspard de), avocat, Secrétaire-Général de la Société de Borda.

Latourette (Abbé), curé-doyen de Hagetmau (Landes).

Laurent (Docteur), à Magescq (Landes).

Laurens-Hercular (de), juge de paix, à Dax.

Laurière (J. de), Secrétaire-Général de la Société Française d'Archéologie, à Paris.

Lauron, propriétaire, à Villeneuve-de-Marsan.

Laussat (de), sous-préfet de l'arrondissement de Saint-Sever.

Lauzun, archéologue, à Agen.

Larauza (Docteur), à Dax.

Lavedan (Pèdre), propriétaire, à Oloron.

Lavergne (Adrien), propriétaire, à Castillon de Bats, par Vic-Fezensac (Gers).

Lavielle (Docteur Charles), à Dax.

Lavielle (Gaston), propriétaire, à Peyrehorade.

Lavigne, expert-géomètre, à Dax.

Ledain (Bélisaire), président de la Société des Antiquaires de l'Ouest, à Poitiers.

Léglize (F.), député des Landes, à Saint-Martin-de-Seignanx.

Léon (Alexandre), conseiller général, ancien député, à Bordeaux.

Lescarret (abbé), curé de Luë, par Labouheyre (Landes).

Lespinasse, président de chambre honoraire à la Cour de Pau.

Lestage, médecin-inspecteur des eaux de Dax.

Lestage (Frédéric), docteur en médecine, à Poyanne (Landes).

Lespiault (Maurice), propriétaire, à Nérac.

Lhéritier (J.-B.), étudiant en pharmacie, à Bordeaux.

Louis, avocat, à Oloron (Basses-Pyrénées).

Loureyte (abbé), archiprêtre de Dax.

Lorrin (V.), sous-directeur des Salines de Dax.

Louge (Docteur), à Dému (Gers).

Loustalot (Gustave), député des Landes, à Dax.

Loustalot (Louis), étudiant en droit, à Paris.

Loyer (Urbain), percepteur, à Dax.

Lugat (abbé), curé-doyen de Villeneuve-de-Marsan (Landes).

Luscan, négociant à Dax.

Maguès, artiste-peintre, à Dax.

Managau, trésorier de la Société d'encouragement, à Bagnères-de-Bigorre.

Marcoin, propriétaire, à Dax.

Marion, propriétaire, à Dax.

Marrast (Léonce), propriétaire, à Mont-de-Marsan.

Marsôo (Docteur), Orthez.

Martres (L.), juge de paix, à Castets (Landes).

Massie (Docteur Ferdinand), à Habas (Landes).

Massonneau (de), vice-président du Comice agricole, à Nérac.

Maubourguet, propriétaire, à Lit-et-Mixe (Landes).

Mena, géomètre, à Pontenx-les-Forges (Landes).

Mène (Amédée), propriétaire, à Dax.

Menjoulet (abbé), curé à Bayonne.

Mestre de Laroque (Adolphe), ancien inspecteur de l'Enregistrement, à Dax.

Meyranx (abbé), curé de Saint-Lon (Landes).

Milliès-Lacroix, négociant, conseiller municipal, à Dax.

Milliès-Lacroix, pharmacien, à Montauban.

Montagüe-Mœstynn, capitaine de dragons anglais, à Biarritz.

Monval (Henry de Lobit de), président d'honneur de la Société de Borda, à Brassempouy (Landes).

Motelay, rentier, à Bordeaux.

Mora (Docteur), à Dax.

Moussempés (Jules), pharmacien, à Biarritz.

Nansouty (général de), Bagnères-de-Bigorre.

Neurrisse, propriétaire, à Castets (Landes).

Olce (baron G. d'), propriétaire, à Biarrotte (Landes).

Palustre (Léon), directeur de la Société Française d'Archéologie, à Tours

Pau (Société des Sciences, Lettres et Arts de), à Pau.

Pédegert (abbé), chanoine, à Aire-sur-l'Adour.

Pelletier (Jules), banquier, à Dax.

Penne (abbé), curé de Biarrotte.

Petit (Eugène), naturaliste-préparateur, à Pau.

Piche (Albert), ancien conseiller de préfecture, à Pau.

Pichon, ingénieur des Ponts et Chaussées, à Dax.

Piette, juge de paix, à Eauze (Gers).

Pintus, négociant, à Sedan.

Planté, ancien député, maire d'Orthez, à Orthez.

Planté, carrossier, à Pau.

Pollion, négociant, à Lille.

Pontonx (Armand d'Oro, comte de), propriétaire, à Saint-Lon (Landes).

Potuier (Lieutenant-Colonel E.), Directeur de l'École d'Artillerie de Tarbes.

Pottier (Raimond), Inspecteur d'assurances, correspondant du Ministère, à Toulouse.

Pouverreau, agent-voyer d'arrondissement, à Lesparre.

Poucuuco, professeur au Collège de Dax.

Poydenot (H. de), banquier, à Bayonne.

Poymiro (Madame veuve E.), propriétaire, à Dax.

Prigny de Linois (Aristide de), maire de Saint-Cricq-du-Gave (Landes).

Prigny de Quérieux (Jules), propriétaire à Saint-Cricq-du-Gave (Landes).

Puyau (Louis), propriétaire, à Dax.

Puyau (Maurice), pharmacien, à Dax.

Puyo (Jean), ✹, officier supérieur de cavalerie en retraite, à Saugnacq.

Quevreux, officier d'Académie, château de Langladure, près Nay (Basses-Pyrénées).

Quinemant (Colonel), O. ✹, à Dax.

Raillard (Docteur Émile), à Dax.

Ransou (Théodore), négociant, à Dax.

Raspail (Émile), à Arcueil près Paris.

Ravignan (de), sénateur des Landes, à Paris.

Raulin (Victor), professeur de Géologie à la Faculté de Bordeaux.

Régnacq (Philippe), propriétaire, à Dax.

Règne (du), élève ingénieur des Télégraphes, à Paris.

Renaud (Abbé), curé de Saint-Pandelon (près Dax).

Renouard, trésorier-payeur général des Basses-Pyrénées, à Pau.

Ribeaux (E. de), ✹, Procureur de la République, à Bayonne.

Ricard, architecte de la Ville de Dax.

Roll-Montpellier (de), capitaine d'infanterie démissionnaire, à Saint-Laurent (Landes).

Romieu (Léonce), ancien conseiller général, à Paris.

Rougerie (Mgr), évêque de Pamiers (Ariège).

Rouziers (de), propriétaire, château du Bec-du-Gave, à Lanne.

Sacaze, avocat, correspondant du Ministère de l'Instruction Publique, à Saint-Gaudens.

Salettes (Baron de), Président du Tribunal civil, à Dax.

Salvat (Jean), fabricant de produits résineux, à Morcenx.

Samalens, Inspecteur des Écoles Primaires, à Dax.

Sancery (Docteur), à Pau.

Sanguinet, architecte, à Dax.

Sansepée, Directeur de l'Agence de la Société Générale, à Dax.

Saporta (Marquis de), correspondant de l'institut, à Aix.

Saint-Martin (Baron Anatole de), maire de Capbreton (Landes).

Saint-Martin-Lacaze (Henry de), avocat, à Dax.

Ste-Marie, avocat, à Soustons (Landes),

St-Orens (Docteur), à Saubusse (Landes).

St-Orens (Ernest), pharmacien, à Dax.

St-Pé (abbé), curé de St-Laurent (Landes).

Sauriac, négociant, à Agen.

Seignor, greffier du tribunal, à Orthez.

Sempé (Docteur Ulysse), à Tarbes.

Sempé (Docteur), à Soustons (Landes).

Schlumberger, ancien Ingénieur de la Marine, à Paris.

Seroka (de), receveur des Finances, à Dax.

Serres (abbé), professeur, à Vicq-Fézensac (Gers).

Serres (Hector), ✳, ancien pharmacien, à Dax.

Sers, président de la Société d'Agriculture, à Pau.

Sintas (Hippolyte), avocat, maire de Dax.

Société Académique Indo-Chinoise de France, à Paris.

Société d'Histoire Naturelle de Toulouse.

Société de Géographie, à Toulouse.

Société Archéologique du Midi de la France, à Toulouse.

Société Hispano-Portugaise de Toulouse.

Soltykoff (Prince Jean), à Dax.

Sorbets (Docteur Léon), à Aire-sur-l'Adour.

Soulès (abbé), ancien curé-doyen de Castets.

Soulice, Bibliothécaire de la Ville, à Pau.

Sourbets (Georges), négociant, à Mont-de-Marsan.

Sourigues, député des Landes, à Paris.

Souverbie (Docteur St-Martin), conservateur du musée de Bordeaux.

Taillebois (Emile), négociant, à Dax.

Taillebois, 40, rue Ste-Anne, à Paris.

Tartière, archiviste départemental, à Mont-de-Marsan.

Tastet (abbé), curé de Saugnac (Landes).

Tauzin (Abbé), curé de Saint-Etienne-d'Orthe (Landes).

Telfener (comte), président de la Société de Géographie Commerciale de Rome, à Paris.

Testut (Docteur), chef des Travaux Anatomiques à la Faculté de Bordeaux.

Teyssandier, négociant, trésorier de la Société de Borda, à Dax.

Thore (Jules), propriétaire, à Dax.

Tournoüer (Raoul), ancien président de la Société Géologique de France, à Paris.

Trépied, ingénieur des Ponts et Chaussées, à Dax.

Uzer (Cyprien d'), juge au tribunal civil, à Mont-de-Marsan.

Vaussenat (C.-X.), ingénieur civil des Mines, à Bagnères-de-Bigorre.

Vielle (Docteur), à Orist (Landes).

Villehélio (Amédée de la), juge suppléant au Tribunal de Dax.

Villehélio (Madame F. de la), à Sauveterre-de-Béarn.

Wentworth-Webster (Le Rév.), pasteur anglican, à Sare (Basses-Pyrénées).

Xambeu, principal du Collège de Saint-Sever.

Noms omis par erreur dans la liste ci-dessus.

MM.

Aveline de Subligny (Général), C. ✳, à La Chapelle, par Castelnaudary (Aude).

Biermont de Pyrol (de), Docteur en médecine, à Bordeaux.

Bouvard, agent d'assurances, à Dax.

Massie, avoué-licencié, adjoint au maire, à Dax.

Musgrave-Clay (de-), Docteur en médecine, à Pau.

CONGRÈS SCIENTIFIQUE DE DAX

PROCÈS-VERBAUX DES SÉANCES GÉNÉRALES

PREMIÈRE SÉANCE

Lundi, 1er Mai 1882.

La première séance du Congrès scientifique, provoqué par la Société de Borda, a eu lieu dans la salle du Théâtre, le lundi 1er Mai 1882, à 8 heures du soir. L'assistance était nombreuse et choisie. Les dames invitées étalaient aux loges et aux galeries des premières leurs fraîches toilettes et leurs visages sympathiques. Au parterre se pressait la Société de Borda au grand complet ; les fauteuils d'orchestre avaient été réservés aux savants étrangers qui, au nombre de plus de cent, assistaient à cette solennité. Enfin, sur la scène avaient pris place les principales notabilités scientifiques, le Bureau de la Société de Borda ayant à sa tête M. H. de Lobit de Monval, l'un de ses Présidents d'honneur, les membres des Commissions d'organisation des Expositions et du Congrès.

Le Bureau provisoire du Congrès était présidé par M. Hippolyte Sintas, maire de la Ville de Dax, ayant à sa droite M. G. Loustalot, député de l'arrondissement et M. le Baron de Salettes, Président du Tribunal ; à la gauche de M. Sintas se trouvaient M. Boutin, sous-préfet de Dax, M. Léon Palustre, directeur de la Société Française d'Archéologie et M. A. de Bordenave-d'Abère, conseiller honoraire à la Cour d'Appel de Pau.

M. le Maire de Dax ouvre le Congrès par l'allocution suivante :

« Mesdames,

« Messieurs,

« C'est à ma qualité de Maire de la Ville de Dax, et seulement à cette qualité, que je dois l'insigne honneur de présider la première réunion du *Congrès* qui a amené dans nos murs un nombre aussi considérable de notabilités scientifiques.

« Je me félicite de cette bonne fortune à un double point de vue :

« Il m'est doux en effet d'être le premier à remercier les intelligents et dévoués organisateurs de cette fête de famille : j'ai nommé la Société de Borda.

« Il m'est non moins agréable de souhaiter la bienvenue à vous tous, Mesdames et Messieurs, qui, par votre présence, en rehaussez l'éclat.

« La ville de Dax doit être fière, avec juste raison, de donner l'hospitalité à des personnages illustres, dont je serais tenté de taire les noms, pour ne pas froisser leur modestie, et je suis convaincu, quant à moi, qu'elle gardera de leur visite un souvenir précieux et durable.

« Je n'ai pas l'intention, croyez-le bien, de vous faire de discours, ne possédant point compétence suffisante. Permettez-moi, néanmoins, de vous dire rapidement mon impression personnelle, et aussi ma pensée sur les organisateurs du *Congrès* et sur les résultats utiles de semblables entreprises.

« Un homme de génie est né à Dax. Il s'appelait de Borda. Son nom est écrit en lettres d'or dans les annales de la science. Les services immenses que ses découvertes ont rendues au pays, que dis-je! au monde entier, n'eurent pas seulement pour résultat de grossir le bagage scientifique des savants, et de profiter à l'humanité toujours avide de science. Elles ont créé à Dax même, au milieu de ses concitoyens comme une religion du souvenir, et, par suite, une émulation admirable, qui nous a valu des travailleurs ardents, et des savants dont les noms sont sur vos lèvres.

« De même que le savant docteur Garrigou (je me hasarde à prononcer des noms) a été le digne élève du non moins savant docteur Filhol, doyen, si je ne me trompe, de la Faculté de Toulouse, de même nous avons été fiers d'enregistrer dans les annales de Dax, le nom de M. Thore, naturaliste et physicien distingué, qui fut le digne émule du célèbre de Borda.

« Leur riche succession, Messieurs, ne pouvait pas, ne devait pas tomber en déshérence : Elle a été pieusement et courageusement recueillie par des héritiers respectueux et fidèles.

« C'est ce qui nous vaut aujourd'hui l'honneur et le plaisir de saluer entr'autres membres actifs de la Société de Borda les noms de MM. du Boucher, président, Thore, petit-fils du célèbre naturaliste, fidèle aux traditions de sa famille, Dufourcet, Taillebois, Duverger...... et bien d'autres encore qui tous viennent apporter chaque jour leur pierre à l'édifice construit par votre amour de la science.

« Et qu'il me soit permis, en passant, de les remercier du concours qu'ils viennent de donner à la Ville de Dax en organisant deux Expositions qui ne sont point le moindre attrait de nos Fêtes.

« En ce qui touche les résultats de votre *Congrès*, Messieurs, je ne vous dirai qu'un mot :

« Je considère, quant à moi, que la marche en avant de l'humanité est dans la nature des choses, et que la science que vous cultivez avec tant de fruit, est comme un phare lumineux destiné à éclairer la voie où l'humanité se trouve engagée. Avec la science, vous marchez sur un terrain solide, et, dans ces conditions, la marche en avant s'accomplit sans encombre, vers le but qui doit être celui de toute nation civilisée : **Le Progrès.**

« Honneur donc à vous tous, Messieurs, qui vous dévouez à ce qu'on peut, à juste titre, appeler la bonne cause.

« Vous allez commencer vos travaux, en constituant votre bureau définitif.

« Si j'ai un regret, c'est de les avoir retardés un seul instant, et surtout d'avoir différé le plaisir que vous aurez à entendre le sympathique et intelligent Président de la Société de Borda, mon ami, mon ancien et mon maître.

« Mesdames et Messieurs, au nom de la Ville de Dax, je déclare le *Congrès* scientifique ouvert. »

Cette allocution est accueillie par de chaleureux applaudissements. La parole est ensuite donnée à M. H. du Boucher, Président de la Société de Borda, Secrétaire-Général du Congrès, qui prononce le discours suivant :

Mesdames,
Messieurs,
Honorés collègues,

Lorsque mes collègues de la Société de Borda crurent devoir me confier le soin de l'organisation d'un Congrès scientifique régional à

Dax, je ne me dissimulai aucune des difficultés d'une tentative dont la hardiesse touchait à la témérité, et j'aurais probablement décliné une aussi lourde tâche si, pour me décider, on n'avait fait appel aux sentiments d'amour du pays et de dévouement absolu à la cause de la science dont on me savait animé. Succès oblige! me disait-on ; « pourquoi la Société de Borda, qui a été assez heureuse pour marquer « ses premiers pas dans la carrière par quelques services rendus au « pays, ne serait-elle pas la première à prouver qu'il y a un réel profit « pour les petites associations provinciales à discuter *en famille* les « questions d'intérêt local, avant de les porter à la tribune des grandes « réunions officielles ? Là, en effet, elles sont trop souvent noyées « dans des discussions générales ; il est difficile qu'elles puissent se « produire sous leur vrai jour ; enfin, les conséquences pratiques, « directement utiles à la région reçoivent une sanction trop souvent « banale et rarement une application directe.

« Ces idées de décentralisation régionale, ajoutait-on, doivent être « bonnes dans leur essence, puisque les esprits les plus éminents de « notre époque. MM. d'Abbadie, de Caumont, de Quatrefages et tant « d'autres que l'on pourrait citer, les ont prises sous leur patronage. « Dès lors, si le moment psychologique de leur mise en pratique est « réellement venu, pourquoi la Société de Borda, sans se laisser « décourager par l'insuccès de quelques tentatives antérieures, ne « viendrait-elle pas à son tour en essayer la réalisation et pourquoi « Dax, à laquelle on la sait si profondément dévouée, ne serait-elle pas « la première à en recueillir les bénéfices ? »

Des considérations d'ordre purement scientifique suffisent souvent à déterminer un homme de science ; mais lorsque cet homme de science est doublé d'un gascon patriote et qu'on le convie à la lutte, pareil aux soldats de ces vieilles bandes Aquitaines qui furent jadis l'appui de Sertorius et plus tard le principal instrument de la fortune du Prince Noir, il se lance résolûment dans la mêlée, sans nul souci des dangers qu'il affronte. Courage vrai, présomption méridionale, témérité gasconne, qu'importe au reste, le mobile, si le but qu'on se propose d'atteindre peut servir à la cause du Progrès ?

J'ai donc accepté l'effrayante responsabilité d'une tentative qui, jusqu'à l'heure n'avait abouti qu'à l'insuccès et il ne fallait rien moins, Messieurs, que vos nombreuses et sympathiques adhésions dès le début pour m'encourager à la poursuivre.

Le chef élu de cette intelligente municipalité Dacquoise dont j'ai été à même d'apprécier depuis longtemps les éminentes qualités du cœur et de l'esprit, vient, comme c'était son devoir, d'adresser quelques paroles de cordial remerciement et de bienveillant accueil aux membres du Congrès. La Société de Borda, dont je suis l'interprète, tient, elle aussi, à donner un témoignage public de sa gratitude aux personnages éminents de la région qui ont bien voulu venir honorer de leur présence une solennité qui ne sera jamais trop imposante puisqu'il s'agit de profit pour la science et d'honneur pour le pays. Elle doit aussi de bien vifs remerciements aux sommités de la science qui ont montré tant d'empressement à se faire inscrire sur nos listes et dont plusieurs, délaissant leurs occupations professionnelles et les travaux sérieux qu'ils poursuivent, sont venus se joindre à de modestes travailleurs dont l'appel a trouvé un écho dans leurs cœurs amis. J'ajouterai : merci à vous tous, Messieurs, collaborateurs plus humbles qui, avec moins de science mais autant de bonne volonté, avez voulu prouver que vous compreniez l'importance du rôle que la science est appelée à jouer dans les sociétés modernes et montrer que vous tous êtes disposés à favoriser son expansion.

Il m'est bien doux enfin d'adresser les plus vives expressions de notre reconnaissance aux dames qui se sont empressées de se rendre à notre appel. Ne croyez pas, Messieurs, que ce soit simplement un motif de vaine curiosité qui les ait attirées en si grand nombre. Elles aussi, ont voulu nous prouver qu'elles s'intéressaient à nos travaux, qu'elles en désiraient la réussite. Nous les remercions parce que leur présence ne servira pas seulement à embellir nos réunions ; si elles consentent à être les juges du camp de notre tournoi pacifique, elles nous obligeront à apporter dans nos discussions ce tact fin et délicat, cette grâce exquise, cette fleur de courtoisie qui sont leur apanage et... dont on nous accuse de manquer trop souvent. La femme n'est pas seulement le charme et la joie du foyer domestique, elle en est souvent la conseillère sagace et dévouée qui trouve dans son cœur les ressources qui manquent parfois à son éducation. Quel est celui d'entre nous, Messieurs, qui, aux prises avec d'inextricables difficultés n'a pas trouvé dans la finesse et la pénétration de leur esprit, dans la rectitude de leur jugement, la solution dont bien souvent il désespérait ? Je sais que votre dignité d'homme, votre amour-propre plutôt, ne vous permet pas d'en faire l'aveu : aussi, si j'avais quelques droits à l'exiger, est-ce à vos cœurs que je demanderais la réponse, bien assuré d'avance qu'elle ne viendrait pas me contredire.

A l'inauguration d'une fête scientifique dont elle a pris l'initiative, la Société de Borda a pour devoir de payer une dette sacrée de reconnaissance aux deux hommes illustres qu'elle a pris pour patrons et qu'elle s'efforce de suivre dans la voie qu'ils lui ont tracée. Ce sera pour moi une tâche bien douce que de profiter de l'attention que vous voulez bien me prêter pour vous rappeler aussi brièvement que possible et sans vous fatiguer, ce que furent ces deux hommes qui jouirent de leur vivant d'une réputation si méritée et qui, par delà la tombe ont encore trouvé le moyen d'être utiles, puisque nous pouvons les considérer comme les auteurs directs de nos premiers succès.

La famille de Borda est une des plus anciennes de la contrée et les traditions d'honneur, de bravoure, de probité, de dévouement à la chose publique que le père transmettait religieusement au fils en firent dès longtemps une des plus considérées. Nous lisons dans une vieille chronique Dacquoise qu'un Bertrand de Borda, en récompense de services rendus, reçut de Louis XIV les provisions de *maire perpétuel* de Dax et fut installé en cette qualité, aux acclamations de ses concitoyens, par le marquis de Gondrin, alors sénéchal des Lannes (1688).

Ne nous exagérons pas, Messieurs, la simplicité d'une époque qui en était encore à croire naïvement à la *perpétuité* de certaines choses. On est peut-être un peu trop disposé aujourd'hui à oublier que c'est à quelques-unes de ces idées d'autrefois que la France doit d'être devenue si promptement une nation homogène, compacte, puissante à l'intérieur, redoutée à l'étranger ; c'est aussi grâce à quelques-unes de ces idées qu'elle put conquérir si rapidement, entre les nations de l'Europe, un rang tel que ni les revers les plus inouïs, ni les désastres les plus affreux, n'ont pu l'en faire déchoir !

Quatrième fils d'Antoine de Borda, seigneur de Labatut et de Madeleine de la Croix, Jean-Charles de Borda n'était qu'un cadet de famille ; c'était lui pourtant qui devait porter à son apogée la gloire d'un nom illustre et le rendre Européen par les services signalés qu'il rendit à la science. C'est lui, en effet, que l'on peut considérer comme un des vrais rénovateurs de la physique en France, non de cette physique hypothétique et verbeuse, se payant de mots et dédaignant les faits dont on s'était contenté jusqu'alors, mais de cette physique ingénieuse,

rationnelle et savante qui observe avec un soin minutieux, compare avec
exactitude et déduit avec une mathématique rigueur. Charles de Borda
naquit à Dax en 1733 et mourut à Paris en 1799. Nous n'avons pas le
dessein de le suivre dans chacune des étapes de sa glorieuse carrière ;
Bougainville, Rœderer, Lefèvre-Gineau, ses collègues à l'Institut, nous
les ont minutieusement décrites, et si nous venons aujourd'hui rappeler
quelques-unes des plus saillantes, c'est pour montrer ce que fut
l'homme, de quelle nature ont été les services qu'il a rendus.

Après avoir fait d'assez bonnes études mathématiques au collège des
Barnabites de Dax, puis chez les Jésuites de la Flèche, Borda vint
à Paris où il fit de si rapides progrès dans les sciences exactes qu'à peine
âgé de 23 ans il lisait à l'Académie des sciences un mémoire tellement
remarquable sur *le mouvement des projectiles* que cette même année
il fut nommé membre associé de la savante Compagnie. Obtenir une si haute
distinction dans un âge si tendre aurait suffi à l'ambition d'un homme
médiocre et l'aurait peut-être endormi dans son triomphe ; Borda se
sentit engagé pour l'avenir et résolut de consacrer le reste de sa vie
à justifier les espérances que ses premiers succès avaient fait
concevoir.

Pour suivre les traditions de sa famille, il commença par embrasser
la carrière militaire : il accompagna même en qualité d'aide-de-camp
le maréchal de Maillebois dans la campagne de Hanovre et se battit à
ses côtés comme savaient le faire ceux de sa race, à la funeste
bataille d'Hastembek. Mais la vie des camps laissait à notre héros trop
peu de loisirs pour se livrer à ses études favorites ; il quitta l'armée et
demanda à entrer dans le génie maritime. M. de Praslin, alors ministre
de la marine, le nomma en 1767 lieutenant de port surnuméraire aux
appointements de 1800 livres. Ce changement de position lui permit de
consacrer une grande partie de son temps à des travaux qui avaient pour
but des améliorations à apporter à l'art nautique. C'est ainsi que dans un
très court espace de temps nous le voyons successivement produire des
mémoires sur *la résistance des fluides,* dont il voulut déterminer les
lois par l'expérience, sur *la meilleure forme à donner aux vannes des
roues* hydrauliques, ce qui ne l'empêchait pas de suivre les progrès de
l'analyse pure et de démontrer dans un travail qui est resté un chef
d'œuvre de précision, d'élégance et de clarté, la justesse des principes
du *calcul des variations* que venait de trouver le mathématicien
Lagrange.

Ces différents travaux attirèrent promptement l'attention sur le jeune officier et le firent appeler au service de mer. Il fit sa première campagne en 1768 ; à partir de ce moment sa voie lui parut naturellement tracée, il sentit qu'il était né marin. Trois ans après, il embarquait sur la *Flore* en qualité de commissaire de l'Académie des sciences pour surveiller le fonctionnement des chronomètres de Berthoud, le célèbre horloger de la marine. Lieutenant de vaisseau en 1775 à bord de la *Boussole,* il fit une campagne pour relever d'une façon exacte la position des îles Canaries et notamment celle de l'île de Fer d'où presque tous les peuples de l'Europe comptaient alors leurs longitudes géographiques. Ce fut dans ce voyage que Borda recueillit les éléments de sa belle carte des Canaries et des côtes d'Afrique qu'il releva d'une façon neuve et vraiment ingénieuse. En effet, jusqu'à lui les marins se bornaient à déterminer les points d'une côte d'après leur direction par rapport à l'aiguille aimantée ; cette méthode laissait beaucoup à désirer, car la direction de l'aiguille aimantée est loin d'être une constante pour tous les points du globe ; en outre, les difficultés d'observations et de lecture ne permettent qu'une exactitude insuffisante. Borda inaugura le procédé infiniment plus précis des relèvements astronomiques obtenus par des instruments à réflexion qui ne présentent pas sans doute la même exactitude que le théodolithe mais qui ont sur lui l'avantage d'être plus facilement maniables et surtout d'être beaucoup moins dispendieux.

Ce fut pendant cette campagne aux Canaries qu'il eut l'honneur de se rencontrer avec le fameux capitaine Cook qui entreprenait sur la *Resolution* son troisième voyage autour du monde. Les deux savants firent de concert à Ténériffe les observations nécessaires à leurs cartes marines ; Borda put même donner au célèbre navigateur anglais des indications qui lui permirent de retrouver la terre que venait de découvrir Kerguélen.

Pour en finir avec la carrière maritime de notre héros, nous dirons que nommé major d'Escadre, il servit sous les ordres du comte d'Estaing pendant la guerre d'Amérique et assista à la prise de l'île de Grenade et au siége de Savannah (1779). En 1782, on lui confia le commandement du *Guerrier*, vaisseau de 74 et on le chargea de convoyer un corps de troupe en destination de la Martinique. Il venait d'accomplir heureusement sa mission et avant de reprendre la route de France, il s'était établi en croisière au vent de la Martinique, quand il fut attaqué, à l'Est des Barbades, par une escadre anglaise que commandait sir Richard Hugues. Assailli par un ennemi trois fois supérieur en nombre il fit une résistance héroïque et ne consentit à amener son pavillon que lorsque son vaisseau, rasé comme un ponton par la mitraille ennemie fut sur le point de couler bas. Prisonnier sur parole, il fut envoyé en Angleterre où ses ennemis le traitèrent avec la distinction due à sa bravoure et à ses talents.

Pendant sa détention en Angleterre, il fit un court voyage à Copenhague et si nous rappelons cet épisode, si insignifiant en apparence de sa carrière, c'est qu'il nous fournit une occasion typique de montrer que ni la rude vie du marin, ni les études abstraites de l'homme de science n'avaient pu effacer en lui ces qualités d'esprit qui sont comme le fond du caractère national.

On s'occupait beaucoup au moment de son arrivée dans la capitale du Danemarck de la révolution de palais qui venait de précipiter du pouvoir le ministre Struensée que ses ennemis avaient réussi à traîner devant une haute Cour de justice comme accusé du crime de lèse-majesté et de commerce criminel avec la reine Caroline-Mathilde, femme de Christian VII. Dans tous les cercles de la capitale on commentait avec beaucoup d'animation la nouvelle d'aveux que pour sauver sa tête, Struensée aurait fait au cours de l'instruction ; ces aveux de relations coupables, trouvaient, nous devons l'avouer, quelque fondement dans la conduite imprudente et légère de son illustre complice. On s'accordait à blâmer vivement le ministre déchu : « Un Français, s'écria Borda, « l'aurait dit à tout le monde et ne l'aurait avoué à personne. »

Cinq ans avant l'épisode que nous venons de rapporter, Borda avait fait la plus importante de ses découvertes, celle qui devait rendre son nom Européen : nous voulons parler du cercle répétiteur pour les observations terrestres. L'idée n'est pas de lui, il est vrai, car, dès 1767, l'astronome Tobie Mayer avait publié la description d'un cercle à réflexion dans lequel les erreurs s'atténuaient par la multiplicité des observations, mais l'instrument de l'astronome Allemand avait le défaut d'introduire entre chacune d'elles une opération dont le manque d'exactitude rendait ces avantages à peu près illusoires. Par une de ces idées simples qui n'appartiennent qu'au génie, Borda, parvint à supprimer cette opération accessoire, cause de tant d'erreurs, et à donner à l'instrument un tel degré de précision qu'on put le considérer comme sien et lui donner son nom. Le cercle à réflexion tel qu'il l'avait modifié fut bientôt entre les mains des marins de toutes les nations et les services qu'il rendit sont incalculables.

Mais on devait surtout apprécier les immenses avantages du cercle répétiteur de Borda dans cette colossale opération, décrétée par la Constituante, qui avait pour objet la mesure d'un arc du Méridien terrestre. Borda, Delambre et Méchain en furent officiellement chargés, mais Borda, toujours prompt à s'effacer, ne voulut accepter que le rôle le plus modeste; il fut pourtant, en réalité, l'âme de cette gigantesque entreprise car il sut trouver dans son génie les moyens de suppléer à l'insuffisance de la science d'alors. Ainsi, on n'avait pas d'étalons pour la mesure des bases : Borda imagina de se servir de règles de platine, si précieuses par leurs qualités d'inoxydation et dont le coefficient de dilatation est à peine sensible. Il fallait pourtant pouvoir mesurer ces dilatations au cas où elles viendraient à se produire : Borda inventa des thermomètres métalliques qui permettaient d'y arriver avec une précision suffisante. Enfin, il fallait calculer la longueur exacte du pendule en un point donné : Borda fit connaître un procédé tellement ingénieux que nous n'avons encore rien trouvé de mieux aujourd'hui, tellement commode qu'on put l'employer avec le même succès aux différents points de la méridienne. Il est inutile de vous rappeler, mesdames, que cette mesure d'un arc du méridien de Dunkerque à Barcelonne avait pour but d'arriver à la connaissance exacte de la longueur du mètre, et nous pouvons constater avec un légitime orgueil que c'est à un Dacquois surtout que le monde entier est redevable de la détermination de l'unité de mesure la plus rationnelle et la plus commode, celle qui est appelée un jour à être universellement adoptée. En physique, Borda fit encore d'autres découvertes et je ferais certainement sourire un de nos aspirants au baccalauréat si je rappelais qu'il est l'inventeur de ce procédé à la fois ingénieux et simple qui porte le nom de méthode des *doubles pesées*.

Ce qui formait comme la caractéristique du talent de ce savant physicien géomètre, c'était l'ingéniosité, la souplesse, la variété d'un esprit fécond en ressources, prompt à les prodiguer, alliant habilement le calcul à l'expérience et n'estimant une découverte utile qu'à la condition de pouvoir arriver à la dernière précision par des moyens simples et a la portée de tous. La gloire, chose rare, lui vint de son vivant mais jamais il ne songea à en profiter pour améliorer sa situation pécuniaire qui fut toujours plus que modeste.

Désintéressé à l'excès, sa bourse était toujours ouverte aux savants qui réclamaient son aide et qui, bien souvent aussi, ne le payèrent que de la plus noire ingratitude. Sur la fin de sa vie, il avait entrepris la publication d'une table de logarithmes, travail ingrat s'il en fut, mais devant lequel il ne recula pas parce qu'il le croyait utile. Pour subvenir aux frais de l'impression, il dut engager pour 30,000 livres à un chanoine de ses parents, une terre qu'il possédait à Mimbaste et qui était ce qu'on appelait alors sa *légitime*. Il ne put voir la fin de ce travail, mais, en mourant, il en confia la s uite à Delambre qui mit à le terminer le soin pieux d'un ami dévoué.

Borda mourut à Paris, rue de la Sourdière et fut enterré au cimetière Montparnasse ; Bougainville, son collègue et son ami, prononça sur sa tombe son éloge funèbre et sut faire ressortir mieux que nous ne l'avons pu faire, les éminentes qualités du savant dont le monde entier pleurait la perte.

II

Jacques-François de Borda d'Oro, issu d'une autre branche de la famille de Borda, et cousin du précédent, dut aussi sa réputation à une existence qu'il consacra toute entière au culte de la science et à la pratique de la vertu. Sans doute, il est moins connu et sa gloire se perd un peu dans les rayons de celle de son illustre parent, mais pour être moins brillante elle n'en est pas moins solide.

Né à Dax en 1718, il était de 15 ans plus âgé que le chevalier de Borda, son cousin. Comme lui, dès son plus jeune âge, il eut la passion des mathématiques qui semble avoir été de tradition dans cette famille et qui se fortifia chez lui par l'étroite amitié qu'il noua avec le célèbre d'Alembert. Ce fut Borda d'Oro qui développa chez son jeune parent le goût des sciences exactes et qui guida ses premiers pas dans une carrière où il devait se voir bientôt singulièrement dépasser. Le jeune officier de marine lui devait une bonne part de ses succès et se plaisait à le reconnaître. Sur la fin de sa vie, quand on parlait devant Borda d'Oro de l'heureuse fortune scientifique de son parent, il ne pouvait réprimer un sentiment de légitime orgueil. Ce vénérable vieillard — il avait plus de 86 ans quand il mourut — avait même l'habitude d'ajouter, non sans une certaine bonhomie narquoise et en faisant allusion à certains écarts d'un caractère trop violent qu'il avait été chargé de réfréner par la famille de son cousin : Dire que ce gamin ne serait jamais arrivé à un pareil résultat si plus d'une fois je n'avais été obligé de lui faire mettre les entraves de mon cheval !

Ce serait abuser de l'attention que vous voulez bien me prêter que d'écrire une biographie complète de J.-F. de Borda ; il nous suffira pour le faire connaître de rappeler quelques-uns des titres de cet homme de bien à l'estime de ses compatriotes, à la vénération de ceux qui l'ont pris pour modèle. Si l'on veut se rendre compte de la valeur en laquelle il était tenu par les savants de son époque, il faut parcourir la volumineuse correspondance que, pendant plus de soixante ans de sa vie, il entretint avec les sommités scientifiques de la fin du XVIIIe siècle : d'Alembert, Buffon, Cuvier, Deluc, du Hamel du Monceau, Guettard, Palassou, Réaumur, de Saussure, Thore, lui écrivent avec cette respectueuse déférence qui est le plus délicat hommage à rendre au talent modeste et vrai. Cette correspondance est aujourd'hui dispersée ; espérons qu'une main pieuse réunira un jour ces lettres éparses en tant de mains et s'en servira pour nous le faire mieux connaître et élever à sa mémoire le seul monument qui n'aurait point offensé sa modestie.

Borda d'Oro s'adonna surtout à l'étude des sciences naturelles, et y apporta un enthousiasme soutenu et réfléchi. Il semble avoir eu constamment présente à la pensée cette réflexion d'un naturaliste contemporain d'Alexandre le Grand : *En pasi tois phusicois enesti ti thaumastòn — dans tout ce qui est phénomène naturel, il y a quelque chose de réellement admirable* — mais mieux encore qu'Aristote, il devait apporter dans ces études une rigueur dans l'observation, une précision dans les expériences, une logique dans les déductions que, comme son cousin, il devait à sa connaissance profonde des mathématiques. Il fut un de ceux qui démontrèrent combien sont solidaires toutes les branches de la science et quel mutuel secours elles peuvent, à un moment donné, se prêter l'une à l'autre. Sans doute l'horizon scientifique s'élargit chaque jour ; les intelligences deviennent rares qui peuvent résumer dans une vaste synthèse tout l'ensemble des faits connus et le travailleur, forcément modeste, réduit à se cantonner dans une spécialité, s'estime heureux s'il peut contribuer à en élargir le cercle. Ces grands génies, dont l'humanité s'honore, l'ont été souvent moins par la profondeur que par l'universalité de leurs connaissances, c'est-à-dire de leurs moyens de rechercher, de découvrir, de contrôler la vérité. Ce qui était le cas d'Aristote au temps d'Alexandre, est encore celui de Humboldt et de Cuvier à une époque que nous pouvons qualifier de contemporaine.

Loin d'imiter ses prédécesseurs, Borda, chercha dans les sciences naturelles autre chose que ce qu'elles ont d'abstrait et de spéculatif ; il s'attacha aux conséquences pratiques, directement utilisables que l'on en pouvait tirer. Partant de ce principe que toute science doit avoir pour objet l'amélioration des conditions morales ou matérielles de l'humanité, il voulut surtout que ses études pussent profiter au pays déshérité qui l'avait vu naître. L'un de ses plus beaux titres à la reconnaissance des Landais est certainement d'avoir démontré que cette disgrâce était plus apparente que réelle, que, si nous le voulions, notre industrieuse activité devait savoir triompher des obstacles qui semblent avoir été semés sous nos pas, car la Bonté Souveraine a presque toujours placé à côté du poison qui tue le remède qui guérit....

Dans les nombreux mémoires qu'il nous a laissés, mémoires qui sont restés inédits mais dont la Société de Borda a entrepris la publication, notre savant traite de tout ce qui peut présenter un intérêt quelconque pour la région : sables, argiles, marnes, silex, faluns, gypse, calcaires, tourbes, bitumes, ossements et coquilles fossiles, tout est passé en revue. Mais, s'il traite de l'argile, il s'étend avec complaisance sur les gisements que l'on pourrait utiliser pour des tuileries, des briqueteries, la fabrication de poteries de luxe, communes et réfractaires. S'il traite de la marne et des faluns c'est pour recommander en entrant dans les plus minutieux détails, l'emploi de ces agents fertilisateurs par excellence des terrains arides, c'est pour insister sur les sages prescriptions de Columelle, de Varron, de Celse et autres agronomes latins, c'est pour indiquer la composition et le mode d'emploi d'amendements nouveaux ; s'il traite des combustibles fossiles, c'est pour faire connaître le résultat de ses recherches sur la meilleure manière d'utiliser la tourbe, c'est pour prédire en lignes quasi-prophétiques l'avenir fructueux réservé aux bitumes de Gaujacq, c'est pour indiquer la méthode la meilleure de les exploiter, les procédés les plus économiques d'arriver à les débarrasser de leurs impuretés. Comme agronome, Borda est le premier qui ait introduit en France la culture de l'arachide (*arachis hypocarpogea*) cette légumineuse exotique trop dédaignée depuis et qui offrirait au pays de sable tant de précieuses ressources par ses rendements multiples comme plante alimentaire, oléagineuse et fourragère. En un mot, *savoir, être utile*, telle semble être la devise sur laquelle il modela tous les actes de sa vie.

Par une de ces intuitions que le génie seul possède, Borda, aidé de sa profonde connaissance des lois naturelles, eut une fois une véritable prescience de l'avenir et put être considéré comme un des précurseurs d'une science dont le nom même n'était pas connu de son époque. Rappeler ce fait peu connu, c'est rendre à notre illustre maître la justice qui lui est due en même temps que donner une bien douce satisfaction à mon cœur d'archéologue.

Dans le chapitre de ses mémoires où il traite du silex, Borda écrit les lignes suivantes qui durent paraître bien hardies à ses contemporains : à Pouillon, « toute la croupe occidentale de la colline « de Bénaruc est semée d'éclats de silex. Des raisons assez plausibles « m'autorisent à croire que dans une haute antiquité on avait fabriqué « en ce lieu des instruments en silex, tels que ceux qu'on trouve « parfois dans les environs et que ces fragments étaient les débris qui « s'en étaient séparés lorsqu'on les taillait..... » Un peu plus loin il constate la présence d'instruments et de débris analogues à Aygue-Routye (près de Dax), dans les landes de Saint-Vincent, de Tercis et de Saugnac ; il insiste sur les pointes de flèches en silex mais grossièrement travaillées que l'on trouve un peu partout dans les Landes. « Il conclut en disant : les anciens habitants du pays, « vraisemblablement ceux *qui s'y sont établis les premiers* sont ceux « qui, *avant la connaissance du métal* ont employé le silex pour s'en « fabriquer des instruments. »

Il faut se rappeler, Messieurs, que ces lignes qui nous paraissent aujourd'hui toutes naturelles mais qui, à cette époque permettaient de douter de la saine raison de leur auteur, ont été écrites plus de cent ans avant que les découvertes de Boucher de Perthes, de Lartet, de Tournal, de Schmerling, de Garrigou, de Marcel de Serres, aujourd'hui indiscutables, mais si controversées quand elles furent présentées au monde savant, eussent assis sur des bases solides cette science nouvelle qui a nom l'archéologie préhistorique. Les appréciations de Borda, à l'époque où nul ne se souciait de pareilles choses et ne croyait même à leur possibilité étaient l'expression de l'exacte vérité et nous n'avions pas tort de qualifier le savant Dacquois de véritable précurseur. C'est grâce à ces données qu'il a si nettement établies que mon excellent collègue et ami, M. R. Pottier, fut mis sur la voie de toutes ces richesses archéologiques Landaises que le premier il a signalées au monde savant. C'est grâce à celles que, venant après cet heureux chercheur, j'ai pu reconstituer les stations préhistoriques qui formèrent autrefois autour de Dax, ou du moins autour des sources thermales qui en étaient le centre, une des plus nombreuses agglomérations préhistoriques que l'on ait encore signalées.

Voilà ce que fut Borda comme homme de science. Comme magistrat, comme homme privé, il n'eut pas moins de titres à l'estime de ses concitoyens ; peu de mots suffiront pour montrer combien il en était digne. Il occupa les charges les plus hautes de la magistrature provinciale : Président au Présidial de Dax, Lieutenant-général de la sénéchaussée des Lannes, il poussa jusqu'à l'excès l'amour de la justice et de la liberté. Lors du déplorable conflit qui s'éleva entre le Parlement et le monarque mal conseillé par le chancelier Maupeou, Borda, comme tous ceux de ses collègues qui ne pouvaient se résoudre à transiger avec leur conscience, prit bravement le chemin de l'exil. Il ne dut sa grâce et son retour en France qu'à l'influence puissante de son ami d'Alembert et du maréchal de Richelieu, alors gouverneur de Guyenne. Prévoyant peut-être les orages politiques qui grondaient à l'horizon de notre malheureux pays, il se retira dans sa paisible retraite d'Oro déterminé à consacrer le reste de son existence à des travaux utiles à la contrée et à ses chères études d'histoire naturelle. Il approchait de sa 80e année quand survint la Terreur ; il fut emprisonné comme suspect avec ses deux filles.

A cette époque, Messieurs, la porte de la prison s'ouvrait trop souvent sur l'échafaud ; on demanda à Borda une simple déclaration sur le vu de laquelle il devait être mis immédiatement en liberté. Cet aveu blessait la vérité, il refusa de le faire et préféra la captivité avec les conséquences fatales qui pouvaient s'en suivre.

Il vécut encore près de 10 ans après ces événements funestes et quand la mort l'atteignit sans le surprendre, modeste et résigné comme il l'avait été toute sa vie, le dernier vœu qu'il manifesta fut d'être enterré au pied de la croix du cimetière de Saugnac sa paroisse, car, dit un de ses biographes, *il avouait n'avoir trouvé de philosophie et de vertus solides que dans la religion.*

Nous le disons avec regrets, le naturaliste qu'un pieux pèlerinage amènerait au cimetière de Saugnac, sentirait son cœur douloureusement serré en voyant que sur la pierre tumulaire qui recouvre les cendres de ce savant modeste, de cet homme de bien, de ce bienfaiteur du pays, il n'y a pas même une inscription qui rappelle ses talents et ses vertus au souvenir de la postérité !

Tels sont, Messieurs, les deux hommes sous le patronage desquels nous avons placé notre œuvre ; c'est en nous inspirant de leurs exemples que comme eux nous voulons *savoir*, comme eux nous cherchons à nous rendre *utiles* à la cité dont ils nous ont appris à être fiers d'être les enfants. Si, comme dit un poète latin, nous les suivons *non passibus æquis* dans la voie qu'ils nous ont tracée, il faut en accuser moins notre bonne volonté que la somme de talents qui nous a été départie. Notre conviction est que travailler c'est faire véritablement œuvre de citoyens, que dans ce champ de jour en jour plus vaste qui s'offre à l'activité humaine, il y aura toujours des jalons à reculer, de nouvelles étapes à franchir. Souvenons-nous que, quand bien même toutes les grandes lois naturelles nous seraient connues, il nous resterait le champ illimité des applications de la science aux besoins de l'homme qui augmentent à mesure que son intelligence grandit. Si humble que soit l'apport de chacun, il n'en contribue pas moins à la construction de l'immense édifice que la science est en train d'élever. C'est à cette tâche que nous nous sommes voués ; c'est celle que nous entendons poursuivre avec toute l'énergie de nos convictions. Un jour, peut-être, en reconnaissance du peu de bien que nous aurons pu faire, l'estime de nos concitoyens et surtout cette satisfaction intime que donne la conscience du devoir accompli, seront la récompense de nos efforts ; c'est celle dont nous nous estimerons le plus honorés.

Alors, à l'exemple de nos ennemis d'hier, et nous appropriant la devise qui les a trop souvent conduits à la victoire, nous aussi nous nous dirons que nous avons fait ce qu'il était en notre pouvoir de faire : *Um Gott, Wissenschaft und Vaterlaud* — pour Dieu, pour la Science et pour la Patrie !

Après ce discours dont il n'appartient pas au rédacteur de ce procès-verbal d'apprécier l'effet, M. le Secrétaire général rappelle au Congrès que son premier soin doit être la constitution de son Bureau définitif et la nomination parmi les plus autorisés, des membres qui devront présider à ses travaux.

Quelques membres du Congrès font observer que le Comité d'organisation a dû prévoir le cas et doit avoir des noms à présenter.

M. le Secrétaire général répond qu'en effet le Comité a prévu cette éventualité et qu'il a l'honneur, au nom de ce même Comité, de soumettre au vote de l'assemblée les noms de M. le docteur Garrigou, comme Président général, et comme Vice-Présidents généraux de M. le docteur Armieux, délégué de la Société de Médecine et de l'Académie des sciences de Toulouse, de M. P. Deloynes, Président de la Société Linnéenne de Bordeaux et de M. Léon Palustre, Directeur de la Société Française d'Archéologie. Il est convenu que le vote aura lieu par acclamation et que, suivant l'exemple donné par le Congrès scientifique de Pau en 1873, les dames présentes prendront part au vote. MM. Garrigou, Armieux, Deloynes, Palustre, réunissent la grande majorité des suffrages et sont installés au Bureau où M. le docteur Garrigou remercie l'assemblée en termes émus et affirme son dévouement absolu à la cause de la science.

M. le Secrétaire général fait quelques communications d'ordre. Il donne la liste des Sociétés savantes qui, dès le début, ont bien voulu donner leur adhésion à l'œuvre du Congrès et promettre leur concours dévoué. Ce sont, par ordre de date :

La Société Linnéenne de Bordeaux,
La Société des sciences, lettres et arts de Pau,
La Société des sciences physiques et naturelles de Bordeaux,
La Société archéologique de Tarn-et-Garonne,
La Société des sciences et arts de Bayonne,
Le Club Alpin Français (section du Sud-Ouest),
La Société scientifique, historique et archéologique de la Corrèze,
La Société académique Indo-Chinoise de Paris,
La Société d'agriculture, sciences et arts de Mont-de-Marsan,
La Société de géographie commerciale de Bordeaux,
La Société Ramond de Bagnères-de-Bigorre,
La Société d'histoire naturelle de Toulouse,
La Société archéologique du midi de la France, à Toulouse,
La Société académique Hispano-Portugaise, à Toulouse,
La Société de géographie de Toulouse.

En outre, plusieurs de ces Sociétés ont confié à des délégués la mission de les représenter au Congrès. Ainsi, la Société de Mont-de-Marsan a désigné :

> MM. Le Baron de RAVIGNAN, sénateur,
> P. LAFABRIE, avocat,
> G. SOURBETS, négociant,
> Léon de CHAUTON,
> A. DARRICAU, avocat, conseiller général,
> Anatole de CLAYE, ancien auditeur au Conseil d'Etat.

La Société Académique Indo-Chinoise de Paris a désigné :

> MM. Le Marquis de CROIZIER, président,
> Eugène GIBERT, secrétaire général,
> Paul GUERREAU, trésorier.

La Société Linnéenne de Bordeaux a désigné :

> MM. Paul DELOYNES, président,
> DEGRANGE-TOUZIN, vice-président,
> MOTELAY, archiviste,
> H. BROCHON, bâtonnier de l'ordre des avocats.

La Société de Médecine, l'Académie des Sciences et la Société Hispano-Portugaise de Toulouse ont désigné :

> M. Le Docteur ARMIEUX, médecin-principal en retraite.

Enfin la Société des Sciences et Arts de Bayonne est représentée par :

> MM. Le Docteur DELVAILLE, président,
> Arnaud DÉTROYAT,
> DURAN,
> BERNADOU.

Les publications scientifiques qui ont bien voulu annoncer le Congrès et le patronner chaudement sont, entr'autres, les *Matériaux pour l'Histoire de l'Homme* de M. E. Cartailhac. le *Journal de Micrographie* du docteur Pelletan, le *Bulletin de la Société Ramond*, la *Revue Belge de Microscopie,* le *Botanisches Centralblatt* du docteur Uhlworm, à Göttingen, etc.

M. le Secrétaire général dépose sur le Bureau les ouvrages suivants dont les auteurs ont bien voulu faire hommage au Congrès :

Armieux (D^r). — Note sur la source de Barzun-Barèges descendue à Luz ;
—   Etudes médicales sur Barèges ;
—   Propriétés curatives de la source de Barzun-Barèges descendue à Luz ;
A. Bordenave d'Abère. — Morlaàs et sa basilique ;
—   Musée cantonal de Morlaàs ;
—   Vœu émis par le Conseil général des Basses-Pyrénées pour le maintien de la Cour d'Appel de Pau et des Tribunaux du ressort ;
Capgrand-Mothes. — Nouveau procédé de culture du chêne-liège ;
Cartailhac. — Matériaux pour l'Histoire primitive et naturelle de l'Homme. — 16e volume. — 2e série. — T. xii. — 1881 ;
—   Les sépultures de Solutré ;
—   Etudes Paléontologiques dans le bassin du Rhône. — Premier âge du fer. — Nécropoles et Tumulus. — Compte-rendu ;
—   Congrès International d'anthropologie et d'archéologie préhistorique. — Rapport sur la session de Lisbonne ;
—   Notes sur l'archéologie préhistorique en Portugal ;
—   L'âge de la pierre polie en Asie ;
Cirot de la Ville (Mgr). — Origines chrétiennes de Bordeaux. — Histoire et description de Saint-Seurin ;
Dr Daudirac. — Association médicale de Cauterets. — Rapport sur l'année 1872 ;
Dejeanne (D^r). — Vieux Bagnères (recueil d'articles publiés dans la Petite Gazette) ;
Duboué (D^r). — De l'impaludisme ;
Lagrange (A. de). — Dax. Concours régional. Expositions. (Extrait du guide du Touriste aux Expositions de Dax et de Bordeaux ;
Lartigau (Abbé). — Etude sur Beneharnum ;
Ledain (Bélisaire). — Histoire d'Alphonse, frère de Saint-Louis et du comté de Poitou sous son administration ;
Lespiault (Maurice). — Notes et observations sur les vignes américaines ;

Malarce (A. de). — Monnaies, poids et mesures des diverses parties du monde et rapport exact avec les monnaies de France ;

Marmisse (Dr). — Nécrologie médicale ou recherches statistiques et pathologiques sur les décès chez les médecins ;

Martres (Léon). — L'agriculture dans le département des Landes et son amélioration par la culture de la vigne et du pin ;

— Essai sur le Drainage et son application à la culture des Landes ;

Montesquiou (De). — Rapport sur le procédé de culture du chêne-liége de M. Capgrand-Mothes, présenté au nom d'une Commission spéciale de la Société des Agriculteurs de France ;

Musgrave-Clay (Dr de). — Etude sur la contagiosité de la phthisie pulmonaire ;

Palustre (Léon). — Compte-rendu des séances du Congrès tenu en 1880 à Arras et à Tournai par la Société Française d'Archéologie ;

Raymond (Paul). — Rôles de l'armée de Gaston Phebus, comte de Foix et seigneur de Béarn (1376-1378), d'après un manuscrit inédit ;

— Notice sur l'Intendance en Béarn et sur les Etats de cette province ;

Sancery (Dr). — Capvern et ses deux sources ;

Sorbets (Dr Léon). — Etudes archéologiques ;

— De l'expectation en médecine et en chirurgie ;

Supervielle (Abbé). — De la nouvelle interdiction de toute chasse à l'exception de la chasse au fusil ;

Tollet. — La réforme du casernement. — Conférence à la Société d'encouragement pour l'industrie nationale ;

— Les bains-douches ;

Tourasse. — Autolégie. — Nouvelle méthode de lecture.

Le Congrès vote des remerciements aux généreux donateurs des ouvrages dont l'énumération précède et décide que ces ouvrages seront déposés dans la Bibliothèque de la Société de Borda.

M. Garrigou, président, consulte l'assemblée et l'on convient, d'un commun accord, qu'on se réunira en séances de sections, au Palais de

Justice où trois salles ont été disposées dans ce but, le lendemain, mardi 2 Mai, à huit heures du matin.

La séance est levée à dix heures et demie du soir.

Le Secrétaire Général,

H. du BOUCHER.

SÉANCES GÉNÉRALES DU MARDI 2 MAI

Séance du matin.

Le mardi 2 Mai, à huit heures du matin, un grand nombre de membres du Congrès étaient réunis au Palais de Justice dans la salle des Pas Perdus. Sur la proposition de M. le docteur Garrigou, président, les trois sections se réunissent dans la salle d'audience pour discuter certaines mesures d'ordre et entendre lecture de la liste des travaux qui ont été annoncés au Congrès.

A la suite de quelques observations présentées par Messieurs de Chasteigner, Cartailhac, Dr Dejeanne et P. Deloynes, il est décidé que l'archéologie préhistorique qui sur le programme figurait à la 2e section, sera réunie à la 3°, c'est-à-dire à l'archéologie historique. Cette proposition réunit la majorité des suffrages et est adoptée malgré la protestation de M. H. du Boucher qui croit l'archéologie préhistorique mieux à sa place avec l'anthropologie et les sciences médicales.

M. le Secrétaire-général donne lecture de la liste des travaux qui lui ont été annoncés pour le Congrès. Cette liste est rectifiée et complétée par M. Tournouër et quelques membres présents.

Les sections se réunissent séparément dans les salles qui ont été appropriées pour les recevoir pour tenir leur première séance et procéder à la nomination de leurs Bureaux respectifs.

Le Secrétaire Général,

H. du BOUCHER.

Séance du soir.

Ainsi qu'il avait été convenu, cette séance n'a pas été publique ; les membres du Congrès et ceux de la Société de Borda y ont seuls été admis.

Siégent au Bureau : M. le docteur *Garrigou*, président, MM. L. Palustre, P. Deloynes, docteur Armieux, vice-présidents.

M. le docteur *Garrigou* : J'ai le regret bien vif d'annoncer au Congrès que M. Raoul Tournoüer, retenu à l'hôtel par la maladie, ne peut assister à la séance. J'invite MM. les secrétaires de section à rendre compte sommairement des travaux qui ont été lus dans la matinée et des excursions qui ont eu lieu dans l'après-midi.

M. *J. Thore*, secrétaire de la 1ʳᵉ section, rend compte de la savante conférence avec coupes au tableau faite par M. Tournoüer sur les divers étages de la formation miocène aux environs de Dax. Il indique leurs rapports stratigraphiques, leur mode de formation, les différences qu'ils présentent quand on les compare à ceux de la Gironde. M. le Secrétaire dit ensuite que dans l'après-midi la section s'est transportée à Poustagnac (Saint-Paul-lès-Dax), pour étudier les curieux dépôts de sables coquilliers et ferrugineux ainsi que les minerais de fer limoneux qui se trouvent dans cette localité.

La première section n'assistait pas toute entière à cette excursion géologique ; les botanistes conduits par M. le docteur Blanchet, s'en étaient séparés à hauteur du Pont de Dax, avaient longé la rive droite de l'Adour, visité en passant le chêne de Quillac, qui est une vraie curiosité végétale, et récolté chemin faisant quelques plantes peu rares, entr'autres : *Lepidium virginieum, Ranunculus philonotis, Lupinus reticulatus,* plusieurs espèces d'*Ornithopus, Juncus tenuis, Cyperus vegetus* et enfin une amanite bulbeuse printanière, comestible, que M. Rouméguère a décrite récemment sous le nom d'*A. vernolia,* mais qui était déjà connue de Poulet sous le nom d'*A. gemmata.*

MM. *P. Deloynes* et *Dubalen* rendent compte de cette excursion.

M. A. Planté, secrétaire de la 3ᵉ section, rend compte du travail lu dans la matinée par M. le docteur L. Sorbets *sur l'Homme Tertiaire,* mémoire qui à la suite d'une discussion à laquelle ont pris part MM. Cartailhac, de Chasteigner, Garrigou, H. du Boucher, a été retiré par son auteur.

M. A. Planté donne ensuite lecture de quelques extraits d'un travail de M. l'abbé *Lartigau* sur l'emplacement de *Beneharnum.*

M. le Dʳ Dejeanne dit qu'il ne peut admettre les conclusions posées par l'auteur de cette communication ; il expose quelques-unes des raisons qui lui font revendiquer pour Bagnères-de-Bigorre le nom d'*Aquæ Convenarum* et s'inscrit pour répondre à M. l'abbé Lartigau, en séance ordinaire, quand son contradicteur sera présent.

M. L. *Palustre* rend compte de la visite faite par la 3ᵉ section à la vieille enceinte Gallo-Romaine de Dax, à l'Église et au tombeau de St-Vincent-de-Sentes, premier évêque de Dax.

Le savant directeur de la Société Française d'archéologie dit que d'après M. de Caumont, l'enceinte de Dax était une des plus belles connues, comparable à celles de Beauvais, du Mans, de Jublains et, comme elles bâtie au IVᵉ siècle ; car, à Dax comme dans ces autres villes, on trouve dans la maçonnerie des remparts des matériaux sculptés des IIᵉ et IIIᵉ siècles, fûts de colonnes, frises, chapiteaux, tombeaux, etc.

Il rappelle et cite le remarquable travail de M. R. Pottier, publié d'abord dans le Bulletin Monumental et tout dernièrement dans le Bulletin de la Société de Borda.

Il regrette que des nécessités dont il reconnait en partie l'existence aient obligé la municipalité à démolir presqu'entièrement ces fortifications si curieuses dans leur ensemble et même dans les détails, avec leur petit appareil cubique, *opus quadratum regulare*, et les chaînes de briques horizontales qui avaient particulièrement frappé M. de Caumont.

Il invite la Société à reprodnire tous les vieux plans qui existent et qui ont été soumis à la section par Messieurs Taillebois et Dufourcet.

Passant ensuite à la visite faite à l'Eglise de St-Vincent-de-Xaintes, il remercie tout d'abord M. l'abbé Dulau de la complaisance qu'il a poussée jusqu'à faire démolir l'autel qui recouvre le tombeau du premier évêque de Dax.

Ce tombeau, pour M. L. Palustre, date de deux époques bien distinctes ; sa cuve en marbre blanc date de l'époque Carlovingienne et est peut-être même plus ancienne, tandis que le couvercle avec son gisant, représentant la statue d'un Evèque, est évidemment de la fin du XIIᵉ siècle ou du commencement du XIIIᵉ.

M. Palustre cite la brochure de *St-Vincent-de-Sentes et sa Cathédrale*, publiée en 1855 par le regretté Dompnier de Sauviac, et approuve comme exacte la description qu'il donne de ce tombeau qui est, quoiqu'il en soit, très curieux et très précieux et qu'il voudrait voir placé dans le chœur, derrière l'autel, sur des supports en pierre, comme celui de Sainte-Radegonde à Poitiers et beaucoup d'autres. Il signale encore aux archéologues un chrisme fort remarquable sculpté sur une pierre encastrée dans le mur intérieur du clocher. Il prie les membres de la Société de Borda d'en faire un estampage ou une bonne photographie qui lui permettra de l'étudier avec soin et de déterminer l'époque à laquelle il faut le rapporter.

A propos des murailles Gallo-Romaines, *M. H. de Lobit de Monval* demande à communiquer au Congrès quelques détails qu'il croit inédits :

Il y a plusieurs années, dit-il, en faisant des fouilles pour la canalisation du gaz on trouva près de l'autel Barbe des fondations de vieilles murailles. Voici ce que j'ai pu remarquer :

1° Une muraille, d'une épaisseur d'un mètre environ dans le sens de la largeur de la rue, du côté de la Fontaine-Chaude ; 2° contre cette muraille, du côté opposé à la Fontaine, il y avait un espace rempli de terre d'un mètre environ de largeur ; 3° en remontant toujours dans le même sens, il y avait une muraille de près de 2 mètres d'épaisseur. De telle sorte, que l'espace rempli de terre, s'il avait été vide, aurait semblé être un couloir étroit entre les deux murailles. Chose singulière ! la partie la plus forte de la muraille semblait faire face à la ville haute. Cette ligne de remparts semblait se diriger vers l'ancienne porte Julia.

A peu de distance des bains Romains, aux bains dits d'Auguste César, on trouva des pièces de monnaie romaines à l'effigie de César Auguste, et des fragments de baignoires de marbre. Une somme de 300 francs fut allouée au propriétaire de la maison pour qu'il permit d'y continuer des fouilles. Le propriétaire ne jugea pas la somme suffisante, refusa son autorisation et se contenta de faire établir une pompe qui lui permettait de donner des bains 0,50 meilleur marché et de faire ainsi concurrence au rabais à un établissement Impérial et Romain : *Sic transit gloria mundi !*

M. *H. du Boucher* dit que l'existence de la double muraille dont parle M. de Monval a été signalée par M. Dompnier (Chronique de la cité et du diocèse d'Aqs). Cet auteur établit même que ce qu'il appelle la muraille de ville, coupait à angle droit toutes les rues perpendiculaires au fleuve depuis la prison actuelle jusques et y compris la rue Neuve, à hauteur du n° 3 de la rue des Pénitents.

M. le Dr *Duhourcau*, secrétaire de la section des sciences médicales, rend compte d'un travail très-intéressant de M. H. Serres sur cette question : Pourquoi, dans les conditions d'insalubrité apparente où Dax se trouve placée, est-elle indemne des fièvres intermittentes ?

L'impression de ce mémoire a été ordonnée. Quant au travail du même auteur sur les boues végéto-minérales de Dax, la section ayant décidé qu'il serait lu et discuté en séance générale, M. le Secrétaire demande à M. le Président de permettre à M. H. Serres d'en donner lecture.

M. H. Serres donne lecture de son travail sur les boues végéto-minérales et thermales de Dax.

Après avoir constaté l'ancienneté de la réputation des boues de Dax comme agent thérapeutique, l'auteur établit que, dans leur état naturel et primitif, les boues sont formées en proportion variable par quatre éléments principaux : 1° le limon déposé par les débordements de l'Adour, que l'on peut considérer comme l'excipient des trois autres ; 2° le résidu de l'évaporation, consistant surtout en carbonates de soude et de magnésie et sesquioxyde de fer ; 3° en un dépôt particulier analogue au précédent, provenant de l'action des oscillaires qui réduisent et précipitent à l'état de sous-carbonates les bi-carbonates terreux et de fer contenus dans l'eau thermale ; 4° de la substance même des corps organisés qui, sous l'influence des rayons solaires, y naissent, croissent et se développent avec une surprenante rapidité.

Ces boues n'arrivent donc point, comme quelques personnes se l'imaginent encore, toutes formées du sein de la terre, ne sont point des éjections de nature volcanique, sourdant en des points privilégiés, car elles ne présentent absolument aucun des caractères des *Salses* auxquelles on pourrait les comparer. Dans ces circonstances, il n'est point un établissement thermal à Dax qui puisse, à l'exclusion des autres, qualifier ses boues d'*uniques* ou de *seules naturelles* puisque toutes sont d'origine et de composition identiques ; y en aurait-il même d'artificielles que cela ne prouverait rien contre leur efficacité thérapeutique puisque, même dans ce cas, l'expérience a démontré que cette efficacité était réelle.

Pour M. Hector Serres, les boues Dacquoises ont évidemment pour origine première le limon adourien ; c'est dans les nombreux trous ou cloaques dont les berges du fleuve étaient criblées que l'on put dans les temps anciens constater pour la première fois leurs vertus curatives. L'auteur cite et commente à ce sujet deux passages de Pline et fait voir comment un observateur superficiel aurait pu, naguère, croire que les préceptes du naturaliste romain étaient encore mis en pratique par les populations de nos campagnes.

M. H. Serres insiste sur la rapidité vraiment surprenante avec laquelle les algues inférieures se développent dans ces bassins naturels. En raison des bouleversements opérés, ce fait ne serait guère plus vérifiable s'il n'avait eu soin de faire concéder aux Thermes par l'administration municipale la piscine ou *trou des pauvres* à laquelle il n'a été apporté aucune modification très-sensible. Il rappelle les services nombreux rendus par cette piscine à la classe indigente et donne l'analyse de ses boues telle qu'elle a été publiée par MM. Delmas et Larauza dans un mémoire lu à la Société d'Hydrologie. Dans cette analyse, les éléments fournis par les algues (matière organique, magnésie, chaux, brôme, iode, fer), entrent pour près de 1/10 du poids total. On se rend compte facilement du rôle considérable que doivent jouer les algues dans la constitution de nos boues.

Entrant ensuite dans l'étude de ces organismes inférieurs, l'auteur dit avoir pu constater la présence non seulement de l'*Oscillaria Gratteloupii* (Bory) qui ne serait autre que l'*Oscillaria Calida*, g, (Petit) mais encore celle d'une autre oscilaire, environ d'un tiers plus petite, dont il ne donne pas le nom.

Les boues de Dax n'ont d'analogues naturelles que celles de Préchacq. Tandis qu'à Saint-Amand on a besoin de les chauffer à cause de leur basse température, qu'à Franzenbad elles subissent toute une série de manipulations avant d'être aussi chauffées artificiellement, à Dax, on les emploie telles que la nature les fournit ; elles sont directement chauffées et minéralisées par elle.

Quelques auteurs ont attribué à l'électricité une large part dans la médication thermale ; mais les courants électriques se développent–ils dans l'eau ou dans la boue ? M. Serres dit l'ignorer et exprime le vœu que des recherches soient faites dans ce sens. Pour lui, il est un fait qui lui parait certain : l'abondance des conferves constitue un foyer de combinaisons et de décompositions perpétuelles, et les courants électriques étant en raison directe de l'action chimique, il lui semble difficile de refuser aux organismes inférieurs le rôle qu'ils doivent nécessairement jouer comme agents thérapeutiques.

D'où, la nécessité de *cultiver* les conferves dans les piscines et de favoriser leur développement.

L'auteur indique les moyens qu'il croit les meilleurs pour arriver à ce résultat, il énumère les affections que les boues peuvent guérir et termine son important travail par le tableau imagé des avantages de toute sorte que Dax présente comme station d'hiver et comme station d'été et établit nettement sa supériorité sur ses rivales de France et d'Allemagne.

Cette communication est accueillie par de vifs applaudissements.

M. le Dr Mora, de Dax, monte à la tribune et lit la note suivante :

« Les chimistes ont une tendance à admettre que les eaux et les boues ont des effets curatifs en proportion des principes actifs et tangibles qu'ils contiennent. Les médecins ont été amenés à chercher ailleurs les raisons de cette efficacité thérapeutique, à cause du peu de minéralisation relative que possèdent certaines eaux telles que Plombières, Dax, Néris.

» Gubler a déclaré que l'électricité était un élément très actif. Scoutteten et Bénard ont signalé des déviations très-marquées à l'électromètre pour les eaux de Luxeuil.

» Les eaux de Dax sont l'objet d'une étude spéciale à cet égard. Pour ma part, j'estime qu'on néglige beaucoup trop l'élément thermalité dans les boues de Dax. Voici le résultat de mes recherches personnelles en ce qui concerne le bain de boues : Si la température s'élève au fur et à mesure que l'on pénètre plus profondément dans le bain on peut être sûr que les boues seront très efficaces.

» Les écarts de température entre l'eau et les boues sont considérables, eu égard à leur peu de différence de niveau. Ils varient généralement entre 3° et 9°, constatations faites sur tracés ; l'eau étant à 47°, la boue marquera 54° c, par exemple. Au contraire, les boues cessent d'être efficaces si la température est moins élevée dans les parties inférieures que dans les couches plus élevées, circonstance qui se produit très-souvent si les boues étaient froides antérieurement à leur administration et qu'on les ait réchauffées quelque temps avant de les utiliser.

» Il est très-difficile, en effet, d'apprécier et le temps et la quantité de thermalité nécessaires pour réchauffer des boues refroidies ; de là des incertitudes et des insuccès thérapeutiques.

» En un mot, la nature prépare ses moyens thermaux bien mieux que nous ne saurions le faire par nos procédés artificiels. Ma conclusion pratique est donc celle-ci : les boues doivent être en contact permanent avec l'eau chaude, de nuit et de jour. Les boues constituent, au point de vue physique, un véritable coke végéto-minéral et présentent au calorique une réceptivité analogue à celle du coke minéral. C'est l'eau chaude de Dax qui a ce don particulier de communiquer au sol qu'elle traverse cette dynamisation spéciale qui en fait un puissant réservoir de calorique.

» Je conclus en m'associant aux éloges mérités qui reviennent aux analyses chimiques de M. Serres, mais je déclare que, seules, elles n'expliquent pas l'action curative des eaux de Dax. Des recherches nouvelles sont nécessaires concernant l'électricité de ces eaux. Il est d'autre part indispensable de s'assurer de l'invariabilité d'un troisième agent très puissant, la thermalité, sous peine de s'exposer à de sérieux mécomptes au point de vue thérapeutique. »

M. le Dr *Delmas*, de Bordeaux, manifeste sa surprise de n'avoir vu le matin à la séance de la section médicale, aucun médecin de Dax. Ses confrères étrangers ont été tellement frappés de ce fait insolite qu'ils ont même demandé à le voir consigné officiellement au procès-verbal. Il y a donc lieu de s'étonner de voir M. le Dr Mora soulever en séance .générale une question qu'il eut dû tout d'abord traiter dans la section plus particulièrement compétente.

Abordant la discussion, M. le Dr *Delmas* dit :

Je suis étonné d'entendre soutenir la thèse que les boues de Dax n'agissent que par leur calorique. Lorsque la science a voulu les étudier, elle s'est trouvée en présence d'un produit des plus complexes ayant pour origine la combinaison chimique du limon Adourien avec les eaux minérales de Dax ; ces dernières leur abandonnent une partie de leur sédiment minéral et elles donnent naissance, sous l'influence des rayons solaires à des plantes confervoïdes enrichissant de leurs principes ces boues en formation minérale.

Il résulte donc que, par leur complexité même, les boues de Dax ont une action propre dont le résultat ultime ne peut être une simple action calorique ; les actions chimiques et électriques y sont à l'état constant de formation naissante et ces actions jouent certainement un grand rôle comme dans les eaux minérales elles-mêmes.

Aussi serait-ce vouloir rapetisser à un point de vue bien étroit l'action si multiple et si intense à la fois des boues de Dax en n'y voyant qu'un simple procédé d'administration du calorique. Dans ces conditions, il ne serait nul besoin de venir à Dax ; les rives embourbées de la Garonne, aussi bien que celles de l'Adour rempliraient le même office et il suffirait d'eau chaude et de vapeur pour atteindre la perfection.

M. le Dr *Dejeanne*, médecin-inspecteur des eaux de Bagnères, ne pense pas que pour expliquer l'action des eaux dans le traitement du rhumatisme on doive attribuer à la température une importance exclusive ainsi que le veut M. le Dr Mora. Ce serait la condamnation des stations thermales. Il est hors de doute, en effet, qu'on possède dans les grandes villes des moyens et des procédés plus perfectionnés que dans les villes d'eaux et, cependant, bon nombre de rhumatisants trouvent auprès des eaux et des boues de Dax, ainsi que dans les diverses stations Pyrénéennes, le soulagement ou la guérison vainement cherchés ailleurs.

La température joue, il est vrai, un rôle important mais les eaux et les boues présentent, indépendamment du calorique, d'autres phénomènes d'ordre physique (état électrique), des réactions chimiques, des productions organisées. La part respective de ces divers agents, quoique non déterminée, est cependant certaine. Ainsi s'explique la raison d'être des eaux et des boues thermales et la spécialisation des diverses stations dans le traitement des formes du rhumatisme.

M. le Dr *Mora :* Je ne suis pas seul à soutenir l'importance capitale de la thermalité dans la question qui nous occupe. Cette opinion est aussi celle du Dr Besnier dans le *Dictionnaire Encyclopédique des sciences médicales* du Dr Dechambre. Le professeur Niemeyer, dans la dernière édition allemande de sa *Pathologie médicale* va même jusqu'à dire que « des eaux thermales de composition chimique très-différente « et des eaux thermales qui se distinguent précisément par leur faible « contenu d'éléments minéralisateurs jouissent d'une égale réputation « pour le traitement du rhumatisme chronique. Ce fait prouve « suffisamment qu'il s'agit moins dans cette maladie de prendre des « bains de telle ou telle solution alcaline que de prendre simplement « des bains chauds. »

J'en suis à me demander, ajoute le Dr Mora, jusqu'à quel point les eaux et les boues de Dax guérissent la diathèse rhumatismale et sur quelles statistiques on s'appuie pour prouver évidemment cette curabilité !

M. le Dr *Larauza* de Dax : Le rhumatisme non accidentel est une maladie diathésique par excellence. Or, l'on sait que l'on ne guérit pas à proprement parler les diathèses. On parvient à atténuer ou à faire disparaître leurs manifestations multiples ou à les rendre plus rares. Considérées dans ce sens restreint et sans portée pratique, on pourrait dire que les boues de Dax ne guérissent pas plus la diathèse rhumatismale que les eaux minérales les plus célèbres et les plus efficaces.

Mais à Dax, comme ailleurs, ce qu'on a bien la prétention et l'assurance de guérir, ce sont les manifestations spontanées ou provoquées de la diathèse. Ce sont, en un mot des rhumatismes variés frappant les muscles, les articulations, affaiblissant les uns, déformant les autres, altérant les organes internes. Considérées ainsi, les boues de Dax sont un agent de guérison remarquable et je suis étonné que M. le Dr Mora, médecin de la ville, semble l'ignorer ou conserve quelques doutes à ce sujet. La pratique des Thermes, où il a été médecin-adjoint lui a fourni nombre de fois la démonstration chimique du fait. Sans pouvoir invoquer une statistique telle que la désire le Dr Mora, je ne puis m'empêcher de lui signaler, s'il l'ignore, soit les faits contenus dans le mémoire publié par M. Delmas et moi, soit nombre d'articles insérés dans le Journal Médical de la station de Dax, publié pendant plusieurs années.

M. le Dr *Daudirac*, médecin-consultant à Cauterets : M. le Dr Mora ne veut pas se prononcer sur la valeur curative des boues de Dax, sans s'appuyer sur des statistiques sérieuses et encore sur des statistiques faites sur le modèle de celles des hôpitaux militaires.

C'est demander la perfection.

Mais est-ce aux médecins étrangers à la station à fournir ces statistiques ? M. Mora ne devrait-il pas les avoir dressées lui-même ? ou plutôt, à côté d'une statistique toujours bien difficile sinon impossible à établir avec une clientèle privée, n'y a-t-il pas l'expérience acquise, l'étude clinique judicieuse, l'observation recueillie avec soin ?

C'est ainsi que l'on fait aux stations thermales des Pyrénées ; à l'aide de ces faits l'opinion s'éclaire, la direction clinique s'affermit et la station toute entière recueille le fruit de ces recherches. M. Daudirac croyait qu'on en agissait de même à Dax ; il est surpris de voir, au lieu de cela, M. le Dr Mora émettre des doutes sur la valeur thérapeutique de sa propre station.

M. le Dr *Duhourcau*, médecin-consultant à Cauterets : De même que mes collègues, MM. Delmas et Dejeanne, je ne puis admettre que les eaux et les boues minérales qui leur doivent toute leur minéralisation active sont un simple moyen de traiter les maladies par la chaleur. Des réactions chimiques incessantes ont nécessairement lieu dans cet agent de composition si variée et si fortement minéralisée. Sous l'influence de ces réactions chimiques, source abondante et continue de courants électriques, il se passe donc toute autre chose qu'une simple action calorique. Par conséquent, on doit admettre qu'on ne peut pas plus analyser les divers éléments curatifs des eaux et des boues de Dax, que ceux de presque toutes les eaux minérales.

M. le D*r* *Mora* : On se méprend étrangement si l'on croit que je suis venu à cette tribune pour contester les vertus curatives des boues de Dax. Je tiens à proclamer bien haut que nul plus que moi, médecin de la localité, n'a eu à se louer de leur efficacité. Cette efficacité, je l'ai maintes fois constatée dans les cas de synovites des tendons et des articulations dont les eaux et les boues amènent promptement la résolution, sur les œdèmes mous ou durs, consécutifs au rhumatisme, dont elles opèrent la résorpstion ; elles facilitent par cela même en très peu de temps les mouvements de flexion et d'extension, compromis dans les zônes enflammées.

Enfin, comme je le disais dans la note que j'ai lue au commencement de la séance, cette action de nos boues est souveraine dans les raideurs articulaires de causes multiples, alors qu'elles ne sont pas encore de date trop ancienne, dans le rhumatisme aigu ou sub-aigu, dans le rhumatisme chronique et goutteux, dans les fractures des os, les inflammations des gaines synoviales, les plaies de guerre intéressant les articulations ou coulisses tendineuses. Mais je persiste à croire que c'est au calorique qu'il faut attribuer la plus large part de leur action médicatrice. On parle d'un état électrique particulier ; l'a-t-on étudié au galvanomètre ? On parle d'actions exercées par des décompositions de plantes confervoïdes ; où sont les faits qui démontrent que c'est précisément à cette cause que les guérisons sont dues ?

Je ne vois dans tout ce qui a été énoncé que d'ingénieuses hypothèses que je voudrais voir corroborées par des expériences probantes. Si elles arrivent à éclaircir un point de la science resté très-obscur, je m'estimerai heureux de les avoir provoquées.

On a parlé de statistique : je suis en train de recueillir des faits. Ce qu'on ne peut nier c'est que le rhumatisme ne soit une affection sujette à récidives. Je crois qu'il faut se servir des boues, mais seulement là où on les trouve, sans trop se préoccuper du *comfort* et éviter autant qu'on le peut de se servir de boues transportées.

M. le D*r* *Delmas* : En présence de ces assertions de M. le D*r* Mora, il me paraît indispensable qu'il précise ce qu'il veut dire par boues transportées. Je demande donc au Congrès la permission de poser à mon honorable collègue les questions suivantes :

1° M. Mora reconnaît-il, oui ou non que le limon de l'Adour est la base, l'excipient même, sans lequel il n'existerait pas à Dax de gisement de boues minérales utilisables pratiquement?

2° Que l'apport de l'eau minérale sur les boues, ou de celles-ci sur les griffons d'eau minérale, amène, aussi bien dans un cas que dans l'autre, la minéralisation du limon adourien?

3° Que l'action des rayons solaires est indispensable pour donner naissance, dans les eaux hyperthermales de Dax à des conferves qui naissent, vivent et meurent au sein de ces eaux?

4° Que ces conferves viennent, en se mêlant au limon de l'Adour déjà minéralisé par l'eau, augmenter ses propriétés thérapeutiques?

M. Delmas voudrait voir M. Mora répondre à ces questions. Comme conclusion à ces débats, il lui paraît prouvé que les boues de Dax exigent un certain temps pour acquérir la plénitude de leurs qualités. Au lendemain d'un débordement de l'Adour, ayant rempli les piscines accessibles à ses moindres crues, les boues ne constituent, les premiers temps, qu'un simple limon fluviatile sans qualités spéciales. Il est donc indispensable de posséder des gisements plus anciens où il soit possible de puiser en temps opportun, pour les utiliser d'une façon méthodique.

Les boues s'usent comme toute chose. Malaxées, agitées par les mouvements du corps, elles perdent peu à peu leurs éléments minéralisateurs et organiques. Elles finissent par ne plus conserver que la silice et l'alumine, deux agents inertes. Il faut donc les renouveler et les entretenir en ajoutant des boues n'ayant pas encore servi et soigneusement formées à l'avance par leur contact prolongé et tranquille avec l'eau minérale.

M. le Dr *Mora* : C'est justement la raison pour laquelle je voudrais qu'on ne se servît que de boues minéralisées sur place.

M. le D^r *Ch. Lavielle,* de Dax : M. Mora a parlé de bains de boues dans lesquels il avait observé des écarts notables de température entre les couches inférieures et les couches supérieures ; je voudrais savoir de quels instruments il s'est servi, comment ils étaient réglés, quelle est enfin la valeur des observations thermométriques qu'il a eu occasion de faire ?

M. Garrigou, président, dit que l'heure étant très-avancée, il convient de remettre la continuation de cette discussion sur les boues de Dax à la prochaine réunion de la section médicale.

Le mémoire de M. le Marquis de Folin sur les *Foraminifères* dont il devait être donné lecture est également remis à la plus prochaine séance générale.

M. le Président dit qu'il a été arrêté que les trois sections réunies feraient le lendemain l'excursion de Sorde. Le départ est fixé à 6 heures précises du matin. Les personnes désireuses de faire partie de l'excursion sont priées de se faire inscrire au secrétariat.

La séance est levée à 11 heures du soir.

Le Secrétaire Général,

H. DU BOUCHER.

EXCURSION DE SORDE

Le mercredi matin 3 mai, à 6 heures précises, les vingt-deux membres du Congrès qui s'étaient fait inscrire la veille, partaient en quatre voitures, par un temps sur lequel le baromètre nous engageait à ne pas trop compter et prenaient la route de Peyrehorade et de Sorde. En proposant cette excursion, le comité d'organisation voulait satisfaire à la fois à la légitime curiosité des botanistes, des géologues, des anthropologistes et des archéologues.

Après avoir dépassé le pont du Luy, la petite caravane s'arrêta, pour l'étudier, devant l'un des beaux massifs ophitiques de la contrée, celui sur lequel est bâti le village de St-Pandelon et écouta les explications que voulut bien donner M. le Dr Garrigou qui a fait une étude toute spéciale de cette nature de roche dans la région Pyrénéenne. L'ophite, dit le savant Docteur, est une roche à « base de feldspath et d'amphibole, « à structure cristalline, de couleur vert-noirâtre, qui présente souvent, « dans la contrée, de beaux cristaux d'épidote verte (silicate d'alunine, « de fer et de chaux).

« Quelle est l'origine de l'ophite ? Est-ce une roche sédimentaire, « une roche d'origine ignée, ou simplement une roche métamorphisée « sous l'influence de diverses causes naturelles ? La question n'a point « encore été résolue.

« A Saint-Pandelon, il n'est pas possible d'apercevoir de traces de « stratification ; les fragments se présentent en général, sous une

« forme arrondie, d'un volume plus ou moins considérable. L'ophite
« joue un très grand rôle dans la région Pyrénéenne ; elle semble être
« accompagnée d'un cortège minéralogique, tout-à-fait spécial : eaux
« thermales et sulfureuses, sel gemme, plâtre, arragonites. quartz
« hématoïdes, glaises bigarrées, argiles talqueuses, etc. »

La petite caravane s'arrêta une seconde fois à Bénesse-les-Dax pour
étudier le calcaire nummulitique, dont on voit un très bel affleurement
à la métairie de *Marlerot* sur la gauche de la route. M. Thore mesura
à la boussole, la direction de cet affleurement et montra que cet
alignement est parallèle à celui de la chaîne des Pyrénées. On se mit
en quête de fossiles qui paraissaient peu abondants et l'on arriva à
grand peine à récolter quelques fragments *d'ostreas* et *d'ananchytes*.

Les excursionnistes mirent pied à terre pour la troisième fois à
Cagnotte où ils voulaient visiter les ruines de l'ancienne abbaye de
Cagnotte qui malheureusement ne présentent plus rien de bien
remarquable. En revanche, on constata que le temps qui, depuis un
moment, s'était couvert, s'était mis tout d'un coup à la pluie. Elle ne
devait cesser.... qu'à cinq heures du soir. Le baromètre et le téléphone
de notre collègue Dufourcet avaient été trop bons prophètes.

A dix heures et demie on arrivait à Sorde ; après une courte pause
dans le village, les voitures poussèrent jusqu'à la métairie du *Pastou*,
située environ 1500 mètres plus loin où l'on déjeuna, les uns dans la
cuisine, les autres dans la grange de la ferme de M. Duruthy.
La pluie tombait à verse ; elle n'eut le pouvoir de diminuer ni l'appétit
que le grand air et le voyage avaient singulièrement aiguisé, ni la belle
humeur dont on avait fait ample provision pour la circonstance.

Après le déjeuner, visite aux abris sous roche, situés au pied de la
grande falaise nummulitique, découverts en 1872 par MM. R. Pottier
et H. du Boucher et ensuite si fructueusement explorés par MM.
L. Lartet et Chaplain-Duparc. Quelques-uns de ces abris n'ont pas été
fouillés à fond ; on mit trois ouvriers à déblayer celui qui est connu
sous le nom de grotte Dufaur et au bout de peu de temps on eut
l'heureuse fortune de tomber sur un foyer de l'âge du renne qui n'avait
pas encore été découvert. Quelques heures de travail mirent les
excursionnistes en possession de bon nombre d'instruments en os et en
pierre : poinçons, grattoirs, couteaux, lissoirs, ossements gravés, etc.
La pluie pouvait tomber, le but que l'on cherchait avait été atteint.

Dès onze heures, les archéologues historiques étaient rentrés à

Sorde où ils se proposaient d'étudier en détails l'église si curieuse et la magnifique abbaye qui y est attenante. La propriétaire de ce monument, Madame veuve de Bedouich, fit aux excursionnistes le plus gracieux accueil et donna toutes facilités pour visiter l'abbaye dont l'entrée est habituellement interdite au public.

Les Botanistes, de leur côté, s'étaient rendus à Peyrehorade où ils avaient rendu visite à M. Léon et à son herbier.

A six heures tous les membres du Congrès étaient réunis autour de la table splendidement servie de l'hôtel Lafond qui n'avait pas voulu manquer à ses vieilles traditions de luxueuse hospitalité. Le dîner fut très-gai ; on rit même beaucoup du contraste original que présentait cette table princière avec le délabrement de nos costumes que la pluie et la boue avaient mis dans un très piteux état.

A onze heures seulement on était de retour à Dax, heureux d'une journée qui avait débuté sous d'assez tristes auspices, mais qui s'était terminée à la satisfaction de tous.

Le Secrétaire Général,

H. du BOUCHER.

SÉANCE GÉNÉRALE DU JEUDI 4 MAI

Siègent au Bureau : M. le Dr Garrigou, président, MM. L. Palustre, Dr Armieux, vice-présidents.

Cette séance est publique et les assistants sont très nombreux. Les tribunes et le prétoire sont insuffisants pour recevoir les dames ; plusieurs d'entr'elles sont obligées de se placer dans les corridors et dans la salle des pas perdus.

La parole est donnée à M. Léon Palustre qui a bien voulu se charger de rendre compte au Congrès de l'excursion faite à Sorde par la section qu'il préside.

Il est d'accord avec Cénac-Moncaut, pour la description et l'âge de l'ensemble des constructions de l'Eglise et des remaniements successifs de la nef et des bas côtés ; il ne diffère d'opinion avec lui que pour la lecture de l'un des chapiteaux romans de l'absidiole de gauche :

M. Cénac-Moncaut y avait vu l'ensevelissement du Christ par les saintes femmes. M. Palustre y voit, avec raison, les préparatifs de la fuite en Egypte. Un ange avertit la sainte famille du danger que court l'enfant Jésus ; saint Joseph et la sainte Vierge l'emmaillotent pour l'emporter, le démon sur l'une des faces du chapiteau semble en colère de ce que l'enfant-Dieu va lui échapper.

Plus heureux que son prédécesseur, M. Palustre a, également, trouvé le symbolisme des trois voussures du portail de l'Eglise de Sorde, qu'il compare à celui de Mimizan, et qui, comme lui, est du XIIᵉ siècle. La première représente les vierges folles et les vierges sages, que nous retrouverons aussi au portail du XIIIᵉ siècle de Dax : la seconde, les douze mois de l'année comme à Mimizan. Un seul mois est encore parfaitement lisible ; le mois d'octobre, il est figuré par un paysan qui conduit les porcs à la glandée ; la troisième contient la statue de douze personnages qui sont probablement les douze apôtres, ou peut-être comme à Dax, des prophètes ou des martyrs ; ils sont tellement défigurés qu'il est impossible de se prononcer.

Mais ce qu'on trouve, sans contredit, de plus remarquable dans cette Eglise, ce qui a été l'objet de la part de nos archéologues historiques, d'une découverte pleine d'actualité, ce sont les superbes mosaïques qui en ornent le chœur,

Le pavement de l'abside se compose de sept ou huit carrés, formant des panneaux distincts, avec bordures et séparations très nettes, et juxtaposés comme des tapis qu'on aurait mis à côté les uns des autres pour couvrir le sol d'un appartement. Deux de ces carrés sont encore admirablement conservés, les autres n'existent que par morceaux et les parties qui manquent ont été remplacées par un dallage des plus communs.

Le premier, placé immédiatement contre et derrière le maître autel, est composé de cercles entrelacés formant en s'entrecoupant des dessins géométriques très-originaux. Le centre est occupé par un cercle plus petit, coupé lui aussi par quatre demi-cercles en entrelacs. Aux quatre coins du carré sont dessinés, en noir sur fond blanc, quatre autres entrelacs, résultant de la combinaison de trois demi-circonférences réunies en étoile et semblables à ceux qu'on voit sur le chrisme de St-Vincent-de-Sentes, dont nous avons parlé plus haut, ce qui pourra, peut-être, servir à trouver la date de ce chrisme. Entre ces gracieux ornements et le centre du panneau, et par conséquent toujours dans les quatre angles de la figure, se trouvent dans le bas, à gauche, deux oiseaux qui semblent prêts à se battre ; au coin opposé, un levrier poursuivant un lièvre et aux deux autres angles des animaux fantastiques dont les queues entrelacées sont terminées par des palmes.

Le second carré est encore plus remarquable : il est formé de rinceaux de vigne, avec larges feuilles et raisins, dessinés avec art et comparables certainement aux ornements du même genre que l'on trouve dans les plus belles mosaïques Romaines d'Italie.

A première vue, M. Palustre, M. Ledain et leurs compagnons d'excursion virent bien que ces mosaïques, composées toutes de petits cubes, noirs, blancs et rouges (ces derniers faits avec des morceaux de poteries), de différentes dimensions suivant les panneaux, n'étaient pas en place et qu'ils avaient l'aspect de pavements remontant à une époque bien antérieure à la fondation de l'abbaye de Sorde (au Xe siècle) et à la construction de son Eglise (aux XIe et XIIe siècles).

Ayant consulté des textes anciens, cités par M. Dompnier de Sauviac, *dans sa chronique du diocèse d'Acqs,* ils acquirent bientôt la certitude que l'Abbaye de Sorde avait été bâtie sur l'emplacement d'une villa Gallo-Romaine, et que dans le parc, qui servait autrefois de promenade à l'abbé du couvent, on avait constaté il y a quelques années l'existence de mosaïques qui, disait-on, couvraient une grande surface. Ils se transportèrent à l'endroit indiqué par ces textes, firent creuser le sol et à 0 m 60 c. environ de profondeur et se trouvèrent en présence d'un pavement divisé en panneaux et en tout semblable à divers fragments de la mosaïque intérieure de l'Eglise : même facture, mêmes bordures, mêmes cubes noirs, rouges et blancs. Pas de doute possibe, les mosaïques de l'abside provenaient du pavement de la villa et elles remontaient au IVe siècle, alors que jusqu'à l'heure on les avait données comme étant contemporaines de l'Eglise.

Tout dernièrement encore, dans un ouvrage qui vient de paraître, M. Gerspach, chef de bureau des manufactures nationales, au ministère des Beaux-Arts, donne d'après M. Laffolye, le dessin des deux principaux panneaux et il les attribue aux Xe ou XIe siècles, en disant néanmoins : « que le médaillon central est une ingénieuse invention où les « ornements antiques se mêlent à des animaux dont l'art héraldique « va bientôt s'emparer. »

M. le Président se fait l'interprète des sentiments de toute l'assemblée en remerciant l'honorable directeur de la Société Française d'Archéologie de sa si intéressante et si complète communication, qui vient éclairer d'un jour nouveau l'Archéologie sacrée de la contrée.

La parole est donnée à M. E. Cartailhac pour rendre compte de l'excursion de Sorde au point de vue préhistorique. Dans une éloquente improvisation, le savant Directeur des Matériaux pour l'Histoire de l'homme, tient sous le charme son nombreux auditoire en lui retraçant les mœurs, les habitudes, le genre de vie des populations troglodytiques de l'âge du renne. Il nous les montre tour à tour guettant de son harpon en bois de renne les salmonidés du Gave, poursuivant de sa flèche de silex le *cervus tarandus*, l'aurochs et le cheval sauvage, consacrant les loisirs de son existence de chasseur à la représentation, grossière il est vrai, des objets de la nature animée au milieu de laquelle il vit. Ce sentiment artistique, fera presqu'absolument défaut aux peuplades qui lui succéderont immédiatement. M. Cartailhac fait un tableau imagé des dures conditions de l'existence à l'époque de l'homme de Sorde et peint, en un langage saisissant, les effroyables bouleversements climatériques dont il dut être le témoin.

Cette brillante improvisation est accueillie par d'unanimes applaudissements. Les dames surtout tiennent à témoigner leur satisfaction à l'éloquent conférencier.

M. H. Serres donne lecture des passages les plus saillants de son mémoires sur les *Boues Végéto-Minérales et Thermales de Dax* qui dans la première séance générale a provoqué une assez vive discussion.

Enfin, M. le Dr Garrigou, président, fait une conférence sur les richesses hydrologiques de Dax. Ce travail est tellement remarquable et d'une telle importance qu'il sera publié *in-extenso* à la suite des mémoires lus en section.

La séance est levée à 11 heures et demie du soir.

Le Secrétaire Général,

H. DU BOUCHER.

Banquet offert par les Membres du Congrès au Bureau de la Société de Borda.

Le Jeudi 4 Mai, à 6 heures du soir, environ cinquante membres du Congrès s'étaient réunis pour offrir au Bureau de la Société de Borda un banquet au Grand Hôtel de la Paix. De nombreux toasts ont été portés : On a bu à l'union des Sociétés savantes du Sud-Ouest, aux savants de la contrée, sans oublier le général de Nansouty auquel une dépêche télégraphique avait été envoyée pendant le repas. Il n'était pas encore terminé que la réponse arrivait du Pic du Midi remerciant le Congrès et souhaitant bonne chance à ses travaux.

M. H. du Boucher a chaleureusement remercié les organisateurs du Banquet, promettant que la Société de Borda reconnaîtrait l'honneur que les savants étrangers ont voulu faire à son Bureau, en redoublant d'activité et de travail et en faisant tous ses efforts pour se rendre digne des éloges et des encouragements qui lui ont été prodigués à l'occasion du Congrès.

SÉANCE GÉNÉRALE DU VENDREDI 5 MAI

Siègent au Bureau : M. le Dr Garrigou, président, MM. L. Palustre, Dr Armieux, vice-présidents.

La parole est donnée à M. Belisaire Ledain, président de la Société des Antiquaires de l'Ouest, pour une communication sur les camps romains.

M. Ledain ne peut entretenir la section des ouvrages de castramétation de la région, qu'il ne connaît pas encore ; mais il prépare un grand travail sur les ouvrages du même genre répandus sur tout le territoire de la France. Il existe, en effet, beaucoup de camps que l'on rattache à diverses époques. Ils sont connus sous des noms dont le radical est toujours le même, *Chateliers, Châteaux, Chatel, la Châtre, camps de César, camps Romains, camp Sarrazin,* etc. Si on cherche dans les localités qui portent ces noms, on est sûr qu'il y a un camp romain. Ils ont tous la même origine et la même destination.

Leur configuration affecte, ordinairement, la forme rectangulaire, ayant 150 à 200 mètres de longueur sur 120 à 150 mètres de largeur. D'une hauteur variable de 4 à 5 mètres, entourés d'un double fossé. Ils sont tous semblables et se nomment camps Romains, ou Sarrazins, ce qui ne veut pas dire Musulman. M. Quicherat expliquait ce mot par le mot latin *paganorum : castra romanorum vel paganorum.*

A côté de ces camps il y a d'habitude un champ *dit de la bataille, de la dispute, du débat.* C'est encore là une circonstance significative. On y trouve des monnaies et des poteries romaines.

Dans ces camps, on distingue un système général et symétrique qui est le produit évident de l'administration militaire romaine. Ils sont situés à 8 ou 10 kilomètres les uns des autres et correspondent entr'eux. Il y a une connexité apparente entre leurs constructions et les nécessités de l'occupation militaire du pays, qu'ils étaient chargés de surveiller.

Ils ne remontent pas à César. Les deux premiers siècles de l'occupation Romaine furent très-paisibles dans les Gaules.

La Gaule se romanisait et l'historien Joseph nous apprend que 1,200 hommes suffisaient pour la garder. Ce qui le prouve d'ailleurs, ce sont les nombreuses villas de cette époque que l'on découvre partout. Les troupes étaient sur la frontière.

Au IIIe siècle les Barbares forcent la ligne du Rhin, la Gaule est ravagée, les villes sont détruites : Probus les rejette au-delà du Rhin. La Gaule lui tresse des couronnes et il prend dans toute les peuplades des contingents pour ses légions. On songe à se défendre, c'est le commencement des fortifications.

Les Barbares avaient semé partout la misère, la fiscalité romaine souleva l'insurrection des Bagaudes, c'est-à-dire des gens de la campagne se ruant sur les villes. Celles-ci pour se défendre durent élever des murailles, comme celles dont on voit les restes à Dax. Maximien réprima l'insurrection, mais il fallait la rendre impossible à l'avenir. Constantin fut le premier à construire dans ce but des camps. Zosime rapporte que les garnisons des frontières furent affaiblies pour en établir dans l'intérieur. La notice des dignités de l'empire, *notitia dignitatum*, publiée sous Honorius, en 390, constate la multitude des postes de Barbares auxiliaires, *de Letti.* On trouve des Letti Sarmates au Mans et à Chartres, des Letti Francs à Rouen, des Saxons à Bayeux, des Sarmates encore à Poitiers, à Blaye et un poste extrême à Bayonne.

Un préfet présidait à chaque cité : *Prefectus armatorum.* Les postes étaient disséminés et nombreux, car les Bagaudes se multipliaient. M. de Courson a caractérisé cette insurrection en la qualifiant de *Chouannerie du IVe siècle.*

La Bagaudie n'était pas le seul danger en ce moment, les pirates Saxons, à la tête desquels était Carrausius, lieutenant de Constance

Chlore, menaçaient le littoral ; telle est l'origine de ces camps qui étaient loin d'être grands, car la légion n'était plus sous Constantin que de 1000 hommes, une cohorte ou une demi-cohorte suffisait à la garde de ces camps qui se commandaient et se secouraient au besoin.

M. Planté retrouve dans les indications données par M. Ledain les mesures et le système de castramétation remarqués par lui autour de la ville d'Orthez.

M. le Président remercie M. Ledain de sa communication.

Répondant à M. Dufourcet, M. Ledain dit que dans plusieurs de ces camps il y a partout comme dans les Landes, des mottes sur lesquelles était la tente du chef en même temps que le tribunal (prœtorium).

M. Vausseuat donne des renseignements intéressants sur un grand nombre de camps des Hautes-Pyrénées.

Quelques observations sont en outre échangées entre M. Ledain et MM. de Chasteigner, Taillebois et Dr Dejeanne.

M. Dufourcet donne quelques explications verbales sur l'application qu'il a faite du téléphone à la météorologie. Il dit qu'avec une ligne, longue au minimum, de 10 à 20 mètres, et un circuit fermé par la terre, il entend dans son appareil des bruits spéciaux qui lui annoncent, longtemps à l'avance, 12, 15, 20 heures, les changements de temps, les perturbations atmosphériques, la pluie, les orages, l'abaissement subit de la température, etc., etc. M. Landerer *de Tortose*, Espagne, a fait des constatations analogues ; mais M. Dufourcet prétend avoir la priorité et il l'a réclamée dans un article qu'il a publié dans le journal *Cosmos, les Mondes*, du 1er décembre 1881.

M. Léon Palustre rend compte de la visite faite par la section qu'il préside au magnifique portail gothique de l'ancienne cathédrale de Dax. Il est, pour lui, de la fin du XIIIe siècle. Il le trouve très-remarquable et prétend que c'est le seul de ce genre que l'on rencontre au Sud de la Loire. Il croit pouvoir affirmer qu'il a été construit par un architecte du Nord. Il en a étudié le symbolisme et est, à peu près d'accord avec M. l'abbé Pédegert, qui a publié en 1849, une notice sur la cathédrale de Dax, dont il reconnaît la valeur archéologique et historique. Dans le bas du portail, le Christ docteur est placé au milieu des douze Apôtres. Le Sauveur appuie ses pieds sur un lion et ce lion est accroupi sur un chapiteau en forme de dais. La partie inférieure du monument était autrefois enterrée, elle est aujourd'hui dégagée. Les statues des

Apôtres ont 1 mètre 90 cent. de haut ; on peut encore reconnaître chacun d'eux.

Le linteau de la porte est occupé par la Résurrection, le Jugement, l'Enfer et le Paradis. La Résurrection est représentée par des Morts qui sortent de tombeaux ordinaires et aussi, chose qu'on n'a pas signalé ailleurs, par des hommes sortant d'urnes funéraires. A-t-on voulu figurer ainsi les payens ? ou bien l'usage de la crémation est-il rappelé par ces sculptures vraiment curieuses, et qui méritent d'être reproduites ?

A droite sont placés les élus ; des moines, des Vierges avec des bouquets à la main, un homme et une femme représentant probablement l'état de mariage, un prêtre et d'autres personnages représentant l'état ecclésiastique, etc.

A gauche, on voit un horrible démon entraînant trois damnés, et divers sujets d'une lecture facile, un, surtout, mérite une mention spéciale : c'est une vaste chaudière pleine de réprouvés et des diables qui attisent le feu placé en dessous ; l'un d'eux est même armé d'un soufflet.

Au milieu du tympan devait se trouver le Christ juge. ayant à ses côtés, comme à Sorde, deux anges tenant l'un le soleil, l'autre la lune. Dans le bas on voit la Sainte-Vierge et Saint-Jean et entre ces deux statues, un ange tenant une balance dans laquelle il pèse les âmes ; un diablotin fait des efforts pour faire pencher la balance de son côté.

Les six voussures formant l'archivolte sont ornées comme les trois du portail de Sorde, de chapelets, de statuettes.

Celles de la première, la plus rapprochée du tympan, représentent des anges, et celles de la seconde des femmes nimbées, assises, ayant des livres à la main ; nous retrouvons dans celles de la troisième les Vierges folles et les Vierges sages de Sorde et de Mimizan ; la quatrième est consacrée aux évêques et aux docteurs, la cinquième aux martyrs, on y reconnaît entr'autres, Saint-Laurent avec son gril ; la sixième est semblable à la première.

Il est à regretter qu'un monument aussi remarquable ne puisse pas rester en place, et puisqu'il est démontré qu'il est nécessaire d'agrandir l'Eglise actuelle, il est à désirer que le portail soit démonté avec soin, et remonté ensuite contre le mur extérieur de la sacristie, du côté du jardin, seul endroit où il puisse être convenablement placé. Qu'on se garde bien de le restaurer, car il est dans un état suffisant de

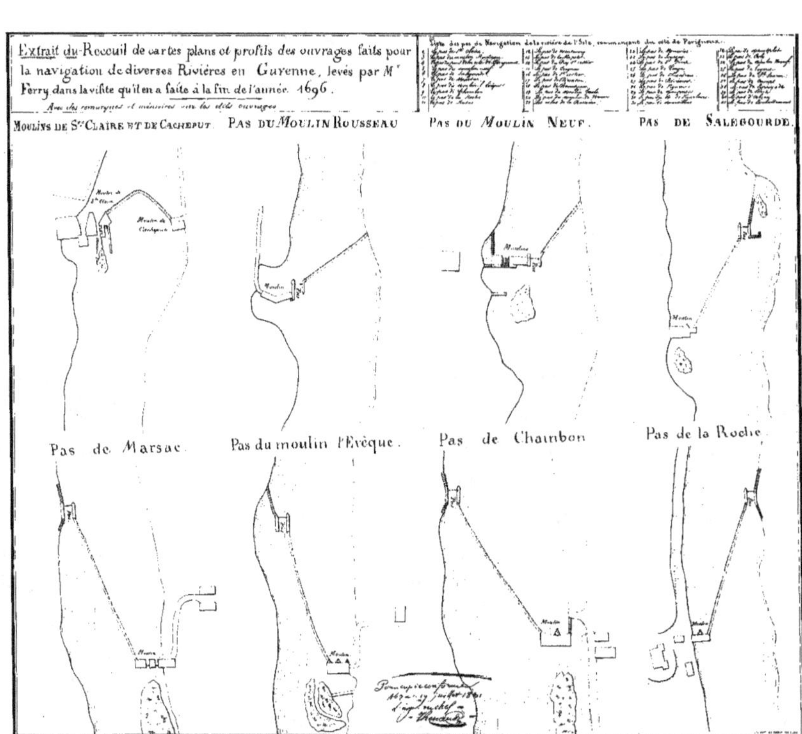

Extrait du Recueil de cartes plans et profils des ouvrages faits pour la navigation de diverses Rivières en Guyenne, levés par Mr Ferry dans la visite qu'il en a faite à la fin de l'année 1696.
Avec des remarques et mémoires sur les dits ouvrages
MOULINS DE Ste CLAIRE ET DE CACHEPUT.
PAS DU MOULIN ROUSSEAU.
PAS DU MOULIN NEUF.
PAS DE SALEGOURDE.
Pas de Marsac
Pas du moulin l'Evêque
Pas de Chambon
Pas de la Roche

conservation et les restaurations équivalent presque toujours, au point de vue archéologique, à la démolition complète.

M. le Président met aux voix le vœu que *le portail de la cathédrale soit conservé sans être restauré.*

Ce vœu réunit l'unanimité des suffrages.

Ce portail est sans contredit pour M. Palustre ce qu'il a trouvé de plus remarquable à Dax. L'Eglise actuelle n'offre pour lui aucun intérêt.

La séance est levée à 10 heures et demie.

Le Secrétaire Général,
H. du BOUCHER.

SÉANCE DE CLOTURE DU SAMEDI 6 MAI

La séance de clôture du Congrès eut lieu le samedi, 6 mai, à 8 heures du soir dans la salle du Théâtre. Comme au premier jour, l'assistance était nombreuse et choisie. Sur la scène, siégeaient au Bureau, M. le Dr F. Garrigou, président, MM. L. Palustre, Directeur de la Société Française d'Archéologie, Dr Armieux, délégué de la Société de Médecine de Toulouse, P. Deloynes, président de la Société Linnéenne de Bordeaux ; autour d'eux se pressaient les principales notabilités scientifiques du Congrès, MM. B. Ledain, président de la Société des Antiquaires de l'Ouest, Marquis de Folin, le savant explorateur des fonds de la mer, E. Cartailhac, Directeur des Matériaux pour l'Histoire de l'Homme, comte de Chasteigner, etc., puis, MM. les Présidents et secrétaires de section, le Bureau de la Société de Borda.

Une place vide que M. le Président signale avec émotion aux regrets de l'assemblée est celle de M. R. Tournoüer, ancien Président de la Société géologique de France qu'une grave et subite indisposition (dont on était loin de prévoir la terminaison fatale) avait obligé de rentrer à Paris.

La parole est donnée à M. le Marquis de Folin qui doit rendre compte des *Dragages du Travailleur.*

Après avoir salué une idée française dans la première pensée de ces explorations sous-marines, le savant conférencier donne en quelques mots, une description de la façon dont le *Travailleur* était arrimé pour ces sortes d'expéditions et des instruments dont il disposait pour ses études.

La première expédition remonte à l'année 1875. A la sortie du port de Bayonne, et en entrant dans le *gouffe* de Capbreton, la sonde accusa des profondeurs de 500 à 1,400 mètres. A cette dernière profondeur, les filets amenèrent diverses variétés de mollusques assez curieuses, notamment un *micullus* jusque-là inconnu auquel a été donné le nom de *micullus calveria* et un crustacé pourpre d'un éclat remarquable, dont on ne connaissait encore que deux échantillons trouvés, l'un aux Açores, l'autre au Brésil (1). Dans une autre circonstance, les filets revinrent à bord, couverts d'une telle quantité d'animalcules phosphorescents, qu'il était possible de lire à leur lueur, à la distance de cinq mètres.

L'année 1880 fut consacrée à une expédition dans la Méditerranée.

Cette intéressante communication est accueillie par de vifs applaudissements.

La parole est ensuite donnée à M. C.-X. Vaussenat, ingénieur civil, le courageux et savant collaborateur du général de Nansouty à l'observatoire du Pic du Midi.

M. Vaussenat débute par une courte description du Pic et cite les savants et les hommes célèbres qui en ont fait l'objet de leurs études ou en ont parlé avec éloges : Scaliger, du Bartas, d'Hauteserre, Bernard Palissy, Plantade, l'astronome, qui y mourut le sextant à la main, Vidal, Reboul, Monge, qui déterminèrent son altitude, Dolomieu, Dangos, Palasson, Lapeyrousse, Cordier, Ramond, Dr Costallat, enfin deux Landais célèbres, d'Arcet, le physicien et Léon-Dufour, le naturaliste.

M. Vaussenat dit que c'est à la Société Ramond de Bagnères-de-Bigorre que l'on doit en partie l'initiative de la création d'un Observatoire au sommet du Pic, car c'est dans son sein qu'eurent lieu les premières discussions à ce sujet. M. Vaussenat se fit le champion de cette idée au Congrès scientifique de Pau en 1873. L'appel pressant qui fut adressé alors aux Sociétés savantes, aux Conseils généraux et aux Municipalités des départements de la région trouva de l'écho et l'on résolut de se

____

(1) Ce crustacé curieux est un *gnatophausia*.

mettre immédiatement à l'œuvre, malgré la modicité des ressources dont on disposait. La plate-forme du Pic fut naturellement choisie pour l'installation de l'habitation des courageux pionniers de la science, malgré les dangers qu'elle présentait d'être fréquemment foudroyée en raison de son altitude. On put parer à cet inconvénient au moyen d'une disposition nouvelle des paratonnerres dont M. Vaussenat donne le détail. Il indique ensuite par quels procédés, au prix de quels sacrifices et aux risques de quels dangers on put arriver à installer au sommet de la montagne un observatoire complet.

Un seul détail donnera une idée des difficultés que l'on avait à vaincre : l'eau pour la maçonnerie était fournie par la neige que l'on faisait fondre dans des barriques. Quand la neige manquait, il fallait aller chercher l'eau au lac d'Oncet, à 5 kilomètres plus loin, ce qui la faisait revenir à environ cinq francs l'hectolitre ! Le couvert proprement dit (tuiles, et schistes ardoisiers) a coûté 10,000 francs !!

En dépit de tous ces obstacles — et le défaut d'argent n'était pas le moindre — l'installation complète fut achevée le 1ᵉʳ octobre dernier. Depuis lors, il ne s'est pas passé un jour sans qu'on fît d'intéressantes observations sur la physique du globe et les divers phénomènes météorologiques. Magnétisme terrestre, lumière, chaleur, électricité, physiologie animale et végétale, tout est devenu matière à observations nouvelles.

M. *Vaussenat* dit que les privilèges dont est doté l'Observatoire sont naturels et qu'il les doit surtout à son admirable situation.

En effet :

1° Il domine de 500 mètres les nuages orageux, et, sept fois sur dix, il émerge dans l'azur du ciel quand les vallées inférieures sont inondées par la pluie et sillonnées par la foudre ;

2° Les vents et les températures de l'air ne sont influencés par aucune cause terrestre, puisque, depuis l'orientation Ouest jusqu'au Sud, en passant par le Nord, notre sommet n'est pas dominé ;

3° De l'Ouest au Sud, les pics dont l'altitude est plus élevée sont situés à 30 kilomètres environ ; le plus rapproché, le Néouvielle, se trouve à une distance horizontale d'environ 15 kilomètres ;

4° Cette absence d'influences locales nous permet de recevoir la manifestation des phénomènes météorologiques beaucoup plus exactement et plus rapidement que dans des situations inférieures. C'est ainsi qu'à propos des observations prévisionnelles du 21 juin 1875, lors des terribles inondations du Sud-Ouest, les graphiques tenus avec la plus parfaite exactitude par M. le général de Nansouty nous ont démontré une avance de 24 heures sur les observations de Tarbes et de 48 heures sur les observations de Paris ;

5° Les lignes visuelles de la vigie s'étendent au niveau de la mer sur un horizon de 185 kilomètres de rayon, et beaucoup plus loin dans les régions montagneuses ; c'est ainsi qu'on aperçoit parfaitement les coteaux situés au Nord-Est d'Alby et le Pic Carlitte, dans les Pyrénées-Orientales ; de ce point jusqu'à l'Océan, on a devant soi l'immense et majestueux panorama de la chaîne, au travers de laquelle cinq grandes échancrures permettent à l'œil de fouiller fort loin sur le territoire espagnol. Enfin, dans les claires journées de l'automne, la ligne bleue de l'Océan paraît à l'horizon, de Dax au Vieux-Boucau ;

6° Il occupe le centre de trois bassins hydrologiques dans lesquels le régime des cours d'eau est sujet à de violents changements, la Garonne, l'Adour et les Gaves ; cette situation permet de surveiller, avec précision, la direction et la vitesse des orages qui, le plus souvent, se forment au-dessous du sommet ;

7° Tout en étant d'une parfaite accessibilité, il est deux fois plus élevé que l'Observatoire du Puy-de-Dôme et à l'abri des inconvénients de la zone atmosphérique dans laquelle émerge ce dernier ;

8° La limpidité et la transparence de l'atmosphère y permettent avec succès les recherches astronomiques ; un emplacement très convenable, et qui sera affecté spécialement à cette destination, a été réservé par nous à l'Est de notre grande plate-forme ;

9° Enfin, bien que situé à 16 kilomètres à vol d'oiseau de Bagnères-de-Bigorre, un fil télégraphique d'une plus grande longueur, toujours abordable même en hiver, a été installé entre ces deux stations sur le long de la route et du chemin, c'est-à-dire avec un parcours d'environ 30 kilomètres. La communication est assurée par un fil sur poteaux le long des vallées, et par un câble souterrain le long des gorges servant de déversoir aux avalanches. Enfin, un téléphone Edison perfectionné met en communication les deux stations du Pic et de Bagnères.

M. *Vaussenat* fait un tableau saisissant de l'existence que l'on mène au Pic, des difficultés contre lesquelles on a souvent à lutter et rend hommage à la vigueur, à l'abnégation, au dévouement scientifique de M. le général de Nansouty, cet homme généreux, loyal et vaillant auquel les hésitations et les défaillances sont inconnues. M. *Vaussenat* termine en disant que très prochainement l'observatoire du Pic du Midi deviendra propriété de l'Etat ; lui seul, en effet, peut pourvoir aux dépenses considérables nécessitées par une aussi gigantesque entreprise. Il convie ceux de ses auditeurs qu'animent l'amour de la science et le souci du développement des intérêts scientifiques de la contrée, à l'inauguration prochaine du régime nouveau.

Des applaudissements éclatent dans toute la salle et témoignent au savant ingénieur du plaisir causé par son instructive conférence. Ces applaudissements, au reste, ne lui avaient pas manqué lorsque, au cours de sa communication, il montrait en des projections à la lumière électrique, parfaitement réussies, le Pic, son lac, les glaciers environnants et les courageux ermites qui y ont fixé leur domicile.

M. le Dr *Garrigou*, président, clôture le Congrès en prononçan^t l'allocution suivante :

« Mesdames, Messieurs,

» Le premier Congrès scientifique de Dax, vient de finir. Nous allons nous séparer. Avant d'abandonner le poste d'honneur que vous avez bien voulu me confier un peu malgré moi, permettez à votre président de remplir son devoir jusqu'au bout, en résumant dans quelques mots l'œuvre accomplie par les savants, accourus dans cette antique cité de l'Aquitaine.

» Les réunions du genre de la nôtre ont pour mission de s'occuper des problèmes, soit généraux, soit particuliers de la science. Les mémoires qu'on a lus à Dax, ceux qu'on a simplement envoyés, dépassent de beaucoup le nombre sur lequel comptait la Société de Borda. Nous devons donc être satisfaits du premier appel adressé au monde savant par cette Société dont la réputation, souhaitons-le, deviendra aussi populaire parmi les savants, que le nom des illustres Landais, sous le patronage desquels elle a placé son œuvre.

(Suivent les titres des mémoires présentés dans la 1re et 3e section).

» Dans la section des sciences médicales, des questions variées, relatives surtout au rhumatisme, au goître, à la pellagre, à l'hydrologie locale, pyrénéenne et générale, ont occupé des savants aussi dévoués à la science qu'à l'avenir de la station de Dax.

» Suivant l'exemple de l'éminent M. Léon Palustre et de la 3e section du Congrès qui ont voulu, par leurs conseils pratiques et éclairés, garantir des injures du temps, les richesses archéologiques du département, de la ville et des particuliers, M. Serres, cet infatigable et savant pionnier de l'hydrologie landaise, et la 2e section du Congrès ont cherché à porter la lumière sur les richesses thermales de l'ancienne Aquœ Augustœ. Ils y sont parvenus en suivant la voie scientifique, cette voie dont la vérité parcourt l'étendue, entraînant après elle le progrès et laissant en arrière les imprudents qui oseraient tenter de faire obstacle au char de la science.

» Oui, la station médicale de Dax est une station de premier ordre ; l'antiquité l'a constaté, les temps actuels le confirment, et puisque l'on m'a fait l'honneur de m'appeler ici comme hydrologiste, j'oserai dire que ses ressources thermales sont dignes de figurer au nombre de celles qui constituent une véritable richesse Française.

» Que cet adage si souvent répété, mais si souvent oublié, dans les villes d'eaux, surtout, reste toujours présent à l'esprit des Dacquois : l'*union fait la force*. Ce qui tue les stations thermales à établissements multiples, permettez à mon expérience, déjà longue, de vous le dire : c'est le manque d'entente. Réunissez-vous donc. Chacun de vos thermes a du bon.

» Suivez le conseil que je donne toujours en pareille occasion : Mettez-vous en Syndicat. Lorsque vous aurez accompli cet effort, le progrès se fera forcément de lui-même.

» L'œuvre de la véritable science, Mesdames et Messieurs, sera toujours la même ; une œuvre de paix, car les vrais savants ont pour devise : vérité, abnégation, concorde.

» Avant de vous dire adieu, habitants de la région privilégiée où naquirent les Darcet, les de Borda, les Dufour, les Dufau, les Grateloup, les Thore, les Perris, et tant d'autres, permettez-moi de regretter l'absence dans notre Congrès, des savants du Sud-Ouest que leurs occupations, sans doute, ont empêché de se réunir à nous. Paris, Bordeaux, Toulouse, Tours, Pau, Bayonne, Bigorre, Mont-de-Marsan, et bien d'autres villes encore, ont répondu à l'appel de la Société de Borda. Mais la fête eut été complète, si toutes les notabilités scientifiques du Sud-Ouest avaient pu honorer le Congrès de leur présence, et avaient eu le loisir d'éclairer nos discussions de leurs lumières.

» M. d'Abbadie, ce savant universel, dont la place était marquée pour occuper le fauteuil dans lequel, en son absence, votre indulgence, votre aveuglement peut-être m'ont obligé à m'asseoir, est retenu par les soins d'organisation qu'exige une grande campagne scientifique au delà des mers. Mais, pourquoi n'avons-nous pas, dans nos rangs, le Dr Gobert, ce savant entomologiste Montois, dont la réputation grandit sans cesse ? Retenu sans doute par ses savantes études météorologiques, dans son admirable laboratoire que le Congrès aurait voulu honorer d'une visite, s'il en avait eu le temps, M. Carlier n'a pu venir se joindre à nous. Du sommet du Pic du Midi, le général de Nansouty, bloqué par la neige, n'ayant pu nous porter ses observations, nous en a télégraphiquement exprimé ses regrets.

» En coordonnant les données fournies par ces deux observateurs placés dans la région pyrénéenne, à 2,800 mètres au-dessus l'un de l'autre, nos savants collègues, MM. Piche et le Dr Bourretère, auraient eu l'occasion de fournir au Congrès, sur la climatologie du Sud-Ouest, des indications précieuses pour Dax.

» La science de l'électricité avait également un droit à pousser l'un de vos compatriotes vers nos savantes réunions de Dax. Ai-je besoin de dire que Gaston Planté, l'électricien le plus utile de l'époque, aurait pu faire briller notre Congrès dans tout son éclat, en venant y jeter ses lumières. Son absence est excusée pour cette fois, car son ardeur dans les recherches, lui enlève même le temps de s'occuper de lui.

» J'ai parlé de la science, mais l'art s'impose aussi dans les Landes, et, lacune nouvelle, son représentant le plus autorisé n'est pas au milieu de nous. Faisant école dans la science musicale française, Francis Planté, vous l'avez déjà nommé, est l'une des gloires landaises dont nous regrettons l'absence. Ce poëte de la musique, que nul n'atteint pour le charme, dont la grandeur monte au *summum* de l'art, et dont la vélocité des doigts sur le clavier ferait croire à l'application de quelqu'appareil merveilleux et caché de son frère Gaston, aurait payé son tribut au Congrès en faisant oublier le côté ardu de nos discussions abstraites.

» La famille des Planté est encore représentée parmi nous par le sympathique secrétaire de la 3ᵉ section, M. Adrien Planté dont l'empressement à remplir ses fonctions, a suscité, comme pour M. le Dr Duhourcau, dans la section médicale, les plus chaleureux remerciements de notre Assemblée.

» Si nous regrettons l'absence de nombreux et de savants confrères qui ont souscrit au Congrès, vous vous associerez à moi, je n'en doute pas, en m'entendant signaler une autre lacune dans nos réunions. Les savants Dacquois me permettront de leur dire que nous comptions sur un plus grand nombre de travaux de leur part. Lorsqu'on imprime un Bulletin scientifique comme le vôtre, chers collègues, Bulletin dont chaque numéro contient plusieurs articles de fond, on n'a pas le droit d'être modeste et de se dérober, on doit payer à la science un large tribut. Quand on s'appelle Jules Thore, par exemple, et que par son savoir on est le général d'une armée de savants, n'a-t-on pas pour devoir de se présenter devant le Congrès que l'on convoque, armé de mémoires nombreux et variés, en faisant trève à toute modestie. Le savoir et l'instruction sont une richesse nationale. On n'a pas le droit d'en priver son pays.

» Lorsque vous avez entendu parler d'une réunion scientifique dans le département des Landes, vous qui ne connaissiez pas la région et qui l'avez honorée d'une visite, vous vous disiez sans doute en riant : mais c'est là un département sans culture, où l'on marche sur des échasses dans les sables brûlants. Que peut-on y apprendre ? — Aujourd'hui vous le savez : le département des Landes est un pays dans lequel bien des Landais ont marché sur les échasses, mais sur les échasses qui font planer dans les hautes régions de la science, et que plus d'un a quitté pour monter sur le piédestal de l'immortalité.

» Honneur à vous Landais, qui formez le groupe compacte de savants dont l'appel a été entendu, et qui avez su débuter dans la voie du Congrès par une réussite complète et encourageante.

» En vous quittant, chers collègues, dont l'aménité a rendu ma tâche facile et douce, laissez-moi vous dire merci de votre zèle, de votre dévouement à la science. Vous avez une fois de plus démontré que les savants libres constituent une force réelle parmi celles dont le pays dispose pour marcher vers le progrès.

» A vous, Mesdames, qui tenez bien souvent dans vos mains les destinées des hommes, ou même celles d'un Président de Congrès, merci de l'ardeur que vous avez déployée en encourageant par votre présence nos tournois scientifiques, en les embellissant par vos charmes.

» A vous tous : au revoir. »

M. *H. du Boucher*, secrétaire général, déclare, aux applaudissements de l'auditoire qu'il croit être l'interprète de l'assemblée toute entière en adressant à son Président l'expression de sa plus vive reconnaissance. Il ajoute qu'en bonne justice distributive, des remerciements doivent être votés aussi à la Municipalité Dacquoise et à la Compagnie des

Chemins de fer du Midi qui ont tant coopéré à la réussite de l'œuvre du Congrès.

Des remerciements unanimes sont votés à la Municipalité de Dax et à la Compagnie des Chemins de fer du Midi.

La séance est levée à 11 heures.

Le Secrétaire Général,

H. DU BOUCHER.

PROCÈS-VERBAUX DES SÉANCES DE SECTION

PREMIÈRE SECTION (Sciences Physiques et Naturelles).

PREMIÈRE SÉANCE

Mardi, 2 mai à 8 heures 1/2 du matin.

La section procède à la constitution de son Bureau ; sont nommés : MM. R. Tournoüer, président, Marquis de Folin, vice-président, J. Thore, secrétaire.

M. *Tournoüer* fait une communication verbale sur les divers étages de la formation miocène aux environs de Dax. Il montre, par diverses coupes au tableau, leurs rapports stratigraphiques, leur mode de formation ainsi que les différences qu'ils présentent comparés à ceux de la Gironde. Après cette communication, il invite les membres de la section à se transporter à Poustagnac (St-Paul-lès-Dax) pour examiner avec lui les dépôts de sables coquillers et ferrugineux et les minerais de fer qu'on exploite dans cette localité. Rendez-vous est pris pour 2 heures de l'après-midi.

M. *Tournoüer* dépose ensuite sur le Bureau une empreinte fossile de cône trouvée par lui et M. Dufourcet dans les faluns de Saint-Geours-de-Maremne. Cette empreinte, déterminée par M. le marquis de Saporta, est celle du *pinus paleo-pyrenaïca*, espèce nouvelle qui doit prendre place entre le *pinus pyrenaïca* et le pin fossile d'Arnissau (Aude). M. *Tournoüer* fait don de cette empreinte au Musée de la Société de Borda.

M. le *Marquis de Folin* commence la lecture d'un important travail ayant pour titre : *Recherches sur quelques Foraminifères à l'appui d'une classification de certains organismes, provenant des dragages du Travailleur.*

M. le *Président* demande à l'auteur de vouloir bien faire un résumé de cet intéressant mémoire pour être lu à la séance générale du soir.

La séance est levée à 11 heures.

Le Secrétaire de la 1re section,

J. THORE.

DEUXIÈME SÉANCE

Jeudi, 4 mai à 8 heures du matin.

M. le marquis de Folin remplace au fauteuil de la présidence M. Tournoüer, malade. M. *de Folin* continue la lecture de son travail sur les Foraminifères ; il parle des nombreuses expériences auxquelles il a dû se livrer pour l'étude des *tests* calcaires ou ferrugineux de ces animaux microscopiques. Il établit trois ordres de caractères généraux communs à tous les Rhizopodes réticulaires qui permettent de servir de *criterium* pour l'introduction parmi ceux-ci de tous les organismes chez lesquels on les rencontre.

L'auteur dit avoir trouvé entre certains organismes vaseux des différences assez grandes pour qu'il soit possible d'établir des genres tout à fait nouveaux, tels que : *Pelosina, Mallopella, Stephanopela, Sphæropela, Dendropela, Diasperomena, etc.*

Quant aux caractères du *sarcode*, il se présente toujours dans des conditions identiques.

M. le Dr *Duplaa-Garat* lit un mémoire ayant pour titre : « *Étude sur le gouf de Capbreton, sa structure, effets des courants, etc.* » L'auteur décrit la forme, les diverses profondeurs du gouffre ainsi que les courants qui le sillonnent. Il insiste tout particulièrement sur l'existence de deux courants, inconnus jusqu'à ce jour, qu'il nomme courants spéciaux du gouffre.

Il démontre qu'ils n'altèrent ni sa forme, ni sa profondeur, que le sable qu'ils entraînent n'y pénètre jamais et que, par conséquent, la formation d'une barre étant impossible, ce gouffre pourrait devenir un port naturel d'une grande importance s'il était relié par un canal à un centre de production, d'importation ou d'exportation.

Le Dr *Duplaa* indique la nécessité de la réunion de tous les étangs du Marensin par un canal allant à Dax, et de là se dirigeant sur Capbreton pour y former l'entrée du port ; il désigne notre ville comme l'intermédiaire indiqué par la topographie de la région, entre les provenances de l'Océan et les productions des contrées du Midi.

Il termine en recommandant son idée à tous les hommes compétents.

M. *E. Petit* lit une note sur l'utilité en agriculture de quelques batraciens. Il démontre que ces animaux rendent de grands services en détruisant une quantité considérable d'êtres nuisibles, tels que limaces, larves, insectes, escargots, souris, mulots, etc.

L'auteur voudrait qu'on donnât au crapaud ordinaire (*bufo vulgaris*) le nom de *bufo utilis,* qui le protégerait peut-être contre la guerre dont il est l'objet de la part des gens de la campagne qui semblent ignorer les services qu'il peut leur rendre.

M. *Petit* termine sa communication en demandant à la section de vouloir bien émettre un vœu de protection en faveur des batraciens.

M. *Thore* lit un mémoire de M. le Dr Latapie ayant pour titre : « *La production du froid et de la glace par un travail mécanique.* » Après avoir décrit les divers procédés employés dans l'industrie, l'auteur en indique un nouveau qui, si ses prévisions ne sont pas contredites par l'expérience, remplacerait avantageusement ceux déjà connus.

Quelques observations sont échangées à ce sujet entre M. de Folin, Thore et quelques autres membres.

Les uns disent que M. Latapie se trompe en croyant pouvoir fabriquer de la glace d'une manière continue par la raréfaction de l'air continuellement renouvelé dans un récipient ; ils prétendent que l'air introduit fera fondre une partie de la glace fabriquée et que la raréfaction de cet air nouveau produira une quantité de glace juste égale à celle que son introduction avait fait fondre, mais pas davantage.

D'autres ne voient pas, du moins pour nos pays, l'utilité d'un semblable appareil, vu le bas prix de la glace de Norwège rendue à Bayonne.

La séance est levée à 11 heures.

Le Secrétaire de la 1re section,

J. THORE.

TROISIÈME SÉANCE

Vendredi, 5 mai à 8 heures du matin.

Présidence de M. LE MARQUIS DE FOLIN.

M. *A. Piche* fait une communication verbale sur la météorologie. Il montre à la section les modes d'inscription graphique dont il a fait usage jusqu'à ce jour pour enregistrer tous les phénomènes atmosphériques. Plusieurs de ces méthodes ont été adoptées dans nombre d'observatoires. M. *Piche* insiste sur l'importance qu'aurait un ensemble de bonnes observations, faites simultanément dans les quatre départements de la région, tant au point de vue de la science pure qu'à celui de la prévision pratique du temps. Il serait particulièrement important de faire des études sur la formation et la marche des orages à la base des Pyrénées Françaises et de comparer les résultats à ceux fournis par des observations faites sur le versant méridional de la chaîne.

Le savant météorologiste émet le vœu qu'une organisation, dont il donne le plan, puisse fonctionner dans les départements des Landes, des Hautes et des Basses-Pyrénées, du Gers, ou mieux encore dans tout le Sud-Ouest.

Le plan d'organisation présenté par M. *Piche* est l'objet d'une discussion à laquelle prennent part tous les membres de la section. Tout le monde est d'accord sur la réalisation du *desideratum* qu'il signale.

La séance est levée à 10 heures 1/2.

Le Secrétaire de la 1re section,

J. THORE.

QUATRIÈME SÉANCE

Samedi, 6 mai à 8 heures du matin.

Présidence de M. LE MARQUIS DE FOLIN.

M. le Dr *Guillaud*, professeur à la Faculté de Médecine de Bordeaux, présente un mémoire sur l'*Hibiscus roseus* (Th.) dont il n'a pu être donné lecture dans la précédente séance, ainsi que le comportait l'ordre du jour.

M. *Thore* donne lecture d'une note très-intéressante laissée par M. R. Tournoüer sur les marnes à fossiles terrestres et d'eau douce de Gaàs. L'auteur commence par établir les caractères qui différencient les principaux gisements marins de cette localité classique et font, par exemple d'Espibos un dépôt littoral effectué en eau profonde, de Larat un dépôt d'estuaire, etc. Dans ce dépôt d'estuaire, Grateloup avait signalé la présence de coquilles sub-maritimes indiquant dans le voisinage la présence d'une eau douce et d'une végétation forestière. Ces inductions ont reçu une entière confirmation par la découverte faite dans la métairie du Bis d'un gisement fossilifère exclusivement composé de coquilles terrestres ou d'eau douce. Ces coquilles sont malheureusement, extrèmement friables et fragiles. M. Tournoüer signale quelques espèces nouvelles, non mentionnées par Grateloup ; telles seraient la *Glandina Camiadei*, l'*Hélix Henrici*, la *Clausilia Gaasensis*.

Il est ensuite donné lecture d'un important mémoire de M. L. Martres, juge de paix à Castets, intitulé : *Le Sable des Landes*. La section vote l'impression de ce travail qui l'a vivement intéressé.

La séance est levée à 11 heures.

Le Secrétaire de la 1re section,

J. THORE.

PROCÈS-VERBAUX DES SÉANCES

DEUXIÈME SECTION (Sciences Médicales)

PREMIÈRE SÉANCE

Mardi, 2 mai à 8 heures 1/2 du matin.

Présents : MM. les Drs Armieux, Garrigou, Serres, pharmacien, Drs Delmas, Daudirac, Dejeanne, de Musgrave-Clay, Sancery, Gandy, et Duhourcau, secrétaire.

M. le Dr *Armieux*, acclamé président de la section, remercie ses collègues de l'honneur qui lui est fait en les termes suivants:

« Messieurs,

» Vous me voyez tout confus et tout étonné des fonctions que vous m'avez confiées. Rien ne me faisait prévoir et rien n'explique un tel honneur.

» On a voulu, sans doute, honorer en moi Toulouse. A cela je n'ai rien à objecter et nous nous entendrons toujours pour célébrer ensemble la ville des lettres, des sciences et des arts, la cité qui fut sœur de la vôtre aux époques antiques et qu'une voie romaine unissait à *Aquæ Tarbellicæ*. Aujourd'hui on fait le trajet en chemin de fer, c'est plus rapide et plus commode malgré les regrets des archéologues.

» Quoiqu'indigne, j'essaierai de représenter ma ville natale et les Sociétés savantes qui m'ont délégué près de vous.

» A mon retour, je leur dirai l'hospitalité aimable des habitants de Dax, les effets admirables de vos sources, les merveilles de votre concours et de vos expositions scientifiques et artistiques, les travaux de la Société de Borda, qui jeune encore est déjà célèbre, enfin tout ce qui m'étonne et me charme depuis que je suis à Dax. Je leur rapporterai l'honneur que vous m'avez fait, qui leur revient tout entier, et qui sera pour moi le souvenir le plus glorieux et le plus agréable de ma carrière scientifique. »

Sur la proposition de M. le Dr *Garrigou,* de commencer les travaux par la lecture d'un mémoire relatif à Dax, M. Serres, ancien pharmacien de cette ville, lit son travail sur cette question : Pourquoi, dans les conditions d'insalubrité où Dax se trouve placée, est-elle à peu près indemne de fièvres intermittentes ?

M. le Dr *Delmas* présente quelques observations sur la manière malheureuse dont la question de l'impaludisme à Dax avait été tout d'abord posée. Pour lui l'impaludisme n'existe pas à Dax même, et les époques habituelles des inondations de l'Adour, ainsi que l'absence de stagnation des eaux à la surface du sol sont, à ses yeux, les principales causes de l'indemnité réelle qu'offre la ville de Dax à ce point de vue.

M. le Dr *Armieux* eût désiré pouvoir comparer, au moyen de quelques chiffres, la mortalité de Dax à diverses époques. M. Serres explique que cette lacune de son travail doit être comblée par la communication d'un médecin de Dax.

En constatant l'absence complète des médecins de Dax, et de sa région, aux premières séances du Congrès, M. le Dr *Daudirac* ne peut s'empêcher de manifester sa surprise et ses regrets de ne pouvoir demander et obtenir quelques renseignements médicaux sur la question que l'on traite.

Se joignant aux regrets exprimés par son confrère, M. le Dr *Dejeanne* espère voir les médecins actuels de Dax confirmer les assertions de Grateloup et de Thore au sujet de l'absence presque complète des fièvres intermittentes à Dax.

Relativement aux époques où se produisent les inondations de l'Adour, M. *Armieux* rappelle que quelques-unes ont eu lieu en juin ou en septembre ; par ailleurs, Dax a bien aussi les apparences des terrains paludéens.

M. *Delmas* répond que les plus fortes inondations du siècle ont eu lieu en janvier 1878, et il répète que c'est à la porosité du sol, à son drainage facile, que Dax doit l'indemnité dont elle jouit contre les fièvres intermittentes ; de sorte que, si Dax a en apparence les conditions habituelles de l'impaludisme, en réalité elles n'existent pas.

M. *Garrigou* observe que les terrains compris entre Dax et Pau sont une véritable éponge sablonneuse, où les eaux stagnantes disparaissent rapidement. Si à Dax il y a quelques points marécageux, le mélange des eaux thermales avec les eaux stagnantes favorise le développement des conferves des boues qui absorbent pour vivre les matières organiques, et empêchent ainsi la formation des miasmes paludéens.

M. *Serres* fait remarquer que si autrefois il se vendait à Dax de grandes quantités de sulfate de quinine, c'était surtout aux malades des landes environnantes qu'il servait; mais que cette consommation a diminué dans des proportions considérables, grâce aux conditions meilleures qu'offrent aujourd'hui les landes mieux drainées, et en particulier la ville de Dax et ses environs immédiats.

M. *Serres* donne lecture d'un second mémoire, très-intéressant, sur les *Boues Végéto-Minérales et Thermales de Dax.*

M. le Dr *Dejeanne* ne connaît à Dax, d'après les travaux lus par M. Serres, que deux sortes de boues, celles de la Fontaine Chaude formées uniquement des conferves, et celles dues au mélange des eaux de l'Adour avec les eaux thermales ; il demande quelques explications sur les autres variétés.

M. *Serres* répond qu'il n'a voulu classifier les boues de Dax qu'au point de vue physique, et non thérapeutique : il ne pourrait que très difficilement donner des renseignements plus détaillés.

M. *Daudirac* exprime une seconde fois ses regrets de ne voir à la séance aucun des médecins de Dax qui, seuls, pouvaient fournir quelques documents pratiques et cliniques.

M. *Delmas* admet quatre espèces de boues : les boues purement végétales, les boues exclusivement minérales, les boues végéto-minérales, et enfin les boues artificielles telles que celles employées dans la plupart des stations d'Allemagne. Au point de vue de cette classification, les auteurs de l'article *Boues* du Dictionnaire de Dechambre ont, d'après lui, commis quelques inexactitudes. Il décrit les diverses stations de boues minérales, et les modes variés de leur emploi. A *Franzensbad* les boues sont constituées par des terrains tourbeux arrosés d'eau minérale. Après chaque saison, on fait sécher ces boues, on les broie, on les tamise, et l'on en mélange de 100 à 120 kilos par bain avec l'eau minérale. On en expédie même au dehors, jusqu'à *Carlsbad* par exemple, où cette poussière de boue est mélangée avec l'eau de la station. En France, il y a deux stations de boues à peu près analogues : à St-Amand, les boues sont formées par des terrains tourbeux sur lesquels arrive l'eau minérale, et que l'on recouvre d'un plancher en bois, percé de trous, avec couvercle, lesquels paraissent ainsi former autant de fosses séparées qui en réalité ne le sont pas ; à Barbotan, existent des piscines isolées, traversées par l'eau minérale et dans lesquelles quatre à cinq malades peuvent se placer. Mais dans ces stations, pour remplacer les boues qui se perdent forcément par l'usage, on prend simplement de la terre aux environs et on la replace dans les cuves, tout comme en Allemagne. A *Acqui*, en Italie, la boue est formée par une terre argileuse, bleuâtre, que l'on prend sur les bords d'un ruisseau, et que l'on mélange avec l'eau minérale chaude, laquelle est sulfatée calcique et légèrement sulfhydriquée : le malade est couché sur un lit de cette boue, et on le recouvre tout entier de cette même boue.

Mais dans toutes ces stations, sauf celle d'Acqui, l'eau est presque froide ou à peine tempérée. A Dax, au contraire, l'eau est hyperthermale, et les boues formées par le mélange de cette eau avec le limon Adourien renferment les principes salins de l'eau minérale et de l'eau du fleuve. En dehors de ces éléments, en existe un troisième, excessivement important, la conferve des boues, à qui les rayons solaires sont indispensables pour se développer, comme à tout végétal : d'où cette déduction qu'il importe d'exposer les boues de Dax à l'action du soleil ou de la lumière. Sans le limon fluviatile, les boues de Dax seraient en si minime quantité qu'elles ne pourraient point servir à la pratique médicale : la Fontaine Chaude en est une preuve. Les Thermes de Dax puisent leurs boues dans un réservoir spécial, où l'eau minérale chaude se mélange avec le limon de l'Adour apporté là par chacune des inondations presque périodiques du fleuve : la lumière solaire qui baigne largement ce réservoir, y fait développer abondamment les conferves, et c'est là que l'on vient puiser pour renouveler fréquemment les boues des piscines des Thermes.

M. *Dejeanne* est tenté de croire que toutes les boues de Dax ne doivent pas se ressembler au point de vue thérapeutique, et que chacune doit avoir des indications spéciales : il appelle de tous ses vœux quelque communication à ce sujet de ses confrères de la ville.

Séance du 4 Mai, à 8 heures 1/2 du matin.

Présents : MM. Armieux, président, Serres, pharmacien, Garrigou, Delmas, Daudirac, Dejeanne, Sancery, Larauza, Mora, Bourretère, Gandy, Piche, du Boucher, Labatut, Duhourcau, secrétaire.

M. le Dr *Mora*, qui avait communiqué l'avant-veille, en séance générale, un travail sur les eaux et les boues de Dax, en lit les conclusions. Après une légère discussion, l'accord s'établit entre tous les membres sur les propriétés des eaux et boues de Dax, eontre le rhumatisme principalement, et sur la variété des éléments auxquels sont dues ces propriétés.

MM. *Dejeanne* et *Daudirac* désireraient voir spécifier d'une façon plus distincte les propriétés médicales des eaux de Dax d'un côté, et de l'autre celles des boues.

M. *Mora* exprime le vœu que partout à Dax les boues soient réchauffées au moyen de l'eau minérale seule.

Pour appuyer sa lecture de la veille, M. *Serres* communique quelques articles ou vieilles notes qui établissent l'ancienneté de ses recherches et leur valeur.

M. le Dr *Delmas* ne peut admettre que les eaux et boues de Dax agissent par leur thermalité seule, comme on a semblé le dire dans ce Congrès ! Il connaît des malades qui traités déjà ailleurs par le calorique sous des formes variées et sans succès, ont guéri en trois et quatre jours avec les bains seuls de Dax. Il en conclut que l'analyse physiologique ou chimique ne suffit pas à expliquer l'action des eaux ou des boues : c'est l'ensemble des principes actifs qui agit dans chacune d'elles. Il explique de nouveau la formation des boues de Dax, les conditions de leur activité ; il donne quelques détails sur les diverses installations balnéaires de Dax, et propose une visite aux établissements de la ville.

Frappé de l'absence du médecin inspecteur de la station aux séances du Congrès, M. *Armieux* demande s'il en existe un, qui eût pu recueillir quelques documents utiles, et regrette son absence parce qu'il eût pu ouvrir partout les portes aux membres du Congrès.

M. *Larauza* reconnait que depuis la création des Thermes de Dax, le niveau social de la clientèle de la station s'est élevé ; il a fallu par conséquent élever aussi le niveau des installations balnéaires. Il tente d'expliquer l'activité des eaux et des boues de Dax, par la transpiration qu'elles provoquent et la réaction qui la suit, par une action de contact, par une action révulsive, etc.

Sur la demande du Dr *Armieux* s'il a été fait des recherches sur l'action physiologique des eaux et boues de Dax sur les diverses fonctions de l'économie, M. *Larauza* répond que ces recherches ont été faites et publiées en partie dans le journal de Dax ou autres bulletins de Sociétés savantes. Il rappelle que selon le degré de température auquel elles sont employées, les eaux de Dax sont ou sédatives, ou excitantes, ou spoliatrices, et il ajoute que prises à 28° ou 30°, elles sont diurétiques et peuvent provoquer l'expulsion de calculs.

M. le Dr *Armieux* désirerait avoir des renseignements sur le climat de Dax ; à ce sujet, M. le Dr Bourretère annonce qu'il communiquera le résultat de cinq années d'observations climatologiques faites par lui à Dax, au moyen d'instruments précis et sûrs ; il a déjà d'ailleurs publié quelques notes à ce sujet dans le Bulletin de la Société de Borda.

A cette occasion, M. *Larauza* rappelle qu'il a été recueilli des observations aux Thermes de Dax, lesquelles ont été publiées par le Dr Garreau, de Laval, dans son livre sur Pau, Dax et Alger.

M. *Piche* émet le vœu qu'on ait à Dax un thermomètre enregistreur, et quelques autres appareils enregistreurs, seul moyen de connaître exactement la valeur du climat ; il rappelle les observations précises de M. Carlier, qui, faites près de Dax, pourraient fournir de précieuses indications. Mais pour apprécier le climat de Dax, il faut observer à Dax même.

M. le Dr *Garrigou* revient sur l'action des boues de Dax. Comme toutes les eaux minérales, elles agissent par l'ensemble de leurs propriétés, par leur calorique, par leur action de contact, et surtout par leur élément organique, la conferve, qui fait de la boue une matière vivante extrêmement divisée. Mais comme il faut conclure, il propose au Congrès de voter des conclusions. Les boues pouvant varier selon les établissements et même dans le même établissement, il faudrait pour ainsi dire *graduer* les boues, et pour cela établir des expériences avec les différentes boues. On pourrait cultiver ces boues, comme on cultive une plante dans un jardin ; ces idées seront soumises au Congrès.

Séance du 6 mai, à 8 heures 1/2 du matin.

Présents : MM. Drs Armieux, président, Garrigou, Serres, pharmacien, Drs Dejeanne, Daudirac, Gandy, Delmas, Guichamans, Germond de Lavigne, Sanguinet, Thore, Guillot, Clavé, Piche, Sancery, Duhourcau, secrétaire.

M. le Dr *Armieux* propose au Congrès avant de prendre des conclusions relatives aux boues de Dax, de demander et de faire de nouvelles études complètes et comparatives sur les eaux, les boues et le climat de Dax, et leurs effets curatifs.

M. le Dr *Delmas* demande au contraire que des conclusions soient prises par la section médicale et adoptées par elle ; les avis se trouvent partagés à ce sujet.

Rappelant la savante conférence que M. le Dr Garrigou a donnée la veille sur la station de Dax, M. *Serres* déclare ne pas partager l'opinion émise par son collègue, relativement à la manière dont les boues se renouvellent dans les piscines de certains établissements de la ville, et notamment des bains Saint-Pierre. Des cloisons complètes en planches recouvrant les côtés de ces piscines, il est inadmissible, d'après lui, que les boues nouvelles puissent couler des parois dans la piscine. Ces boues, quand elles sont renouvelées, ce qui est fort rare, le sont au moyen d'autres boues transportées, ou au moyen de limons adouriens qui se déposent dans la piscine après chaque inondation. Sur une question nettement posée à M. Serres, si les boues peuvent, aux Baignots et à l'établissement Séris, se faire jour à travers la dolomie, il déclare le fait inadmissible, et que là, comme ailleurs, les boues ont la même origine et sont remplacées dans les piscines à mesure de leur épuisement.

Quant à la composition des boues de Dax, M. *Serres* a voulu plusieurs fois en faire l'analyse chimique, mais devant les résultats extrêmement variables qu'il obtenait, il s'est vu forcé d'y renoncer. Pour arriver à une composition aussi identique que possible de toutes les boues de Dax, M. Serres songe à créer un vaste réservoir, où chacun irait puiser ses boues, et dans lequel elles seraient cultivées ; ce réservoir serait alimenté à la fois et par les débordements de l'Adour et par une partie de la Fontaine chaude de Dax. Exposé en pleine lumière, il s'y développerait les conferves spéciales aux boues, qui sont au nombre d'au moins cinq espèces et que M. Serres décrira plus tard. Ces boues ainsi cultivées n'en seraient pas moins naturelles, bien que l'art ait présidé à leur formation.

M. *Dejeanne*, rappelant les idées émises par M. Garrigou sur les inconvénients qui résultent de la multiplicité des établissements rivaux dans les stations thermales, émet le vœu qu'un syndicat de ces établissements se forme pour favoriser le développement de la station, et faciliter les études des médecins sur les eaux et boues de Dax. La question mérite d'être étudiée.

Après une discussion sur les conclusions à adopter au sujet des boues, discussion à laquelle prennent part tous les membres, MM. Daudirac, Dejeanne, Gandy, Delmas lisent chacun la formule qu'ils ont préparée. Chaque membre est appelé à donner son avis, et finalement, la formule suivante est adoptée à l'unanimité :

« De la discussion approfondie qui a suivi la lecture du travail important de M. Hector Serres, il résulte que les boues de Dax ont des vertus thérapeutiques certaines ; il y a lieu de croire qu'elles ont une origine commune, qu'elles se présentent sous des états variables et transitoires ; et il est probable que leur valeur curative ne peut qu'augmenter par une culture intelligente et appropriée. Elles réclament de nouvelles études, dont la discussion a démontré la nécessité. »

M. le Dr *Armieux* lit une note sur la source de Barzun-Barèges descendue à Luz.

M. le Dr *Daudirac* désire relever et combattre une assertion contenue dans une brochure de M. le Dr Armieux relative à cette même source et qui affirme au sujet de Cauterets et de ses eaux des faits qu'il ne saurait admettre. M. Armieux reconnait que ces phrases ont dépassé sa pensée, et que d'ailleurs elles ne se trouvent pas dans la note qu'il vient de lire. Relativement au climat de Cauterets, M. Duhourcau défend sa valeur dans le traitement de la phthisie et des affections catarrhales de la poitrine : à cette discussion prennent part MM. Armieux, Piche et Daudirac ; ce dernier appuyant de sa longue expérience les opinions de son collègue à Cauterets.

M. *Duhourcau* trouve un peu exagéré le rôle que M. Armieux attribue aux 26 centimètres cubes de gaz azote que l'eau de Barzun renferme par litre. Les eaux de Cauterets renferment, d'après M. Filhol lui-même, de 23 à 25 centimètres cube de gaz azote par 100° ; d'après les travaux lus récemment au Congrès médical de Séville, les eaux sulfureuses ne devraient pas être comptées au nombre des eaux nitrogénées. Loin de nier cependant l'action de l'azote, M. Duhourcau lui reconnait une action sédative, tonique et reconstituante, mais joint aux autres éléments composants de l'eau minérale.

M. le Dr *Garrigou* a reconnu que le gaz azote dissous existe en quantité notable dans les eaux sulfureuses de la partie occidentale de la chaîne pyrénéenne, principalement dans les régions de Barèges, Cauterets et des Eaux-Bonnes. Il ne doute pas de l'absorption de ce gaz par l'estomac, et lui reconnaît une action dans les effets de l'eau sulfureuse.

M. le Dr *Dejeanne* fait une communication verbale sur la pellagre dans les Pyrénées :

« Nous avons constaté avec soin les divers cas de pellagre qui se sont présentés à nous pendant l'année 1880. Nous avons pris des notes détaillées sur 1149 malades indigents, et sur ce grand nombre de sujets nous n'avons trouvé qu'une douzaine de pellagreux. Cette maladie est évidemment en voie de décroissance dans notre pays.

« 430 de ces malades ont été observés du 15 mai au 30 juin, époque la plus favorable pour l'examen de la maladie dont le diagnostic est alors rendu facile par l'apparition de l'érythème et par l'aggravation des symptômes intestinaux et nerveux. Sur ces 430 sujets, la plupart indigents ayant la gratuité des eaux, ou bien paysans dont les conditions d'existence ne diffèrent pas de la manière de vivre des indigents, nous n'avons trouvé qu'une douzaine de pellagreux.

« Chez quelques-uns, la triade syptômatique était nettement accusée et les phénomènes existaient quoique avec une médiocre intensité ; la maladie était alors aisément reconnaissable à ses principaux traits. Souvent l'érythème était difficilement appréciable.

« En résumé, les caractères de la maladie étaient sensiblement atténués. J'ai pu suivre deux de ces pellagreux résidant dans le voisinage de Bagnères et qui ont été complètement guéris grâce aux secours qu'ils ont obtenus.

« Dans la deuxième série comprenant encore 700 malades, examinés du 1er septembre au 15 octobre, nous n'avons pu reconnaître bien distinctement la pellagre que chez trois ou quatre ; sans la connaissance des antécédents, il nous aurait été bien difficile de distinguer ces malades de ceux bien plus nombreux ayant des états morbides peu accusés résultant d'une alimentation insuffisante, des intempéries et des fatigues de la vie des champs : « douleurs rhumatismales, nerveuses et musculaires, dyspepsies à formes diverses, appauvrissement de sang et chloro-anémie, etc.

« Les paysans regardent la pellagre comme une sorte de maladie inavouable, de lèpre ; ils s'efforcent de cacher la manifestation antérieure de l'érythème, et nous avons pu nous convaincre que bon nombre de dyspepsies, de phénomènes nerveux, avaient été précédés par des symptômes de pellagre évidents et cette maladie présentait, selon nous, une forme fruste-dégénérée.

« Et, à ce propos, remarquons que si, considéré en lui-même, l'érythème n'a pas une grande importance séméiologique et s'il se rencontre dans beaucoup d'autres conditions morbides, alcoolisme, aliénation mentale, etc., où la peau mal innervée ne peut résister à l'influence solaire, il n'en a pas moins une grande importance pour le diagnostic. En tous cas, la non apparition de ce signe indique évidemment que l'organisme est amélioré et que le système nerveux remplit ses fonctions.

« Dans toutes nos observations, en effet, le derme du dos des mains porte plutôt la trace d'atteintes antérieures : amincissement, atrophie ; une rougeur légère et rarement un peu de desquamation indiquaient le retour de l'érythème à l'état sub-aigu.

« Nous avons observé de même des lésions peu profondes des muqueuses. Peu de tendance au suicide ; la sœur d'une de nos malades s'était donné la mort à une époque déjà éloignée.

« En 1880 nous n'avons pas trouvé un seul nouveau cas de pellagre : — tous les malades avaient été atteints à des époques antérieures et la plupart avaient déjà fait une ou plusieurs cures thermales soit à Bagnères, soit ailleurs. Nous leur avons prescrit le traitement précédemment éprouvé : Eau de Labassère et de Salies en boisson ; — Bains du Foulon ; — douches quelquefois, pour combattre des douleurs rhumatismales localisées, — avec une alimentation aussi bonne que possible. Nous leur avons conseillé plus tard les préparations arsenicales recommandées par les médecins italiens.

« Relativement à l'étiologie, nous remarquons que la plupart des médecins qui avaient traité ces malades semblaient reconnaître, par les avis donnés, l'influence nocive du maïs avarié, et plusieurs de ces malades avouaient eux-mêmes que les symptômes s'aggravaient à la suite de cette alimentation mauvaise prise en plus grande quantité.

« Nous avons interrogé bon nombre de nos confrères des environs de Bagnères et tous reconnaissent que la pellagre tend à disparaître.

« Quelles sont les causes de cette heureuse décroissance? Nous ne pouvons nous dispenser de dire quelques mots sur les causes de cette maladie, qui, selon nous, jouent un grand rôle dans la prophylaxie et expliquent jusqu'à un certain point les bons résultats que nous constatons.

« La plupart des pellagreux vivent dans des conditions de misère qui ne sauraient suffire à expliquer le développement de la maladie, d'après Balardini, Roussel, Costallat et les italiens, Lambroso, etc., etc. Il faudrait, en outre, selon ces médecins, l'intervention du maïs altéré par le *verdet* qui donne la caractéristique ou le cachet pellagreux à ce fonds de misère. Avec la plupart des médecins de notre pays nous partageons cette manière de voir. Nous reconnaissons avec eux que l'organisme sous l'influence d'intoxications diverses, alcoolisme, céréales altérées, etc., peut présenter des états morbides très-voisins de ceux que détermine le verdet du maïs. Il importe cependant selon nous de mettre en relief la notion étiologique ci-dessus indiquée, car chez les malades soumis à notre observation le verdet a été la cause déterminante de la pellagre.

« A quoi peut-on attribuer aux environs de Bagnères la diminution de l'endémie ?

« Le bien-être général a augmenté dans nos campagnes ; — création de routes, de chemins de fer et d'industries locales, bois, fabriques de papier, etc., voyages plus fréquents à la ville. Les ménagères, après avoir vendu les produits de la terre, rapportent dans leurs maisons du pain, de la viande, du sucre, du café. Nous n'insistons pas sur cet ordre d'idées.

« Examinons le deuxième terme. — Grâces aux travaux de M. Costallat, qui ont exercé la plus heureuse influence dans notre pays, le maïs servant à l'alimentation a été soumis à un examen plus sévère. Il est séché avec plus de soin au soleil, et l'on évite de le déposer dans des lieux humides.

« Dans les campagnes, les pauvres recevaient en don ou bien achetaient le maïs aux cultivateurs plus aisés. Ceux-ci ne livraient que le plus mauvais grain, celui qui avait eu le moins de soins et qui le plus souvent se trouvait dans des conditions les plus favorables pour le développement du verdet.

« On procède actuellement avec plus de soin à la séparation des grains de maïs altérés, plus nombreux après certaines récoltes. En 1880 nous avons vu opérer ce triage chez plusieurs de nos clients. Le maïs avarié nous a semblé cette année-là relativement abondant et nous avons pu en envoyer à Bordeaux et à Paris pour y être étudié. L'année dernière (1881), la récolte était meilleure, et il nous a été plus difficile de nous procurer des grains altérés pour répondre à la demande de notre excellent maître M. le Dr Lailler.

« En résumé, l'accroissement du bien-être général et surtout les précautions dont on entoure l'usage du maïs expliquent la décroissance de cette maladie dans notre pays.

« Il importe cependant que nos populations rurales soient convaincues des dangers que peut présenter l'alimentation par les maïs avariés, car la proportion des pellagreux est encore de un pour cent sur le total des malades indigents admis à la gratuité des eaux de Bagnères-de-Bigorre. »

M. *Delmas* rappelle que les médecins italiens qui ont observé si souvent la pellagre en Lombardo-Vénétie, reconnaissent tous l'influence du maïs altéré dans la production de la pellagre.

Dans l'hiver de 1829, dit le Dr *Daudirac*, il fallut faire venir de grandes quantités de blé d'Odessa ; en route, par suite de mauvais temps, ce blé s'altéra et plus tard une foule de personnes qui eurent à en user furent atteintes d'une affection analogue à la pellagre et qu'on appela l'acrodynie. L'altération du maïs doit donc être pour quelque chose dans la production de la pellagre.

M. *du Boucher* demande s'il est vrai que les pellagreux se suicident toujours par l'eau, en se noyant.

M. *Clavé* répond que ce n'est pas la seule manière dont les pellagreux se suicident ; dans les Landes même il a pu observer que certains se pendent, et d'autres se tuent avec des armes à feu. M. le Dr *Larauza* a vu également nombre de pellagreux se suicider par pendaison.

M. *Duhourcau* rappelle que cette question de la pellagre vient d'être traitée au Congrès de Séville, et que les avis ont été partagés. M. le Dr Poussier, qui a voyagé en Italie et en Espagne, se range à l'avis presque général, de la présence nécessaire du verdet dans le maïs, consommé par un sujet affaibli, cachexié, pour que la pellagre se développe. L'idée que la misère seule suffit à produire la pellagre a trouvé également des défenseurs à Séville.

M. le Dr *Delmas* a observé qu'autrefois les pellagreux étaient très communs dans les hôpitaux de Bordeaux ; mais depuis l'amélioration apportée par le développement des richesses du pays, dans les conditions d'existence du paysan des Landes et de la Gironde, la pellagre a diminué progressivement et tend certainement à disparaître.

M. le Dr *Dejeanne* fait une seconde communication sur le goître dans les Pyrénées, et dit :

« Nous avons vu que la pellagre est en voie de décroissance dans le voisinage de Bagnères, le bien-être général augmentant, et l'alimentation par le maïs étant soumise à des précautions plus sévères.

« Grâces au bien-être général, l'endémie goîtreuse diminue aussi ; les cas sont moins nombreux et surtout moins graves ; mais le progrès n'est pas aussi marqué que pour la pellagre. Ne serait-il pas possible de l'accélérer en agisssant sur la cause déterminante, laquelle, d'après la plupart des auteurs, se trouverait dans les eaux qui servent à la boisson ? mais si dans le maïs on connaît l'ennemi à combattre, le verdet, dans l'eau on n'a pas encore déterminé la substance goîtrigène qui par sa présence ou son absence produirait le goître.

« Dans le dernier recensement, il n'est pas question du goître comme dans les recensements antérieurs. Ceux-ci, il est vrai, donnent des chiffres bien au-dessous de la réalité.

« Les listes des réformés par le conseil de révision fournissent des indications plus sérieuses et confirment la diminution de l'endémie dans plusieurs communes.

« Nous ne pouvons donner quelques renseignements que sur Bagnères, Lesponne et Gerde.

« Nous avons eu l'occasion de visiter les écoles de ces trois centres de population.

« A Bagnères-ville, très peu de goîtreux.

« A Gerde, nous avons constaté avec M. le Dr Louis Cazalas que la moitié des élèves est à peine indemne du goître.

« A Lesponne, sur 60 enfants, 5 ou 6 à peine sont à l'abri de l'endémie.

« Notons cependant que si l'endémie atteint encore un grand nombre de sujets, elle présente cependant moins de gravité. Beaucoup de cous gras. — Nous avons remarqué que le lobe droit de la glande thyroïde était plus souvent et plus gravement atteint.

« Très peu de crétins et tous déjà âgés. Enfin le traitement iodé agit efficacement dans la plupart des cas.

« J'ai appelé l'attention des instituteurs sur une particularité de vêtements : Cou nu exposé à l'action de l'air, constriction inférieure par le col de la chemise, conditions qui doivent gêner la circulation veineuse et favoriser la production du goître.

« Comme boisson, depuis la cherté du vin l'eau est uniquement employée à Lesponne.

« Si nous examinons les causes qui ont amené à Gerde la diminution du goître, nous signalerons rapidement les améliorations dans les habitations. Très peu de types anciens persistent, c'est-à-dire maisons sans plancher, ayant une porte pour seule ouverture. Les trois masures qui subsistent sont habitées par des crétins.

« Le bien-être, le partage des communaux, la création et le développement de l'industrie marbrière, expliquent, en partie, la décroissance de l'endémie dans ce village.

« Nous signalerons surtout la création de plusieurs fontaines. — Autrefois les habitants puisaient l'eau du ruisseau qui traverse le village.

« M. Garrigou a bien voulu examiner cette eau et il consentira, je l'espère, à nous faire connaître le résultat de ses recherches.

« La création de fontaines s'impose dans plusieurs villages, à Aste et à Ordizan, etc. — Dans la première de ces communes elles sont en voie d'exécution. — A Bagnères, même, les quelques goîtreux habitent le Pont de Pierre, et jusqu'à ces derniers temps on ne buvait, dans ce quartier, que l'eau d'une dérivation de l'Adour.

« A Ordizan le goitre est assez fréquent. Les habitants boivent l'eau de l'Adour, ou des ruisseaux descendant des côteaux voisins. Quelques-uns cependant vont chercher l'eau à une source située à un kilomètre environ et reconnue meilleure. Il importerait d'amener cette source dans l'intérieur du village.

« Dans quelques-unes des communes voisines de Bagnères, l'établissement de fontaines ou de puits a eu une très grande influence sur la diminution du goître. Il appartient aux médecins d'appeler sur ce point l'attention de l'administration pour hâter la création de fontaines et le forage de puits. Dans plusieurs localités, l'expérience a démontré que certaines sources sont préférables aux autres. On pourrait très souvent, sans grands frais, mettre ces sources à la portée de la majeure partie des habitants de ces communes ou du moins les faire adopter pour un certain nombre d'usages, fabrication du pain et du cidre qui, depuis la cherté du vin, tend à s'introduire de nouveau dans notre pays.

« En séparant dans le maïs le mauvais grain du bon grain, on a, j'en suis persuadé, beaucoup fait pour l'extinction de la pellagre.

« En apportant le même soin dans le choix des eaux potables on combattrait efficacement l'endémie goîtreuse.

« Et, en attendant le résultat des analyses chimiques, on pourrait utiliser avec profit les données que fournit l'expérience locale. »

M. le Dr *Garrigou* a analysé deux eaux de Gerde, celle d'une fontaine, et celle du ruisseau. Cette dernière quoique limpide, a laissé déposer une matière glairineuse, et a répandu par l'évaporation une odeur véritablement infecte. L'eau de la fontaine a acquis une odeur semblable mais bien moins prononcée. L'analyse de ces eaux n'a indiqué rien de particulier ; le résidu total d'un litre est de 0,15 environ, dans lesquels il y a peu de chaux et peu de magnésie (0,006), mais les villages des goîtreux sont bâtis ordinairement auprès de roches magnésiennes. Dans ces villages on a pu observer que les goîtreux étaient d'autant plus nombreux que ces roches étaient elles-même plus à découvert. Selon l'expression de feu le Dr Marchand, ils se présentent sur les vallées Pyrénéennes de la même manière que la roche verte, en fuseau, c'est-à-dire plus rares aux extrémités, et augmentant au centre selon la constitution du sol. On peut même quelquefois, comme M. Garrigou l'a fait en Espagne, deviner les points où se rencontrent les goîtreux ; mais cette détermination n'est pas infaillible.

L'action des eaux magnésiennes pourrait cependant être pour une part dans la production du goître : ainsi, dans la vallée d'Aure, au pied d'une montagne formée de roche verte, on trouve le village de Vignerte, et plus haut un second village où les sources abondent. Dans ce point élevé, on rencontre des goîtreux, mais ils sont bien plus nombreux en bas, à Vignerte, où l'on use des mêmes eaux après qu'elles ont parcouru un plus long trajet sur le sol ophitique.

M. *Piche* a observé des goîtres volumineux et nombreux dans certaines vallées des Basses-Pyrénées, et peu ou pas dans d'autres : ceci demanderait de nouvelles investigations pour être expliqué.

M. *Serres* n'a pas vu de goîtres aux environs de Dax, où les roches ophitiques abondent cependant ; quand il commence à se développer, un traitement bénin suffit à le faire disparaître.

La discussion étant terminée, M. le Dr *Armieux* félicite M. le Dr Dejeanne de ses intéressantes communications, et Messieurs les membres du Congrès de celles qu'ils ont bien voulu adresser de leur côté. Il espère que les discussions dont elles ont été l'objet donneront de bons résultats, et remercie, en terminant, ses collègues de l'honneur qu'ils lui ont fait en l'appelant à la présidence de la section médicale, et lui rendant sa tâche aussi douce que facile.

Le Secrétaire de la 2ᵐᵉ section,
Dr DUHOURCAU,
Médecin à Cauterets.

Des remerciements sont votés à l'unanimité par la 2° section, à M. le Dr Duhourcau pour le soin qu'il a mis à rédiger avec les détails les plus précis, les procès-verbaux des séances.

PROCÈS-VERBAUX DES SÉANCES

TROISIÈME SECTION (Archéologie historique et Archéologie préhistorique).

Séance du 2 mai 1882.

La section se réunit dans une salle du Palais de Justice, à 9 heures du matin.

Présents : MM. Léon Palustre, Directeur de la Société Française d'Archéologie, Président de la section, Comte Alexis de Chasteigner et Belisaire Ledain, Président de la Société des Antiquaires de l'Ouest, à Poitiers, Vice-Présidents de la section, Adrien Planté, ancien magistrat, Secrétaire pour la séance, Taillebois, abbé Lescarret, abbé Lartigau, d'Armana. Gaston Bonnore, Gorostarsou, abbé Lagarde, abbé Gabarra, le Père Labat, Dr Sorbets, Dr Testut, Cartailhac, Dufourcet, du Boucher, de Lataulade, abbé Audoin, de Laborde.

M. le *Président* donne acte à M. Cartailhac et le remercie de l'hommage qu'il vient de faire au Congrès de ses importants ouvrages qui seront déposés dans la Bibliothèque de la Société de Borda :

1° Matériaux pour l'histoire primitive et naturelle de l'homme. — Seizième volume de la revue mensuelle illustrée.

2° Note sur l'archéologie préhistorique en Portugal.

3° Les sépultures de Solutré.

4° L'âge de la pierre en Asie.

5° Rapport sur la session de Lisbonue.

6° Compte-rendu de l'étude de M. Chantre, intitulée : Premier âge du fer.

M. le *Président* donne lecture de diverses questions du programme de la section : après avoir fait remarquer que la réunion de la *section d'archéologie préhistorique* avec la *section d'histoire et d'archéologie historique* devait modifier l'ordre du jour des travaux de la troisième section, il propose à l'assemblée de décider que la lecture et les discussions historiques s'arrêteront à 10 heures 1/4 et qu'à ce moment on abordera les questions du programme intéressant l'archéologie préhistorique.

Personne n'ayant pris la parole sur les trois premiers numéros du programme, *M. le Président* invite M. l'abbé Lartigau, curé-doyen de Sauveterre, à donner lecture de son mémoire sur *les voies romaines de la région du Sud-Ouest* et sur l'emplacement de Beneharnum (n°ˢ 4 et 16 du progr. de la section.) M. l'abbé Lartigau donne lecture de son travail.

Après un échange d'observations entre MM. Palustre, Lartigau, et de Lataulade, M. le comte de Chasteigner fait remarquer combien sont importantes les nouvelles précisions de distances présentées par l'auteur de l'étude sur Beneharnum, l'assemblée décide que cet intéressant document sera imprimé en entier dans les annales du Congrès et lu, par fragments, à la séance générale du soir.

M. le *Président* demande si quelque membre de la section peut donner des renseignements sur les *principales villas gallo-romaines de la région* (n° 5 du progr.)

Le *R. P. Labat* répond qu'à la prochaine réunion il portera avec l'agrément de l'auteur une étude du Dʳ Sorbets sur la villa gallo-romaine de St-Cricq-de-Marsan.

Sur la question qui lui est posée par *M. le Président, M. Taillebois* répond que relativement à la *description de diverses régions occupées par les peuples de la Novempopulanie* (n° 6 du progr.) il n'a rien à ajouter à ce qui a déjà été publié sur ce sujet par M. Desjardins.

M. le *Président* appelle l'attention de la section sur l'importance que présenterait au point de vue de l'histoire de l'industrie nationale *la liste des marques de potiers trouvées dans la contrée* (n° 7 du progr.). Rappelant les travaux du savant belge M. Schuermans, sur ce même objet, il émet le vœu que des recherches soient faites dans ce sens en France et particulièrement dans la région.

Le comte de Chasteigner observe que cette question prend de jour en jour une importance considérable. Jusqu'à présent on était porté à attribuer une origine étrangère à ces poteries connues sous le nom de *poteries samiennes ;* aujourd'hui, on a acquis la certitude que pour la plus grande partie, l'origine de ces poteries est française. En Auvergne, à Lezou (Puy-de-Dôme), notamment, on trouve un berceau de cette industrie, on compte des générations de potiers, on constate des traditions locales, qui permettent de suivre, pour ainsi dire, la géographie de cette poterie.

Evidemment l'art Gallo-Romain a été la succession de l'art grec transformé par son passage en Italie ; il vint se fixer définitivement en France. L'élément principal, la matière première en est une terre rouge que l'opinant a analysé avec M. Thore. Il a été amené à penser qu'on pourrait rattacher cette fabrication à la fabrication américaine : des matières premières, des terres, des ocres, qu'il a reçues d'Amérique, l'ont confirmé dans cette idée. Il ne saurait trop appeler l'attention de l'assemblée sur ces constatations qui permettent d'établir que la contrée française qu'il vient de signaler constitue le plus grand centre connu de fabrication.

M. le *Président* rappelle que M. Pliek a publié un vase de cette origine dans la *Gazette Archéologique.*

M. *Cartailhac* cite comme modèle précieux à suivre la carte de M. de Mortillet sur la fabrique de *Bajassac* qui a fourni au Musée de Saint-Germain plus de *4,000* vases entiers.

M. *de Chasteigner* fait observer que si l'on se laisse décourager par les premières difficultés, les recherches deviendront de plus en plus rares. Vouloir c'est pouvoir ! Lui-même, il a fouillé près de 3,000 sépultures, dans le Loiret notamment, qui lui ont donné près de 14,000 vases. Il y a pour les Landes des données générales telles que les découvertes de briques sigillées à St-Paul, qui permettent de croire à la richesse de cette contrée sur ce point.

M. le *Président*, après avoir rappelé les découvertes importantes de M. *Morel* dans la Marne, la Drôme et la Vaucluse réclame la liste complète des potiers de la région et termine par cet encouragement : Cherchez et vous trouverez.

M. le *Président* fait observer que le temps qui avait été fixé par l'assemblée pour les travaux d'archéologie historique étant épuisé, il va ouvrir la discussion sur les travaux d'archéologie préhistorique.

MM. *Gabarra*, curé de Capbreton, et *Lescarret*, curé de Luë, obligés de rentrer dans leur paroisse, demandent à l'assemblée de fixer l'ordre dn jour de la séance du jeudi 4 mai.

L'assemblée décide qu'elle entendra jeudi matin la lecture des mémoires de M. Gabarra, sur *Capbreton*, de M. Lescarret, sur les *Eglises du Born*, de M. Louis (d'Oloron), sur l'*idiome Béarnais*. La lecture du mémoire de M. Poydenot de Bayonne est fixée au samedi 6 mai.

A dix heures 1/4, la parole est donnée à M. le Dr *Sorbets*, d'Aire, sur le n° 6 du programme d'archéologie préhistorique : *Trouve-t-on dans la région des traces de l'existence de l'homme à l'époque tertiaire.*

Le Dr *Sorbets* établit que la question de l'existence de l'homme à l'époque tertiaire est la question obligée de tous les Congrès scientifiques, qu'elle est toujours portée sur tous les programmes sans être jamais résolue, et qu'enfin elle constitue une question formidable, car des milliers de siècles nous séparent de la couche pliocène du terrain tertiaire ; il ajoute que dans la recherche de l'homme tertiaire, il fallait diviser le sujet en question géologique et paléontologique.

Notre confrère, après avoir réclamé la bienveillance et l'indulgence de l'assemblée, a dit qu'il comparerait l'homme tertiaire à l'homme quaternaire, étude pouvant s'éclairer l'une par l'autre, et faite par les hommes qui sont les vrais initiateurs de nos connaissances humaines.

Ce champ était vaste ; il s'est adressé aux archéologues et aux naturalistes : à Champollion qui avec tant de sagacité avait déchiffré les inscriptions hiéroglyphiques des monuments de l'Egypte : à Lartet qui, après ses études sur les cavernes à ossements du Périgord, avait ressuscité les sociétés des temps géologiques, et enfin à Cuvier qui, par la seule inspection d'un os avait fait revivre les faunes disparues de ces mêmes temps géologiques.

Le Dr *Sorbets*, après avoir établi la division classique des terrrains en : primitifs, de transition, secondaires, tertiaires et quaternaires, a ajouté : « Mais prenons les choses d'un peu plus haut, peut-être rencontrerons-nous, chemin faisant, l'homme tertiaire. Et parlant de la terre à l'état gazeux, liquide et solide, d'après les théories de Buffon, de Laplace et de Herschell, il a démontré l'immense couche sphérique *de granit* enveloppant la terre, couche obtenue par un grand refroidissement, le premier membre de la création d'après Cuvier : Le granit composé de quartz, de felspath et de mica, formant par leur agrégation et leur désagrégation les trois corps de l'époque primitive, admis par les géologues, les micachistes, les gneiss et les schistes chloriteux.

« Passons sans commentaires, a ajouté l'honorable Dr Sorbets, à la période de transition, car l'étude spéciale de tous les terrains nous entraînerait trop loin. » Il a simplement énuméré les terrains de toutes les époques : silurien, dévonien, houiller et permien, avec l'apparition des végétaux sur les continents émergés à cette époque et des poissons dans les mers qui commençaient à avoir leurs limites : la 3e époque ou période secondaire caractérisée par les terrains triasique, jurassique et crétacé avec les grands reptiles et quelques oiseaux : la 4e époque ou période tertiaire formée par les terrains éocène, miocène et pliocène, caractérisée par les grands mammifères, les espèces disparues et le soulèvement des Pyrénées et des Alpes.

Enfin la 5e époque ou période quaternaire naturellement divisée en terrains avant et après le déluge, crag de Norwich, terrain de Girgenti et période glaciaire. C'est là, a ajouté l'orateur, qu'un grand nombre de savants placent l'homme quaternaire, après la période glaciaire et avant le déluge, donc terrains port-diluviens : diluvium gris, lœss et diluvium rouge.

Le Dr *Sorbets* a abordé alors l'étude paléontologique relative à l'homme tertiaire, en discutant les théories et les découvertes de l'abbé Bourgeois, Lartet, Desnoyers, de l'Institut, Dr Garrigou et Boucher de Perthes ; puis il a conclu en disant que les découvertes paléontologiques n'étaient pas suffisantes pour admettre l'existence de l'homme à l'époque tertiaire.

Le *Comte de Chasteigner* déclare qu'il n'a pas l'intention d'aborder le fond de la question ; il tient à donner seulement plus de précision à deux faits indiqués par le Dr Sorbets.

La découverte de l'abbé Bourgeois a eu lieu à Thenay dans les environs de Pontlevoy : elle portait sur des silex, non point *éclatés*, mais taillés comme par la main des hommes. Plusieurs spécimens en furent produits : il n'en découla pas une certitude, une affirmation de l'existence de l'homme tertiaire, mais bien une simple probabilité qui n'a pas encore été confirmée.

L'opinant fut amené à faire des fouilles dant la grotte de Gargas en 1870, avec le concours de M. le Dr Garrigou. Ces recherches ne permirent pas de conclure à l'existence d'êtres humains de l'époque tertiaire ; elles amenèrent la découverte de six têtes d'*Ursus spelœus* et de la *seconde hyena spelœa* constatée en France.

M. *Cartailhac* observe que la découverte de M. Bourgeois était multiple : Le Musée de Toulouse reçut de ce savant explorateur une cinquantaine de pièces. Desnoyers constata des rayures sur des os découverts ; on commençait à parler de l'homme tertiaire. Mais d'où provenaient ces rayures ? Etaient-elles le fait de l'homme ? Les hésitations sont grandes quand il faut se prononcer sur ce point.

Cuvier ne s'est pas prononcé sur l'homme quaternaire. Avec les éléments dont il disposait, Cuvier ne pouvait aller plus loin que le point où il s'est arrêté. Après lui, la science a marché, elle a trouvé l'homme quaternaire : peut-être trouvera-t-elle l'homme tertiaire !

Le *Comte de Chasteigner* demande à M. le Dr Garrigou de vouloir bien préciser les constatations faites avec lui dans la grotte de *Gargas*, et se prononcer sur les découvertes de l'époque tertiaire portant des stries.

Le Dr *Garrigou* répond qu'à *Gargas* il s'est trouvé sur un terrain essentiellement quaternaire : toute la faune y est développée ; on y trouve l'ours, le renne ; pas plus à *Gargas* qu'ailleurs on n'a trouvé d'ossements tertiaires. Les ossements de *Sansan* présentaient une série de cassures rappelant les constatations de l'époque quaternaire. On s'est trouvé en présence de probabilités quand il s'est agi de l'homme tertiaire. Mais il n'a pas été possible d'arriver à l'aide d'arguments définitifs à une solution précise. La science a tracé une voie dans laquelle il ne faut se lancer que secondairement pour arriver à une conclusion.

Le Dr *Testut* constate cependant qu'en Italie on a trouvé dans des terrains tertiaires des silex qui paraissaient taillés par la main de l'homme. Le Congrès de Lisbonne ne s'est-il pas prononcé dans ce sens ?

M. *Cartailhac* indique dans son rapport offert par lui à la Société, la discussion officielle qui eut lieu au congrès anthropologique de Lisbonne ; on n'a pas de preuves ; ce qui permet aux uns d'affirmer, aux autres de douter. M. *de Quatrefages*, dont le jugement est d'habitude si digne de confiance affirme en présence d'ossements offerts par M. Capellini. L'opinant, d'accord avec M. de Mortillet, nie.

M. le Dr *Sorbets* remercie ses savants collègues des précisions précieuses qu'ils ont apporté à la discussion et déclare retirer son mémoire.

M. *de Chasteigner* fournit des indications fort intéressantes sur les éclats du silex. Il a obtenu par l'éclat des cassures différentes de celles constatées à Thenay. Il ne peut admettre le silex éclaté par le feu ou par les éclairs ; pour obtenir des éclats du silex il faut prendre de grandes pécautions. Le grand secret de la taille du silex, c'est l'eau de carrière. On couvre les silex d'herbes, on les conserve ainsi, puis on les place ensuite devant le feu afin de raviver cette eau de carrière qui y est infiltrée ; à peine chauffé, le silex se fend sous un coup de massue du fendeur. D'intéressantes expériences ont été faites à *Meusne* où l'Etat occupait de nombreux ouvriers, dirigés par d'éminents officiers, à la fabrication de pierres à fusils, avant l'invention des fusils à piston. Il y avait là un secret que tout le monde ignorait. A une certaine époque, sous le règne de Louis Philippe, pour se rendre au désir du vice-roi d'Egypte, le gouvernement consentit à l'admission d'officiers et d'ouvriers égyptiens à la fabrique de *Meusne*. Ces ouvriers étrangers apprirent à tailler le silex ; rentrés en Egypte, ils n'y purent réussir : quel en était le motif ? Il faut le dire à l'honneur du patriotisme national ; nos ouvriers avaient scrupuleusement gardé le secret en ne leur apprenant pas le *réchauffement du silex.*

M. *Cartailhac* estime qu'au lieu de s'arrêter à des faits aussi vagues que ceux dont l'assemblée vient de s'occuper, et qui devraient être réservés pour des Congrès spéciaux, il serait plus intéressant de s'attacher à des questions locales, comme celles des *tumuli.....*

Le Dr *Garrigou* adhère à cette proposition.

M. le *Président* déclare la discussion close sur ce point et propose à l'assemblée de fixer, en ce qui la concerne, l'ordre du jour de la séance générale du soir qui doit s'ouvrir dans la grande salle du Tribunal à huit heures et demie.

L'assemblée décide que M. l'abbé *Lartigau* lira une partie de son mémoire sur Beneharnum et M. le Dr *Testut* son mémoire sur les Tumuli.

Elle décide en outre que la section d'archéologie historique et préhistorique se réunira à deux heures précises sur le pont de l'Adour pour de là : 1º faire le tour de l'enceinte de la ville de Dax et en étudier les constructions Gallo-Romaines ; 2º visiter l'église de Saint-Vincent-de-Xaintes, le tombeau de Saint-Vincent-de-Xaintes, premier évêque de

Dax ; 3° visiter les expositions rétrospectives, historiques et préhistoriques dans les bâtiments du Collége.

La séance est levée à 11 heures et remise à jeudi matin à huit heures précises.

Le Président de section,

L. PALUSTRE.

Le Secrétaire,

Adrien PLANTÉ.

Séance du 6 mai.

Présidence de M. Palustre,

Directeur de la Société Française d'Archéologie,

Comte de Chasteigner et le R. P. Labat, assesseurs.

Présents : MM. Ledain, Taillebois, Cartailhac, Dr Souverbie, Vaussenat, Louis, Piche, de Rousiers, Dufourcet, d'Armana, Lorrin, du Boucher, Baron de Salettes, Calmon, de la Villehélio, abbé Gabarra, abbé Lescarret, abbé Brouste, abbé Tauzin, de Fontenille, Bonnore, Dr Testut et Adrien Planté, secrétaire.

La séance s'ouvre à 8 heures 1/2.

Le procès-verbal de la séance précédente est lu et adopté.

La parole est donnée au Dr Testut sur le n° 13 du programme d'archéologie préhistorique, relatif aux tumuli de la région de l'ancienne Aquitaine.

M. *Piche* demande à rappeler que des fouilles pratiquées dans les tumuli autour de Garlin (arrondissement de Pau), par M. Barthéty, amenèrent la découverte de deux bagues en or. Dans la lande du Pont-Long, notre regretté confrère Paul Raymond, en avait fouillé sept ou huit. Dans chacun on avait constaté au milieu d'objets divers, des fragments d'une pierre qui passait sans doute alors, pour avoir une vertu merveilleuse. Le gisement d'où ces fragments étaient extraits, n'était pas situé dans le quartier des tumuli, mais bien à l'une des extrémités de cette vaste lande. On l'y retrouve encore aujourd'hui.

Le Dr *Testut* connaissait ces découvertes, mais il a borné son travail aux tumuli d'un coin seul des Landes.

M. *Vaussenat* présente des observations sur les 141 tombelles qui ont été visitées par lui et un de ses collègues sur les landes de Bartrès et d'Ossun (Hautes-Pyrénées). Il constata la présence de foyers d'incinération à 40 ou 50 centimètres seulement du sol ; ces tombelles étaient formées par un pourtour de pierres supportant une énorme pierre recouvrant le tout. L'opinant demande à ce que l'auteur du mémoire fasse une rectification dans le préambule de son mémoire au sujet des tombelles d'Ossun. Une première fouille fut faite en 1842 ; par qui ? On l'ignore. Plusieurs de ces tombelles furent littéralement massacrées. En 1870, MM. Bourdié et Letrône publièrent une belle carte de cette lande dont ils groupèrent, mais sans les avoir découvertes, les nombreuses tombelles.

Il ajoute que le nom de Letrône doit être associé à celui de M. Bourdié et qu'il y a lieu de dresser comme suit la liste des explorateurs qui vinrent après eux et qui pratiquèrent d'importantes fouilles : 1[r] Le général Nansouty ; 2[n] M. Dufourcet ; 3[o] le colonel Pothier. Cet officier supérieur reçoit du gouvernement une allocation annuelle destinée à la création d'un Musée à l'école d'artillerie qu'il dirige à Tarbes. L'opinant émet le vœu que M. le colonel Pothier consacre une partie de ces fonds à la publication des magnifiques photographies qu'il a obtenues et qui sont conservées au Musée de l'Ecole.

Le Dr *Testut* remercie M. Vaussenat des renseignements qu'il a bien voulu donner au point de vue du rit funéraire constaté dans les tombelles d'Ossun. Les constatations auxquelles il s'est livré lui-même ne concordent pas avec celles de M. Vaussenat. Les foyers d'incinération avaient leur siége à une autre distance du sol, comme il l'a indiqué dans son mémoire. Il faut attribuer cette différence à la variété des usages, qui n'étaient pas régis, cela est évident, par une règle générale.

M. *Dufourcet* présente des fragments de poteries trouvés dans les tumuli fouillés par lui à Pomarez. Ces fragments reposaient directement sur le sol.

M. *du Boucher* n'a fouillé qu'un très petit nombre de tumuli : dans quelques-uns il a trouvé du fer.

M. *Cartailhac* répondant au vœu émis par M. Vaussenat fait observer, que la publication demandée par ce confrère est déjà commencée dans la *Revue mensuelle illustrée* : il en dépose sur le bureau quelques beaux exemplaires. Il ne saurait trop recommander, pour l'examen des tumuli, la méthode employée par le D'' Testut : il faut procéder un par un et éviter les généralisations qui ne peuvent produire que des conclusions incertaines.

M. *Piche* appelle l'attention du D'' Testut sur les fouilles du dolmen de Bugy. La Société des Sciences, Lettres et Arts de Pau a publié le résultat de la fouille avec dessins des ossements et instruments découverts.

M. *Cartailhac* ajoute que les documents sur l'âge du bronze se rencontrent fort rarement dans les tumuli ; la fibule y paraît à peine. Quant au quartzite, on en trouve des quantités. Dans une foule de *dolmens* on rencontre un lit de *cailloux*, servant de pavé. Souvent ce lit ou dallage remué par les fouilleurs, a pu se mélanger avec les objets ; mais il ne croit pas qu'il faille le considérer, comme on semble l'avoir fait pour les tumuli du Pont-Long, comme objet ou comme type caractérisant une époque.

Le *Comte de Chasteigner* a remarqué que les quartzites sont généralement cassés intentionnellement dans la direction du grand axe.

M. *Dufourcet* répond que cependant on a trouvé dans la plupart des tumuli des pierres dont on ne trouve pas trace dans le pays ; elles ont donc été portées là intentionnellement.

M. le *Président* remercie le D'' Testut de son important mémoire, et regrette que l'ordre du jour de la séance générale et publique, qui se tiendra dans la soirée soit trop chargée, pour en permettre la lecture ; mais une note sera remise au Président du Congrès, pour que, si le temps le permet, la parole soit donnée à M. le D'' Testut, qui voudra bien en lire une partie.

Avant de clore, pour cette séance, la discussion sur le programme d'archéologie préhistorique, M. *le Président* demande s'il y a d'autres mémoires prêts.

M. *du Boucher* dépose au nom de M. *Léon Martres*, de Castets, un mémoire sur les monuments mégalithiques des Landes. (n° 9 du programme.)

M. *de Chasteigner* promet une intéressante communication pour demain sur la patine des silex travaillés. (n° 11 du programme).

Ces deux études sont renvoyées à la séance du vendredi 5 mai, à huit heures et demie.

M. le *Président* ouvre la discussion sur les points du programme relatifs à l'archéologie historique.

M. l'abbé *Gabarra* lit un mémoire sur le *Gouff* de Capbreton et sur le passé de ce port de mer ; l'auteur dépose en terminant une belle photographie d'une statue en bois, la *Vierge de la Pitié*, qui se trouve dans l'église de Capbreton. (1)

M. le *Président* remercie M. l'abbé Gabarra de son intéressante communication et il souhaite que la *Vierge de la Pitié* soit reproduite avec le mémoire dans les annales du Congrès. Sur la demande d'un membre de la section, M. le *Président* déclare que cette statue est de la fin du XVe siècle.

M. l'abbé *Lescarret*, dont la lecture du mémoire sur les Eglises du Born et les Sauvetats du Marensin (n°s 25 et 28 du programme) avait été fixée à ce jour, demande à être autorisé à remettre son mémoire un peu plus tard au secrétaire du Congrès ; il ne lui a pas été possible de le terminer.

Il est fait droit à cette demande.

M. *Louis*, d'Oloron, lit un mémoire sur l'idiome béarnais. (n° 47 du programme).

La lecture de ce mémoire est accueillie avec la plus grande faveur par l'assemblée qui décide qu'il sera publié en entier.

M. *Vaussenat* ajoutera aux considérations de M. Louis sur les affinités de la langue grecque avec l'idiome béarnais qu'une colonie grecque a habité nos régions, cela ne fait plus de doute ; des monuments nombreux en font foi, tels que divinités, autels qu'il possède dans son Musée particulier ; il y aurait lieu de rechercher d'une façon générale les traces du passage des Grecs dans notre région.

Le Dr *Testut* répond que ce travail a été déjà fait pour la Gironde.

Il est onze heures : la séance est levée et remise au même jour à quatre heures de l'après-midi.

A quatre heures et demie, M. le *Président* prend place au bureau et vu le petit nombre des membres présents, demande si la séance doit

(1) Plus exactement, au bord de la mer, au-dessus de la porte de l'établissement où est renfermé le canot de sauvetage.

être renvoyée au lendemain ; l'ouverture de la séance est votée par assis et levé.

M. *Vaussenat* demande à ajouter quelques renseignements sur la présence d'objets de bronze dans les fouilles opérées dans la région et mêlés à des objets d'origine romaine.

Au lieu dit de *Cieutat*, dans les Hautes-Pyrénées, on constate une voie romaine sur la ligne de Dax à Toulouse : la voie occupe le plateau ; au-dessous et près d'une borne milliaire, se trouve la chapelle de la *Roumi*, bâtie avec des matériaux de provenance romaine : moellons carrés à angles droits. Il y a un mois environ, on a trouvé dans un champ de pommes de terre, de nombreux objets de bronze bien antérieurs à l'époque romaine : ces objets étaient d'un caractère brut : c'était probablement le centre d'une fonderie. Il faut conclure de ces constatations qu'un poste romain s'était établi sur un lieu occupé primitivement par des barbares.

MM. *Dufourcet* et *du Boucher* répondent que les constatations d'occupations antérieures sont très fréquentes.

M. *Cartailhac* observe que rien n'est plus naturel. Un camp est d'ordinaire placé là où la situation parait la meilleure à celui qui l'organise. A toutes les époques, les hommes, quels qu'ils soient, ont choisi les bons endroits, les lieux favorables à leur défense. Ces lieux ont naturellement tenté les occupants ; les uns ont pris la place des autres. Cela est constant ; les faits de ce genre sont fort nombreux.

Quant aux objets de bronze, il est très important de noter leur nombre et leur état quand on les découvre ; les uns sont neufs et intacts ; les autres paraissent avoir servi à la fonte et permettent de croire à un véritable atelier, dont le maître a confié à la terre des objets qu'il n'est pas venu reprendre.

Il ne faut pas dans ces découvertes perdre de vue le côté scientifique que l'on a trop sacrifié à la collection ; il faut prendre des croquis, des plans, des dessins, et ne pas négliger les analyses qui peuvent donner de si importants résultats. Il ne saurait trop engager les chercheurs à faire les analyses par les deux bouts de l'objet.

La discussion est close sur ce point.

M. *Cartailhac* émet le vœu qu'il soit dressé une carte générale des tumuli de la région.

MM. *Dufourcet* et *du Boucher* répondent que pour dresser une carte utile, il faut que les fouilles soient plus complètes.

M. le *Président* lit le n° 8 du programme : Trouve-t-on dans le pays des instruments en cuivre pur ?

M. *Dufourcet* répond qu'une hache en cuivre fut trouvée dans l'arrondissement de Dax ; elle est déposée au Musée de la Société ; elle fut trouvée à côté d'une hache polie ; elle était grumeuse.

N° 9. — Etude des cavernes et des monuments mégalithiques de la région.

Le *Secrétaire* répond que la lecture du travail de M. Léon Martres sur ce point a été fixée au lendemain.

N° 10. — L'homme primitif a-t-il taillé le quartzite comme le silex, etc. ?

M. *du Boucher* répond qu'on trouve du quartzite taillé un peu partout dans le pays, et surtout sur les points élevés.

M. le *Président* demande à M. *du Boucher* de rédiger une note sur cette question ; elle serait insérée dans les annales du Congrès.

M. *du Boucher* répond qu'il ne se permettrait pas de publier une note qu'il n'aurait pas soumise à ses collègues. C'est d'ailleurs une question à laquelle il n'est guère possible de répondre que par *oui* ou par *non*.

Un intéressant échange d'observations a lieu entre MM. *Cartailhac* et *du Boucher* sur le point de savoir si le quartzite exclut le silex et sur les difficultés que présente la taille du quartzite.

M. le *Président* fait observer que M. de Chasteigner retenu à l'Exposition préhistorique répondra demain à la onzième question du programme, comme cela a été décidé à la séance du matin.

N° 12. — Existe-t-il des vestiges de station lacustre dans la région ?

M. *Vaussenat* rappelle que M. Dufourcet a constaté avec M. Champetier, des pilotis et poutres entraînés dans le lac de Lourdes ; mais en fouillant on n'obtint rien de bien précis.

M. *du Boucher* a constaté des pilotis dans l'un des lacs de Labastide-Villefranche.

M. *Cartailhac* demande si les recherches de M. Raymond Pottier relatives aux pilotis du sous-sol de Dax ont fourni quelque précision sérieuse.

M. *Dufourcet* répond qu'on n'a pu rien en conclure : pas plus que des pilotis de Saint-Jean-de-Lier près desquels on trouva *10* ou *12* bracelets de bronze dans une cachette.

M. *Vaussenat* donne de curieux renseignements sur le bassin des

Barronies (Hautes-Pyrénées) qui se trouve au milieu des lieux classiques des recherches de nos explorateurs, sous un plateau ondoyant et au fond d'un bassin tourbeux ; à 2 mètres 50 centimètres du sol on a trouvé d'énormes troncs d'arbres, durs, quelques-uns travaillés à la hache, portant des trous permettant de les relier entr'eux. Ces bois sont d'essences diverses. On dirait une forêt, renversée par un cataclysme, ayant glissé du flanc de la montagne et étant allé s'enfouir dans ce bassin tourbeux et que l'argile, la terre arable et enfin la prairie sont venus recouvrir.

M. le *Président* déclare clos, pour la séance, l'examen du programme d'archéologie préhistorique et ouvre la discussion sur le programme d'archéologie historique. Il fait part à la section du désir de M. Dejeanne de venir dans son sein combattre les conclusions de M. Lartigau sur l'emplacement de Beneharnum.

M. l'abbé *Lartigau* accepte pour la séance de demain la discussion, en se réservant le droit de réplique.

M. le *Président* demande si l'on a préparé un mémoire sur les piles romaines de la région (n° 8 du programme). Il s'en trouve en Touraine, en Saintonge, dans le Gers, dans l'Est. Quelle est la nature de ces piles ?

M. *Taillebois* a vu celles du Gers ; il ne croit pas que ces piles aient servi à marquer des divisions territoriales. Elles sont au nombre de six ou sept avec niches ; probablement elles indiquaient les étapes d'une voie : elles sont groupées à distance variable.

M. le *Président* rappelle que M. Mariette-Bey a fait une étude sur les piles égyptiennes qui, d'après lui, étaient destinées à rappeler des victoires. Y a-t-il analogie ?

M. *du Boucher* ne croit pas que ces piles, ainsi groupées, puissent être destinées à rappeler des victoires, car il n'est pas probable qu'il y ait eu un aussi grand nombre de batailles livrées sur un espace aussi restreint.

M. *Taillebois* rappelle les piles avec niches, contenant une statue à Mercure, citées par Pline.

M. *Vaussenat* a constaté à Vieil-Adour une pile que les paysans nomment *stelou* (de stèle) qui était située à l'intersection de deux chemins ; elle est en briques avec niche, affectant absolument l'architecture des bornes milliaires, que l'on trouve entre Trèves et Cologne.

M. *Ledain* constate que des colonnes surmontées d'un cavalier, foulant aux pieds un monstre, ont été trouvées près des gués, le long des rivières et dédiées à un Dieu protecteur : Y a-t-il analogie ?

M. *Dufourcet* dit qu'à Vieil-Adour la pile était auprès d'un gué.

M. *Taillebois* affirme qu'il n'en est pas ainsi dans le Gers ; elles doivent servir d'indication topographique.

M. *le Président* demande s'il y en a dans les Landes ?

M. *Dufourcet* répond qu'on n'en connait pas.

N° 9. — Quelle est l'origine et quelle était la destination de la Montjoie de Roquebrune (Gers).

M. *Taillebois* regrette que M. Lavergne ne soit pas là pour répondre à cette question qu'il a fait poser lui-même dans le programme. Il a vu ce monument, il ressemble aux piles déjà décrites ; mais sa niche est au niveau du sol. D'origine païenne, ces niches ont été utilisées par la religion chrétienne pour y déposer les reliques et les images des saints pendant les pèlerinages.

La Montjoie de Roquebrune est-elle d'origine romaine ? On a trouvé autour d'elle des objets romains ; mais il n'a pas été possible d'obtenir une solution.

M. *Vaussenat* croit que le nom de Montjoie est récent et très commun dans la région.

M. *le Président* et M. *Taillebois* échangent des observations sur l'origine de ce mot. N'était-ce pas primitivement *Monsjovis* que la religion chrétienne a transformé en *Monsgaudii*.

M. *de Laroche*, constate que dans les archives du Tarn-et-Garonne, on trouve une ordonnance de Philippe le Bel, relativement à la création d'une ville-sous le nom de Montjoie St-Louis.

N° 10. — Mosaïques romaines etc.

M. *le Président* regrette qu'il n'y ait pas un travail d'ensemble sur les mosaïques de la région ; on en a découvert dans le département et la région ; St-Cricq, St-Sever... Lesca, Bielle...

M. *Taillebois* a déjà publié quelques observations sur les *inscriptions* de Dax, sur St-Michel-Escalus ; elle a été publiée par M. Dutiné : il aurait continué ce travail si le temps le lui avait permis. Il s'est occupé d'une *borne milliaire* qu'il a déposé en fragment au musée de la Société. Il y en a une autre dans les Basses-Pyrénées.

Quant aux *monnaies*, on en a découvert à Laluque deux cents (consulaires) qui ont fait l'objet d'un travail de M. de Chasteigner.

M. *le Président* demandera ce travail à notre éminent collègue pour le faire insérer dans les annales du Congrès.

M. *Taillebois* ajoute qu'on a trouvé :

A Seyresse, 3 à 4,000 pièces de Gallien.

A Leuy, 3 à 4,000 pièces avec deux bracelets et une fibule vandale.

A Momuy, 3 à 4,000   id.   id.   id.

A Donzacq, 3 à 4,000 pièces avec bijou vandale.

Enfin le trésor de Barcus : monnaies celtibériennes au nombre de 1,800, qui toutes ont été décrites dans le bulletin de la Société de Borda.

M. *Vaussenat* rappelle qu'à Bagnères, lors du captage de la source de Salies, on trouva des monnaies romaines mêlées à un grand nombre de monnaies plus récentes, provenant sans nul doute d'offrandes faites à la source où l'on venait chercher un soulagement.

Enfin M. *Dufourcet* cite la trouvaille faite à Lourdes il ·y a une trentaine d'années, d'une urne contenant des monnaies de Gordien.

N° 11. Inscriptions antiques.

M. *Vaussenat* demande ce qu'est devenue l'inscription célèbre de *Sumport* : elle a disparu.

M. *Ledain* a entendu Paul Raymond dire que cette inscription avait été apportée à Pau.

La discussion est close : La séance est levée à 5 h. 1⁄2 et remise à demain vendredi à 8 h. 1⁄2.

Le Secrétaire,
Adrien PLANTÉ.

Le Président,
L. PALUSTRE

Séance du 5 mai 1882

Présidence de M. Léon Palustre,
MM. du Boucher et Dufourcet, assesseurs.

Présents : MM. Ledain, Taillebois, Dr Dejeanne, Dr Souverbie, Vaussenat, Louis, Piche, d'Armana, Lorrin, du Boucher, Baron de

Salettes, Calmon, de la Villehélio, abbé Gabarra, abbé Brouste, abbé Tauzin, de Fontenille, Bonnore, Dr Testut, colonel Pothier, de Chasteigner, et Adrien Planté, secrétaire.

La séance est ouverte à 8 heures 1/2. Le procès-verbal de la dernière séance est lu et adopté.

Le Dr *Dejeanne* lit une série d'observations en réponse au mémoire de M. Lartigau sur l'emplacement de Beneharnum.

Ces observations seront insérées dans les annales et seront, au préalable, communiquées à M. Lartigau auquel le droit de] réplique est formellement réservé.

M. le *Président* fait part, au sujet des *Convenœ,* d'une découverte qui a été faite en Ecosse, il y a peu de temps.

En fouillant une station Romaine, le long du mur d'Adrien, on a trouvé un grand nombre de monuments funèbres portant le mot de *convenœ*. Les légions romaines comptant dans leurs rangs des recrues de toutes les nations soumises à leur domination, il est évident que ces tombeaux sont ceux de soldats Convènes morts pendant l'occupation. Cette découverte a été publiée dans l'ouvrage *Collectanea antiqua* de Boachsmith. Il y aurait un grand intérêt historique à ce qu'une des Sociétés de la région du Midi fit reproduire, dans son Bulletin, le passage des collecta qui fait connaître la découverte.

M. *Dufourcet* donne lecture du travail de M. Léon *Martres* sur les monuments mégalithiques des Landes.

M. le *Président* demande à M. le colonel *Pothier*, présent à la séance, de vouloir bien donner à la section quelques renseignements sur les importantes découvertes auxquelles il a été amené par les fouilles qu'il dirige sur le plateau de Ger, près Tarbes.

Le colonel *Pothier*, directeur de l'Ecole d'artillerie, répond que les fouilles ont été nombreuses. La collection qui en a été le résultat est presque toute de céramique. Ces poteries ont été trouvées dans des monuments appartenant à l'âge de la pierre polie, à l'âge du bronze pur dont il a trouvé quelques vestiges et à l'âge du fer.

Leur composition chimique est différente.

Au point de vue de l'art, ces poteries présentaient un sentiment d'autant plus artistique que l'on se rapprochait de l'époque où les moyens mécaniques faisaient défaut, où l'homme était abandonné aux seules ressourses de son imagination. L'effort paraît avoir été moins grand, quand les instruments spéciaux sont venus à son aide.

Les fouilles ont amené la découverte de dolmens et allées couvertes de l'âge de la pierre polie, et de sépultures dans lesquelles la présence d'armes en bronze portant quelques ornements de fer semblait indiquer qu'on était en présence de monuments du commencement de l'âge du fer ; dans certaines autres, on rencontrait des instruments de fer avec ornements de bronze.

Au bout d'une grande galerie on a trouvé de grands blocs de quartz reliés entr'eux par un mastiquage argileux ; sur les joints à l'intérieur on remarquait encore, parfaitement distinctes, les empreintes des doigts qui l'avaient pétri et placé. Le contact de l'air fit effriter et tomber ce mastiquage. Sur le sol se trouvaient trois vases contenant quelques ossements non incinérés.

Dans un second tumulus se présentait une allée couverte de 5 à 6 mètres de long, d'une hauteur de près de deux mètres. Dans le fond, un grand amas de vases brisés (une trentaine a pu être reconstituée) autour d'ossements humains assez nombreux. A l'intérieur et comme en gardant l'entrée, le squelette d'un homme accroupi, près duquel se trouvaient, à sa droite, quelques instruments tels que hache de pierre polie, pointe de lance, racloir, etc., etc., etc.

Dans un tumulus plus récemment fouillé, on a trouvé quelques ossements sous un monceau de pierres plates, de grés, parmi lesquelles on en distinguait une représentant une tête de cheval : l'œil du cheval était représenté par un trou qui forait la pierre ; les naseaux et la bouche étaient très clairement indiqués ; une autre pierre offrait la trace du jarret d'un cheval de grandeur naturelle.

M. *le Président* invite M. le colonel Pothier à résumer ses observations dans un mémoire spécialement destiné aux annales du Congrès de Dax. On trouvera plus loin cette intéressante communication reproduite *in-extenso*. (1)

Le *Comte de Chasteigner* prend la parole d'abord sur le n° 10 du programme d'archéologie préhistorique : l'homme primitif a-t-il taillé le quartzite comme le silex etc., etc.

La *taille* du quartzite est un mot générique. Il y a un groupe de substances qui présentent la même cassure que le silex. Ces substances

---

(1) Elle a été sténographiée par un membre du Congrès pendant que parlait l'honorable colonel.

offrent une plateforme de laquelle se détachent par percussion des fragments affectant la forme d'un demi cône. Cette cassure est-elle due à un accident ou à l'effet d'une volonté ? Toujours due à la volonté, dans ces corps la cassure présente des rayonnements ; dans le silex au contraire on constate comme des ondes autour du point de frappe.

Comment l'homme a-t-il opéré pour obtenir cette taille ? Par la percussion, et l'on a été amené à remarquer que par la taille du silex, le rognon sur lequel on frappe est considérablement atteint tandis que celui avec lequel on frappe est à peine ébréché.

On a demandé à une précédente séance s'il y avait coexistence ou exclusion du quartzite et du silex. L'opinant croit pouvoir répondre qu'il y a coexistence ; il y aura peut-être une exception pour le quartzite trouvé sur le sommet des coteaux.

Pourquoi n'y aurait-il pas coexistence, si le silex se trouve dans les mêmes régions que le quartzite ? On a acquis la certitude du mélange à certaines époques.

Les fouilles de Bennaruc ont fourni beaucoup de silex ; les quartzites étaient nombreux et lourds. On les trouvait à 50, 60, 80 centimètres de profondeur, quelques-uns éclatés et mêlés aux silex. Les stations de Baigts et de Bouheben ont fourni les mêmes constatations.

A Saint-Mamet, en 1870 et 71, l'opinant a trouvé dans la grotte, des flèches de pierre polie, une hache, la plus petite qu'il ait trouvée, de 3 centimètres de long seulement. Des eurytes et des grès anciens, préparés en forme de hache étaient associés à ces objets qui ne permettaient pas de croire qu'ils fussent plus anciens.

Nous trouvons donc des quartzites partout où il y a eu mélange ; ils ont donc pu être associés.

Sur le n° 11 du questionnaire : *Est-il possible d'établir une chronologie sur le degré plus ou moins grand d'altération de la silice à sa surface, et étude de la patine ou cacholong des silex travaillés,* M. le *comte de Chasteigner* déclare qu'on ne peut établir une chronologie. Le *cacholong* est une décomposition de la surface du silex, une altération tellement profonde qu'elle arrive à absorber la *pièce* toute entière en lui maintenant sa forme absolue ; il est impossible d'obtenir la moindre étincelle d'un silex cacholonné. Tandis que d'une pièce de silex couverte de *patine* ou de *vernis* on obtient du feu au briquet.

L'opinant présente un fragment de silex très ancien comme

fabrication, qui appartient à M. Thore ; il est puissamment attaqué par le cacholong. Il possède, dans sa collection, des silex qui n'ont plus au centre qu'un petit noyau dense ; le reste est absorbé. Le cacholong en a pris si régulièrement la forme que tout le dessus des cassures est conservé. Il faut noter cette particularité, que dans le même lieu et côte à côte, on trouve des silex intacts et d'autres presque détruits. Ceux-ci sont atteints par la patine, ceux-là par le cacholong.

On ne peut donc pas établir une chronologie. A quoi faut-il attribuer cela ? Evidemment bien plus à la matière du silex qu'à son âge. On s'est demandé si le silex blanc se décomposait plus facilement que le silex noir : il y a même des silex quelquefois qui sont blancs d'un côté et gris de l'autre ; l'opinant en a vu qui sont cacholonnés sur la partie reposant sur le sol, tandis que la partie supérieure est intacte ; il a trouvé des silex dont une bande noire indiquait la couleur, mais presque entièrement absorbée par le cacholong.

Quelques silex trouvés sur le sol cependant ne se cacholonnent pas ; ils se recouvrent alors d'un *vernis* spécial sous l'action insensible, mais continuelle du sable rond des Landes. Ce sable produit un polissage très-fin ; le silex des bords de la mer présente ce phénomène de vernis doux au toucher, et gras sur certains silex ; ce verais est très brillant ; il nous aide à caractériser l'âge du silex et permet d'indiquer si la cassure est récente ou ancienne, et de reconnaître même quand les cassures sur les mêmes objets remontent à des époques différentes. Ce vernis a un autre avantage, c'est qu'il permet aux archéologues d'éviter les piéges que certains industriels leur tendent : car le vernis ne s'obtient pas artificiellement.

Comment se produit le cacholong? Les uns disent qu'il s'adapte, l'opinant n'est pas de cet avis ; d'autres le constatent sur des calcaires et concluent que la silice se transforme, passant à l'état métamorphique et produisant un silicate de chaux. C'est une étude que l'opinant va reprendre avec la collaboration de M. Thore. Par des procédés artificiels, il a essayé d'attaquer des silex avec de la potasse bouillante, pour essayer de produire des falsifications et n'a pu arriver aux phénomènes produits à l'état naturel. Dans divers laboratoires, des essais ont été faits par lui, qui n'ont pas avancé davantage la question, on n'a rien obtenu qui permît d'approcher de l'aspect naturel.

En résumé, rien dans l'état actuel de la question ne nous autorise à croire qu'on puisse établir une chronologie sur le degré plus ou moins grand d'altération de la silice à sa surface, mais on peut arriver à distinguer le vrai du faux.

M. le *Président* remercie M. de Chasteigner de sa savante et instructive communication.

Il déclare close la discussion sur le programme d'archéologie préhistorique et l'ouvre sur le programme d'archéologie historique.

Il donne lecture du nº 12 : *Des ouvrages de castramétation connus dans le pays*, etc.

La parole est donnée à M. *Ledain*, président de la Société des Antiquaires de l'Ouest.

M. *Ledain* ne peut entretenir la° section des ouvrages de castramétation de la région : il n'a pas encore pu les connaître, mais il prépare sur cette question un important travail qui l'a mis en situation d'étudier et de connaître les ouvrages du même genre répandus sur tout le territoire français.

Il existe, en effet, beaucoup de camps que l'on rattache à diverses époques. L'opinant écarte immédiatement les *oppidum* qui étaient des hauteurs à retranchements informes ; il n'existe pas la moindre connexité avec les camps répandus en France : en Périgord, dans le Bordelais, en Touraine, en Angoumois, en Bretagne, en Normandie, et jusqu'aux confins de la Picardie.

Ils sont connus sous des noms qui varient dans la forme, mais dont le radical est le même, tels que : châteliers, châteaux, châtel, La Châtre, camp de César, camp Romain, camp Sarrazin, etc. Si on cherche dans les localités portant ces noms, d'avance on peut dire qu'il y a un camp Romain. Car ils ont tous la même origine, comme ils ont eu la même destination.

Voici leur configuration : ils présentent une forme rectangulaire, ayant de 150 à 200 mètres de longueur sur 120 à 150 mètres de largeur ; ces camps ont des retranchements de terre d'une hauteur variable de 4 ou 5 mètres, entourés d'un double fossé. Ils sont tous semblables : on les nommait camp Romain ou Sarrazin, ce qui ne veut nullement dire *musulman*. Le savant étymologiste M. Quicherat, expliquait ainsi le mot *payonorum* que l'on trouve dans la définition latine de ces camps : *castra romanorum vel paganorum*.

Dans beaucoup d'endroits, l'agriculture a fait disparaître les traces de ces camps ; mais les *lieux dits* subsistent toujours et prouvent qu'ils ont été ; il importe d'attacher la plus grande attention *aux lieux dits*.

A côté de ces camps, il y a d'habitude un champ dit de *la bataille,* de *la dispute,* du *débat.* C'est encore là une circonstance très significative. Puis on y trouve des monnaies et des poteries romaines.

Dans ces camps, on distingue un système général et systématique, qui est le produit évident de l'administration militaire romaine. Ils sont situés à huit ou dix kilomètres les uns des autres et correspondent entr'eux ; il y a corrélation évidente entre leur construction et les nécessités de l'occupation militaire du pays, qu'ils étaient chargés de maintenir.

Etant tous de la même .époque, remontent-ils à l'occupation Romaine de César ? Evidemment non, car les deux premiers siècles de l'occupation Romaine furent très paisibles dans les Gaules. L'historien *Joseph* dit que la Gaule était tenue en respect par 1200 hommes seulement. On ne bougeait pas : la Gaule se civilisait, se romanisait. Ce qui le prouve d'ailleurs, ce sont les nombreuses villas romaines que l'on découvre partout.

Les troupes étaient sur la frontière. Au IIIe siècle, les Barbares forcent la ligne du Rhin : la Gaule est ravagée, 60 villes détruites. Probus rejette les Barbares au delà du Rhin. La Gaule lui tresse des couronnes et il prend dans toutes les peuplades des contingents auxiliaires pour ses légions. On songe alors à une défense. C'est le commencement des fortifications.

Les Barbares avaient engendré la misère ; les tyrans engendrent l'anarchie, et la fiscalité romaine souleva pendant un siècle l'insurrection dans les Gaules et en Espagne. Cette insurrection prit le nom de *Bagaude,* c'est-à-dire des gens de la campagne qui se ruaient sur les villes ; celles-ci, pour se défendre, durent s'entourer de murailles comme celles de la 1re enceinte que nous avons constatées autour de Dax. Maximien réprima l'insurrection ; mais il fallait se défendre contre les barbares de l'intérieur aussi bien que contre ceux de l'extérieur. Constantin commença les camps. L'historien Sozyme rapporte : que les frontières furent affaiblies pour établir des garnisons à l'intérieur.

La *Notice des dignités de l'Empire (notitia dignitatum)* publiée sous Honorius, en 390, constate la multitude des postes de barbares auxiliaires : ces corps auxiliaires se nomment *Letti.*

On trouve des *Letti-Sarmates,* au Mans, à Chartres ; des *Letti-*

Francs, à Rouen ; *Saxons,* à Bayeux, Maures en Bretagne, Sarmates et Taillefanes encore à Poitiers, Blaye ; un poste extrême est à Bayonne : à *Coutances,* enfin dont le nom de *Castera-Coustancia* vient de Constance-Chlore.

Un préfet présidait à chaque cité : *Præfectus armatorum.* Les postes étaient disséminés et nombreux, car les excès des Bagaudes se multipliaient. M. de Courson a caractérisé cette insurrection en la qualifiant de *Chouannerie du IVe siècle.* Elle était expliquée par la fiscalité romaine contre laquelle Salonien s'élève avec énergie. La Bagaudie n'était pas le seul danger du moment : des pirates Saxons à la tête desquels était Carrosius, lieutenant de Constance-Chlore, menacèrent un instant le littoral.

Telle est l'origine des camps. Ils n'étaient pas grands : ils ne pouvaient pas l'être, étant trop nombreux. La légion n'était plus sous Constantin que de 1,000 hommes. Une cohorte ou une demie cohorte suffisait à la garde de ces camps, qui se commandaient et se secouraient.

En résumé, ces camps sont romains : ils remontent au IVe siècle. M. *Planté* retrouve dans les indications précieuses que M. Ledain vient de donner, la configuration, les mesures et le système de castramétation remarqué autour de la ville d'Orthez.

M. *Ledain* se propose de visiter cette région.

M. le *Président* remercie M. Ledain de sa communication qui présente un réel intérêt et propose à la section d'inviter notre confrère à reproduire sa communication à la séance générale du soir.

Cette proposition est adoptée.

M. *Dufourcet* demande à M. Ledain si dans les camps, il a constaté la présence de *mottes.*

M. *Ledain* répond qu'en effet, on en trouve dans plusieurs. C'est là qu'était la tente du chef, en même temps que le tribunal. On l'appelait *le Château.*

La ville de la *Châtre* doit absolument son origine à un camp romain sur lequel elle est bâtie.

M. *Vaussenat* donne d'intéressants renseignements sur un grand nombre de camps constatés dans les Hautes-Pyrénées, dont il a relevé les plans, les profils et les vues éloignées. Les principaux, sont les camps : 1° de Lésignan, en face de Gulos, près d'une voie romaine, non loin de laquelle on découvrit la statue de marbre blanc sous celle qui figure au musée de Tarbes : double enceinte, dont la première murée de grands blocs et la seconde d'un développement de 7 à 800 mètres de terrassement ; 2° *La Lande Mourine*, camp très régulier, double circonvallation, terrassements et levées de 3 kilomètres de développement. Enfin, Plateau de Juilhau et Camp de César où l'on retrouve des lignes de circonvallation formant avec les précédents un ensemble de défense. Ces camps d'après l'opinant ne se rapportent pas au système des camps, décrits par M. Ledain ; ces camps romains occupaient, d'après lui, des camps précédemment occupés par les barbares.

M. *Ledain* admet parfaitement les constatations de M. Vaussenat, mais le système général de castramétation qu'il vient de décrire concorde absolument avec les événements historiques auxquels d'après lui ils se rapportent.

M. le *Président* demande s'il y a des rapports prêts sur d'autres questions du programme.

M. *Taillebois* confirme les renseignements qu'il a précédemment donnés sur les monnaies romaines et les bijoux attribués aux Vandales.

Personne ne demandant la parole, la séance est levée à 11 heures et remise au lendemain à 8 heures 1/2.

Le Secrétaire,
Adrien PLANTÉ.

Le Président,
L. PALUSTRE.

Séance du samedi 6 mai 1882.

Présidence de M. Léon Palustre.

Présents : Cᵗᵒ de Chasteignier, Dufourcet, Ledain, Taillebois, Vaussenat, d'Armana, Gaston Bonnore, Abbé Lartigau, Père Labat, Dʳ Testut, du Boucher, de Lataulade, Dʳ Léon-Dufour, de Laroche, Poydenot, Lespiault, Dʳ Souverbie, Adrien Planté, secrétaire.

M. *Poydenot* donne lecture de son mémoire sur l'inscription romaine de Hasparren.

M. *de Montval* regrette qu'aucun mémoire n'ait fait mention du camp Gaulois forcé par Crassus. César a rapporté cette bataille dans laquelle les trois quarts des Gaulois périrent ; un quart à peine échappa à l'horrible massacre : *Vix quarta parte relicta.*

M. *Ledain* demande s'il y a quelques données sur l'assiette du camp de Crassus et si l'on n'a pas écrit sur cet événement ainsi que sur les Sotiates.

M. *de Chasteigner* et M. *Planté* rappellent les importantes études de M. Garrigou père et notamment sa remarquable *histoire des Sotiates.*

M. *Taillebois* lit d'importantes observations sur les ateliers monétaires de la région des Landes ; il annonce qu'un mémoire sera déposé par lui.

M. le *Président* remercie notre collègue.

M. *Taillebois* fait part à l'assemblée d'une note de M. Caron, président de la Société Numismatique, note qui est le résumé d'un mémoire que celui-ci réserve pour le bulletin de la Société qu'il préside.

M. le *Président* estime que dans ces conditions la note de M. Caron ne doit être ni insérée dans le volume des travaux du Congrès, ni même lue en séance. Il y a en pareille matière une tradition, qu'il est bon de perpétuer.

M. *Planté* demande que l'incident figure au procès-verbal afin de former une jurisprudence que l'on pourra invoquer en pareille circonstance.

L'assemblée consultée, décide qu'il ne sera pas donné lecture de la note de M. Caron.

M. le *Président* appelle les observations des membres de l'assemblée sur le n° 22 du programme : *Des monogrammes du Christ que l'on rencontre fréquemment* dans la région ; il annonce qu'il a fait dessiner celui qui se trouve dans le clocher de Saint-Vincent-de-Xaintes.

Un échange d'observations a lieu entre MM. Palustre, de Chasteigner et Dufourcet desquelles il résulte que le monogramme trouvé à Saint-Vincent-de-Xaintes présente des particularités qui doivent provoquer les prudentes recherches des savants. Il n'est pas encore expliqué.

M. *de Chasteigner* invite M. Dufourcet à compléter les études qu'il a déjà faites sur ce point, afin d'arriver à fixer la date de ce monogramme, que sans nul doute on rattachera à l'époque de Charlemagne.

M. le *Président* croit que ce monogramme est plus récent qu'on ne l'a généralement cru.

Il dépose sur le bureau un exemplaire du *Bulletin Archéologique* publié sous sa direction et appelle l'attention de l'assemblée sur une note qui y figure et qui est relative à un fragment de sarcophage antique trouvé à Foix. Il provient de l'escalier de la préfecture de Foix dans lequel on l'a découvert. Le conservateur du Louvre, M. Héron de Villefosse obtînt du Conseil Général de l'Ariège que ce fragment de sarcophage chrétien fut envoyé au Louvre. Il représente la résurrection de Lazare. Lazare est représenté enveloppé d'un linceul et sortant d'un sarcophage à couvercle entr'ouvert ; la main du Christ le touche. Le sarcophage d'où sort Lazare est entièrement décoré de *stries* en fougères : c'est là un fragment précieux pour l'histoire archéologique d'Aquitaine dont ces *stries* sont la caractéristique.

M. le *Président* tient à rappeler un conseil qu'il donnait à une première séance ; il engageait nos confrères à chercher sans relâche et sans découragement. C'est en cherchant qu'on arrive à préciser les époques et à retrouver les traces des hommes dont les noms semblent avoir disparu. Ainsi que de fois n'a-t-on pas dit qu'on ne connaissait pas les architectes du moyen-âge ! A Aix, par exemple, le célèbre retable du *buisson ardent* était attribué au roi René, auquel d'ailleurs on attribue la plupart des monument de la Provence. Et en cherchant dans les archives des Bouches-du-Rhône, M. Blançard, archiviste, découvrit les comptes du roi René, et il y trouva le compte particulier du peintre *Nicolas Froment* auquel par comparaison et analogie on a pu attribuer diverses œuvres.

Dans les mêmes archives on a trouvé une lettre d'exemption datée de 1305 au profit de Jean Baudissy architecte de Saint-Maximin et du palais des comtes de Provence à Aix.

A St-Maximin se trouve un retable imposant, genre XVIe siècle fait aux frais de Jacques de Semblaçay. Quel en fut le peintre ? On s'est demandé s'il était flamand ou italien ! Un petit document a indiqué que le nom du peintre était *Rosel*, un français.

Il y a au palais des Papes, à Avignon, d'admirables peintures attribuées à Giotto, et Giotto n'est jamais venu en France. Invité par un pape à se rendre à Avignon, il ne put réaliser ce voyage.

Ecartons-le donc : d'ailleurs les peintures d'Avignon ne ressemblent nullement à son œuvre. Mais si l'on compare ces peintures avec celles de *Sienne* dues au pinceau de *Simon Memmy*, on voit que ce sont les mêmes modèles, les mêmes procédés ; avant de peindre sa fresque à la peinture, il la traçait à l'ocre rouge. Or Simon Memmy est venu et est mort à Avignon. Donc nous avons la certitude que beaucoup de ces peintures lui sont dues, pas toutes cependant. La chapelle particulière des Papes, la chapelle St-Martial présente des caractères tous différents.

Un Français, fort lié avec M. Palustre, a découvert à Sienne les comptes des Papes. Il a pu constater que le chapitre de St-Martial fit venir *Mathieu de Viterbe* qui en fit les peintures.

Grâce à ces recherches, on peut, sans crainte de se tromper, dire que l'on connaît les auteurs des peintures d'Avignon ; tels sont les résultats obtenus par des recherches obstinées pour une seule région.

Il en sera de même pour d'autres régions. Ainsi, à St-Lô, on a découvert les comptes de la cathédrale du *Mans* et on y a trouvé le nom de l'architecte du transept.

A Fontainebleau, M. le Président, qui s'occupe particulièrement en ce moment du XVIᵉ siècle, a fait d'importantes découvertes. On attribuait Fontainebleau au génie d'un Italien nommé Sério. Or, en fouillant, M. le *Président* a trouvé le nom de chacune des parties de cet important palais ; mais *Sério* ne s'y retrouve nulle part. Tous les architectes qui y ont travaillé étaient français.

Il en a été de même pour le château de St-Germain-en-Laye. On attribuait l'église de St-Eustache à *Dominique de Cortone* ; or cet homme était un charpentier et non point un scuplteur. Une certaine analogie dans l'œuvre lui fit attribuer la construction de St-Eustache, or St-Eustache a eu quatre architectes. Le premier qui arrivait de Pontoise fut le grand'père de *Jacques Lemercier*, architecte d'une partie du Louvre. Il se nommait *Pierre Lemercier ;* en 1532 il fit le plan de St-Eustache ; il y travailla jusqu'en 1546. La pénurie d'argent fit interrompre les travaux : Pierre Lemercier demeura architecte en titre, mais il mourut avant d'avoir repris son œuvre. Son fils lui succéda honorairement pour ainsi dire ; car les travaux ne reprirent qu'en 1578. En 1580 ils sont suspendus de nouveau : on est en pleine guerre civile. Le fils Lemercier se retire. On attendit longtemps la paix. Enfin en 1610, les travaux purent être repris. Mais à ce moment le second Lemercier meurt transmettant à son gendre *Charles David* la charge de les terminer; ce qu'il fit, sauf la façade qui est du XVIIIᵉ siècle. La similitude et l'unité que l'on constate entre toutes les parties de ce plan dont l'exécution a duré 110 ans, doivent être attribuées au sentiment du fils et du gendre de Pierre Lemercier, qui, en recueillant son héritage, tinrent à honneur de respecter les traditions de famille. C'est donc en cherchant et en cherchant sans cesse que nous travaillerons à ce grand monument qui s'appelle l'histoire de l'art français.

M. *Planté* propose à l'assemblée de remercier son honorable Président des précieux conseils, des savantes observations, des intéressantes précisions qu'il a bien voulu fournir, et que le procès-verbal tâchera de reproduire aussi fidèlement que possible pour dédommager nos collègues qui n'ont pas eu la bonne fortune d'entendre notre éminent Président.

L'assemblée s'associe aux paroles du secrétaire et vote d'unanimes remercîments à M. Léon Palustre.

M. *Dufourcet* lit un important mémoire sur les sculptures de l'Eglise de St-Paul-lès-Dax.

La séance est levée à onze heures et sera reprise à trois heures de l'après-midi.

La séance est reprise à trois heures. En l'absence de M. Bonnore qui s'est fait excuser, M. le Secrétaire lit un mémoire de ce collègue sur les *Boii du bassin d'Arcachon*. (N° 2 du programme).

Un échange d'observations a lieu entre MM. *Palustre* et *Taillebois*, qui rappelle que les Boii ont partout laissé des *statères scyphates* que M. Charles Robert a constatées en Bavière et sur le Rhin. Il y aurait intérêt à indiquer l'époque où les *Boii* de la Teste ont quitté leurs congénères.

M. *Taillebois* estime que les Boii dont parle M. Bonnore furent cantonnés à l'époque de César sur la Loire et ne furent pas les mêmes que ceux qui passèrent en Espagne.

M. le *Président* donne les renseignements suivants sur l'Eglise de Mimizan (n° 25 du programme : *Les Eglises gothiques du Marensin*).

Il a visité l'Eglise de Mimizan. Elle est remarquable ; elle remonte à la seconde moitié du XIIe siècle. Bâtie par les Bénédictins, elle était certainement plus considérable qu'en ce moment.

Vers le milieu du XVIIIe siècle, les Bénédictins quittèrent Mimizan, la population diminua l'Eglise. Le transept et le chœur furent démolis. Actuellement, l'Eglise se compose de trois nefs. Les bas-côtés présentent une série de berceaux ogivaux perpendiculaires à la nef centrale et jouant le rôle de contreforts. La nef centrale devait elle aussi être voûtée en berceau ogival.

Les travaux de construction de cette église furent certainement interrompus vers 1200, faute d'argent.

Vers 1240 on les reprit, mais on a substitué au berceau ogival, une série de voûtes sur nervures.

Ainsi l'on constate deux constructions différentes. Le chœur était probablement du XIIe siècle, mais il n'existe plus ; il est dès lors difficile d'en déterminer l'époque.

Du coté de l'ouest, se trouve un magnifique portail, un des plus riches de la région : il est de la fin du XIIe siècle. Il se compose d'un tympan et d'une série de trois voussures. Le tympan est échancré et supérieur en tiers point : ce qui n'est pas très commun. Il représente l'adoration des Mages, scène qui n'est point non plus très commune.

Sur les voussures on voit : sur la 1re, les vierges sages et les vierges folles. Sur l'amortissement de l'ogive est représenté l'époux qui sort d'une des portes de Jérusalem ; sur la 2e les prophètes, dont l'un, David, tient une harpe et les autres des banderoles ; enfin, sur la 3me les travaux des douze mois de l'année.

Au-dessus des voussures, le Christ dans un ove avec les symboles des évangélistes, entouré des apôtres, cinq à droite, cinq à gauche.

Cela n'est pas naturel : il faut voir là un placage provenant d'un portail qui devait se trouver à l'extrémité du transept méridional et qui a été démoli.

Après un échange d'observations entre MM. Palustre, Dufourcet, Lartigau et Planté sur *l'influence de l'Espagne sur l'architecture religieuse de la région pendant la période gothique* (n° 26 du programme) *et sur les monuments d'architecture civile antérieurs au XVe siècle*, M. le *Président* demande si le mémoire de M. *l'abbé Lescarret* sur les *anciennes Sauvetats* du département des Landes est achevé.

M. *Dufourcet* répond que M. l'abbé Lescarret n'ayant pu le terminer, se propose de l'envoyer au Secrétaire général du Congrès.

M. le *Président* dit qu'il a été un des premiers à s'occuper de cette question à propos des *aiguilles* de Figeac : il a démontré que ces monuments étaient des termes de *sauvetats*. Il y en a un grand nombre en France. En 1212 notamment, le pape Calixte II accorda par bulle les 1res bornes de *sauvetats* à une abbaye.

Les sauvetats ne doivent pas être confondus avec le droit d'*asile* accordé en général par des comités d'évêques et ne s'étendant qu'aux églises et aux cimetières les entourant. Les *sauvetats* constituaient des chartes spéciales et diffèrent du droit d'asile, au point de vue du droit d'octroi aussi bien qu'au point de vue de l'étendue.

Les abbayes seules en jouissaient. Dans le Cher, l'abbaye St-Sulpice. Dans la Gironde, l'abbaye de la Grande-Sauve.

On ne connait pas de *sauvetats* antérieurs aux premières années du XIIᵉ siècle.

Los *bornes de Lüe* sont-elles des bornes de *sauvetat ?* Il y a lieu d'hésiter à le croire. Elles paraissent modernes. Elles sont au nombre de 4 : leur étendue est peu considérable ; elles sont très près de l'Eglise. Puis, les droits de *sauvetats* étaient accordés à des monastères, jamais à des églises paroissiales. Il n'y a pas trace de monastère à Lüe. Tant qu'on ne présentera pas de documents, M. le *Président* n'admet pas les *sauvetats de Lüe.*

M. *Dufourcet* a vu à Uchacq près Mont-de-Marsan, une colonne surmontée d'une croix près de l'église, qui n'a jamais appartenu à un couvent, et qu'on appelle la *Croix de Sauvetat.*

M. *Poydenot* demande si l'on ne pourrait pas supposer avec quelque raison, que ces colonnes servaient de guides dans les sables des Landes ?

M. le *Président* répond qu'à Mimizan, il a vu les bornes de sauvetat du Couvent. Il y en a plusieurs autour du village : deux grandes avec traces de sept autres à 2 kilomètres de l'église et toutes à égale distance.

Faudrait-il attribuer une autre origine à ces bornes dans un département côtier comme celui des Landes ?

Peut-être beaucoup de navires se brisaient sur le rivage ; ces bornes se rattacheraient-elles au droit de *bris ?*

M. *Planté* dépose au nom de M. *Labrouche* avocat à Paris, un mémoire intitulé : *Un gentilhomme basque au XVII siècle* (nᵒˢ 37 et 38 du programme). *Ressources fournies à l'histoire locale par les archives des familles.*

L'assemblée décide que le comité demeure chargé d'en faire un extrait à publier dans le volume des travaux du Congrès.

M. le *Président* émet le vœu que le département des Landes ait sous peu son dictionnaire topographique et des lieux dits. (nᵒ 39 du progr.)

M. *Taillebois* dépose une note de M. *Lavergne* sur les *Cagots* (nᵒ 5 du programme).

M. le *Président* demande si l'on peut indiquer l'âge du chêne de

Quillacq ? (n° 48 du programme). Il a voulu aller visiter cet arbre, mais l'inondation qui couvre les rives de l'Adour l'en a empêché. Est-il possible de fixer à quelle époque remonte le culte superstitieux dont il est l'objet ?

M. *Dufourcet* répond que cela n'est pas possible ; il rappelle qu'il y avait autrefois une grotte à St-Paul qui, à certaines époques, se remplissait d'eau. La tradition populaire, qui a été mentionnée dans une géographie allemande, attribuait l'apparition de cette eau à l'effort de la marée. La grotte fut comblée à une époque qu'on ne précise pas et l'on prétend que l'eau cherchant une issue la trouva dans le trou du chêne de Quillacq : ce qui expliquerait, toujours d'après la tradition populaire, la présence d'une flaque d'eau dans la fourche du célèbre chêne.

M. le *Président*, passant en revue tous les numéros du programme, demande si quelque membre réclame la parole soit pour déposer un rapport, soit pour présenter quelque observation de nature à intéresser l'assemblée. Personne ne demandant la parole, M. le *Président* déclare l'ordre du jour épuisé et les travaux de la section terminés.

La séance est levée à 6 heures du soir.

     Le Secrétaire,   *Le Président,*
     Adrien PLANTÉ.   L. PALUSTRE.

CONGRÈS SCIENTIFIQUE

DE

DAX

SESSION DE 1882

MÉMOIRES

TROISIÈME SECTION (1)

(ARCHÉOLOGIE HISTORIQUE ET ARCHÉOLOGIE PRÉHISTORIQUE)

(1) Le retard apporté dans la remise de certains travaux importants nous a obligé, pour ne pas perdre de temps, à commencer par la section que son numéro d'ordre appelait à figurer la dernière.

Le Secrétaire général,

H. du BOUCHER.

QUELQUES MOTS

SUR

CAPBRETON ET SON ANCIEN PORT

Par M. l'Abbé GABARRA, Curé de Capbreton.

I

Capbreton est aujourd'hui un bourg charmant des Landes, assis au bord de la mer ; et son passé, un passé antique, n'est pas sans gloire.

Il ne nous est pas possible encore d'en fixer les origines ; nous savons seulement qu'il y eut toujours, à Capbreton, de grandes dunes (1), de grandes forêts, de grands vents, de grandes tempêtes, des poissons fins, des vins exquis et généreux, et qui sait ? peut-être aussi d'excellentes huîtres, comme celles du Médoc qu'Ausone a chantées ; en tout cas, elles peuplent aujourd'hui l'étang de Hossegor bien connu de la *Société de Borda* (2).

(1) Le savant naturaliste, Jacques-François de Borda d'Oro, a minutieusement décrit ces dunes. — V. ses *Mémoires*, publiés par M. H. du Boucher, dans le *Bulletin de la Société de Borda*, 4ᵉ année (1879), 1ᵉʳ trim., p. 32-33,·35.

(2) V. les travaux très intéressants publiés dans le *Bulletin* par M. Aubé, Ingénieur en chef de Bayonne, et par M. le Marquis de Folin, 1ʳᵉ année, 4ᵉ trim., p. 161-165, 4ᵉ année (1879), 1ᵉʳ trim., p. 37-52, 2ᵉ trim., p. 127-136, et 4ᵉ trim., p. 319-335. — Les principaux ostréiculteurs de l'étang de Hossegor sont : M. le Baron de Saint-Martin, maire de Capbreton ; MM. Bernettes et Dominique Desclaux ; Duboscq ; Hougas et Darmendaritz ; Laharie, Lesca et Mary...

Capbreton, écrivait à Henri IV M. de Vicose, qui célèbre aussi, avec
« le pays des Landes et des Pignadas », la généreuse hospitalité de
l'antique cité de Dax, où, dit-il, « M. de Puyane et le capitaine Borda
nous ont receus avec beaucoup d'aparat et force escoupeterie », Capbreton
est « un grand et beau bourg » (1). « Il nen y a », disaient les Bayonnais
eux-mêmes, « il nen ia ung meilleur en toutes choses en ceste basse
Guyenne... » (2). Et non-seulement un bourg florissant, mais Capbreton
fut encore, à la fin du XV⁰ siècle, une ville de 8000 âmes (3). Et ce
qui nous permet d'en dire aujourd'hui quelques mots, ce qui nous
permettra un jour d'écrire sa longue et très curieuse histoire, ce sont
surtout ses marins et ses prêtres.

A Capbreton, en effet, les prêtres furent toujours nombreux ; les marins
toujours braves et vaillants. On y trouve, en 1492, dix-huit « prêtres
habitués » ; en 1690, on y comptait encore cent capitaines de navire.

Lorsque, en 1531 et 1532, quelques nouvelles prébendes furent
fondées, le fondateur, chanoine de la cathédrale de Dax et prieur de
Capbreton, vénéré, dit un vieux document, « a contemplacion de sa
prudhomye et grans vertuts » (4), Matthieu de Lalanne stipula que les
prébendiers seraient tous des prêtres Capbretonnais. Quant aux marins,
intrépides pêcheurs de baleines (5) qu'ils harponnaient souvent, on leur

(1) Lettre du 26 Octobre 1602. *Archives historiques de la Gironde*, t. xiv,
p. 371-372.

(2) Lettre adressée, en 1579, à M. Sorhaindo, « estant en court ». *Archives
Communales de la Ville de Bayonne*, AA 26, p. 262.

(3) *Étude sur la création d'un port à Capbreton*, par M. l'Abbé Puyol, p. 19. —
M. l'Abbé Legé, dans un article sur Capbreton (*Petite Revue Catholique*, année
1870, p. 386) dit qu'au XIII⁰ siècle, la population était de 11000 habitants.

(4) *Archives de Bayonne*, BB 6, p. 758.

(5) Quoique un peu longue, nous ne résistons pas au plaisir de citer ici une
note empruntée aux *Us et Coutumes de la mer* : « Les pêcheurs de Capbreton et du
Plech, ou Boucau Vieil,... et autres pêcheurs de Guyenne,... vont hardiment
et avec grand adresse harponner et blesser les Balenes en pleine mer... ». Ils
ont « loüable coutume de donner par dévotion à l'Eglise les langues des Balenes
et Balenons, qui est la partie de la beste la meilleure à manger, et semble du
lard : Et outre par aumône ils donnent quelque pistole aux Hôpitaux, aux Chapelles,
aux Religieux, et lieux pieux, sans néanmoins qu'ils y soient autrement obligez,
mais seulement par dévotion, en intention de rendre grâces à Dieu, et en espérance
qu'il bénira leur labeur, et les conservera des grands périls auxquels ils
s'exposent tous les jours faisant cette pêcherie. » (P. 119-120, Rouen,
MDCLXXI). — Plus d'une fois, en 1589, par exemple, les marins de Capbreton
offrirent ainsi à leur église de Saint-Nicolas « la langue de la baleine et du
balenot ». (*Archives Communales de Capbreton*, GG 28, f⁰ 94 v⁰). Et à propos de
cette pêche, ils s'expriment toujours ainsi dans leurs anciens règlements : « Quand
les habitants *par la volonte de Dieu* prendront aucunes balaynes.... (Ibid. CC 7 -).

attribue, bien avant Christophe Colomb, la découverte de l'Ile de Terre-Neuve, où ils continuèrent longtemps d'aller à la pêche de la morue, et ils donneront un jour le nom de leur petit pays à une île lointaine qui s'appelle encore : l'île de Capbreton (1).

Les prêtres se distingueront par une grande piété envers Celle que la foi des marins salue toujours du nom « d'Etoile de la mer ». Les marins, à leur tour, s'enrôleront, en l'honneur de la Vierge Marie, dans une confrérie fondée, en 1492, sous le vocable de Notre-Dame de Pitié (2).

De plus, les marins s'illustreront par leur bravoure dans les combats ; et plus d'une fois, peut-être, ils furent conduits au péril et à la gloire, contre les ennemis de nom chrétien (3), par des hommes à la fois religieux et guerriers, par les chevaliers de Malte qui possédèrent, à

(1) Les grands profits, et la facilité que les habitants de Capberton près Bayonne, et les Basques de Guyenne ont trouvé à la pescherie des Balenes, ont servi de leurre et d'amorce à les rendre hasardeux à ce point que d'en faire la queste sur l'Océan, par les latitudes du monde : à cet effet ils ont cy-devant équipé des navires pour chercher le repaire ordinaire de ces monstres. De sorte que suivant cette route, ils ont decouvert cent ans avant les navigations de Christophe Colomb, le grand et petit banc des morues, les terres de Terre-Neufve, de Capberton et Baccaleos, le Canada ou nouvelle France, où c'est que les mers sont abondantes et foisonnent en balenes. » (*Les Us et Coutumes de la mer*, p. 129).

(2) On possède encore une antique et gracieuse Madone de cette confrérie. Le Président de la *Société Archéologique de France*, M. Léon Palustre, n'a pas hésité à dire que c'était une statue fort belle du XVᵉ siècle ; et, au Congrès scientifique de Dax, il décida que la gravure en serait reproduite dans ce petit travail. De fait, rien n'est suave et pur comme le type de cette *Mater dolorosa*, de cette *Pietà* des anciens Capbretonnais. Il y a des larmes dans les yeux de la Vierge, et comme un reflet de douleur calme et profonde sur sa figure, dans le mouvement de ses lèvres qui tremblent, dans toute son attitude. Joignant les mains, Marie contemple avec une indicible tristesse, le corps de son Fils étendu mort sur ses genoux. On sent que l'artiste, qui sculpta cette statue en bois, était chrétien. Les draperies sont remarquables. Cette statue est aujourd'hui placée dans une niche ouverte au-dessus de la porte de la maison-abri du canot de sauvetage. C'est là que les marins l'ont portée, sur la plage même, en face de l'Océan, et c'est là qu'ils vont solennellement en procession, trois fois par an, la vénérer.

On a aussi les *Statuts* ou Règlement de cette confrérie. Ils sont écrits dans une langue exquise, toute imprégnée de foi naïve et de saine dévotion. Un illustre et savant professeur de l'Ecole des Chartes, M. Léon Gautier, les a fort admirés, et il exprima le désir que ces *Statuts* fussent publiés. Nous espérons écrire un jour l'histoire très édifiante de cette confrérie, qui avait encore, au dernier siècle, pour Président et pour Trésorier, deux capitaines de navire.

(3) Pendant les guerres de Religion, en 1570, cent cinquante marins de Capbreton partirent avec six pinasses « pour garder la rivière de Bordeaux » contre les protestants. Sur ce nombre, trente d'entre eux périrent en combattant. Plus d'une fois, ils eurent à lutter contre les Turcs et d'autres pirates qui firent des descentes à Capbreton.

Capbreton, une Commanderie et une église, aujourd'hui détruite, connue sous le nom d'*Eglise du Bouret.*

Quoi qu'il en soit, les Rois d'Angleterre, pendant la domination de la Guyenne, se plurent à reconnaître hautement leurs services par la concession de nombreux priviléges; et, en 1329, le Roi Edouard III concédait le baillage de Capbreton et de Labenne, « en récompense, disait-il, de ses labeurs incessants et de ses hauts faits d'armes pendant la guerre », à l'un des ancêtres des futurs barons de Capbreton, au chevalier Pierre de Saint-Martin, son écuyer (1).

En 1604, les prêtres recevront la visite de l'archevêque d'Auch et de l'évêque de Dax (2). C'est le Roi de Navarre, Henri IV, qui honorera les marins, d'abord d'une lettre autographe qu'on garde toujours avec orgueil, et puis d'une double visite. Il vient deux fois à Capbreton, en 1584 et en 1585. Les marins vont le chercher « par mer » au Vieux-Boucau, sur « une chaluppe esquipée » ; il loge chez l'un d'eux, le jurat Ponteils, capitaine de navire, et il prend leur parti contre les Bayonnais, dont il reçoit sèchement une députation venue au sujet du port (3.)

---

(1) ... Petro de Sancto Martino, Domicello, in recompensationem laborum indefessorum quos temporibus guerre sustinuit.... prœtextu boni gestus sui.... Balliva de Labona et de Capite Britonis.... (*Bréquigny-Moreau.* t. 664, p. 269, 271, 273).

(2) *Arch. Capbr.*, GG 28, f° 80, r°.

(3) *Arch. Capbr.*, CC 1, n. 4; *Arch. Bayon.*, BB 11, séance du 7 Nov. 1584.

L'ANCIEN PORT DE CAPBRETON

Que de luttes soutennes pour l'ancien port de Capbreton! Elles durent encore. Et l'on peut dire qu'elles sont aussi vieilles que la ville de Bayonne et le bourg même de Capbreton. Seulement ce fut toujours la lutte du faible et du petit contre le grand et le fort.

C'est à Bayonne que les navires portaient généralement leur cargaison ; c'est par Capbreton qu'ils entraient dans l'Adour. Car l'Adour, on peut le soutenir hardiment, alla toujours, jusque dans les premières années du XV⁰ siècle, se jeter dans le *Gouf* (1).

Tous les documents des siècles passés l'attestent : ce n'est ni à Bayonne ni au Vieux-Boucau que se trouvait primitivement l'embouchure de l'Adour ; c'est à Capbreton. Ils mentionnent tous le port de *la Pointe* ou le port *de Bouret ;* et *le Bouret* et *la Pointe*, c'est Capbreton, c'est le port du *Gouf.*

Nous ne nous attarderons pas à discuter les vers si connus de Lucain sur les contours gracieux de l'Adour à son embouchure ; ils ne précisent rien et l'on n'en peut rien conclure. Une découverte récente de M. l'Ingénieur en chef de Bayonne nous donnerait cependant lieu de croire que, dans sa description, le poète latin avait en vue le « recourbement des vagues de l'Adour » vers Capbreton.

Naguère, à Hossegor, tout près de l'ancien port, au fond d'un puits mis à sec par l'abaissement des eaux de l'étang, M. Aubé avait l'heureuse fortune de trouver deux vases antiques. Or ce puits, situé à cent mètres de l'étang, « tout près de l'ancienne voie romaine du littoral connue sous le nom de *Chemin Bayonnais* et des ruines nombreuses » de Hossegor, est construit avec des moellons reliés par du mortier de ciment. Et ces moellons sont étrangers au pays ; ce sont des gneiss, des

---

(1) Le *Gouf ou Gouffre,* qui n'a peut-être pas son équivalent dans le monde entier, commence à 150 mètres du rivage. A un mille de terre, on y trouve déjà un fonds de 280 pieds ; un peu plus loin, à une lieue, 1200 pieds. C'est une large et profonde vallée sous-marine que forment deux murailles de rochers à peu près perpendiculaires à la côte et distantes l'une de l'autre de 1200 mètres dans leur plus grande proximité de la plage ; elle s'étend au loin comme « un éventail ouvert, écrit M. Puyol, de telle manière que le manche étant à Capbreton, l'un de ses côtés s'appuie sur le littoral de la Bretagne, l'autre sur le littoral du Portugal ». (*Etude...* p. 34).

laves, du granite de Bretagne. Sans doute, écrit M. Aubé, ils servirent
« de lest à des navires fréquentant le port de Capbreton ». De plus, en
recreusant le puits, il n'a pas été possible d'en trouver les fondations ;
il fut donc établi à une époque où le régime des eaux était à peu près
le même qu'aujourd'hui, c'est-à-dire, d'après M. l'Ingénieur en chef, à
l'époque où l'Adour passait précisément à Capbreton et à Hossegor. » En
outre, M. Aubé pense que ces deux vases, semblables à ceux qu'on
découvre à Pompéi et ailleurs, sont *deux amphores Gallo-Romaines*. Et
puisque « l'existence du puits, conclut M. Aubé, doit être à peu près
contemporaine à celle des vases », il est permis « de faire remonter le
passage de l'Adour à Capbreton au moins à l'époque Gallo-Romaine » (1).
C'est juste l'époque où Lucain écrivait *La Pharsale*.

La première fois que nous trouvons clairement désigné l'endroit où se
déversait l'Adour, c'est à l'occasion d'une invasion ennemie, qui eut
lieu en 930. Des pirates envahirent alors la Gascogne. Et un ancien
chroniqueur, le très judicieux et très exact Compaigne, écrit simplement
qu'ils pénétrèrent dans le pays « par le port de Capbreton » (2). Il cite
aussi, dans sa *Chronique de Bayonne* (3), un acte du XIIe siècle où l'on
voit que, chaque année, l'abbaye de Lahonce recevait une baleine de
celles qu'on prenait « au port de la Pointe ».

Les preuves du passage de l'Adour à Capbreton sont si nombreuses
et si évidentes que d'autres chroniqueurs, dont la science exacte est
toujours puisée aux sources les plus sûres, les nouveaux historiens de
la ville de Bayonne, ont écrit à leur tour :

« Au lieu de se jeter, comme aujourd'hui, dans la mer à environ
quatre kilomètres de la ville, le fleuve à la hauteur de Blancpignon,
déviait brusquement vers le Nord, courait le long de la côte à travers
les territoires d'Ondres et de Labenne, et ne débouchait dans le golfe
de Gascogne, qu'aux environs du point désigné sous le nom de fosse
(gouf), point situé à dix-huit kilomètres environ de l'embouchure
actuelle, artificiellement ouverte en 1578, par le célèbre ingénieur Louis
de Foix. Un hameau de Capbreton, celui de la Pointe, doit son nom (que
la configuration des lieux rendrait maintenant incompréhensible), à la
circonstance qu'il occupait jadis l'extrémité septentrionale de l'étroite

(1) *Bulletin de la Société de Borda*, 1re année (1876), p. 161-165. M. Aubé a
intercalé dans son article le dessin des deux amphores.

(2) *Chronique de la ville et du diocèse d'Acqs*, p. 7.

(3) *Chronique de Bayonne*, p. 23.

langue de terre serrée, depuis Blancpignon jusqu'au gouf, d'un côté par la mer, de l'autre par le fleuve. De là aussi le nom de port de la Pointe, donné au havre ou au boucau de Bayonne dans le courant du XII° et XIII° siècle » (1).

A cette époque, en effet, vers 1125, le fleuve suit paisiblement son cours vers son ancienne embouchure. On se rend par eau de Bayonne à Capbreton, et de Capbreton à Bayonne : « Si le passadgeyre o le pinassot va per passadge de Capbreton a Baione o de Bayone a Capbreton, negun no deu pagar saup medailhe morlane de passade per sa persone » (2).

Dans une charte des *Navigateurs Bayonnais*, trouvée en Allemagne, et dont on place la date entre les années 1186 et 1213, cinq fois le port de la Pointe, c'est-à-dire de Capbreton, est nommé. C'est là que les navires, chassés par les gros temps, trouvent un asile sûr (3).

Nous le savons encore par une très intéressante ordonnance d'un maire de Bayonne, Bertrand de Podensac, sur les bateaux-pêcheurs, c'est à la Pointe qu'était l'embouchure de l'Adour en 1255 :

« Que todz hom qui entrera en la mar salade per pescar en ischira (en sortira) ab peics, deu arribar à la punte davant les cabanes » (4).

Et ce règlement avait été déjà invariablement observé dans les temps antiques, dit un document postérieur (5).

C'est par cette embouchure de la *Pointe* de Capbreton que passait, au mois de décembre 1294, une flotte anglo-gasconne, chargée de s'emparer de Bayonne et de se jeter ensuite sur Dax et Saint-Sever (6).

Or, à la fin du XIII° siècle, le commerce est si considérable à Capbreton que les marchands Bayonnais vont y établir des magasins et des comptoirs. Et ils cultivent en même temps les vignes de Bouret (7) qui devaient susciter tant de querelles, à cause du transport et de la

(1) *Études Historiques sur la ville de Bayonne*, par Jules Balasque, t. I, p. 146. — M. Cuzacq, géomètre à Tarnos, a tracé, sur une assez grande échelle, le *Plan de l'ancien lit de l'Adour*, dont la publication intéresserait certainement les amateurs. Nous sommes heureux de pouvoir le remercier ici d'avoir bien voulu nous le communiquer.

(2) *Arch. Bayon.*, AA 11, p. 51.

(3) *Collection des lois maritimes*, par M. Pardessus, t. IV, p. 286-288.

(4) *Arch. Bayon.*, AA 1, page 89.

(5) Fuerunt ab antiquo inviolabiliter observata... *Collection Bréquigny-Moreau*, t. 647, f° 253-256.

(6) Balasque. — *Études Historiques sur la ville de Bayonne*, t. II, p. 533-534.

(7) *Ibid.*, p. 495.

vente du vin. Déjà même, en 1296, une ordonnance du Maire de Bayonne prohibait l'achat pour la revente dans toute l'étendue de la juridiction communale de la ville que nous voyons « limitée au nord par le « Boret » et « lou Bocau de la punte » (1).

C'est peut-être cette ordonnance qui fut la cause d'un différend qu'en 1302, Edouard Ier, roi d'Angleterre et duc de Guyenne, trancha contre les Bayonnais au profit de Labenne et de Capbreton. Il s'agissait du droit qu'avaient les habitants de charger et de décharger leurs navires dans leur port sans payer d'impôts. Et ce droit, ils l'avaient eu toujours, *nunc et semper* (2). Si l'on n'admet que l'Adour se jetait déjà au *Gouf*, il est impossible d'expliquer la concession de ces priviléges qui seront sans cesse renouvelés dans la suite des temps.

D'ailleurs, en 1304, c'est toujours par l'embouchure de la Pointe qu'arrivent les navires chargés de blé et de froment. « Totes les pssones qui dessi en avant aporteran froment o augun autre blat per lo bocau enfens de le punte de Baion... » (3).

Et une ordonnance de 1307 porte encore ce qui suit :

« De les pards dou maire dous XII dou Cosseilh nulh hom o femme estrainh ni priuat no sie tan ardide q seguie ni talhie ni traga gurbeq ni centeie de q hom ligue les vinhes ni los cusertz dou bocau de le punte entro a la roque digase ni entro le fausqte. » (4).

Cependant, en 1328, un nouveau différend s'éleva, au sujet de la pêche, entre les Bayonnais et les habitants de Labenne, de Capbreton et de Bouret.

La cause fut portée devant le Roi d'Angleterre. Or, dans une lettre adressée à son sénéchal de Guyenne, Edouard III ne parle jamais que de la rivière et de l'embouchure de la Pointe (5). C'est par ce point précis que sortent et entrent les bateaux.

Mais l'accord n'avait pu se faire ; et les marins de Capbreton, de Bouret et de Labenne se plaignent au Roi. Leurs bateaux ont été saisis,

(1) *Arch. Bayon.*, **AA** 1, p. 102.

(2) *Archives de Capbreton*, FF 1, f° 53 et 158 v°. — In possessione pacifica huc usque oneiandi et exonerandi sine pretio omnia bona sua de loco suo in mare... ubicumque... aut de mare ad locum suum. — Cf. Balasque, l. c. t. III, p. 4-5.

(3) *Arch. Bayon.*, **AA** 1, p. 114.

(4) *Ibid.*, p. 129.

(5) Piscatores qui intrant mare per canalem de la punte seu per alveolum. *Bréquigny*, t. 647, f° 253.

brisés, brûlés. Ils ont eu à subir des voies de fait ; ils sont sans cesse attaqués ou menacés ; leurs vies même sont en péril. Pourtant il n'est rien de plus certain que leurs droits. Ils ne font que ce qu'ont fait leurs ancêtres ; ils ont toujours pêché où ils ont voulu, et ils vendaient le poisson où bon leur semblait. On n'a pas souvenir d'un usage contraire (1).

On ne se souvient donc pas que l'Adour ait pu aller ailleurs qu'à Capbreton.

Il est si vrai qu'alors l'Adour n'a pas son embouchure à Bayonne, que les Bayonnais se font donner, en 1335, le bailliage, c'est-à-dire l'administration judiciaire de Capbreton et de Labenne, afin d'être ainsi les maîtres absolus du fleuve (2). Il faut absolument qu'ils soient maîtres de l'Adour. Les temps sont mauvais. Les ennemis de la ville, écrit Edouard III, le 2 décembre 1343, sont nombreux ; ils cherchent à détruire sa flotte. Or, sur tout le littoral, il n'est pas de port plus commode que celui de Capbreton ; et il n'est pas d'autre endroit où les navires puissent facilement se retirer et se mettre à l'abri (3).

Et toujours de Capbreton à Bayonne et de Bayonne à Capbreton le trajet par eau se fait sur l'Adour avec des bateaux qui portent des passagers. Nous en trouvons la preuve dans une ordonnance du Maire de Bayonne, en 1353, « lo senihor en pelegrin de biele : « tot primeirement, dit-il, que los passadgers per portar 1 hom ho femme besin o besie de Baion trou Capbreton no prengue sino dues ternes et autant p portar de Capbreton en trou Baion » (4).

Nous savons aussi, par un *établissement* de Vidau de Saint Johan, qu'en 1392 « le Boucaul de Bayonne » se trouve à Capbreton (5). Et enfin, le 26 juin 1406, nous trouvons le « Boucaut de Capbreton »

(1) Piscari tam in mari salito quam aquis dulcibus prope loca sua ibidem ipsique et antecessores sui a tempore cujus contraria memoria non existit... *Collection Bréquigny-Moreau*, t. 647, f° 263-264. — Cf. Balasque, l. c., tome III, p. 173-175. — M. Balasque appelle, un peu à tort, toute cette querelle, une « comédie ».

(2) *Bréquigny-Moreau*, t. 649, f° 165. Cf. t. 651, f° 297 r°, 298 v°.

(3) Cum in maritima sub locis de Labenne et Cabreton prope Baion pro navibus dicte civitatis statio sit accommoda... navigium dicte civitatis de mari rediens non potest commode in alio loco recipi vel reponi et jam in partibus illis multiplicantur inimici dicte civitatis qui libenter navigium illud destruerent... — *Bréquigny-Moreau*, t. 651, f° 297-298 v°. « Quand la flotte Bayonnaise revient d'expédition, traduit M. Balasque, c'est à Capbreton qu'elle se repose. — *L. C.* t. III, p. 281.

(4) *Arch. Bayon.*, AA 1, p. 285.

(5) *Arch. Bayon.*, AA 1, p. 300. Cf. Balasque, *loc. cit.* t. III, p. 408-409. .

mentionné dans une concession faite par le Roi d'Angleterre à Pierre Arvauton (1).

Tous ces documents nous paraissent décisifs et laissent sans réplique ceux qui affirment au hasard que, jusque vers le milieu du XIVᵉ siècle, l'Adour avait eu son embouchure à Bayonne, presque au même point où elle se trouve aujourd'hui.

On le voit, c'est au *Gouf* que le fleuve se déversait. Et quand le port est là, à Capbreton, des navires « de sept à huit cens tonneaulx » arrivent à Bayonne ; ils viennent de « Normandie, Guienne, Bretaigne », des contrées étrangères, de partout. Les Landes, le Bazadais, l'Agenois, l'Armagnac, le Bigorre, le Béarn, et Toulouse, et Carcassonne « jusques à Montpellier et les pays de Marsan et Gavardan » y envoient leurs denrées et marchandises par « les rivières subalternes » à l'Adour. Bayonne est alors « peuplée de gens maisons et navyres ». Elle est « bonne et marchande ». Elle tient « en craincte et contrainct tout le pays de la coste d'Espagne jusques en Portugal à lui faire tribut » (2).

Il n'est pas au monde de ville plus florissante.

Mais dans les premières années du XVᵉ siècle, un horrible cataclysme vint détourner le cours du fleuve (3). Ce fleuve, des vieillards, en 1491, se souvenaient l'avoir vu, comme par le passé, se jeter dans la fosse de Capbreton. Et voilà qu'en un jour de tempête épouvantable, l'Adour, obstrué près du Gouf par les sables accumulés, se dirige du côté de Messanges, où il se crée peu à peu une nouvelle embouchure.

« Il y a environ deux cents ans, écrivait Oihénart en 1637, que « d'immenses tas de sable, apportés par les vents et la mer qu'agitait » une violente tempête, encombrèrent l'embouchure de l'Adour, qui « se jetait dans l'Océan, à trois milles (4) de Bayonne, et arrêtèrent « son cours, comme l'aurait pu faire un môle. Cet événement ne ferma « pas seulement aux Bayonnais toute communication avec l'Océan, « mais il fut suivi de malheurs non moins déplorables » (5).

En effet, dès ce moment, le commerce dépérit. La ville se dépeuple ; on ne voit plus partout que la ruine et la désolation. « Les rivières du

(1) *Catalogue des Rolles Gascons*, t. I, p. 190.

(2) *Arch. Bayon.*, DD 1, n. 2.

(3) Il ne nous est pas possible de fixer la date de cet événement extraordinaire. Mais nous pouvons le placer hardiment entre 1420 et 1430.

(4) C'est une erreur : il faut lire trois lieues.

(5) *Notitia utriusque Vasconiæ*, lib. III cap. XIII, p. 543, Parisiis 1638.

Gave, l'Adour et la Nive » qui tombaient « ensemble dans la grant mer auprès de Capbreton, s'espandent par les sables ; les rivières ne sont la moitié si creuses et profondes », et c'est à peine si « en un beau temps et bon vent » elles peuvent « porter navires de quatre-vingt tonneaux » (1). Et Bayonne s'adressa au Roi pour le prier de porter remède à de si grands maux.

Toutefois, au milieu de cette décadence, et alors que l'embouchure de l'Adour s'est déplacée, le port de Capbreton reste toujours connu.

D'après un document trouvé à la Tour de Londres, Charles VII pose, en 1437, les préliminaires d'un traité pour l'évacuation de l'Aquitaine par les Anglais. Or il refuse de leur laisser « la côte de la Guyenne », parce que, dit-il, si les Anglais gardaient « *son boucal de Capbreton* » et Calais, « autant vauldrait » pour lui n'avoir rien sur l'Océan.

En 1447, « les gens de Capbreton, Boret et Marensin » continuent d'y charger leurs vins sur des navires qui les exportent au loin (2).

Le 18 octobre 1462, Louis XI permet aux Bayonnais de prendre « dorénavant la moitié des douze deniers de la coutume qui se lève sur les étrangers ez ports de St-Jean-de-Luz et Capbreton » (3). Et, presque dix ans plus tard, ils obtiendront le même privilége dans les mêmes ports (4).

Les Capbretonnais, cependant, n'auront, pour eux, rien à payer aux Bayonnais.

Dès le mois de novembre 1462, ils reçoivent de Louis XI des lettres patentes qui les exemptent, tout comme les habitants de Bayonne et de Saint-Jean-de-Luz, « de la coutume des douze deniers par livre de toutes les denrées et marchandises à eux appartenant et qu'ils feroient en leurs noms sans fraude entrans et issans » (5).

Et plus tard Charles VIII, en 1483, Louis XII, en 1498, François Ier, en 1514, 1521 et 1532, confirmeront tour à tour ces priviléges accordés aux « ports de Saint-Jean-de-Luz et Capbreton » (6).

(1) *Arch. Bayon.*, DD 1, n. 2.
(2) Balasque, *Études Historiques*, t. III, p. 487.
(3) *Arch. Bayon.*, AA 17, p. 9 r° ; cf. *Ordonnances des Rois de France*, t. XV, p. 573.
(4) *Arch. Bayon.*, AA 17, p. 18-19.
(5) *Ibid.*, AA 15, f° 192, r° et v° ; Cf. AA 17. f° 10-11.
(6) *Arch. Bayon.*, AA 17, f° 13-18, f° 28-32, f° 33-36, f° 39-43, f° 43-45, f° 45-47. Charles VIII « bailla au dit sieur de Gramont la moitié qui se lève sur les « marchans estrangiers entrans et issans à St Jean de Luz et Capbreton ». *Arch. Capbr.*, FF 1, f° 32, v°.

On le voit, alors même que l'Adour va se jeter du côté de Messanges, Capbreton ne cesse pas d'avoir son port, d'où partent chaque jour des navires chargés de marchandises. Et c'est Bayonne qui donne fréquemment, en 1481 et 1482, l'autorisation « de cargar au loc de Capbreton lo nombre de 14 miles de geme et rosine et asso en lo navire aperat le Marie » (1).

Et un jour, le 2 octobre 1482, le Maire et ses Conseillers se réunissent pour délibérer « sus le cargueson dous vins qui se carguen au loc de Capbreton ». C'étaient des marins Bretons et Anglais qui faisaient le chargement sans payer les droits dus à la ville. Et les Bayonnais décident qu'il faut réclamer le paiement de leurs droits ordinaires « a tots los mestes et marchants de totz los nabius qui son bretons o angles. » Et en cas de refus, ils enverront « dus o tres coraus barbotats per prene los bachets et bins et mestes et marines » (2).

Cependant la ville de Bayonne ne cessait pas de réclamer l'amélioration de son havre, et peut-être faut-il attribuer à ces instances la venue à Capbreton du frère de Louis XI. Le duc de Guyenne se mit aussitôt à l'œuvre, et le rétablissement du port fut commencé. Mais le prince mourut bientôt après, et ainsi « le d. boucault et havre ne « feust reffait ny remué » (3).

Une nouvelle requête fut alors adressée à Charles VIII, et le Roi, cédant aux sollicitations des Bayonnais, chargea, le 22 juin 1491, une commission de faire une enquête à ce sujet.

Nous connaissons les commissaires qui furent désignés ; c'étaient : Jehan de la Barrière, élu évêque de Bayonne, Rogier « de Grantmont, chambellan du Roy », Guillaume Le Brun « chevalier et Juge Maige » de Toulouse, Etienne Makanam, maire de Bayonne.

Le 8 décembre, accompagnés « de soixante hommes ou ouvriers », d'un grand nombre de Bayonnais, Martinon Duhalde, Jehannoyes Duhart, Menjolet de Favas, Bernadon de Labbat, etc... « hommes cognoissant au dit boucault et au faict de la mer et hediffices dicelle », l'évêque Jehan de la Barrière et le chambellan Rogier de Grantmont — les deux autres commissaires élus étaient absents — « s'embarquent sur deux gros bateaulx pour aller au boucault et autres lieux ». Avec eux se trouvent deux architectes « maistre Jehan de la Mote » et « Henry

(1) *Arch. Bayon.*, BB 3, fᵒ 21 ; cf. fᵒ 7, 8.
(2) *Arch. Bayon.*, BB 3, fᵒ 241-243.
(3) *Arch. Bayon.*, DD 1, n. 2.

de Lorrayne, géométriens, hommes experts maitres massons des œuvres des églises Cathédrales de Bayonne et de Dax ». Ils amènent aussi un ingénieur, frère Blaise de Dalmassio, moine bénédictin « homme expert et cognoissant à birer et à tourner rivières ».

Arrivés à Capbreton, ils apprennent de la population qui les attendait qu'il y a « ung lieu nommé le gouf, lequel est le plus perfont lieu de la mer quon sache de cest coste auquel selon la commune renommée des anciens, anciennement souloit estre lentrée de la mer de la rivière de Ladour et le boucault et havre du dit Bayonne ».

Et aussitôt les commissaires se dirigent du côté de la mer à travers les sables ; et, pour mieux voir tout le pays, ils montent sur une dune d'où ils dominent à la fois l'Adour et la mer. Et là, ils interrogent les habitants ; et « plusieurs anciens du pays » leur rapportent « qu'il navoit pas long temps que le boucault et havre sestoit gasté et remué ; et il y avait encores gens vivans qui avoient veu le d. boucault et havre du dict Bayonne plus près de deux lieues et demie. Et plusieurs d'iceulx quy estoient illecques disdrent quils avoient oy dire à leurs peres quilz avoient oy dire à leurs autres peres que le d. boucault souloit estre anciennement au d. Gouf et illecques prenoit tout droit son entrée la dite eau doulce à la dicte grant mer par ou les navyres montoient » vers Bayonne et descendaient.

Et comme ils écoutaient ces dépositions, un phénomène extraordinaire attira soudain leur attention. « La mer rompoit grandement sur les bords des sables par tous les quartiers excepté tant seullement en une piece du pays durant environ demye lieue, en laquelle piece elle se monstroit bien paisible ».

C'était le Gouf « ainsy nommé à cause de la grant profondeur de leaue » : et c'est grâce à cette profondeur « que la mer ne rompt ne tempeste comme fait ailleurs » ; et c'est là que les pêcheurs, surpris par l'orage et impuissants à franchir la barre du Vieux-Boucau, « se rendent à terre aisément et sans aucun péril ». Et de fait, « deux petits bateaulx à pescher » étaient alors sur le rivage « retirés à icelluy Gouf ». C'est le refuge contre la tempête. Et tous les marins qui se trouvent là, de Bayonne, de Capbreton et d'ailleurs, « tous d'un accord » affirment qu'il n'y « a pas pour faire et remuer le boucault et havre » un lieu plus propice que le Gouf ; et ils croyaient « fermement quil « avoit esté illecques de premier commencement ainsy quilz avoient oy « dire a leurs predecesseurs et ancestres ».

D'ailleurs, on voyait là, tout près de Capbreton, au milieu des sables
et « au droit du Gouf une tour (1) en fason de pillier » si ancienne
« quil nestoit memoire de son hedifice par memoire de homme vivant ne
autrement ». Et cette tour, avec « la tourelle (2) » qui dominait l'église
du bourg, servait « d'enseigne aux mariniers estant sur la mer voulans
entrer au boucault et havre de Bayonne. » C'est là, au Gouf, qu'était
l'embouchure de l'Adour.

Désormais, la conviction des commissaires était faite. Après avoir
tout vu et entendu, après avoir tout examiné et pesé, ils restèrent
d'avis qu'il était facile « de reffaire et remuer le boucault et havre »
juste au même endroit et « de le rendre si bon et utile quil feust
jamais ».

Cependant, pour ne rien décider à la légère, l'évêque de Bayonne et
le chambellan du Roi tiennent à s'entourer de toutes les précautions et
de tous les renseignements possibles. Ils passent la nuit à Capbreton;
et le lendemain, 9 décembre, après avoir entendu la Messe, ils
réunissent, avec les marins et les habitants de Bayonne qui étaient
venus, des marins de Capbreton « nourriz de leur enfance au dit
boucault de Bayonne, gens experts et cognoissans en faict de mer ».
Avec les deux architectes et le moine ingénieur, tous jurent sur « les
« saincts evangiles » qu'il est facile de ramener au Gouf le fleuve dévié.
Il n'y a que du sable entre l'Adour et la mer; il n'y a « ni roches, ni terre
dure ni montagnes »; « leau delle-même incontinent que aura prins
chemyn emmenera icelluy sable et fera son passage jusques à la
grant mer ». La dépense ne sera pas trop grande : « vingt mille
escus environ ». Le commerce y gagnera extrèmement : les Landes, le
Bazadais, l'Agenois, l'Armagnac, le Bigorre, le Béarn, Toulouse,
Carcassonne « jusques à Montpellier et les pays de Marsan et Gavardan »
enverront là leurs denrées et leurs produits par « les rivières
subalternes » qui aboutissent à l'Adour.

Et il ne faut pas craindre que la ville de Bayonne — on le craint

(1) Cette tour, dont on voit encore quelques ruines, avait été bâtie sur une
dune qui porte aujourd'hui le nom de « *Pey de le tour.* »

(2) Nous trouvons mention de cette tourelle dans les *Arch de Capbreton*
GG 28.

encore (1) — « puisse être prinse par mer » ; elle en sera plus forte et
« plus craincte tant par mer que par terre et plus riche et plus
« puissante pour résister contre les ennemys » (2).

Les résultats de l'enquête furent envoyés au Roi, et, le 14 avril 1494,
Charles VIII ordonna de rouvrir « le havre ou boucault au lieu du
« Gouf » (3).

Mais la répartition des deniers ne put se faire. Des bruits de guerre,
d'autres soucis étaient survenus. Il fallut courir au plus pressé. Et
quand le calme se fut un peu rétabli, le 3 février 1495, Charles VIII, à
la prière des Bayonnais, écrivit une seconde fois aux sénéchaux des
Landes, du Bazadais, de l'Armagnac, de Toulouse et d'Agen, pour leur
rappeler sa première ordonnance de l'année précédente. « Nous
« vouleusmes ordonner, dit-il, que le havre ou boucault de Baionne
« seroit faict au lieu du Gouf » (4).

Malgré tout, les projets traînaient en longueur ; l'argent manquait.
Cinq ans plus tard, le 13 janvier 1500, Louis XII ordonne une nouvelle
imposition de deniers pour ramener l'Adour « au lieu du Gouf » ; car
« il est deuement cogneu que la refection du d. boucault au d. lieu du
Gouf sera bien à prouffit de la ville et pays denviron et principallement
de toute la seneschaussée des Lannes... » (5).

Cette fois, les travaux commencèrent ; mais, maladroitement dirigés,
écrit M. l'abbé Puyol, ils n'aboutirent à aucun résultat (6).

Peut-être faut-il surtout accuser le manque de ressources. Il n'était
pas alors facile de lever l'argent des contribuables. Et, dans un

(1) Ainsi, en 1880, MM. les Ingénieurs du service des travaux maritimes ont
dressé un projet d'amélioration du petit canal qui va se jeter dans la mer, près
du Gouf. Et ce projet, qui ne changeait en rien l'entrée actuelle du port, a été
soumis à l'examen d'une Commission Nautique qui l'a approuvé dans son entier.
Mais le chef du génie de Bayonne s'est opposé à ce projet ; et cela, je cite textuellement, parce que les travaux projetés « faciliteraient à l'ennemi le débarquement
au point le plus favorable d'un corps destiné à attaquer Bayonne sur la rive
droite de l'Adour et l'établissement d'un centre de ravitaillement sans lequel ce
corps aurait grand peine à se procurer les vivres et les munitions qui lui
sont indispensables ».

(2) *Arch. Bay.*, DD 1, n. 2. Ce remarquable document, signalé à M. l'abbé Puyol
par le regretté M. Dulaurens, archiviste de la ville de Bayonne, a été publié en
entier par M. Henry Poydenot dans son intéressante *Etude sur les anciennes
embouchures de l'Adour*, p. 362-379.

(3) *Arch. Bayon.*, DD 1, n. 3.

(4) *Arch. Bayon*, AA 15, f° 127, v° et 128 r° ; Cf. DD 1, n. 4.

(5) *Arch. Bayon.*, DD 1, n. 5.

(6) *Etude sur la création d'un port à Capbreton*, par l'abbé Ed. Puyol, p. 18.

document du 7 août 1561, les Bayonnais eux-mêmes nous indiquent la principale cause de cet insuccès : c'est le « changement advenu des ministres et officiers » ; ce sont « les guerres et aultres empechemens » (1).

Quoiqu'il en soit, nous savons, par les congés délivrés à Bayonne, que, dès cette époque, les chargements et les déchargements des navires se faisaient surtout à Capbreton. C'est là aussi qu'on radoube et répare les vaisseaux (2).

La plupart des navires n'avaient pas assez d'eau pour monter jusqu'à Bayonne (3). Ainsi, le 9 janvier 1509, quelques marins embarqués sur un navire bayonnais sont autorisés à décharger du froment à Capbreton « à cause que lou nabiu ne pot montar capsus chens prejudici » (4). Et il en est ainsi presque toujours. C'est du blé, du froment, du sel, du poivre, de la résine, des pins, du vin, du minerai de fer, qu'importent ou qu'exportent ces navires qui s'appellent la *Marie*, le *Nicolas*, la *Madeleine*, la *Sainte-Catherine*, le *Saint-Esprit*, le *Lion* (*Léon*) *de Bayonne*, etc. Et ils viennent de l'Angleterre, de l'Espagne, de la Bretagne, du Portugal, de Bordeaux, etc. (5).

Naturellement, l'importance de Capbreton grandissait avec ces nombreux trafics, et c'était aux dépens de Bayonne qui voyait de jour en jour ses richesses s'en aller, et sa population diminuer.

Les vieilles rivalités se rallumèrent plus ardentes que jamais. « Huit cens à mille Bayonnais » se réunissent vers 1510, et vont défendre aux Capbretonnais « de ne charger ni décharger... au havre de Capbreton ».

Mais les habitants de Capbreton font valoir leurs droits devant la justice qui interdit à leurs adversaires de les inquiéter. Furieux, on voit alors les Bayonnais « au nombre de quatre mil environ » faire une nouvelle descente à Capbreton (6), brûler un navire chargé de

(1) *Arch. Bayon.*, AA 15, f⁰ 128, r⁰ et 129 v⁰.

(2) *Arch. Bayon.*. BB f⁰ 279. « Les charpentiers de navires » s'étaient retirés à Capbreton. (*Ibid.*, FF 405, f⁰ 664).

(3) En 1513, un navire de 50 tonneaux seulement ne peut pas remonter. *Arch. Bayon*, BB 5, f⁰ 319.

(4) *Arch. Bayon.*, BB 5, f⁰ 130.

(5) *Ibid.*, BB 4, f⁰ 384 ; BB 5, f. 119, 133, 140, 154, 170, 179. La Sainte-Vierge Marie, Saint-Nicolas, Sainte-Madeleine, Sainte-Catherine étaient et sont encore les patrons de la paroisse de Capbreton.

(6) *Arch. Bayon.*, FF 405, n. 1.

marchandises, enlever « certains petits navires nommés espinasses » et commettre beaucoup d'autres dommages.

Ce ne fut point, par exemple, sans rencontrer quelque résistance. Car les marins de Capbreton eurent alors à leur service de « grosses pièces d'artillerie », qu'ils avaient fait venir de l'Espagne. Ils construisaient aussi dans le courant de l'Adour « des pescheries et des nasses », pour que même les petits navires ne pussent pas monter jusqu'à Bayonne. Ils défendirent aux habitants du Marensin de « mener et conduire par les rivières, poix, raisines et autres marchandises » ; ils allèrent même jusqu'à empêcher « les habitants de Biarritz, Vidart et Sainct Jehan de Luz de prendre des balaines » (1).

Le roi Louis XII dut intervenir. Et, tout en condamnant les Bayonnais à une réparation, le 6 février 1511, il ordonna, pour un bien de paix et « par ordonnance irrévocable que au d. lieu de Capbreton ne se fera aucun port ne havre pour charger ni descharger si ce nest les marchandises du creu dudit Capbreton et non dailleurs... en leurs navires propres » (2). On peut dire que, dès ce moment, le dessein de ramener l'Adour au Gouf fut abandonné. Les Bayonnais ne pensèrent plus qu'à leur nouvelle embouchure du *Trossoat*.

Quoiqu'il en soit, dès le mois de mai suivant, des marins du Passage et de St-Sébastien ont beau demander au conseil de la ville, pour éviter de grands frais, l'autorisation de faire un chargement à Capbreton, et non à Bayonne ; ce n'est qu'au Boucau qu'il leur est permis de charger leur navire. Et, le 14 du même mois, une ordonnance publique défend à tous « et mayoremens au bayle manans et habitans deu loc et parropi de Capbreton que no sien si harditz ni ausartz de far aucun bastiment o ediffici tant de quay pacheres nasses o autres ni port cargue descargue de marchandises ab bachets en larribeyre de lador despuch horgave de qui au bocau... de botar thier barcos et bateus au gouf per pescar » (3).

Ces prétentions étaient exorbitantes. La guerre se ralluma, et nous voyons de nouveau les Bayonnais, soutenus par une nombreuse « artillerie », descendre jusqu'au Boucau pour réparer « aucunes

(1) *Arch. Bayon.*, **AA** 15, fᵒ 20 vᵒ et 21 rᵒ.

(2) *Arch. Bayon.*, **AA** 15, fᵒ 22.

(3) *Arch. Bayon.*, **BB** 5, fᵒ 215.

« novelletatz qui eren estades feytes en laigue de le chenau tant per
« los de Capbreton que per los Marenssin » (1).

Il arrive cependant que le maire et les échevins de Bayonne sont parfois
forcés de se départir de leur sévérité ; mais c'est rare. Et ils condamnent
à une amende de « 5 livres guianes », le 15 janvier 1512, « Estehen de
Glayrac » qui s'est risqué à faire passer ses marchandises « par
Capbreton et les sables » (2).

Le 6 octobre 1513, ils renouvellent leur première défense, et cette
fois, à *son de trompe,* « de faire port ailleurs qu'à Bayonne, depuis
Horgave jusqu'au Boucau » (3).

Et comme cette défense ne peut pas être exécutée, et que le port de
Capbreton s'impose toujours naturellement, ils exigent du moins que les
chargements et déchargements ne se feront pas à Capbreton même : ce
sera tout près, aux diverses *Passes* qui se trouvent sur le fleuve ; ce
sera à « larroque d'Ondres » ; ce sera « dessus ou dejus Capbreton » —
la plupart des ordonnances de 1515 à 1540 environ portent cette clause —
ce sera « dejus Capbreton entre Boret et Haussegor » ; ce sera souvent
à Hossegor (4).

Or Hossegor, en somme, et « dejus Capbreton entre Boret et
Haussegor, » c'était bien Capbreton ; et très souvent, devant
l'impossibilité de faire autrement, ce n'était pas ailleurs, mais à
Capbreton même que les navires portaient et déchargeaient leurs
marchandises (5).

Ce qui vint encore augmenter la fortune du port de Capbreton, c'est
que l'Adour, en 1517, sembla abandonner le Vieux-Boucau pour se faire
une nouvelle embouchure. En tout cas, les navires n'abordaient plus
au Vieux-Boucau, pas plus qu'à Bayonne. Il existe, à ce sujet, un

(1) Déjà, en 1510, le syndic de la ville de Bayonne était en procès avec le
vicomte de Maremne touchant la juridiction de l'Adour, du côté du Boucau. Il
ne faut donc pas s'étonner de voir les habitants du Marensin prendre le parti de
Capbreton contre Bayonne. (*Arch. Bayon.*, CC 340, p. 372, 394, 400, 407).

(2) *Arch. Bayon.*, BB 5, fo 269 vo, fo 444, 558, 565 ; v. fo 223, 240, 293, 319.

(3) *Ibid.*, fo 313 ; v. fo 489.

(4) *Arch. Bay.*, BB 5, fo 387, 509, 672, 680 ; BB 6, fo 140-141, 179, 210, 211,
654, 663, 787. 846.

(5) *Arch. Bay.*, BB 5, fo 391, 430, 560, 561, 641. — Une autorisation de ce
genre est accordée, en 1517, à un navire chargé de « myne de fer » qui était
resté plus de 15 jours dans « lichenau chens poder passar à les passes » (*Ibid.*,
fo 633-636). Un autre : « No lui es possible de passar lod. nabiu devert lo
bocau de Bayonne ab tote sa cargue (*Arch. Bay.*, BB 6, fo 654).

document si curieux que nous croyons devoir le donner tout entier dans le texte même où il a été écrit :

En lan de n^ra Seinhor mil cinq cens et detze sept per temps diuern adues et fort de torrades et pluyes en maneyre que chiis begades les subernes entran per le ciutat et rues dequere habundosement. Et a cause de les grans subernes et inundacions daygues que vingon de les montainhes et aussi per le impetuositat de le grand mar si fe uberture en los sables de le ciutat enter Capbreton et lo Bocau vilh es tres o quoate parts, mes finablement quent lo temps ses appausat a le prime nabere et quoaresme ses feyt per si medich ung bocau bey bon et perfiit lo meilhor que los vius ayen vist car es à l'oest et oest et perfont Et tots los mariners sen lauden Et quoant au vilh vertat es que encoare y passe le mareye et jusent mes no pas aucuns nabius et per so que puyra estar que lo d bocau se cambiera so que diu no builhe sino que sie per meilhor » (1).

Il ne nous est pas possible de fixer l'endroit où se fit cette nouvelle embouchure, et nous ne savons point si l'Adour garda longtemps cette nouvelle direction. Mais il est certain que Capbreton restait toujours le port, où avaient lieu les grands débarquements.

Impossible de monter jusqu'à Bayonne ou d'en descendre. Un navire de St-Jean-de-Luz demeure vingt-deux jours arrêté sur les passes : c'était en 1520. Un marin de Capbreton, Petrico de Baile, qui allait en Andalousie avec un navire de 80 tonneaux, ne put compléter son chargement à Bayonne ; il obtint l'autorisation de l'achever « dejus Capbreton et au-dessus de Boret » c'est-à-dire « au davant deu Guof. » (2).

Très souvent les chargements commençaient à Bayonne qui l'exigeait ; ils s'achevaient toujours à Capbreton. Et l'on rencontre à chaque pas cette permission donnée « de acabar de cargar au dejus le pachere qui es dejus lo loc de Capbreton. » (3).

C'est là qu'un autre marin Capbretonnais, Arnaut de Biarrote, qui allait

(1) *Arch. Bayon.*, BB 5, f° 696 ; Cf. FF 461, n. 3. — Nous devons ce document à l'extrême obligeance de M. Bernadou, de Bayonne, qui, plus d'une fois, a mis gracieusement à notre service son temps et sa grande connaissance des Archives de sa ville natale. Que M. Bernadou veuille bien agréer ici l'hommage public de notre gratitude.

(2) *Arch. Bay.*, BB 6, f° 109-110.... « au davant deu guofs qui es près de la pachere, ajoute le document cité, car au dejus de la pachere no se puyre cargar bonement por cause deu grant corrent ». V. encore, pour les Congés accordés à des marins Bretons, BB 6, f° 113, 114, 120, 140, 147, 758.

(3) *Arch. Bay.*, FF 528, p. 366.

« en Galice, à la pesque de les balenes » fut autorisé, en 1538, à charger son navire « le *Marie de Capbreton.* » (1).

Pendant la guerre avec l'Espagne, en 1552, on voit partir de Bayonne et de Capbreton « des coraulx esquipes dartillerie et autres munitions de guerre pour suyvre et faire guerre contre les Espagnols qui avec seize pataches armés estaient entrés dans le dit bocault, et descenduz à terre » saccageaient les maisons voisines (2).

Dix ans plus tard, la paix est faite, et 2,000 Espagnols viennent en France au service du Roi. C'est par Capbreton qu'ils entrent, et c'est là que deux « maistres gallupiers de Bayonne » vont les chercher avec « trois grands bapteaulx. » (3).

Chaque jour aussi, des remorqueurs partaient de Capbreton pour conduire hors du boucau les navires en rivière (4).

Et c'est pourquoi la lutte avec Bayonne continuait toujours, lutte qui parfois devenait sanglante. C'est ainsi que, le 25 Juillet de l'année 1557, les Bayonnais s'étaient emparés « au droit du lieu du Plec » non loin du Vieux Boucau, de trois navires Capbretonnais. Ils s'en retournaient avec leur prise, lorsque arrivés à Hossegor, ils voient tout-à-coup « deux gallions » embusqués, armés d'artillerie et « autres harmes » fondre précipitamment sur eux et tirer « plusieurs coups d'artillerie » qui atteignirent quelques hommes (5).

Cependant la situation de Bayonne devenait de plus en plus triste. Le temps était passé où « des navires de huit à neuf cens tonneaulx » entraient par le gouf de Capbreton « sans aucun empeschement ni grande difficulté ».

(1) *Ibid.*

(2) *Arch. Bay.*, CC 164, p. 508. Déjà, en 1528, des marins de Capbreton « montés sur leur chaluppe ou galère » et aidés des « galères de St Jehan de Luz et Biarritz » avaient pris « sus los Espainhos et ennemics deu Rey... dus gros et magnifics nabius deusd ennemics cargats de froment et autres marchandises ». Les marins de la galère de Capbreton s'appelaient « Esteben de Glayrac, Bertrans de Pujos, Remonet de Cazenabes, Ara deu Batailhe et Esteben deu Rey, meste et compainhous... » *Arch. Bayon.*, BB 6, fº 723.

(3) *Arch. Bay.*, CC 165, p. 34 et 100. Ils étaient commandés par Don Diego de Carnayar, gouverneur de Fontarabie, qui tomba malade à Capbreton. V. dans la *Revue de Gascogne* (Octobre 1881, p. 486-489) une lettre fort intéressante d'Adrien d'Aspremont, vicomte d'Orthe, publiée par M. Tamizey de Larroque.

(4) *Arch. Bay.*, BB 6, fº 112.

(5) « Randez nous nos bateaulx, brigands, larrons » criaient les marins de Capbreton, « autrement vous mourrez »... Et puis les « gallions s'en allarent vers le dit lieu de haussegorq et bien peu après huilsarent leurs voiles et s'en allarent arrimer au dit lieu de Capbreton ». (*Arch. Bay.*, FF 2, n. 14).

On ne voit plus que « de petites barques et naselles de 15 à 20 tonneaulx ». Le canal est obstrué ; çà et là des « bancs mouvants de sable » ; et non-seulement ils empêchent « la navigation », mais encore ils « retardent la descente de leau doulce qui déborde par la ville ».

En vain, François Ier a-t-il « esté sur les lieux » et a-t-il reconnu « la nécessité urgente d'ouvrir un nouveau habre » (1). En vain, ordonne-t-il encore, le 2 décembre 1551, une enquête « sur la commodité ou incommodité de la faction du boucal ou entrée de la grant mer... et du lieu plus commode qu'il pourra estre faict » (2). Rien ne réussit ; et cependant le péril devenait chaque jour plus pressant.

Cinq ans plus tard, en 1556, une nouvelle enquête prouve que c'en est fait de Bayonne, s'il n'est promptement remédié au « boucault » qui « s'est rendu fort difficile et recullé et fouy en bas la rivière comme faict encore tous les jours.... » (3).

Et le port de Capbreton est alors si connu qu'au loin il n'est question, pour l'embouchure de l'Adour, ni de Bayonne, ni même du Vieux-Boucau. Nous le savons par un document écrit dans la seconde moitié du XVIe siècle. L'auteur est un enfant de Dax, André de la Serre, et il fut uu jour lieutenant particulier de Bayonne. Il était parti jeune pour Paris, où il devint « advocat en la cour de parlement ». Loin de son pays, il trouve quelque charme à décrire les curiosités de sa ville natale, et, naturellement, il parle de la Fontaine Chaude et de l'Adour. Or il dit tout simplement : « La rivière qui passe près la ville joignant la muraille l'*Adou* (l'Adour) » se rend « dans la mer océane à Capbreton » (4).

A force d'enquêtes et de réclamations, Bayonne finit pourtant par obtenir gain de cause. Et, en 1561, Charles IX permet qu'un nouveau « havre » soit ouvert ; et ce n'est plus au Gouf et à Capbreton, mais « au lieu appelé Trossoat » choisi sur les remontrances des Bayonnais, et sur « les avis de sgr de Burie, lieutenant général au Gouvernement de Guyenne, du vicomte d'Orthe, gouverneur de

---

(1) *Arch. Bay.*, **AA** 15, f° 128, r^o et 129 v°.

(2) *Arch. Bay.*, **AA** 15, f° 127, r^o et v^o.

(3) *Ibid.*, CC 3.

(4) *Biblioth. Nation.*, collection Duchesne, vol. LXX, f° 332.

Bayonne, et de Belsima, gouverneur de Dax ». On a trouvé ce lieu « plus commode et aisé et de moindre despance » (1).

Mais les dépenses étaient encore considérables. L'argent n'arrivait pas. Et le Roi est obligé à plusieurs reprises, en 1563, en 1564 et en 1568, d'ordonner de nouvelles impositions sur les diverses sénéchaussées qu'intéresse l'œuvre du port. Il se rend lui-même à Bayonne, au mois de Juillet 1565. Et, dès qu'il est arrivé, Charles IX reçoit une députation de Capbretonnais qui lui remontrent « les grands pertes et domaiges qui leur adviendra de la fermeure de la rivière ». D'ailleurs, on ne réussira pas ; c'est une entreprise impossible ; elle est trop « haulte et non ouye » ; on se berce de vaines espérances ; il n'est pas d'endroit plus mal choisi que le Trossoat ; et les travaux commencés n'aboutiront qu'à la « ruyne du peuble » (2).

On comprend ces remontrances. Plus que jamais tout s'arrêtait à Capbreton. Nous voyons, en 1570, un grand nombre de navires anglais porter là leur cargaison qui est considérable (3). Car depuis que le « nouveau boucal était encommancé », le « Canal » de l'Adour entre Bayonne et Capbreton était, « en la plus grande partie ferme et levant retenu en manière qu'il n'y avoit moyen de porter et rendre les marchandises au port de la Ville » (4). On ne pouvait plus rien faire passer à Bayonne que sur des « gallions et petits vaisseaux ». En outre, parce que c'était plus commode, c'est à Capbreton qu'était « establi le bureau de la coustume », cause « de grandes jalousies, haynes et inimitiés mortelles » (5).

Aussi, on n'entend plus parler, en 1569, que de bateaux confisqués, de marchandises pillées, de marins arrêtés. Les sévices de tout genre se succèdent sans interruption (6). De là d'interminables procès, qui, du moins en 1571, font respecter les droits de Capbreton. Et nous

(1) *Arch. Bay.*, DD 1, n. 13-15, 16-17 ; AA 15; f⁰ 128-129, 131 v⁰, 134 r⁰, 135, 136, 138, 140.

(2) *Arch. Bay.*, FF 407, f⁰ 257 v⁰ et f⁰ 258 r⁰.

(3) *Registre du Parlement de Bordeaux*, 1ᵉʳ août 1579. « à Capbreton et à Saint-Jean-de-Luz. »

(4) *Arch. Bay.*, FF 405, f⁰ 21.

(5) *Ibid.*, f⁰ 22.

(6) *Arch. Bay.*, FF 405, f⁰ 23-25.

voyons qu'alors, malgré les travaux de la nouvelle embouchure, l'Adour continue à couler vers Capbreton et que les vaisseaux vont aborder à son « havre » (1).

Mais impossible d'aller plus loin. Impossible, au moins en 1575, de franchir l'ancien canal à cause de « la fermeure que ceux de Bayonne ont faict ». Or, si d'aventure les navires se risquent à passer par le « prétendu boquau », nouvellement construit, ils sont sûrs d'échouer (2).

Cette « fermeure », c'étaient les travaux commencés, en 1572, par l'ingénieur Louis de Foix, pour le détournement de l'Adour et qui parurent achevés en 1578. Le fleuve eut désormais une nouvelle embouchure, celle d'aujourd'hui.

Mais on aurait tort de croire que, dès ce moment, les navires ne passèrent plus que par le Boucau-Neuf. Ils continuèrent longtemps encore d'aborder au gouf de Capbreton. Les Bayonnais ont beau écrire au Roi, le 6 mars 1579, que « le havre prospère de mieulx en mieulx et commence desjà la navigation y estre fréquente » (3) ; que « le dict havre est unq des meilleurs du Royaume » (4).

Beaucoup de marins n'osent pas s'y hasarder. Et comme ils fuient les dangers de la passe nouvelle, ce sont les Capbretonnais qui en sont cause ; car « ils donnent à entendre » que les navires « se perdraient (5) ; qu'il n'y avait plus méchant havre en ce royaume que le nouveau de cette ville.... que plus de cinquante navires se y sont perdus » (6).

Aussi les Capbretonnais sont-ils pour Bayonne les plus méchants

(1) *Arch. Bay.*, fᵒ 189, 197, 199, 222. Il est alors question du port de la « Roquette » à Ondres, fᵒ 189, 200. — C'est un nommé Du Tey « sergent royal et trompette ordinaire » de la ville de Dax qui proclame « à son de trompe, » en la ville de Bayonne, la sentence suivante : « De par le Roy et sa Cour de Parlement « de Bordeaux on fait inhibitions et deffences aux seindic et procureur maire « son lieutenant eschevins et Conseil de la ville de Bayonne et tous autres « troubler et empescher les manans et habitans du lieu et juridiction de Capbreton « en la possession et jouissance de faire port et havre audict lieu de Capbreton » pour charger... etc. (*Arch. Bay.*, FF 405, fᵒ 221-222).

(2) *Arch. Capbr.*, CC 1. — En 1575, les Capbretonnais veulent avoir le croquis de la nouvelle embouchure, et ils envoient « quérir à Bidard ung home qui est peintre pour faire le patron ou portrait du prétandu habre de Baione ». (*Ibid*).

(3) *Arch. Bay.*, AA 26, p. 317.

(4) *Arch. de Bay.*, AA 15, t. ii. fᵒ 42.

(5) *Ibid.*, AA 26, p. 317.

(6) *Ibid.*, BB xi, fᵒ 17, vᵒ et fᵒ 19 rᵒ.

du monde : ce sont des « incivils », des « impertinents (1) », des
« Caymans », des « languards » (2).

Et pourtant les Capbretonnais avaient raison. La grandeur des marées
et le violent « cours de la grand mer » avaient déjà endommagé « la
palissade de M. Loys » ; « un raving » s'était creusé par où l'on
craignait « que l'eau se desrobe si nest bientôt secoureu ». Et ce sont
les Bayonnais eux-mêmes qui l'annoncent au Roi, le 4 Juin 1579, et ils
ajoutent avec un accent désolé : « Nous y avons faict et faisons plus
que nos forces ne le nous permettent » (3).

Et malgré tant d'efforts une brèche se forme. « Du cousté des
sables », lisons-nous dans des lettres patentes du Roi Henri III en
date du 3 septembre 1579, « ou est le cannal dud. havre si est faict une
bresche par laquelle le montant de la mer au lieu de venir droict a
la d. ville se perd et se tourne en arrière vers Capbreton ou estoit
son ancien cours ».

Et c'est par cette brèche que « journellement » passent les « bapteaux
de Capbreton et de Bayonne ». Et si l'on n'y porte un prompt remède,
l'eau reprendra « du tout son ancien cours en delaissant le cannal » de
Louis de Foix. « La marée même qui est si impétueuse » accroîtra
« tellement la bresche que en peu de temps lad. palissade » sera ruinée
et la rivière « s'en retournera à son ancien cours » (4).

Et défense est portée, sous des peines sévères, d'entrer et de sortir
par la brèche.

Cependant, au commencement de l'année 1580, un Capbretonnais fort
de son droit, Bernard de Ponteils, dit le Biarrin, entre avec son
gallion « par le gouf qui est vis-à-vis du lieu de Capbreton » et, profitant
« du montant » de la marée, il passe par la brèche (5).

Cette brèche, d'ailleurs, « était advenue par bénéfice de nature » ;
elle ne portait « aulcun préjudice au boucault » neuf ; en même temps,
elle « accommodoit les uns et les autres » ; il n'y avait aucun profit à la

<hr>

(1) *Arch. Bay.*, FF 405, f⁰ 67.

(2) *Ibid.*, AA 26, p. 262. Lettre à M. Sorhaindo « estant en court... Mr depuis
votre partement il y a arrivé prou de choses en cette ville souffisantes pour que
le Roy en soit averti qui est que ceulx de Capbreton faisant comme des
caymans ont obtenu une lettre patente du Roy.....

(3) *Arch. Bay.*, AA 26, p. 305-306.

(4) *Arch. Bay.*, AA 15, f⁰ 432 ; cf. FF 407, f⁰ 172 r⁰ et v⁰.

(5) *Ibid.*, FF 10, n, 5. Il fut condamné pour cela à porter « vingt galuppes de
pierre » pour « l'œuvre du boucault ».

fermer, ni pour « le boucault qui n'en sera meilleur » ni pour la ville de Bayonne qui « n'y gagnera rien » ; tandis que « Capbreton et autres habitans le long de l'ancien canal de la rivière jusques au vieux boucault et les juridictions de Marempnes et de Marensin seront ruinées » (1).

Aussi, les marins de Capbreton s'efforcent-ils, non-seulement d'agrandir la brèche, mais encore de faire « tomber la pierre de la palissade du nouveau havre » (2) ; et, dans cette entreprise, ils ne marchent pas toujours seuls. Plus d'une fois, « de nuict et à main armee, ceulx de Marempne » se joignent à eux ; ils tiennent « assemblées dans les forest de Marempne et Capbreton et le long de la rivière » (3) ; ils détruisent tout ce qu'ils peuvent, tantôt « deux cens pins » achetés à Soustons (4) et « couppes pour l'œuvre du havre », tantôt « six vingt pins escarris... pour la reparation et fermeure de la bresche du boucault » (5).

Leur acharnement ne se lassait point. Les Capbretonnais, d'ailleurs, avaient, eux aussi, beaucoup à souffrir. Peut-être se bercèrent-ils de grandes espérances, lorsque Henri IV parut prendre leur cause en main. Le Roi de Navarre se trouvait, en 1584, à Capbreton ; et durant son séjour, le gouverneur de Bayonne, Denys de la Hillière, vint l'y trouver. Or, dit un document contemporain, le gouverneur « le dissuada » tant qu'il put, sans doute au sujet du port ; mais le Roi répondit « qu'il verrait » (6).

Quoiqu'il en soit, depuis la nouvelle direction donnée à l'Adour « les sables sortans de la mer » et qui étaient « près et sur le bord de la rivière » menaçaient déjà, en 1585, de « couvrir le canal d'icelle » et en même temps de « combler et submerger leurs maisons » (7).

(1) *Arch. Bay.*, FF 407, f⁰ 68 v⁰ et 69 r⁰.
(2) *Arch. Bay.*, BB 11, f⁰ 10 v⁰.
(3) *Ibid.*, FF 407, f⁰ 17 v⁰ et 18 r⁰.
(4) Augier du Bois, procureur de Maremne, fut chargé de faire une enquête au sujet de ces pins brisés. Il se rendit, à cette occasion, « au lieu du boucault duplec et havre d'Albret en Marensin ». Les pins se trouvaient « sur le rebord de la petite mer ». Et comme les Soustonnais étaient fortement soupçonnés, il écrivit : « Je meteray ma teste en gaige que ceux de Souston nont poinct fait le dégast des d. pins à présent ni laultre jour ». (*Ibid.*, FF 407, f⁰ 39 r⁰, 42 r⁰ et v⁰).
(5) *Arch. Bay.*, BB 11, f⁰ 155, 157 ; DD 23, n. 12 ; FF 407, f⁰ 17 v⁰. En 1578, « quatre cens soixante neuf pieds d'arbres choisis ez pignadars appartenant à des particuliers de Capbreton... feurent prins... pour employer au boucault ». Ces pins n'avaient pas été payés. (*Ibid.*, FF 407, f⁰ 70 r⁰ et f⁰ 243 v⁰).
(6) *Arch. Bay.*, BB 11. Délibération du 7 nov. 1584.
(7) *Arch. Capbr.*, CC 7.

Aussi, cette même année, montés sur « ung gallion », ils se rendent auprès « de la palissade » maudite, et ils brisent « à coups de coignée tous les pieux du havre.... tellement que layve quy estoit retenue sest toute refoulee et se refoule du havre » (1).

D'un autre côté, le flot qui arrivait de Capbreton « au descendant de la marée » avait creusé « une grande profondeur » au pied de la digue, et la digue, en 1586, menaçait d'être entièrement emportée (2).

Or, tandis que Bayonne s'applique à garder la récente embouchure de l'Adour, les habitans de Capbreton, en 1588, creusent « ung grand et profond canal » vers « la grant mer a l'endroit du Gouf ». Ils y travaillent « nocturnement », au nombre de deux à trois cent personnes.

Le « nouveau havre » est presque fait. Il ne reste « que dix ou douze pas de sable pour faire joindre la rivière à la mer » ; encore « une ou deux nuits » et le succès était complet, lorsque l'ordre arriva de combler le canal dans trois jours, et « ce a peine de 10,000 escus » (3). Nous ne savons si cet ordre fut exécuté.

En tout cas, Capbreton voyait chaque jour ses navires et les navires étrangers, chargés de marchandises, passer par « le boucault du goufz » (4).

Sans doute, en 1594, l'ancien « canal est presque perdu et tari » ; les « sables mouvans tombent » dans l'Adour, « a lendroit du lieu appelé Manguenau au cause de labordement que ceux qui vont à la pescherie du gouf font illec » (5). Mais cela n'empêche point les vaisseaux de partir pour Terreneuve, pour la Barbarie, le Portugal, la Bretagne, pour Séville, Saint-Sébastien, etc. Et en 1600, les « navires pinasses, gallions, chaluppes et autres vaisseaux » continuent à sortir « hors le boucault du Gouf » avec des marchandises.

L'Adour alors avait trois embouchures : « le boucault de Bayonne,

(1) *Arch. Bay.*, DD 23, n. 93, 94.

(2) *Ibid.*, DD 23, n. 96.

(3) *Arch. Bay.*, FF 406, n. 20 ; cf. FF 574, n. 54.

(4) *Arch. Capbr.*, BB 2. Les étrangers étaient « tenus payer chacun deux liards pour livre de ce qui leur adviendra pour leurs lotz portions ou salaires et cinq soulz pour chacun milier de brey ou rousine... » « Chacun navire du lieu allant à Terreneufve en voyaige sera tenu paier deux liards pour livre... Il y a aussi un impôt sur « les vins estrangiers qu'on fera sourtir hors le d. boucault et gouf ».

(5) *Arch. Capbr.*, BB 2. Délibération du 2 Juillet 1594.

« du Plecq et du Gouf » (1) ; et nous trouvons un Saubat Duvignau, nommé à « la charge de garde des portz de la rivière de Bayonne, puis le boucault vieux jusques à Horgave » (2).

Et comme les marins de Capbreton avaient alors creusé de nouveau « un canal ou tranchée... ung peu au dessoulx du bourcq », « les messieurs du corps de ville » accoururent aussitôt avec près de 500 hommes montés sur neuf « galuppes » ; et sous leurs yeux, cette fois, ils firent combler le canal (3).

C'était le 17 juillet 1601. Leur fureur est si grande qu'ils ne veulent même pas que les habitants puissent bâtir des « habitations au rivage de la mer », ni qu'ils tiennent là, devant le gouf, une « lumière pour servir de phanal ». Les marins ne pourront avoir que « des cabannes » près de la plage, et « pour l'usage de la pesche sulement » (4).

Quant au canal, il fut comblé en pure perte. Car, trois ans plus tard, en 1604, les Bayonnais viennent encore « veoir et visiter le nouveau cannal... faict au lieu appelé Mangueneau » (5).

Peut-être fut-il comblé encore ; mais il fut creusé de nouveau, deux, quatre, six, dix fois, toujours. Et nous voyons, à plusieurs reprises, en 1611, en 1612 et en 1613, les officiers de la ville de Bayonne se transporter « sur le lieu de Mangueneau au sujet du creusement de la rivière ».

Les Capbretonnais ne cessent de demander que « l'eau qui croupit » devant le bourg puisse trouver une issue vers la mer ; ils obtiennent qu'un lieutenant-général, M. de Lespès, « subdélégué de MM. les trésoriers généraulx », soit envoyé pour « faire la veue oculaire du canal », et ils députent à Paris des Jurats pour demander au Roi « de faire le canal au Mangueneau ». (6).

---

(1) *Arch. Capbr.*, CC 7. Depuis 1578, les documents indiquent souvent ces trois « boucaults ».

(2) *Arch. Bay.*, DD 26, n. 1.

(3) *Arch. Bay.*, BB 17, p. 60; CC 305. n. 23. Il y avait avec les « sieurs du Corps de ville » 30 « bourgeois » 200 « vignerons » etc. Ils burent 3 barriques de « vin de Tursan », 6 barriques « de cidre ». Au retour, les bourgeois s'arrêtèrent à Ondres pour y dîner. — Un individu, Jehan Dupuy, fut condamné « a un escu dadmande » pour n'avoir pas fait partie de cette expédition Bayonnaise contre Capbreton. (*Arch. Bay.*, FF 41, n. 90).

(4) Arrêt du Parlement de Bordeaux 7 août 1602. (*Arch. Bay.*, FF 409, f° 140 r°).

(5) *Ibid.*, CC 355, n. 99.

(6) *Arch. Capbr.*, CC 4, n. 18.

En attendant, le Roi Louis XIII, par des lettres patentes du 7 mai 1613, leur accorde, comme ses prédécesseurs, un droit d'octroi sur « les navires, pinasses, gallions ou autres vaisseaux qui sortiront hors du bocal de Bayonne, du Plecq et du Goufz », et qui iront en « Terre neufve, Barbarie » et ailleurs (1).

Près de quinze ans plus tard, en 1629, le canal creusé « pour faire ung havre et boucault vers la mer » existe toujours. Les marins ne cessent pas d'y travailler, et un jour que les Bayonnais vont à Capbreton pour s'y opposer, les habitants « assemblés à son de beffroi » menacent de les tuer. Alors intervient le comte de Gramont, qui d'abord ordonna de combler le « fossé » creusé « depuis Capbreton jusques au Gouf (2). Mais on n'obéit pas. Et on ne tient pas plus de cas d'une nouvelle défense portée, à la suite d'un arrêt, au mois d'avril 1630, « de faire aultre ouverture pour faire escouler les eaux vers la mer » (3).

Comment se soumettre? Il demeurait toujours dans les endroits les plus profonds « une grande quantité d'eaux croupissantes » qui ne pouvaient s'écouler ; devant le bourg surtout s'étaient formés de grands lacs. Et ces eaux, qui haussaient « tous les jours », avaient déjà submergé un grand nombre de « maisons perdues et rendues inhabitables. » Tout le village était menacé. C'est alors, en 1635, que « les habitants et

(1) *Arch. Capbr.*, CC 7, n. 6.

(2) Les Bayonnais lui écrivirent à ce sujet une curieuse lettre : Si, disaient-ils, dans « le desseing » des Capbretonnais, il n'y a rien pour eux « de préjudiciable », « ils en auront ung extrème plaisir » et « les y favoriseront » de tout leur pouvoir comme nos bons voisins et amis » ; ils seraient « certainement trop dénaturés den user autrement ». Mais s'ils reconnaissent « le contraire « ils « seraient « tres mauvais administrateurs du public de le permettre ». (*Arch. Bay.*, BB 65, p. 403-404).

(3) *Arch. Bayon.*, BB 21, f° 109 v°, 112, 115, 118, 128, 148, 156. Le comte de Gramont voulut se rendre sur les lieux pour trancher le différend. Malgré sa longueur, nous croyons devoir reproduire ici la lettre qu'il écrivit aux Bayonnais le 10 janvier 1630 : « Jay aprins que vous ave envoyé à Capbreton un masson et un charpentier pour faire la visite qui est nécessaire. mais je ne cre quon puisse asseoir de jugement certain sur le raport de ses gens là parce que ce nest point gibier de leur cognessance, ainsy je vous prie de ne prendre point de résolution en cest affaire sur ce quilz vous en diront sy elle ne va pas au soulagement de ses pauvres habitans de Capbreton, car je vous le dis franchement quoyque vous résolvies du contraire je ne my arresteray, ains je feray ce que je dois au bien des subiects du roy avecq toute lequité et la justice qui ce devra garder.... Il y a un ingénieur du Roi, Milhet ; qu'on l'envoie ». — de Bidache. — DE GRAMONT. (*Arch. Bayon.*, FF 574, n. 51 ; cf. n. 52 et 56).

circonvoisins » entreprirent, une fois de plus, « de faire une ouverture par les sables vers la mer » (1). Il n'y avait là aucun préjudice porté à la ville de Bayonne.

Bayonne pourtant s'y opposa.

Et il faut que les Capbretonnais aient encore recours au Comte de Gramont. Ils lui remontrent, en 1639, qu'ils ont un besoin absolu de cette « rivière » : ils ont perdu, « pendant les guerres de la frontière », « une grande partie de leurs vaisseaux » ; l'ennemi les a pris avec les marins qui les montaient. Leur « bourg est ruiné et dépeuplé, la misère est à son comble » (2).

Cette fois, grâce sans doute à l'intervention du comte de Gramont, la ville céda ; elle permit « de faire ouvrir les sables à l'endroit et vis-à-vis la chapelle de Bouret ». Mais il ne fallait pas que la profondeur du canal creusé dans les sables fût grande ; on ne voulait pas « de havre pour l'entrée et sortie des bapteaux » (3).

Or, les marins de Capbreton n'étaient pas seuls à désirer ce canal. En 1651, « les Messieurs de Marempne » viennent les aider à l'agrandir : ils « ont entreprins de faire escouler leau qui est au devant Hossegor vers la mer » ; et ils amènent cette eau vers l'ancien cours de l'Adour qui continue de se déverser dans le Gouf (4).

C'est par le Gouf qu'en 1653, une pinasse basque, partie de Fontarabie, vient à Capbreton porter du seigle et charger du vin (5). Et en 1657, « le havre » du Gouf est si grand « que des navires de cent thonneaux y peuvent passer ». C'est une « ouverture large et profonde » ; quand la marée monte, « les petits vaisseaux entrent et sortent « avec la mesme facilité » (6).

(1) *Arch. Capbr.*, FF 2.

(2) *Arch. Capbr.*, EE 1, n. 2.

(3) *Arch. Capbr.*, FF 2. A cette époque, la *Pointe* possédait encore un bourg qui était la résidence des Cagots. « Un gésitain. Augier de Marquadieu », avait sa maison « située au milieu du bourg ». (*Ibid.*, FF 2). Déjà, en 1511, il est question de « lisle aperade deu crestian de Cabreton », et, en 1574, de « lisle qui est au devant des Agots de Capbreton ». (*Arch. Bayon.*, FF 405, n. 2, et CC 166, p. 7). — Nous trouvons aussi mention, en 1640, « du bourg de Haussegor » et de « la rivière » (l'Adour) qui le traverse. (*Arch. Capbr.*, FF 2).

(4) *Arch. Capbr.*, BB 2, délibération du 20 août 1651. — Cette année, le Gouf fut visité par « Mr de Dax et sa suite ». (*Ibid.*, CC 4, n. 19).

(5) *Ibid.*, BB 2, 20 Juin 1653. — Cette même année, les habitants de la Pointe et de Capbreton travaillent encore « à l'ouverture du canal au Gouf ». (*Ibid.*, CC 4, n. 19).

(6) *Arch. Bayon.*, BB 25, fᵒ 103 vᵒ 107 vᵒ.

Et la ville de Bayonne jette encore les hauts cris ; elle accuse « l'ingratitude... sans exemple » des Capbretonnais, puis leur mauvaise foi ; ils ont manqué à leur parole donnée de se présenter tel jour pour régler cette affaire. Et, ajoutaient les échevins Bayonnais dans une lettre adressée aux Jurats de Capbreton, « nous avons creu une parolle immanquable » (1).

« Vous scaves, Monsieur, répondit aussitôt le jurat de Beauregard à M. Dayherre, échevin de la ville, « vous seaves quil ny eut point de jour indicqué ny de parolle donnée de nostre part, que ce feut vous quy de la part du corps nous fîtes lhonneur de nous dire que la premiere ou seconde semaine du caresme nous confererions ensamble et que vous nous dites quon nous fairoyt advertir, surquoi nous sommes demures attendans de vos nouvelles. Sy nous avions donne aucune parolle nous naurions pas manqué à lexecution dicelle et il nous importe quil vous plaise Monsieur de certiorer Messieurs du corps de ville que les choses en demeurerent la entre vous et nous et que nous ne sommes point dans aucun manquement de parolle estant prestz a conférer quand il vous plaira nous le mander... (2) ».

Nous ne savons ce qui advint alors. On peut croire pourtant que ce même havre facile et commode se maintint longtemps encore, puisque, en 1698, on trouve à Capbreton cent capitaines de navire. Nous savons aussi que, vers cette époque, le maréchal de Vauban « chargé par Louis XIV d'examiner les points du Golfe de Gascogne qui se prêtaient le mieux à l'établissement d'un port, déclara que le seul lieu où l'on pouvait croire à une réussite certaine était Capbreton » (3).

L'entrainement des circonstances, ajoute M. l'abbé Puyol, ne permit pas d'écouter cette voix prépondérante.

Et surtout la lutte contre une grande ville, qui trouve partout de grands appuis, finit par devenir impossible. Capbreton alla dépérissant de plus en plus. Les habitants l'abandonnaient ; ce bourg « autrefois l'admiration du voisinage » était devenu « l'opprobre des passans » (4). Déjà, en 1716, il est « plus qu'à moitié désert » ; un peu plus tard « le quart des maisons tombent en ruine, faute d'être habitées » : il « ne

(1) *Arch. Bayon.*, FF 581, n. 69.

(2) *Arch. Bay.*, FF 581, n. 70.

(3) *Étude sur la création d'un Port*, p. 20.

(4) *Arch. Capbr.*, BB 8, fᵒ 7 rᵒ.

contient que des masures » (1) ; l'eau coule « dans les rues » (2) ; il n'y a « que de pauvres gens de mer sans pré, sans vigne ny champs », et ils « ne vivent que du jour à la journée ». Sauf « quatre ou cinq », tous étaient « mariniers » (3).

Les Ingénieurs pourtant viennent souvent « pour voir la nécessité indispensable de faire des digues et caneaux » ; leurs projets se succèdent ; mais rien ne se fait. Et les sables, avançant toujours, achèvent de combler le canal, et l'eau continue de « détruire et submerger insensiblement le bourg » (4).

Toutefois, en 1727, le Roi, touché de la détresse des habitants, ordonna l'exécution d'un travail sérieux. On se mit à l'œuvre le 8 mai. Une somme de « 7,000 livres » fut levée sur les communes de Saubrigues, St-Martin-de-Hinx, Biaudos, St-Laurent, St-Jean-de-Marsacq, Orx, St-André-de-Seignanx, St-Martin-de-Seignanx, Tarnos, Ondres, Capbreton, Soustons, Tosse, Seignosse, Soorts, Angresse, Benesse, St-Vincent-de-Tyrosse, Saubion, St-Geours (5). qui devaient, en outre, fournir « 1800 paires de bœufs » pour porter « les piquets et les fascines ». L'ingénieur en chef de Bayonne, M. Daimes, amena aussi « deux compagnies ou cinquante soldats du Régiment de Richelieu » pour travailler au creusement de la rivière (6). Les Capbretonnais se prirent à espérer encore.

« Le moyen » écrivaient-ils à l'Intendant du Roy, « de remettre » Capbreton « dans son premier lustre », c'est de continuer l'ouvrage du nouveau canal ». Il suffit de « deux bouts de digue au bord de la mer ou le canal se dégorge » ; et il ne faut pas « une grosse dépense » ; et l'on aurait « un port très commode et nécessaire », où les vaisseaux « qui périssent souvent », trouveraient un refuge. Il n'y a pas d'autre port, d'ailleurs, sur « toute la côte de Gascoigne » (7).

Mais le travail fut mal fait ; on ne l'exécuta pas selon le plan des

(1) *Ibid.*, BB 17, Délibérat. du 22 septembre 1723.

(2) *Ibid.*, BB 4, fᵒ 20 rᵒ. — En 1739, on voyait « environ a trente pas de l'église Saint-Nicolas... au lac ou rivière ». (*Ibid.*, FF 3).

(3) *Ibid.*, CC 5.

(4) *Arch. Capbr.*, BB 3, délibérat. du 28 août 1718. — En 1726, l'ingénieur Salmon, député par l'intendant Lamoignon, présenta un projet qui ne fut pas exécuté. (*Arch. Capbr.*, BB 4, fᵒ 20 rᵒ).

(5) Dans cette énumération, le document qui la donne a oublié Labenne.

(6) *Arch. Capbr.*, BB 4, fᵒ 18 rᵒ ; BB 5, fᵒ 19 rᵒ et vᵒ.

(7) *Ibid.*, BB 5, fᵒ 34 vᵒ.

Ingénieurs ; et, deux mois après la construction du canal, les sables avaient encore presque tout comblé (1).

Cependant Bayonne n'avait rien gagné à repousser obstinément l'antique port du Gouf. En 1725, plusieurs capitaines de navire se plaignent hautement. L'entrée du Boucau Neuf est « sy difficile qu'on ne peut la tenter sans apréhender presqu'un péril évident » ; la sortie est aussi « dangereuse » ; « les naufrages, les échouements » sont très fréquents ; ceux qui chaque jour exposent leur vie « n'apprennent que trop cette vérité » (2).

Mais cette vérité, on ne voulait pas l'entendre. Et nul ne devait plus, d'une manière sérieuse, s'intéresser au port de Capbreton, dont « la barre » pourtant, « au lieu appellé la punte de Mus de Loup » est encore mentionnée en 1739 (3) ; dont les marins, pendant les guerres, périssent presque tous, en 1760, au service du Roi (4) ; où, malgré tout, en 1775, arrivent toujours des navires pour charger et décharger des marchandises (5) ; et où l'on approvisionne encore, en 1781, de poudre et de boulets, la batterie qui défendait l'entrée de la rivière (6).

Après cela, vint la grande tourmente révolutionnaire, suivie des

(1) *Ibid.*, BB 5, fº 45 rº et vº ; BB 7, fº 54 vº ; BB 8, fº 6 rº et vº.

(2) *Arch. Bay.*, DD 65, n. 38

(3) *Arch. Capbr.*, HH 1, n. 17. C'est à propos d'un « accord passé entre les maîtres de chaloupes qui vont faire la pêche des liches ». — A ce propos, un Registre de 1736 nous apprend que, « depuis quelques années, » la pêche à la liche commençait « à l'entrée du printems » et durait jusqu'à la fin de l'automne. Or, à cette occasion, il arrivait à Capbreton « un nombre d'étrangers tant hommes que femmes comme des frelons » ; ils venaient « de Biarritz et d'ailleurs avec chevaux harnois ». (*Arch. Capbr.*, BB 7, fº 56 rº).

(4) *Arch. Capbr.*, BB 11, p. 5. — Plusieurs furent faits prisonniers et menés en Angleterre ; voici leurs noms : Antoine Dufau, Bernard Labèque, Dominique Duhieu, Jean Solhaune, Pierre Castaings, Jean Guerrier, Jacques Lamoliatte, Jean Mirambeau, Vincent Mirambeau, Pierre Hiribarne, Pierre Lescà *Peyicq*, Pierre Dufau, Pierre Castets, Michel Lesbats, Paul Castaignet, Antoine Larugan, Dominique Rodrigues, Gabriel Blanchefort, Bernard Cazautet, Antoine Darnaudet, Jean Darnaudet, Salvat Lannes, Bertrand Brunet, Dominique Dulucq, Jean Lartigue, (*Arch. Capbr.*, BB 11, p. 6).

(5) Dans une transaction entre le duc de Gramont et les Capbrétonnais, il est dit que « la communauté a droit de charger et decharger marchandises entrer et sortir par les ports de Bayonne St Jean de Luz et Capbreton. (*Arch. Capbr.* CC 7).

(6) On y porte de Bayonne 4 barils de poudre, 50 boulets de 24, trois armements complets, etc... etc... (*Arch. Bayon.*, EE 32, n. 81). — En 1759, un fort dont nous possédons le plan et qui etait encore entouré de retranchements, de fossés et de palissades, défendait toujours l'entrée du port de Capbreton. — Avec une gracieuseté dont nous le remercions vivement, M. Cuzacq, expert-géomètre à Tarnos et grand amateur d'histoire locale qui lui doit plus d'une découverte intéressante, a bien voulu mettre ce plan à notre disposition.

guerres de l'Empire, et l'on perdit de vue la réalisation de tous desseins. Mais l'idée d'un port à Capbreton n'était pas morte. Et dans ce siècle, les études, les enquêtes, les projets ont périodiquement recommencé sous tous les régimes qui ont gouverné la France. Il y a eu même, presque de nos jours, un commencement de première jetée pour un Port de Refuge.

Qu'en adviendra-t-il ? Comme dans le passé, y aura-t-il, dans l'avenir, un grand port à Capbreton ? Le Gouf, cette « baie en pleine mer qui protège les naufragés au jour de la tempête et conserve la vie à ceux qui viennent se réfugier dans son sein » (1), est-il destiné à porter de nouveau le grand nom que lui avaient donné nos pères, à s'appeler encore : *lou Boucau de Diou ?* Nous l'ignorons. Mais nous savons que M. l'abbé Puyol, ancien curé de Capbreton, a prouvé, dans deux brochures très remarquables et très remarquées, la nécessité et les avantages de ce port (2). Avec lui, M. le colonel Emy, M. Maignon de Roques, M. l'abbé Bessellère, et d'autres encore, ont soutenu avantageusement la même thèse (3). Et nous pouvons dire avec M. Puyol :

« C'est une présomption très favorable pour un projet que d'avoir été jugé nécessaire depuis longtemps et par un grand nombre de sentiments. L'autorité des siècles, unie à celle de la multitude, est grande en matière d'intérêt public, et rarement faillible » (4).

Or, la création d'un Port de Refuge n'exigerait pas, dit-on, des dépenses considérables. Et que d'hommes sauvés du péril, arrachés à une mort certaine ! Fallût-il des millions, nous répondrions simplement avec un marin que nous avons connu, vieux loup de mer, à la parole brusque et rude, mais au cœur grand et fier : *Un million, ça ne vaut pas un homme* (5) !

(1) *L'Adour et le Gouf de Capbreton*, par M. l'abbé Ed. Puyol, p. 23.

(2 *L'Adour et le Gouf de Capbreton* (1861), *Étude sur la création d'un port à Capbreton* (1862).

(3) *De l'avenir de Bayonne, de son port et du canal de Capbreton* (1862) ; *Note sur le Port de Refuge de Capbreton et sur le canal maritime de Capbreton à l'Adour* (1865) ; *De la question Bayonnaise dans ses rapports avec la richesse du pays*, (1874).

(4) *Étude sur la création d'un port à Capbreton*, p. 17.

(5) Réponse du vieux marin Hurtetia à un Ingénieur des Ponts et Chaussées.

NOTRE-DAME-DE-PITIÉ, PATRONNE DES MARINS DE CAPBRETON

NÉCROPOLE PRÉHISTORIQUE

DE NAUTHÉRY

CANTON D'AIRE (Landes)

I

Je viens, dans cette communication, faire connaître au Congrès un nouveau groupe de *tumuli*, situé dans le département des Landes, et appartenant par leur mobilier funéraire aux dernières périodes de l'âge du bronze, à cette époque de transition où le fer se substituait peu à peu à ce dernier métal, sur le territoire qui fut plus tard l'Aquitaine.

Les monuments de cet âge sont loin d'être rares dans nos régions de l'extrême Sud-Ouest : c'est ainsi qu'en 1876, M. Gourdon, explorant les Pyrénées, rencontra, près du village de Benqué (Haute-Garonne), à 1,330 mètres d'altitude, une longue série de petits tertres funéraires, entourés pour la plupart de cromlechs et sous lesquels se trouvaient des cendres, des charbons, des vases de terre et des os plus ou moins calcinés. En 1879, MM. Piette et Sacaze, dont nous connaissions déjà l'intéressant mémoire sur les cromlechs et les *cellas* funéraires de la montagne d'Espiaup (Pyrénées), ont exploré et décrit avec le plus grand soin, les *tumuli* d'Avezac, échelonnés au nombre de 50, sur le plateau de Lannemezan : c'étaient de petites éminences de terre, également entourées de cromlechs, dont le diamètre variait de 3 à 30 mètres, la hautenr de 12 centimètres à 2 mètres, et qui renfermaient, au milieu des cendres d'un bûcher, des urnes cinéraires, des armes de fer et des ornements de fer ou de bronze. Je rappellerai encore : 1º dans les environs de Tarbes, les nombreux *tumuli* de Bartrès et d'Ossun, signalés pour la première fois en 1870, par M. Letrone, fouillés en partie par M. Dufourcet, le général de Nansouty et le colonel Pothier, explorés à fond, toujours avec un soin digne d'éloges, par M. Sacaze ; 2° les *tumuli* des environs de Garlin (Basses-Pyrénées), décrits par M. Barthéty ; 3° le *tumulus* d'Andrein, situé dans la lande de Sauveterre (arrondissement d'Orthez) et fouillé par M. Raymond.

Dans le département des Landes lui-même, nous connaissons, comme se rattachant à la même époque : 1° le *tumulus* de Saubusse, détruit en 1875 pour les besoins de l'agriculture et dans lequel on rencontra une lame de poignard et des poteries grossières ; 2° les trois *tumuli* de Narrosse (Lande Laneufville) dans lequel M. du Boucher a recueilli des cendres, du charbon, des ossements carbonisés, 17 bracelets de bronze dont le type est exactement celui de la phase Mœringienne ; 3° 10 ou 12 autres *tumuli* échelonnés à la suite de ces derniers aux environs de Luy, sur le territoire de la commune de Saugnacq et celui de l'ancienne paroisse de Cambran ; 4° deux *tumuli*, fouillés il y a six ans par MM. du Boucher, Dufourcet et Thore, à Pomarez ; ces derniers n'ont fourni aux explorateurs que des cendres, des charbons et une grande quantité de poteries brisées.

La statistique de M. du Boucher, à laquelle j'emprunte ces derniers renseignements sur le département des Landes, ne signale aucun monument préhistorique dans les cantons d'Aire et de Geaune. Située loin de Dax, en dehors pour ainsi dire de la zone d'études de la Société de Borda, cette portion méridionale du département a échappé jusqu'ici aux investigations des archéologues ; et pourtant, ce territoire fut habité de bonne heure par les hommes de l'âge du bronze, et peut-être aussi par les peuplades de la période néolithique. J'y ai découvert, en effet, de nombreux menhirs, pour la plupart renversés, quelques enceintes de terre constituant probablement les restes d'anciens camps retranchés, et de nombreux *tumuli* tantôt épars, comme dans les landes de Sarron, tantôt rangés en groupe, comme à Nauthéry et dans la lande de Dupont.

Si les blocs de pierre que j'ai rencontrés sur la lande y ont été transportés et dressés par des hommes vivant à l'âge de pierre, les tertres funéraires se rapportent manifestement à une période plus récente, à la période proto-sidérique, comme le démontreront, je l'espère, les fouilles que j'ai exécutées dans la nécropole de Nauthéry. Ces *tumuli* appartiennent, comme je l'ai déjà dit, à la région des Landes, et comme il viendra assurément à l'esprit de quelque membre de la Société de Borda de doter un jour la science d'une carte préhistorique du département, je m'en vais tout d'abord, m'associant à son œuvre, indiquer exactement la situation géographique de cette nécropole.

II

Lorsqu'en quittant la ville d'Aire, on suit la route nationale qui va de Bordeaux à Pau, on s'élève tout d'abord, par une côte escarpée de plusieurs centaines de mètres d'étendue, sur un vaste plateau qui s'étend, sans ondulations trop sensibles de terrain, jusqu'à Garlin. Bordé à l'ouest par les coteaux de Bahus, de Sorbets, de Mauries et de Miramont qui atteignent jusqu'à 219 mètres d'élévation (*Miramont*), ce plateau est limité à l'est par la vallée plus riante et plus riche où coule le Lees et son affluent le Larcis, à une altitude moyenne de 88 mètres (*moulin de Lanux*). L'altitude du plateau lui-même oscille entre 148 mètres (*extrémité nord*, le Mas) et 193 mètres (*extrémité sud*, Lescoulier). A peine entamée par la culture, cette vaste région, qui ne mesure pas moins de 12 kilomètres du nord au sud, présente aux voyageurs des champs de maïs, quelques vignes rabougries et d'immenses landes connues dans le pays sous le nom de *tuyas* où croissent péniblement la bruyère et la fougère.

Le plateau d'Aire est traversé dans toute sa longueur par la route nationale qui forme, du Mas à Garlin, une ligne à peu près droite de plus de 10 kilomètres d'étendue. Au sixième kilomètre, à partir d'Aire, se trouve le hameau de Pourin ; 100 mètres au-delà, un mauvais chemin se détachant du côté droit de la route, presque à angle droit, descend dans la petite vallée que s'est creusée autrefois le Brousseau, traverse ce ruisseau qui est à peu près desséché du mois de mai au mois d'octobre et s'élève de nouveau sur la rive opposée pour atteindre le plateau ; à 900 mètres au-delà du Brousseau, il rencontre le petit village de Nauthéry : trois fermes mal bâties, situées sur la droite, constituent le village ; sur la gauche se trouve une quatrième maison aujourd'hui inhabitée, appartenant au nommé Labarbe ; la lande qui l'entoure renferme cinq *tumuli* agglomérés (*tumuli de Labarbe*). Ce sont de petites élévations très-régulièrement circulaires, mais fort variables dans leurs dimensions. Les deux premiers sont les plus considérables ; les *tumuli* 4 et 5 sont à la fois moins larges et moins élevés. Le *tumulus* n° 5 s'élève à peine de 70 centimètres au-dessus du sol naturel.

Dans la lande qui est contiguë à cette dernière, à l'est, (et qui appartient à Pistole) se trouvent deux autres *tumulus* présentant le même aspect extérieur que les précédents. Les deux landes ou *tuyas* sont séparées par un chemin de construction récente, qui mène de Nauthéry à Latrille ; en suivant ce dernier on rencontre encore trois *tumuli* dont deux (*tum.* n° 8, *tum.* n° 9) ont été entamés par le chemin lui-même ; le troisième, absolument intact, est situé au sud des *tumuli* de Labarbe, dans une lande appartenant à Lasserre, du Mas.

Enfin, derrière le village de Nauthéry sur le côté gauche d'un chemin qui se dirige vers le Bahus, on rencontre un dernier *tumulus* beaucoup plus élevé que ceux que j'ai signalés jusqu'ici ; il est situé également dans une lande inculte dont le propriétaire habite le Mas.

III

J'ai reconnu, pour la première fois, ces *tumuli*, le 20 Avril 1881 ; j'en ai dressé le plan et j'en ai commencé les fouilles le 25 Avril, en compagnie d'un de mes amis, M. Henri Perrotin, qui habite le pays et m'a été d'un grand secours, soit pour avoir des renseignements, soit pour obtenir des permissions nécessaires. Voici le résultat sommaire de ces fouilles :

1° — *Tumulus* n° 1 (Labarbe). Il mesure 7 mètres d'élévation, 50 mètres de circonférence ; nous pratiquâmes sur son sommet une tranchée de 4 mètres de longueur sur 1 mètre 50 de largeur ; nous rencontrâmes au niveau du sol naturel un vaste foyer mesurant environ 1 mètre de diamètre et constitué par de la cendre, des charbons, des fragments de branches d'arbres incomplètement carbonisées. J'ai pu ramasser dans ce foyer une épingle en bronze, de nombreux tessons de poterie et une perle probablement en quartz hyalin parfaitement translucide. Je n'ai pu, malgré tous les soins que j'ai apportés dans mes recherches, rencontrer un seul fragment d'os.

2° — *Tumulus* n° 2 (Labarbe). Il mesure 30 mètres de circonférence et 70 centimètres seulement d'élévation. Une tranchée pratiquée sur son point culminant, nous a permis de constater, toujours au niveau du sol naturel, un petit lit de cailloux roulés, placés là intentionnellement et au-dessous d'eux quelques cendres ; pas le moindre fragment osseux, pas le moindre tesson de poterie. Parmi les nombreux galets qui constituaient tout l'ornement de cette sépulture, j'en ai recueilli un, assez régulièrement cylindrique et ayant probablement servi de marteau ; il porte, en effet, à ses deux extrémités des traces manifestes de percussion.

3° — *Tumulus* n° 3 (Labarbe). Il mesure 1 mètre de hauteur et 64 mètres de circonférence ; c'est celui des *tumuli* de Nauthéry qui m'a fourni le mobilier funéraire le plus riche. A 1 mètre de profondeur, au milieu d'un foyer de 60 centimètres de diamètre et de 30 centimètres de hauteur, j'ai recueilli de nombreux tessons de poterie se rapportant au moins à 5 vases différents, une urne funéraire que je n'ai pu enlever que par fragments et de nombreux objets de bronze complètement détériorés par le feu d'abord, par l'oxydation ensuite ; on peut encore y retrouver un collier cylindrique, terminé en avant par des boutons, des épingles, les débris d'un bracelet cylindrique, les restes d'une fibule. Enfin, dans l'extrémité sud du foyer, j'ai trouvé un dernier vase à large goulot, que je n'ai pu malheureusement enlever que par fragments et dans lequel j'ai rencontré, au milieu d'une cendre noirâtre, des fragments d'os calcinés, une fibule incomplète en bronze, les restes d'un large bracelet, formé par la juxtaposition de 18 fils de bronze et 10 appliques également en bronze dont 8 sont entières. Elles sont fondues d'une façon grossière et affectent assez bien la forme d'une roue à 6 rayons ; elles présentent 6 centimètres de diamètre ; la largeur des rayons et des circonférences mesure de 1 centimètre à 1 centimètre 1/2. Deux d'entre elles se trouvent réunies par un anneau de fer de 4 centimètres de diamètre. Du reste, la plupart de ces objets en bronze sont recouverts, par place, d'oxyde de fer et se trouvaient associés à ce dernier métal. Quelques-unes de ces appliques sont tordues, probablement par l'action du feu.

4° — *Tumulus* n° 4 (Labarbe). Hauteur 80 centimètres ; circonférence 30 mètres. Nous avons trouvé, au centre et à 15 ou 20 centimètres au-dessous du sol naturel, au milieu d'un foyer de cendres et de charbon, une urne cinéraire à large ouverture ; un deuxième vase renversé, assez analogue à nos saladiers modernes lui servait de couvercle ; ce dernier portait enfin sur la cupule qui lui servait de base, un petit pot de 8 centimètres de hauteur à large base et dont le goulot allongé présentait 5 centimètres de diamètre. Ce dernier vase funéraire était également renversé ; j'ai pu l'enlever en entier et l'ai trouvé rempli de terre.

5° — *Tumulus* n° 5 (Labarbe). Hauteur 70 centimètres ; circonférence 24 mètres. J'ai recueilli au centre et à 20 centimètres au-dessous du sol naturel, une urne cinéraire entièrement semblable à celle du *tumulus* précédent ; elle contenait de la cendre et un petit vase à panse cylindrique de 8 centimètres de hauteur seulement, également rempli de terre et de cendre. Autour de l'urne, se trouvaient des fragments de fer trop profondément altérés par l'oxydation pour qu'il soit possible de les déterminer ; je crois, cependant, qu'il représentait une poignée d'épée ; quelques autres fragments malheureusement trop dégradés pour qu'on puisse les reconstruire, représentent évidemment le reste du fourreau. L'urne cinéraire reposait immédiatement sur le sol naturel ; je n'ai trouvé autour d'elle aucune trace de cendres ou de charbon.

6° — *Tumulus* n° 6 (Pistole). Hauteur 60 centimètres ; circonférence 36 mètres. Ce tumulus ne m'a fourni qu'une urne funéraire entièrement brisée, reposant au niveau du sol naturel, au milieu d'un foyer de cendres et de charbon. Pas la moindre trace de bronze ou de fer.

7° — *Tumulus* n° 7 (Pistole). Hauteur 60 centimètres ; circonférence 30 mètres. Comme le précédent, ce *tumulus* ne nous a fourni aucune trace de métal ; le mobilier funéraire était réduit à un simple vase, à panse arrondie et à large ouverture, sans couvercle ; il était rempli d'une cendre excessivement fine et se trouvait enfoui à 25 centimètres au-dessous du sol naturel, directement dans la terre végétale, sans foyer ambiant.

8° — Le *tumulus* n° 8, entamé, comme je l'ai dit plus haut, par le chemin qui conduit de Nauthéry à Latrille n'a pu être fouillé, son centre reposant au milieu même du chemin.

9° — Il en est de même du *tnmulus* n° 9. Ce dernier, cependant, traversé à son centre par un des fossés de la route, a été violé par les terrassiers qui ont rencontré un foyer et une urne cinéraire. Ce vase a été bien entendu, ouvert ; et, comme il ne renfermait pour tout trésor que de la cendre, il a été brisé et jeté au vent. Nos bons habitants des campagnes sont partout les mêmes : lorsque le travail des champs, la construction d'une route, la démolition d'une vieille maison leur met par hasard sous les yeux un vase quelconque, ils le fouillent avec avidité, ils mettent en sûreté les pièces de monnaie, souvent peu précieuses qu'il renferme ; mais quant au vase lui-même, ils s'en débarrassent bien volontiers, incapables de comprendre que le plus mauvais tesson de poterie renferme quelquefois des documents précieux pour l'histoire.

Ne voit-on pas chaque jour des visiteurs étrangers aux choses de la science s'arrêter, étonnés, dans les splendides galeries du Musée Saint-Germain, devant quelques restes de vases funéraires et saluer d'un sourire moqueur ce qu'ils ne considèrent que comme de la mauvaise vaisselle ?

10° — Le *tumulus* n° 10 (Lasserre) présente 90 cent. de hauteur sur 50 mètres de circonférence. Je n'ai pu le fouiller, le propriétaire n'ayant pas cru devoir m'accorder l'autorisation et se réservant peut-être de l'explorer lui-même ; espérons qu'il l'ouvrira un jour et qu'il fera bénéficier la science du résultat de ses recherches.

11° — Le *tumulus* n° 11 est élevé de 1 mètre 60 au-dessus du sol naturel et mesure de 65 à 75 mètres de circonférence. Il a été ouvert en 1880 par MM. Labat, professeur au grand séminaire d'Aire et Despagnet propriétaire au Mas ; je ne crois pas que ces deux explorateurs aient encore fait connaître les résultats de fouilles qui furent, paraît-il, longues et difficiles. La pioche de l'ouvrier rencontra en effet à quelques centimètres au-dessous de la terre végétale qui recouvre ce *tumulus*, d'énormes pierres transportées de fort loin et constituant vraisemblablement, au centre du tertre funéraire, un dolmen ou *cella*. Ces pierres ont dû être enlevées à l'aide d'un tour ; je les ai vues, gisant encore sur le bord de la tranchée qui a été incomplètement comblée ; elles sont de tous points semblables, comme nature de roche, aux quelques menhirs que j'ai rencontrés dans les environs ; mais ce qui surtout a attiré mon attention, c'est l'existence, au sein même du *tumulus*, de nombreux galets présentant des traces manifestes de polissage, de quelques pierres de minerais de fer et peut-être aussi de débris de fonte fondue ; existait-il là une fonderie, une forge ? Le *tumulus* recouvrait-il en même temps une sépulture ? Autant de questions qu'il m'est impossible de résoudre et sur lesquelles les deux explorateurs précités pourraient, seuls, jeter quelque lumière.

IV

Les détails qui précèdent sur les tertres funéraires de Nauthéry nous permettent de rapporter les peuplades qui les ont élevés à la dernière période du bronze (phase Mœringienne), à cette période de transition où le fer était utilisé pour la confection des armes, et le bronze, moins solide et sans doute aussi plus précieux, réservé pour les ornements.

Nous ne pouvons, momentanément du moins, assigner une place quelconque à cette période dans la chronologie numérique ; nous savons seulement qu'elle nous conduit au seuil de l'histoire.

L'homme préhistorique de Nauthéry ne devait pas être un de ces guerriers armé de pied en cap, qui n'avait d'autre préoccupation que d'attaquer ou de se défendre ; sur 9 *tumuli* que j'ai fouillés, je n'ai trouvé que dans un seul des fragments de fer, les restes d'une épée sans doute. C'était plutôt un pasteur, menant la vie calme et paisible de l'homme des champs, se nourrissant du lait et de la chair de ses troupeaux. Où habitait-il ? comment était-il vêtu ? nous ne saurions le dire. A quel groupe ethnique faut-il le rattacher ? était-il de grande taille ? était-il brachycéphale, dolichocéphale ? Nous ne le savons pas davantage, les quelques débris d'os que j'ai pu recueillir, soit dans les urnes, soit autour des urnes, étant trop dénaturés par la crémation pour nous permettre de les déterminer, et à *fortiori* pour nous fournir les éléments nécessaires à la solution d'un tel problème anthropologique.

Les habitants de Nauthéry étaient pauvres ; nous venons de voir qu'ils ne possédaient pour ainsi dire pas d'armes. Leurs bijoux, quoique fort grossiers, devaient être aussi fort rares : je n'en ai rencontré que dans deux *tumuli* ; encore, dans le premier, les ornements du mort étaient-ils réduits à un seul objet, une simple épingle.

Remarquons, en passant, que les deux sépultures qui nous ont fourni du bronze correspondent aux *tumuli* les plus élevés. Existait-il donc un rapport constant entre la position sociale du mort et la hauteur du tertre dont on recouvrait sa cendre ? Ce qui me porterait encore à le croire, c'est que dans le *tumulus* n° 2, le moins élevé de ceux que j'ai fouillés à Nauthéry, je n'ai même pas trouvé une urne funéraire : la cendre du mort avait été déposée directement sur le sol où quelques galets, ramassés çà et là, indiquaient seuls son existence.

Nous savons, d'après les renseignements fournis par M. Valdemar Schmidt, que les habitants de la Scandinavie, à l'âge du bronze, brûlaient aussi leurs morts et déposaient souvent les ossements plus ou moins calcinés sur le sol, en les recouvrant soit de terre, soit de pierrailles.

Cette pauvreté des pasteurs de Nauthéry éclate encore dans la vaisselle dont ils faisaient usage : tous les vases que j'ai recueillis dans les *tumuli* dénotent un art à l'état d'enfance. Confectionnés avec de la terre rougeâtre ou grisâtre que l'on mélangeait préalablement avec du sable fin, ils étaient cuits su plutôt séchés au soleil ; presque toujours irréguliers dans leur contour, ils devaient être façonnés à la main et polis à l'aide de baguettes de bois ou de simples galets. Le plus souvent, ils se composent de plusieurs pièces distinctes que l'on confectionnait à part et que l'on soudait ensuite. Ne cherchons point sur ces vases d'ornementation savante : la plupart sont entièrement unis et les rares ornements que l'on rencontre sur quelques-uns d'entre eux, se réduisent à un cordon simple ou entaillé qui entoure la panse, à quelques sillons irréguliers tracés à l'aide de l'ongle ou d'un instrument quelconque, à quelques mamelons grossièrement dessinés. Une seule fois, j'ai rencontré un mamelon percé d'un trou destiné à laisser passer une corde de suspension.

Un fait sur lequel je ne saurais trop insister, c'est le soin tout particulier qu'on apportait à incinérer le mort : dans le plus grand nombre de sépultures, on ne trouve pas la moindre trace d'ossements, dans quelques-unes même, on ne trouve aucun fragment de charbon ; le corps tout entier a été transformé en une cendre tenue, rappelant parfois la finesse de la craie réduite en poudre. A propos des *tumuli* d'Avezac, dont le mobilier funéraire rappelle assez bien celui de la nécropole de Nauthéry, MM. Sacaze et Piette ont essayé de retracer les rites funéraires qui étaient en usage à la dernière période du bronze dans cette partie du Sud-Ouest. « Lorsqu'une personne de qualité ou un chef de famille mourait, on commençait par élever un *tumulus ;* c'était le plus souvent une simple butte de terre. On laissait au sommet une plateforme sur laquelle était dressé le bûcher ; on y transportait le mort paré de ses bijoux et muni de ses armes, après quoi on mettait le feu ; puis, quand tout était consumé, on recueillait les débris des os calcinés et les cendres du mort et l'on déposait le tout dans une urne avec les bijoux qui n'avaient pas été entièrement fondus. L'urne était recouverte d'un autre vase et l'on enlaçait autour d'elle les armes tordues par le feu et non encore refroidies.... Lorsque la cendre et les restes de ce qui avait appartenu au défunt avaient été ainsi rassemblés, on plaçait l'urne sur la couche de charbon laissée par le bûcher, ou on l'enterrait à côté, puis on apportait de nouveau de la terre sur le *tumulus* et on terminait sa construction. »

Les mêmes rites funéraires devaient être en honneur chez nos habitants de Nauthéry, mais je ne puis accepter, du moins pour ce qui concerne la nécropole que j'ai explorée, l'opinion de MM. Sacaze et

Piette à savoir qu'on construisait d'abord un *tumulus* et qu'on procédait ensuite sur ce tertre factice, à l'incinération du mort. Je crois plutôt (en me basant sur ce fait que les urnes cinéraires reposaient soit au niveau, ou soit au-dessous du sol naturel), je crois plutôt, dis-je, qu'on élevait tout d'abord le bûcher sur le sol de la lande, qu'on incinérait le mort, et qu'après avoir recueilli ses cendres dans une urne et déposé cette urne soit sur l'emplacement même du bûcher, soit dans un endroit plus ou moins éloigné, on apportait tout autour la terre du tumulus.

J'ai dit que l'urne cinéraire n'était pas toujours déposée sur l'emplacement même où on avait élevé le bûcher ; le *tumulus* n° 7 ne nous a en effet fourni aucune trace de cendres ou de charbon ; la présence d'un foyer ambiant autour de l'urne ne nous paraît pas suffire pour en inférer que le mort a été incinéré sur place. Dans deux cas, au moins, où le vase cinéraire possédait un foyer ambiant, j'ai nettement constaté en enlevant cette urne que sa base reposait directement sur le sol naturel sans intermédiaire de cendres ou charbon. Evidemment, nous devons en conclure que l'urne n'a pas été déposée sur un foyer, mais sur le sol lui-même et que la formation du foyer est consécutive.

Quelle est la nature de ce foyer ambiant ? Sont-ce les restes du bûcher que l'on ramassait avec soin et que l'on accumulait autour de l'urne ? Sont-ce les vestiges d'un feu nouveau que l'on allumait autour du vase cinéraire et dans lequel on brûlait, en l'honneur du mort, quelques animaux ? J'inclinerai bien volontiers vers cette dernière opinion, car j'ai rencontré parfois dans ces foyers tumulaires des ossements moins profondément calcinés que ceux que l'on rencontre dans l'urne, et j'en possède quelques fragments que je n'ai pu rapporter à une portion quelconque du squelette humain.

C'est encore dans ces foyers secondaires que l'on rencontre en grand nombre des tessons de poterie, provenant apparemment de vases que l'on brisait dans un but religieux. Etait-ce des vases du défunt que l'on détruisait sur ses cendres comme ne devant pas lui survivre ? Etait-ce des vases remplis de lait ou de quelque breuvage que l'on offrait en sacrifice au mort ? Je ne saurais le dire, mais je ne puis m'empêcher de remarquer ici que cet usage de briser de la vaiselle en l'honneur des morts n'est pas uniquement propre à la période Mœringienne, mais se rencontre également à des périodes plus anciennes, comme aussi chez des peuples plus récents. M. Paul du Chatelier, l'heureux explorateur des monuments préhistoriques de la

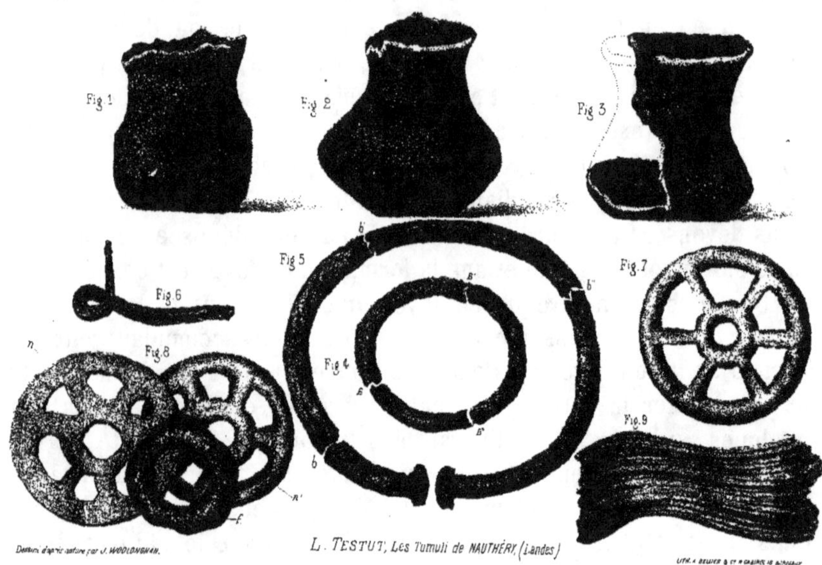

Dessins d'après nature par J. WOOLONGHAN.

L. TESTUT, Les Tumuli de NAUTHÉRY, (Landes)

LITH. A BELLIER & Cⁱᵉ R CHAPRIE 10 BORDEAUX

Bretagne, a constaté la présence de ces tessons épars dans quelques *tumuli* néolithiques, notamment dans celui de Kerrugou. Le même usage se pratiquait à Rome, au siècle d'Auguste, comme le rappellent les vers suivants, empruntés à la septième élégie (Lib. IV) de Properce : l'ombre de Cynthie se plaignant à son amant des tristes funérailles qu'on lui a faites, lui reproche amèrement de n'avoir pas enduit son corps de parfums et de n'avoir pas brisé, sur son bûcher, des vases de terre,

> *Cur ventos non ipse rogis, ingrate, petisti.*
> *Cur nardo flammæ non oluère meæ ?*
> *Hic etiam grave erat nullo mercede hyacinthos*
> *Injicere et fracto busta piare cado.*

Fracto cado, il s'agit bien là de vases de terre brisés et auxquels on attribuait (*piare*) une vertu expiatrice. Enfin d'après M. du Chatelier ce rite funéraire se serait perpétué jusqu'à nos jours en Grèce « où on brise encore des poteries aux convois funèbres » tant il est vrai que l'homme est partout et toujours le même et que rien, chez lui, n'offre plus de résistance aux siècles que la superstition et la croyance au merveilleux.

Dr L. TESTUT,

Professeur agrégé à la Faculté de Médecine de Bordeaux.

EXPLICATION DE LA PLANCHE

Fɪɢ. 1, 2, 3. — Trois petits vasés en terre rougeâtre, provenant des tumuli de Nauthéry.

Fɪɢ. 4. — Un bracelet d'enfant en bronze, présentant trois cassures en a, a', a''.

Fɪɢ. 5. — Torques en bronze, se terminant en avant par deux boutons et présentant également trois cassures en b, b', b''.

Fɪɢ. 6. — Restes d'une fibule en bronze.

Fɪɢ. 7. — Une applique circulaire, en forme de roue à six rayons. Chacun des rayons, ainsi que les deux cercles, présentent une face plane et l'autre légèrement bombée ; cette dernière seule est visible dans la figure. Ces appliques étaient vraisemblablement fondues dans un moule à une seule valve.

Fɪɢ. 8. — Deux de ces appliques réunies accidentellement *(effet du feu ou de l'oxydation)* par un anneau en fer (f) fortement oxydé. Des deux appliques, celle qui est à gauche (n) se présente sous sa surface plane ; celle qui est à droite (n') sous sa face convexe.

Fɪɢ. 9. — Un fragment de bracelet à fils parallèles profondément altéré par la cuisson.

Nᴏᴛᴀ. — Les vases funéraires (*fig.* 1, 2, 3) le torques (*fig.* 5) et les appliques (*fig.* 7 et 8) sont réduits d'un peu plus d'un tiers. Les autres objets sont de grandeur naturelle.

ÉTUDE SUPPLÉMENTAIRE

SUR

BENEHARNUM

I

La vieille Aquitaine comprenait, d'après Strabon, trois peuples distincts : les *Tarbelli*, les *Convenæ* et les *Auscii*.

Les *Tarbelli*, au Sud-Ouest, « occupaient dans le département des Basses-Pyrénées la partie située entre les rives de l'Océan et Orthez, c'était le peuple le plus important » (1). Et selon le P. Briet, savant géographe dont l'opinion fait autorité (2), les *Tarbelli* possédaient trois cités : Lapurdum (Bayonne) Aquæ (Dax) et *Beneharnum*, leur grande capitale dont le souvenir est resté imposant ; mais qui brûlée, à l'exception de l'église, vers le milieu du VIIIe siècle par Abdérame, le généralissime du kalife Haschem, laisse l'histoire incertaine sur le lieu où elle s'éleva (3).

Les *Auscii*, au Nord-Est, occupaient le territoire de l'ancienne Gascogne qui forme aujourd'hui le département du Gers, et une partie de la Haute-Garonne. Mais à aucune époque de leur existence, ils n'ont possédé la région qui est représentée aujourd'hui dans le département par les arrondissements de Pau, d'Orthez, d'Oloron et de Mauléon.

Les *Convenæ*, au contraire, entre les *Tarbelli* et les *Auscii*,

(1) Dict. Top. p. III.

(2) Statistiques des Basses-Pyrénées par de Picamilh, p. 238.

(3) Selon nous, *Hachenes*, un quartier de la banlieue de Bellocq, est l'emplacement de la ville sarrazine qui s'éleva sur les ruines de Beneharnum, et *Lescar*, un plateau voisin de Hachener et un fief créé en 1663, le lieu où Charlemagne rétablit l'évêché de *Beneharnum*. Voir l'étude sur Beneharnum, p. 7, etc. — Auch. Imprimerie Félix Foix, 1868.

s'étendaient sur un territoire qui comprenait une partie de ce qui fut plus tard le Béarn et tout ce qui plus tard aussi constitua la Bigorre. Ils se divisaient en deux confédérations, celle des Convenœ orientaux et celle des Convenœ occidentaux (1). Ceux-ci eurent à soutenir contre les Romains commandés par Pompée une lutte très longue et très opiniâtre. Toujours vaincus, ils trouvèrent dans leur courage et leur union, les éléments d'une résistance sans cesse renaissante. Ils finirent par fatiguer leur illustre vainqueur qui dut renoncer à les dompter ; et ils ne s'inclinèrent devant les armes romaines qu'après avoir obtenu, avec des garanties sérieuses, d'importantes concessions de territoire. Ces fiers montagnards occupaient les vallées désignées aujourd'hui sous le nom de vallées d'Ossau, d'Aspe et de Barétous, sur la grande voie romaine de Sarragosse à Beneharnum. A la suite du traité de paix avec les Romains, ils devinrent les maîtres de tout le territoire du Pont-Long qui s'étendait jusqu'à Lescar et comprenait cette dernière ville, en même temps qu'ils obtenaient le droit de paturage jusqu'au bord de la Garonne, au même titre que les Convenœ occidentaux. Ces faits ressortent avec une évidence saisissante de l'étude attentive des archives de Pau.

Et d'abord, laissons parler l'ancien et savant archiviste des Basses-Pyrénées, M. Raymond, de regrettée mémoire. Il nous dira : « *Les* » *Osquidates montani*, habitants des vallées d'Ossau, d'Aspe et de » Barétous, ne formaient qu'un même peuple avec les *Osquidates* » *campestres*. D'Anville a parfaitement placé ces derniers, en indiquant » les landes de Basas et de Bordeaux comme le lieu de leur résidence. » En effet, les habitants de la vallée d'Ossau eurent pendant tout le » moyen-âge des droits de paturage pour leurs troupeaux dans les » landes de Bordeaux où ils venaient hiverner. Il est constant que » jadis la propriété des Ossalois, s'étendait bien au delà de la grande » lande du Pont-Long qu'ils possèdent encore aujourd'hui. Cette lande » située à plus de vingt kilomètres de la vallée d'Ossau en est entièrement » séparée. Elle couvrait autrefois tout l'espace compris entre le Luy-de-» Béarn, l'Ousse et le Gave de Pau, en un mot tout le territoire de » Lescar. » (Dict. Topo. p. III et 138).

Marca lui-même admet ce fait. « Les Ossalois, dit-il, avaient siége » et table séparée au haut bout de la salle du chasteau de Pau lorsque

____

(1) Voir la géographie du P. Monet citée par Marca p. 43.

» l'assemblée de la cour maïour, s'y fais*it, peut-être, en considération
» de ce que le chasteau est bati sur le fond du territoire appelé
» *Pont-long* dont les Ossalois sont les propriétaires » (Marca. p. 551).

Et de nos jours M. Mazure, qui, lorsqu'il était professeur du lycée de
Pau, publia une histoire de Béarn, a écrit de son côté : « Les droits
» exclusifs des Ossalois sur cette propriété du Pont-long remontent à
» une époque antérieure au Xe siècle. » (Histoire de Béarn, lettre au
ministre de l'instruction publique, p. 60).

Quelle est cette époque antérieure au Xe siècle à laquelle il faut
remonter pour trouver l'origine de la propriété des Ossalois sur le
Pont-long. M. Mazure ne la désigne pas. Mais on peut, sans témérité,
présumer que ce fut celle où Pompée conclut avec les *Convenœ* ce
traité d'alliance digne de la grandeur romaine dont parle Strabon quand
il écrit : « Quibusdam Aquitanorum Romani indulserunt jus latii ut
Ausciis et Convenis. » (Marca, p. 38).

Quoiqu'il en soit de cette présomption déjà si forte, voici un fait
parfaitement incontestable. Les *Osquidates montani* (Ossau, Aspe et
Barétous) n'ont jamais fait partie ni des *Tarbelli* ni des *Auscii;* des
Tarbelli, parce que ceux-ci n'occupaient que le Sud-Ouest de l'Aquitaine,
entre l'Océan et Orthez : des *Auscii,* parce que, entre ces derniers et
les Osquidates, se trouvaient les Bigerriones (Bigorre), lesquels, selon
l'opinion des meilleurs géographes, faisaient partie des *Convenœ.*
(Statistique des Basses-Pyrénées, p. 238.)

Nous sommes donc autorisés à dire que les *Osquidates montani,*
(Ossau, Aspe et Barétous) formaient avec les Osquidates campestres
(une partie de l'arrondissement de Pau y compris Lescar); avec les
Illurones (Oloron, les Sibyllates (la Soule), les Lassumni (Asson), les
Monesi (Monein), etc., cette importante confédération, désignée dans
Strabon sous le nom de *Convenœ,* avec laquelle les Romains eurent
d'abord à compter, lorsqu'ils passèrent des Espagnes dans les Gaules,
et dont plus tard Crassus ne put avoir raison, lorsqu'il soumit tout le
reste de l'Aquitaine. (Commentaires de César, liv. iii.)

II

Ces points historiques établis, passons à l'étude des voies romaine s,
et recherchons à quel résultat nous conduit le calcul des distances, pour
déterminer la situation topographique de *Beneharnum.*

Nous avons déjà démontré, dans l'Etude sur Beneharnum, que la distance de Sarragosse et de Dax à Bellocq concorde parfaitement avec celle qui est indiquée dans l'itinéraire d'Antonin de Cœsar-Angusta à Beneharnum et de Aquis Tarbellicis à Beneharnum. En effet, la distance de Sarragosse à Bellocq est de 248 kilomètres, correspondant aux CXII mille pas qui séparaient Cœsar-Augusta de Beneharnum. La distance de Dax à Bellocq est de 42 kilomètres, correspondant aux XIX mille pas d'Aquis Tarbellicis à Beneharnum. (1)

Et si aujourd'hui nous démontrons que la distance d'Agino à Beneharnum (d'Agen à Béarn) et de Tolosa à Beneharnum (de Toulouse à Béarn) répond exactement à celle qui sépare Agen et Toulouse de Bellocq, nous aurons prouvé que le siège de l'antique cité de Béarn dut réellement se trouver à Bellocq.

Or, il y avait une grande voie qui partait d'Agino (Agen) traversait Elimberrim (Auch), entrait, à partir d'une ville appelée *Lugdunum* sur le territoire des Convenœ, pour aboutir à *Beneharnum*, la grande cité des Tarbelli.

C'est à *Lugdunum* que s'arrêtait le territoire des Couvenœ : au-delà commençait le territoire occupé par les Auscii. *Lugdunum* était dès lors le point de séparation des deux territoires, et par suite, le centre de communication de leurs populations.

Il est essentiel de bien préciser où était situé *Lugdunum*, car il y aura à en tirer d'importantes conséquences, pour déterminer le siège véritable de *Beneharnum*.

A notre sentiment *Lugdunum* ne pouvait se trouver que sur l'emplacement actuel de Luc-Armau près Lion, canton de Lembèye : et ce ne sont pas seulement des ressemblances de mots qui nous conduisent à cette induction. Nous invoquons aussi une présomption à notre avis très probante et une certitude qui nous parait absolue. La présomption résulte de ce fait, que de même que *Lugdunum* avait été dans le passé le point de jonction des *Auscii* et des *Convenœ*, Luc-Armau, près Lion, canton de Lembèye, devint au moyen-âge, le point d'intersection des voies secondaires qui vinrent se rattacher à la grande voie romaine.

Il fut créé, en effet, au moyen-âge, deux chemins vicomtaux pour le service des vallées d'Aspe et d'Ossau. Le premier partait de la vallée d'Aspe, passait par Coarasse et s'étendait dans la plaine du pont-long ;

(1) Etude sur Beneharnum p. 11.

le second, dont les restes subsistent encore, partait de Buissaillet, au fond de la vallée d'Ossau et traversait St-Pé de Bigorre. Tous deux aboutissaient à Luc-Armau et s'y reliaient au chemin Romiü qui n'était autre que la grande voie romaine venant d'Auch. L'existence de ces trois voies et leur point de jonction a été signalée par l'archiviste des Basses-Pyrénées M. Raymond, dans son dictionnaire topographique (Voir les mots : Romiü et Chemins Vicomtaux.)

N'est-ce pas une indication que Luc-Armau avait été autrefois le siège de *Lugdunum* et que l'existence antérieure de cette ville, sur ce point, avait contribué à créer des traditions, des habitudes, des courants d'intérêts qui faisaient converger les populations vers le centre de leurs communications. N'y a-t-il pas là l'explication du choix qui fut fait, au moyen-âge, de ce même point, pour y rattacher les voies anciennes qui venaient se relier à la grande route d'Auch et de Toulouse vers Dax ?

Mais, à côté de cette présomption déjà si forte, voici une considération d'un autre ordre dont la certitude nous semble irréfragable ; elle nous est fourni par le calcul des distances.

Nous avons établi, dans l'Etude sur Beneharnum que, d'après l'Itinéraire d'Antonin, *Lugdunum* était situé à 61 mille pas d'Acquœ Tarbellicœ (Dax) et à 72 mille pas de Tolosa (Toulouse) (1). Nous ajoutons aujourd'hui que, d'après ce même itinéraire, la distance d'Agino (Agen) à *Lugdunum* était de 65 mille pas (2). Ce qui correspond exactement aux distances de 135 kilomètres entre Lugdunum et Dax, de 159 kilomètres entre Lugdunum et Toulouse, enfin de 144 kilomètres entre Lugdunum et Agen. Or, en suivant le tracé des anciennes voies romaines, Luc-Armau est situé exactement à la même distance de Dax, de Toulouse et d'Agen. D'où il résulte que *Lugdunum* ne put se trouver autrefois qu'au lieu même où Luc-Armau se trouve aujourd'hui.

(1) **ITINERARIUN ANTONINI**

Ab Aquis Tabellicir Tolosam.	MP CXXX.	(2) Ab Agino Lugdunum . .	MP	LXV.
Sic : . . Beneharnum	MP	XIX.	Sic : . . Lectura.	MP	XV.
Oppidum novum . .	MP XVIII.		Elimberrim.	MP	XV.
Aquas convenarum.	MP	VIII.	Belsino	MP	XII.
Lugdunam . . , . .	MP	XVI.	Lugdunum	MP XXIII.
Calagorgim	MP XXVI.		
Aquas siccar	MP	XVI.	
Vernosolem.	MP	XV.	
Tolosam.	MP	XV.	

III

Après avoir établi l'emplacement de *Lugdunum*, recherchons celui de *Beneharnum*.

On a, tour-à-tour, soutenu que le siège de cette ville avait dû se trouver, soit à Orthez, soit à Morlaas. De judicieuses critiques ont fait justice de ces deux opinions qui aujourd'hui sont abandonnées.

Sur l'autorité de Marca, la plupart des historiens se sont accordés à admettre, après lui, que Lescar avait été le siége de *Beneharnum*. Nous osons dire que cette opinion ne résiste pas plus que les deux premières à une étude attentive des lieux, des faits et des distances.

Déjà, en effet, le simple exposé que nous venons de faire condamne irrévocablement la prétention de Marca. S'il ne nous permet pas encore de dire où fut *Beneharnum*, il nous autorise à déclarer *à priori* qu'il ne fut pas à Lescar.

En premier lieu, il est historiquement incontestable que *Beneharnum*, l'une des trois grandes cités occupées par les Tarbelli, ne fut jamais en possession des Convenœ. Il n'est pas moins certain, historiquement, qu'à la suite de leurs luttes contre les Romains, les *Convenœ* s'étendirent dans tout le *Pont-long*, jusque et y compris Lescar. L'hypothèse qui fait de Lescar le siège de *Beneharnum* est donc détruite par ce seul fait.

En second lieu, nous avons prouvé que *Lugdunum* était une station de la route militaire d'Agen et de Toulouse à Dax et à Sarragosse, et se trouvait à une distance de 42 mille pas de *Beneharnum* : ce qui correspond à environ 93 kilomètres, c'est presque trois fois la distance qui sépare Luc-Armau de Lescar. L'impossibilité que Lescar ait été le siége de Beneharnum est donc géographiquement démontrée.

Nous pourrions nous arrêter là, s'il ne s'agissait que de faire contre Lescar une démonstration négative ; nous insistons encore, pour essayer d'aboutir à une conclusion positive en faveur de Bellocq.

Entre Lugdunum et Beneharnum, l'Itinéraire d'Antonin indique deux villes, *Aquas convenarum* et *Oppidum novum*. La première était située à 16 mille pas ou à 36 kilomètres de Lugdunum et à 26 mille pas ou à 58 kilomètres de Beneharnum. Que cette ville ne fut autre que la ville actuelle de Lescar, nous en sommes pour notre part convaincu ; car, d'un autre côté, Lescar était, comme Lugdunum lui-même, sur un autre point, la limite du territoire occupé par les Convenœ : de l'autre, Lescar est à la distance de 36 kilomètres de Luc-Armau, comme Aquæ Convenarum étaient à la distance de 36 kilomètres de Lugdunum. En tout cas, Beneharnum ne pouvait pas se trouver à Lescar ; car la distance de Lugdunum à Beneharnum était de 42 mille pas, ou de 93 kilomètres, tandis que la distance de Luc-Armau à Lescar n'est que de 36 kilomètres (1).

Que si l'on admet que Beneharnum était à Bellocq, tout s'explique. Bellocq est, en effet, à 93 kilomètres de Luc-Armau, comme Beneharnum était à 42 mille pas, ou 93 kilomètres de Lugdunum. D'un autre côté, la distance de 57 kilomètres, entre Bellocq et Lescar, correspond exactement à celle de 26 mille pas, entre Beneharnum et Aquœ Convenarum.

D'ailleurs, Marca lui-même nous confirme dans cette conviction, que Aquœ Convenarum était situé à Lescar, quand parlant de cette dernière ville, il dit : « Comme la ville d'Acqs, en Gascogne, celles d'Aix en « Provence et en Germanie et plusieurs autres villes ont pris le nom « des eaux qui estaient sur les lieux, et la ville de Lascar de même a « pris son nom de Lascourre qui signifie les destours des eaux. » Marca, p. 45.

Il est vrai que l'Itinéraire d'Antonin indique, entre Beneharnum et Lugdunum, une seconde ville, appelée Oppidum Novum qu'il place à 8 mille pas d'Aquœ Convenarum, et à 18 mille pas de Beneharnum. Nous estimons que *Oppidum Novum* était située à Orthez. Le cartulaire de Dax (2) indique, en effet, entre la paroisse Sanctus Loberius de Frontui, (*Routun* était un quartier de la banlieue d'Orthez qui est arrosée par le ruisseau portant encore le même nom), et la paroisse Sanctus Martinus de Castetarbe (qui existe encore avec le même vocable et le

(1) Voir le tracé de cette voie dans le Dict. Topog. au mot Romiü.

(2) *Selon M. Dompnier*	**ORTHEZ**	*Selon nos renseignements*
Stus Loberius de Frontui.		La propr. Louboué sur le ruis. Routun (Dic-Top).
Stus Andrœas de Villanova.		St Andreu (sur le territoire Est d'Orthez).
Stus Martinus de Castetarbe.		St Martin (sur le territoire Ouest d'Orthez).
Sta Maria de Baigts.		Ste Marie (de Baigts).
Stus Joannes de Salles.		St Jean (de Salles-Mongiscard).
Stus Severus de Berenx.		St Sévère (de Berenx).
Stus Anicinus de Arramous.		St Aignan (de Ramous).
Stus Joannes de Puïou.		St Jean (de Puyoo).
Stus Petrus de Faisencs.		Sempé (de Hachenx), du quartier de Bellocq.

même nom de quartier), une paroisse intermédiaire qui ne pouvait être qu'à Orthez, et qui portait le nom de Santus Andrœas de Villa-nova.

La *Villa-nova* du cartulaire de Dax ne saurait être que l'*Oppidum novum* de l'Itinéraire d'Antonin. Aussi sommes-nous assuré qu'il y a erreur de transcription dans l'Itinéraire, quand il indique *Oppidum novum* comme étant à VIII mille pas d'Aquas Convenarum et à XVIII mille pas de *Beneharnum*, au lieu de fixer ces distances à XVIII mille pas, par rapport à Aquas Convenarum et à VIII mille pas seulement, par rapport à Beneharnum. Cette rectification faite, on arrive à constater que de même que Beneharnum était à 8 mille pas, ou 17 kilomètres, d'Oppidum novum ; à 26 mille pas, ou 57 kilomètres, d'Aquas Convenarum ; enfin à 42 mille pas, ou 93 kilomètres, de Lugdunum : Bellocq se trouve aujourd'hui à 17 kilomètres d'Orthez, à 57 kilomètres de Lescar, à 93 kilomètres de Luc-Armau. Le calcul des distances établit que Beneharnum était à Bellocq.

Et qu'on ne nous objecte pas que l'erreur attribuée à l'Itinéraire d'Antonin, relativement aux distances respectives, d'Oppidum novum à Aquœ Convenarum d'une part, à Beneharnum de l'autre, est une supposition sans preuves. Après tout, cela n'intéresse que la question de savoir, si *Oppidum novum* était à Orthez. En admettant même que ce point reste obscur, il n'en est pas moins établi, d'une part, que *Beneharnum*, séparé de *Lugdunum* par 93 kilomètres, ne pouvait être à Lescar qui n'est séparé de Luc-Armau que par 36 kilomètres ; d'autre part, que *Beneharnum* devait être à Bellocq, parce que la distance de 93 kilomètres, entre Bellocq et Luc-Armau, correspond exactement à celle de 42 mille pas, entre *Beneharnum* et *Lugdunum*.

IV

Cette conclusion vient carroborer, par un argument nouveau et qui nous semble digne d'attention, celle que nous avions déjà entrevue, par d'autres motifs sur lesquels nous ne revenons pas, mais qui nous paraissent, malgré les objections qu'ils ont soulevées, conserver encore toute leur valeur sur l'emplacement de *Beneharnum*.

Nous n'osons pas dire que nous avons résolu la question. Nous admettons même très volontiers que la solution que nous avons indiquée a contre elle sa nouveauté et notre faiblesse ; mais nous persistons à croire qu'elle a pour elle la vraisemblance historique, les données mathématiques du calcul des distances; et, à défaut du témoignage de tradition presque effacées ou évanouies, le témoignage des lieux, et aussi celui de ruines qui attestent encore l'existence antérieure de monuments détruits.

Lorsque en 1868 nous publiâmes notre première Etude dans la Revue de Gascogne, nous ne nous dissimulons pas que le premier mouvement fut celui d'une surprise un peu railleuse. Toutefois ceux qui nous firent l'honneur de nous lire avec réflexion voulurent bien reconnaître que non-seulement notre thèse était consciencieuse, mais aussi qu'elle reposait sur des considérations dignes d'un sérieux examen. Nous reçûmes de quelques hommes autorisés des adhésions qui nous fortifièrent dans notre sentiment, et de plusieurs autres des témoignages de bienveillance, qui, s'ils laissaient place à des objections contre notre thèse, nous apportaient, pourtant, des encouragements où notre bonne volonté trouvait déjà une récompense.

Nous répondons aujourd'hui à des désirs qui nous ont été exprimés de divers côtés, en offrant au Congrès Scientifique de Dax cette modeste Etude supplémentaire. Nous croyons devoir y joindre aussi, pour faciliter l'intelligence de nos déductions, la carte de l'Itinéraire d'Antonin rectifié par nous, et aussi celle des lieux où selon nous s'élevait la noble cité de *Beneharnum*.

Sauveterre-de-Béarn, 1er mai 1882.

LARTIGAU,
Curé-doyen, ancien desservant de Bellocq.

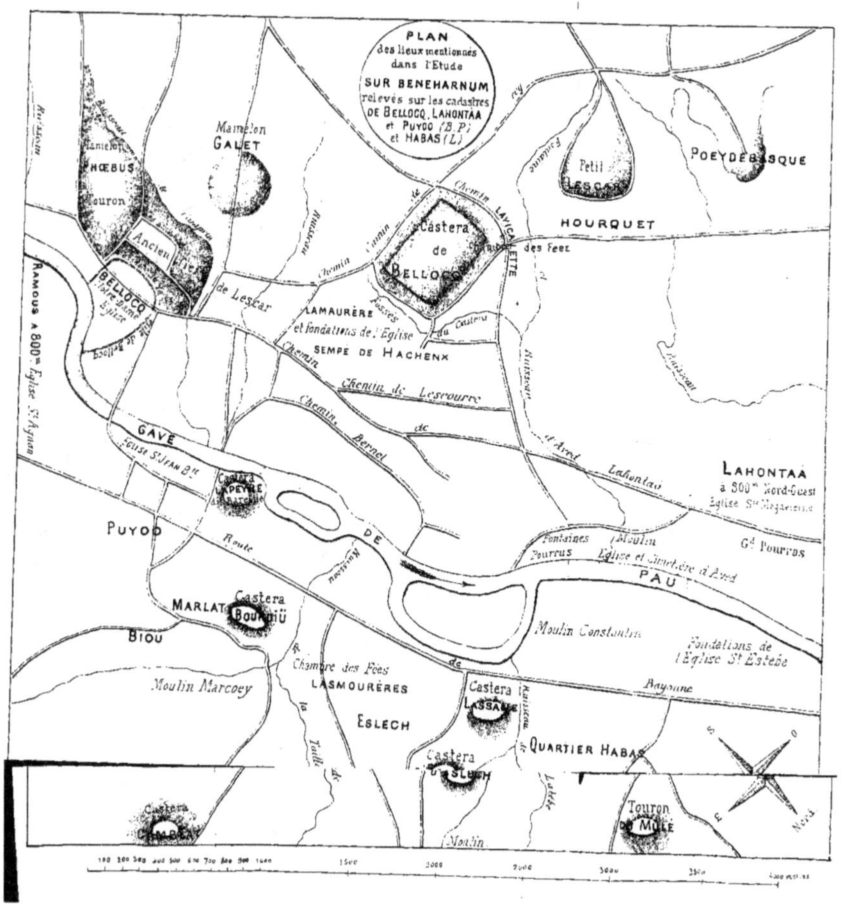

PLAN
des lieux mentionnés
dans l'Etude
SUR BENEHARNUM
relevés sur les cadastres
DE BELLOCQ, LAHONTAA
et PUYOO (B.P.)
et HABAS (L.)
Mamelon
GALET
POEYDEBISQUE
Petit
LESCAR
HOURQUET
Mamelon
PHŒBUS
Touron
Ancien Tiè
Castera
de
BELLOCQ
Chemin LAVICALETTE
des Fées
de Lescar
LAMAURÈRE
et fondations de l'Eglise
SEMPE DE HACHENX
Chemin
Chemin de Lescourre
Chemin Bernet
de
BELLOCQ
Notre-Dame
Eglise
RAMOUS à 800m Eglise St Aignan
GAVE
Eglise St Jean Bte
Castera
LAPEYRE
Castetbe
d'Aret
Lahontau
LAHONTAA
à 800m Nord-Ouest
Eglise Ste Marguerite
PUYOO
Route
DE
Fontaines
Pourrus
Moulin
Eglise et Cimetière d'Aret
Gd Pourros
PAU
Castera
BOUNIÜ
MARLAT
Moulin Constantin
Fondations de
l'Eglise St Estèbe
BIOU
Moulin Marcoey
Chambre des Fées
LASMOURÈRES
Castera
LASSALE
Bayonne
ESLECH
Castera
D'ESLECH
QUARTIER HABAS
Castera
CHABEAU
Touron
DE MULE
Moulin
NO
E
S
Nord
100 200 300 400 500 600 700 800 900 1000   1500   2000   2500   3000   3500   4000 mètres

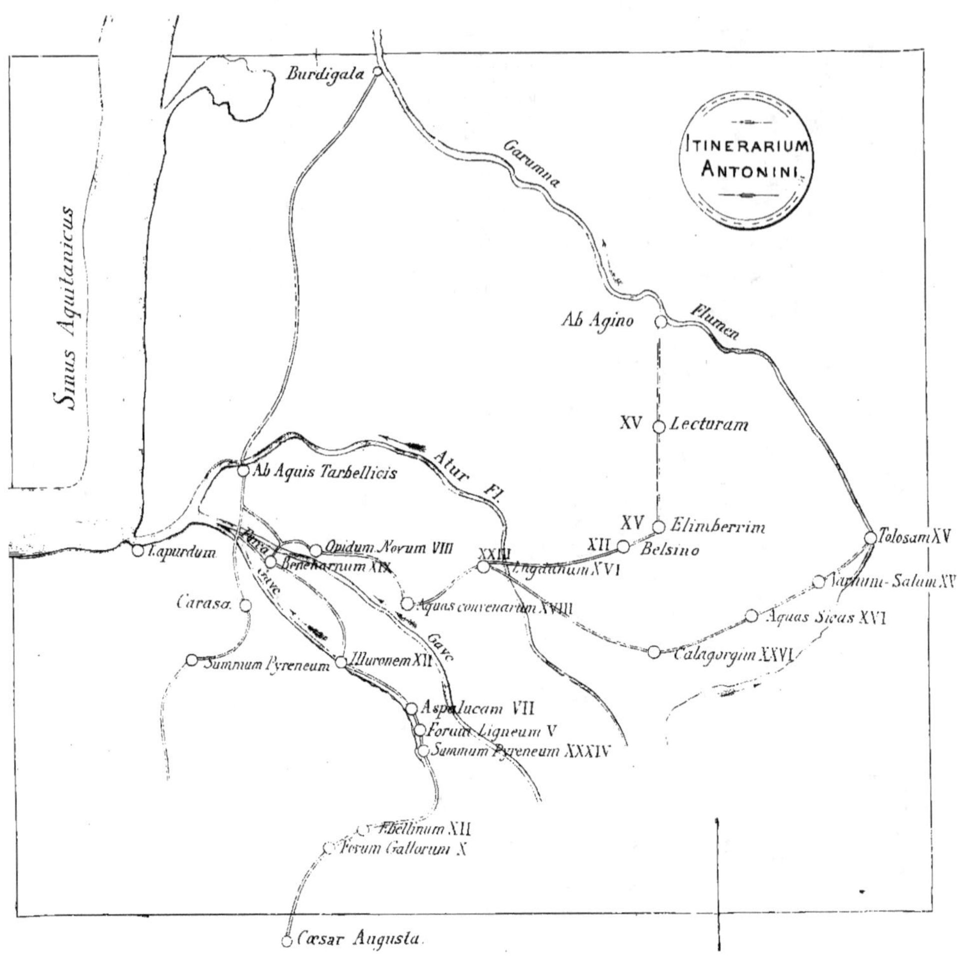

ITINERARIUM ANTONINI
Sinus Aquitanicus
Burdigala
Garumna
Ab Agino
Flumen
XV Lecturam
Ab Aquis Tarbellicis
Atur Fl.
XV Elimberrim
XII Belsino
Tolosam XV
Lapurdum
Parva
Gave
Opidum Novum VIII
Beneharnum XIX
XXII
Lingaunum XVI
Narbum-Salum XV
Carasa
Aquas convenarum XVIII
Aquas Sicas XVI
Gave
Summum Pyreneum
Illuronem XII
Calagorrin XXVI
Aspalucam VII
Forum Ligneum V
Summum Pyreneum XXXIV
F. Bellinum XII
Forum Gallorum X
Cæsar Augusta

ITER AB AQUIS TARBELLICIS TOLOSAM

NOTE sur la partie de la voie comprise entre Dax (Aquœ Tarbellicœ) et Saint-Bertrand de Comminges (Lugdunum Convenarum).

Dans la première séance générale du Congrès, il a été donné lecture d'un extrait du travail de M. l'abbé Lartigau sur les voies Romaines et sur Beneharnum. Nous avons demandé la parole pour combattre quelques-unes des conclusions de ce consciencieux mémoire qui allaient à l'encontre d'idées généralement acceptées, surtout en ce qui concerne Lugdunum Convenarum. Tout en exprimant le regret de formuler nos critiques en l'absence de M. l'abbé Lartigau, nous avons indiqué les identifications qui dans l'état actuel de la question nous semblaient probables.

Le travail de M. l'abbé Lartigau nous a été obligeamment communiqué par M. Planté, et dans la séance du vendredi 5 mai, nous avons résumé devant la 3ᵉ section du Congrès, les objections que nous avions déjà formulées contre le système soutenu par M. l'abbé Lartigau. Nous avons été invité à présenter une note pour que M. l'abbé Lartigau qui n'avait pu assister aux séances fut en mesure de répondre à nos critiques.

§ I. — Interprétation des données fournies par l'Itinéraire d'Antonin.

Sur cette voie romaine qui a donné lieu à de nombreuses discussions, trois identifications sont généralement acceptées : Aquœ Tarbellicœ Dax, Lugdunum Convenarum St-Bertrand de Comminges, Tolosa Toulouse.

Les résultats tirés du calcul des distances et qui conduisent M. l'abbé

Lartigau à identifier Lugdunum Convenarum à Luc-Armau ne sauraient infirmer les preuves directes qui militent en faveur de Saint-Bertrand de Comminges. Cette cité, en effet, appartient à l'histoire (Grégoire de Tours) ; elle a été pendant tout le moyen âge le siège du diocèse de Comminges (dyocesis Convenarum). Une inscription impériale qu'on peut encore lire au-dessus de la porte Cabirole rend toute discussion superflue. (1).

Mais examinons ces calculs en eux-mêmes : M. l'abbé Lartigau procède par une sorte de triangulation. Lugdunum est, dit-il, à 61 milles de Dax, à 65 milles d'Agen, à 72 milles de Toulouse ; et chaque mille équivalant à 2,220 mètres, Lugdunum doit se trouver à 135 kilomètres de Dax, à 144 kilomètres d'Agen, à 159 de Toulouse ; or Luc-Armau satisfaisant à ces conditions, doit être, dit M. l'abbé, identifié à Lugdunum Convenarum.

Admettons que l'Itinéraire d'Antonin soit rigoureusement exact, que tous les chiffres soient absolument fixés (ce qui est malheureusement loin d'exister car nous verrons plus loin que des stations sont omises et que certains chiffres varient selon les manuscrits), le calcul ne saurait convenir à Luc-Armau. La distance qui sépare Toulouse de Lugdunum est portée par M. l'abbé Lartigau à 72 milles bien que nous ne trouvions que 69 milles. Acceptons toutefois le chiffre de 72 milles, mais en sortant de Toulouse pour atteindre Lugdunum Convenarum, on traverse la province romaine et une partie des 72 milles si minime que l'on voudra ne peut être multipliée par 2,220 mais bien par 1480 valeur du mille dans la province. Donc, en prenant toutes les données de M. l'abbé Lartigau, on arrive à des conclusions contraires aux siennes.

Lugdunum Convenarum devant être identifié à St-Bertrand de Comminges, les autres solutions proposées par M. l'abbé ne sont plus admissibles.

Nous n'examinerons pas la partie de la voie comprise dans la province entre Tolosa et Lugdunum étudiée par MM. du Mège, Curie-

(1) J.-P. MOREL. — Essai historique et pittoresque sur St-Bertrand de Comminges, p. 74. — Toulouse, Privat, 1852.

LOUIS DE FIANCETTE D'AGOS. — Vie et miracles de St-Bertrand, p. 41. — Saint-Gaudens, 1854.

ERNEST DESJARDINS. — Géographie de la Gaule d'après la Table de Peutinger. — Hachette, 1869, p. 380.

JULES DE LAURIÈRE. — St-Bertrand de Comminges et Valcabrère. — Tours, 1875, p. 24.

Seimbres (1), Morel et Gantier (2), notons que ces divers travaux sont loin d'arriver à des conclusions identiques.

Aquœ Convenarum doit évidemment désigner une ville d'eaux et ne peut être identifié à Lescar. Et d'abord Aquœ Convenarum peut-il être transposé entre Lugdunum Convenarum et Tolosa à Labarthe de Rivière par exemple, ainsi que le veulent MM. Morel et Gantier (3) et que semble l'admettre M. Julien Sacaze (4)?

Nous ne saurions accepter toutes les conclusions de MM. Morel et Gantier qui dans leur consciencieux travail refondent complètement l'Itinéraire d'Antonin, et cette transposition nous semble absolument inadmissible.

La carte de Peutinger peut-elle fournir quelques renseignements ? « Il n'y a guères que la partie avoisinant les Pyrénées qui ait souffert « et où les noms se lisent péniblement » nous dit Alfred Maury (5).

D'après M. Desjardins, les vignettes placées au-dessous de Elimberre et de Casinomago désignent probablement l'une, celle de l'Ouest Aquœ Convenarum, l'autre Lugdunum Convenarum (6).

La critique dirigée par MM. Morel et Gantier contre cette solution nous semble peu probante.

M. Alfred Jacobs, interprétant les renseignements fournis par l'anonyme de Ravenne, identifie *Aquœ converantia* (7) à Bagnères-de-Bigorre ? et dans la carte qu'il donne à la fin de son travail place *Age Convenarum* à l'Ouest de *Conbinias*, et au-dessous de *Bigorrias*.

La direction de la voie excluant Luchon, Labarthe de Rivière et Encausse, Aquœ Convenarum ne peut évidemment désigner que Bagnères-de-Bigorre ou Capvern ; d'Avezac-Macaya (8), du Mège, l'abbé

(1) Curie-Seimbres. — Mémoire sur les lieux correspondant aux trois stations indiquées dans l'Itinéraire d'Antonin entre Lugdunum Convenarum et Tolosa in Revue d'Aquitaine. — T. viii, p. 405, année 1864.

(2) J.-P.-M. Morel et A. Gantier. — Voie romaine AB Aquis TARBELLICIS et routes qui venaient s'y souder. — Saint-Gaudens, Abadie, 1874, p. 11 à 33.

(3) Loco-citato, p. 32.

(4) Revue Archéologique, juin 1882, p. 355.

(5) Carte de la Gaule de Peutinger par Alfred Maury, extrait de la Revue archéologique.

(6) Loc. cit. p. 378 et carte de redressement.

(7) Alfred Jacobs (Gallia ab anonymo Ravennate descripta Parisiis 1858, p. 49).

(8) D'Avezac Macaya. — Essai historique sur le Bigorre, 1823, T. i, p. 49.

Greppo (1), Curie-Seimbres (2), concluent en faveur de Capvern, Walckenaer (3), Fortia d'Urban (4) et Alexandre Bertrand (5), penchent pour Bagnères.

Pour trancher cette question, il importe, avant tout, d'être fixé sur ce qu'exprime l'unité de distance dans l'Aquitaine. Les avis sont très partagés.

Pour MM. du Mège, Curie-Seimbres, l'unité de distance équivaut au mille romain, soit à 1,481 mètres.

M. Alexandre Bertrand (loc. cit. p. 35), s'exprime ainsi sur le réseau dont fait partie la voie qui nous occupe : « Les distances entre points « certains sont pour le troisième réseau très peu nombreuses. Elles ne « s'élèvent pas à plus de quinze. Ces quinze distances, sauf une, sont « exactes, les unes en milles, les autres en lieues, suivant que l'on se « trouve ou non dans la Province romaine ». La lieue est de 2,221 mètres environ.

D'après M. François St-Maur (6), l'unité devrait se traduire par 2,922 mètres.

M. Auguste Vieille (7), s'appuyant sur Jornandès et Ammien Marcellin, M. Dompnier de Sauviac (8) et M. Dufourcet (9), ont confirmé aux environs de Dax les évaluations données par M. Bertrand.

M. François St-Maur (10) examine la voie qui va de Summum Pyreneum à Beneharnum et si nous acceptons les identifications et les distances réelles que donne en note le même auteur entre Somport et

---

(1) Greppo. — Etude archéologique sur les eaux thermales de la Gaule, p. 38 et 39. — Greppo conclut ainsi d'après les renseignements que lui a fournis du Mège.

(2) Curie-Seimbres. — Capbern historique. — Tarbes, 1871.

(3) Walkenaer. — Géographie des Gaules, 111 p. 108-109.

(4) Recueil des itinéraires anciens, p. 158, Paris 1845.

(5) Alexandre Bertrand. — Les voies romaines en Gaule, etc., résumé du travail de la commission de topographie des Gaules par M. Alexandre Bertrand. p. 30.

(6) Congrès scientifique de France. — Pau 1873, T. ii, p. 126.

(7) Auguste Vieille. — Voies romaines dans les landes de Gascogne. — Revue d'Aquitaine, T. x, p. 233.

(8) Dompnier de Sauviac. — Chronique de la cité et du diocèse d'Acqs. — Dax, 1874, p. 50.

(9) Dufourcet. — Etude sur le pays de Marensin du Bulletin de Borda.

(10) Congrès scientifique de Pau, p. 126-127.

Oloron d'une part, et Oloron et Lescar d'une autre, on voit que ces distances réelles diffèrent très peu des distances fournies par l'Itinéraire si l'on prend pour unité de mesure dans l'Aquitaine, la lieue gauloise.

L'examen de la voie de St-Bertrand de Comminges à Agen, dans laquelle plusieurs stations, Auch, Lectoure, Agen sont déterminées, conduit aux mêmes résultats.

On est donc amené à conclure que pour l'Aquitaine comme pour toutes les parties de la Gaule situées en dehors de la Province, l'unité de mesure équivaut à la lieue gauloise soit à 2,221 mètres.

Aquæ Convenarum. — Le chiffre XVI marque la distance entre Lugdunum et Aquæ Convenarum et doit exprimer 35,536 mètres, distance beaucoup trop forte pour Capvern (1); Bagnères-de-Bigorre satisfait, au contraire, à la condition de distances. Nous examinerons plus loin les objections faites à cette identification mais continuons à suivre la voie.

Oppidum Novum. — La distance entre Aquæ Convenarum et Oppidum novum est marquée par le chiffre XVIII suivant quelques manuscrits et VIII selon un plus grand nombre. Cette divergence augmente la difficulté. Oppidum novum doit être identifié à Lourdes. C'est d'ailleurs la solution vers laquelle penchaient d'Auville et Davezac-Macaya, et que soutient M. Curie-Seimbres (2), qui s'exprime ainsi : « On conçoit que dès les premiers temps de la conquête, les Romains « se soient préoccupés de la nécessité de contenir des populations « montagnardes en fermant par des forteresses les débouchés des « vallées. »

Beneharnum. — M. Raymond identifie également Oppidum Novum à Lourdes (3), Beneharnum doit être identifié à Lescar ainsi que le voulait Marca. M. François St-Maur (4), dans une discussion serrée et savante, nous semble établir complètement ce point et réfuter les identifications différentes de M. Perret qui propose Orthez et de M. l'abbé Lartigau qui veut placer Beneharnum à Lescourre de Bellocq et de Lahontan près de Puyoo.

---

(1) Le chiffre CXXX qui indique la distance entre Dax et Toulouse est de l'aveu de tous ceux qui ont écrit sur cette question, reconnu insuffisant.

(2) Capbern historique, p. 17.

(3) Congrès scientifique de Pau, T. I, p. 267.

(4) Congrès scientifique de Pau, T. II, p. 121 et suivant.

Enfin l'hypothèse faite par la commission (1) de topographie des Gaules d'une station omise entre Beneharnum et Aquœ Tarbellicœ, station correspondant à Orthez paraît très-vraisemblable.

La solution actuellement la plus satisfaisante est celle qui donne les identifications suivantes :

Lugdunum Convenarum	St-Bertrand de Comminges.
XVI *Aquœ Convenarum*	Bagnères-de-Bigorre.
VIII? XVIII? *Oppidum Novum*	Lourdes.
Chiffre proposé XIII (2)	
XVIII *Beneharnum*	Lescar.
Station omise	Orthez?
XIX *Aquœ Tarbellicœ* ·	Dax.

§ II. — Étude de la voie.

Dans ce qui précède, nous avons exposé avec quelques détails la thèse que nous avions soutenue devant le Congrès. Avant la publication du compte-rendu, nous espérions avoir le temps de consigner ce qui avait pu être écrit dans divers recueils, de rechercher sur le terrain, surtout aux environs de Bagnères, les vestiges de cette voie antique, enfin d'en indiquer avec quelque précision le tracé, ainsi que celui des voies secondaires qui venaient s'y souder. Nous aurions également voulu déterminer les relations de cette route probablement stratégique avec les camps nombreux qui se trouvent non loin de son parcours. Les nécessités d'une prompte impression, des occupations multiples ne nous ont pas encore permis de donner suite à nos projets dans la mesure de nos désirs. Nous avons recueilli des indications précieuses dans les écrits malheureusement difficiles à se procurer, publiés sur cette question, par MM. Morel et Gantier, Curie-Seimbres, etc. Nous avons puisé des renseignements auprès de diverses personnes qui ont eu occasion d'étudier la configuration des lieux ; nous nommerons MM. Fourcade et Cougombles, conducteurs des Ponts et Chaussées, MM. Charles et Emilien Frossard, M. l'abbé Dulac, mais nous ne saurions trop témoigner notre reconnaissance à M. E. Dufourcet, si compétent

(1) Loc. citat. p. 31.

(2) Nous exposons plus loin les raisons qui nous font proposer cette correction.

en pareille matière pour la communication écrite qu'il a bien voulu nous donner.

A. — Partie de la voie comprise entre Lugdunum Convenarum et Aquæ Convenarum.

M. Bertrand (in résumé du travail de la commission de topographie des Gaules) fait remarquer, p. 30, que la distance de Calagorris à St-Bertrand XXVI ne conduit que jusqu'au point où « la voie, qui « jusque-là suit la direction est-ouest incline brusquement au sud pour « atteindre St-Bertrand à deux lieues de ce coude (neuvième exemple « d'embranchement).» Et page 35 : « Une seizième distance, entre points « à peu près certains, entre Calagorris (Martres) et Lugdunum (Saint- « Bertrand) est ramenée à l'exactitude par la considération d'un « embranchement parfaitement justifié par le tracé de la voie. »

Nous pourrons conclure que la voie ab aquis Tarbellicis Tolosam était reliée à Saint-Bertrand de Comminges par un embranchement et que la distance entre cette dernière ville et Aquœ Convenarum doit être comptée à partir de ce point situé à deux lieues de Saint-Bertrand. Examinons les diverses opinions émises.

Nous lisons dans le travail déjà cité de M. J. de Laurière p. 15 : « Du temps des Romains trois voies partant, l'une d'Aquœ Tarbellicœ « (Dax) l'autre de Tolosa (Toulouse) et la troisième d'Aginum (Agen) « aboutissaient à Lugdunum. Elles venaient se rencontrer à un point « situé près du pont actuel de Labroquère et désigné par une borne « miliaire qui portait une inscription ; (et en note) : cette borne fait « actuellement partie de la collection d'antiquités que M. le baron « d'Agos a acquise de M. Caze. »

Cette inscription est rapportée dans d'Agos (Vie et miracles de Saint-Bertrand, p. 36-37), Morel et Gantier, loc. cit. p. 41-42. Nous donnons ci-après l'interprétation de M. Barry : *Fragment d'un voyage épigraphique dans les Pyrénées* (Revue d'archéologie, t. xiv, p. 718-724), nous la devons à l'obligeance de M. l'abbé Dulac :

Imp [eratori] caes [ari] M [arco] Ju [lio] Philippo Pio felici, aug [usto], co [n] s [uli] p [atri] p [atriœ] et M [arco] Jul [io] Philippo nobilissimo cœs [ari], principi juventii et Otaciliae Severae aug [ustœ] matr [i] jun [ioris] aug [usti] n [ostri] et castror [um] ducenta m [illia] p [assuum].

MM. Morel et Gantier (loco cit. p. 50) estiment que le *bivium Tolosanum* et *Ageniensem* doit être placé plus au nord à Basert, — les deux voies ayant eu jusqu'à ce point un tracé unique.

Nous pensons avec M. Bertrand que ce point doit être placé encore plus au nord à deux lieues de Saint-Bertrand, près de Montréjeau *à las Toureilles* où se trouve une pile itinéraire signalée par M. Anthyme St-Paul in-31, volume du Bulletin monumental (J. de Laurière loc. cit. p. 6) et où serait un *trivium*, les trois voies ayant un trajet commun jusquà Saint-Bertrand.

MM. Morel et Gantier étudiant la voie à partir de Toulouse lui font d'abord suivre la rive gauche de la Garonne qu'elle aurait ensuite traversée à Valentine pour se diriger vers Labarthe-de-Rivière et aboutir par Ardiège et Cier au Basert — tandis que toutes les stations désignées par la commission de topographie des Gaules se trouvent depuis Toulouse jusqu'au point de rebroussement, sur la rive gauche du fleuve.

De *las Toureilles* on pouvait suivre les deux tronçons de la voie, celui qui se développait dans la Province et celui qui se dirigeait vers l'Aquitaine sans pénétrer dans Lugdunum. Nous remarquons de même une disposition semblable près de Bagnères (Aquœ Convenarum), de Lourdes (Oppidum novum), d'Orthez. En était-il de même près de Lescar (1) et de Dax? Nous sommes tentés de le supposer. La voie devait en effet répondre à des nécessités stratégiques et si elle avait traversé directement les villes indiquées dans l'itinéraire, les communications auraient pu être coupées trop facilement.

(Morel et Gantier, p. 33) (2). « De Lugdunum elle entrait dans la « vallée de la Neste par la combe de Barsous, traversait Tibiran « Jaunac entre les deux hameaux, passait ensuite au midi d'Aventignan, « au milieu de Montégut et de Nestier, au midi de Bizous, au milieu de « Montoussé et de Montsérié. »

Les mêmes auteurs estiment ensuite que la voie passait par : Bazus, Esparros, Laborde, Bulan, Asque, Frenchendets, Uzer, Bagnères.

(1) D'après les renseignements que vient de nous transmettre M. Charles Frossard, la voie aurait passé au nord de Lescar.

(2) Selon ces deux érudits, une route conduisait avant César, à Bagnères-de-Luchon (Illixo) et un embranchement montait vers la vallée d'Aran. (Voir le très-intéressant mémoire déjà cité).

D'après M. Vaussenat (1) « de Bagnères la voie se dirigeait par les
« plateaux élevés de Cieutat, par les landes de Capvern et d'Avezac et
« passait au village appelé La Bastide, descendait à Héchettes,
« remontait entre Montsérié et Montoussé et aboutissait à St-Bertrand
« de Comminges par Valcabrère. » — Nous ne savons si M. Vaussenat
a constaté par lui-même ce long détour vers le sud ; nous croyons que
de Capvern à La Bastide, M. Vaussenat s'engage dans la voie
transversale (la Ténarèse), si bien décrite par M. Curie-Seimbres et dont
il sera question tout-à-l'heure. En parlant de cette voie, M. Curie-Seimbres
nous dit (2) : « Les vestiges les plus rapprochés des Pyrénées ne
« dépassent point leplateau de Lannemezan. On les découvre entre les
« villages d'Avezac et de Capbern. »

Selon M. l'abbé Caneto (3) et M. Curie-Seimbres (4), la voie
franchissait la Neste à Labarthe.

Nous ne croyons pas devoir accepter cette opinion et bien que de
nombreux vestiges romains aient été découverts à Montoussé,
Montsérié (5), etc., nous pensons que toute cette région de la rive
droite de la Neste, ravinée, avec des pentes multiples et abruptes, était
desservie par une voie secondaire. Une autre voie remontait aussi le
cours de la Neste pour gagner le territoire des *Arrevacci.*

En suivant les tracés indiqués par les auteurs que nous avons cités,
la voie principale aurait été dans des conditions bien différentes de
celles dans lesquelles elle se trouvait, comme nous le verrons plus loin,
dans le reste de son parcours.

Nous avons tout lieu de croire qu'elle ne suivait pas la rive droite de
la Neste.

Au moyen âge des voies importantes se tenaient sur les hauteurs
qui dominent la rive gauche de cette rivière (6) et où les Romains ont
laissé des traces importantes de leur passage.

(1) Bulletin de la Société Ramond, année 1866, Quelques coups de pioche dans
le sol de Bagnères, p. 145.

(2) Bulletin de la Société Ramond, 1878, p. 63.

(3) Carte de la Novempopulanie, in Bulletin d'Histoire et d'Archéologie de la
province ecclésiastique d'Auch, 1860, p. 41.

(4) Revue d'Aquitaine, loc. cit. t. VIII, p. 107.

(5) De l'importante cité des Convènes devaient rayonner des voies nombreuses.

(6) Froissart, liv. 3. « Après dîner nous montâmes à cheval et partîmes
« [de Mont-Royal] et prîmes le chemin de Lourdes et de Mauvoisin, et
« chevauchâmes parmi des landes qui durent, en allant de vers Toulouse bien
« quinze lieues et appelle-t-on ces landes Landes Bourg ; et y a moult de
« périlleux passage pour gens qui seraient avisés. »

Nous avons parcouru cette région, nous espérions pouvoir y revenir avant la publication de ce travail. Jusqu'à plus ample informé, nous pensons que la voie avait le tracé suivant :

De *las Toureilles*, elle se dirigeait vers St-Paul (1), St-Laurent (2), s'élevait ainsi sur les côteaux qui commandent la rive gauche de la Neste au-dessus de Tuzaguet, d'Escala, de Labarthe. Cette dernière localité était reliée à notre iter par la voie secondaire dont nous avons parlé plus haut.

Sur les côteaux qui dominent Labarthe, la voie principale suivait le tracé de la *Poutge vieille* et passait depuis la Neste jusqu'au sommet de la côte de l'Estaque, dans le voisinage de nombreux tumulus. L'un d'eux, situé à 100 mètres à l'est de l'Estaque, présente des travaux de terrassement et est entouré d'un large fossé circulaire. Il a dû être utilisé comme camp retranché.

Sur le tumulus de Pierrefitte était la chapelle du camp installé il n'y a pas longtemps sur le plateau de Lannemezan (3).

La voie gagnait donc le plateau de Lannemezan, entre Lannemezan et Labarthe, mais plus près de cette dernière commune, un peu au nord de l'endroit appelé *La Baraque.* Là se trouve cet atterrissement bien connu duquel irradient plusieurs chaînons segmentant des vallées profondes sillonnées par des ruisseaux. Cette disposition du terrain est appréciable dans les cartes de l'Etat-Major et très bien rendue dans celle de M. Wallon.

Sur les arêtes de ces collines étaient des voies fort anciennes ayant

(1) Nous devons à M. l'abbé Dulac les renseignements suivants puisés dans le livre de M. Bertrand Barifouse (Etudes historiques sur le pays des Quatre Vallées St-Gaudens 1874) Saint-Paul p. 184. « Deux chemins parallèles longeaient la vallée » de la Neste au nord de cette rivière... Le deuxième plus au nord, descendait de » l'Escale-Dieu, côtoyait le château-fort de Mauvezin, passait à Labarthe, traversait » le village de Saint-Paul dont il forme aujourd'hui encore la seule rue et de là » il se dirigeait sur notre bien-aimée ville de Comminges. » et p. 193 : « Ce » village est traversé dans toute sa longueur par le plus ancien chemin de la vallée, » le chemin dit de *Fontarabie*, dont il forme la seule rue. C'était ce chemin qui » servait à nos vicomtes de Labarthe, ainsi qu'à nos évêques de Comminges, à » cause des avantages que son éloignement de la Neste lui donnait sur les chemins » très incommodes du fond de la vallée, dans les premiers temps.

(2) St-Laurent, p. 180 : « Deux stèles en marbre blanc... ont été trouvés au » sud-est de St-Laurent. p. 181 : Le fameux tuco (tumulus) de St-Laurent, » serait, d'après Charles Desmoulins, un camp retranché de l'époque gallo-romaine » et p. 183 : Le nouveau St-Laurent a été construit sur la voie romaine qui de » Tarbes (?) aboutissait à Lugdunum Convenarum. »

(3) Renseignements donnés par M. Porterie, juge à Bagnères.

une très grande largeur ; M. Cougombles, conducteur des Ponts et Chaussées, l'a constaté il y a longtemps, lorsqu'il faisait des études pour l'établissement de routes nouvelles dans cette région.

Ces voies de faîte divergeaient de ce point central : 1° vers Galan ; 2° vers Castelnau-Magnoac ; 3° vers Garaison ; 4° vers Franqueville.

Notre grande voie suivant une de ces arêtes, à l'ouest de la route actuelle, et jalonnée par de nombreux tumulus, (1) se dirigeait vers Capvern (2). A partir de cette localité, nous trouverons des renseignements précieux dans les recherches de M. Curie-Seimbres. Les notions qu'il donne nous semblent généralement exactes, nous différerons cependant quelquefois dans leur interprétation.

En 1864 il disait en parlant de la voie : « Enfin de Lourdes aurait en » traversant Vielle et Cieutat (civitas Tornatum) atteint Aquœ Convenarum » Capvern où se trouvait l'étape d'où elle aurait repris à Labarthe de » Neste la vallée qui aboutit à Lugdunum Convenarum (3).

(1) L'un d'eux porte une croix. Sur le long trajet de notre voie nous avons vu de nombreuses croix qui ont pu remplacer d'anciennes bornes milliaires ou des édicules romains.

(2) A Capvern, au nord du cimetière, camp rectangulaire ayant la contenance d'un hectare et divisé en deux parties.

(3) Revue d'Aquitaine, T. VIII, p. 407.

Dans son travail intitulé « Recherches sur une voie antique des Pyrénées à « Bordeaux, tracée en partie sur la crète qui sépare les deux bassins de l'Adour « et de la Garonne, et connue sous les noms de voie de César, Césarée, « Ténarèse. » Revue d'Aquitaine, T. 10, p. (545-601), et Bulletin Société Ramond, 1878, p. 57. M. Curie-Seimbres étudie la voie qui à Capvern coupait notre iter et le reliait près d'Eauze, à une autre voie importante qui traversait l'Aquitaine (voie de Bordeaux à Jérusalem). Nous ne saurions trop recommander la lecture de ce savant mémoire dont nous détachons les lignes suivantes (p. 61, Bulletin Ramond, 1878) :

« Poursuivant la direction de ce môle divisoire sur la carte de Cassini, la plus « détaillée et la plus sûre que nous possédions encore, nous trouvons qu'au delà de « ces hautes régions, il (le chemin) tend vers l'est de la montagne d'Esparros, « dans la forêt de Rueille, à l'ouest de la Bastide, et au levant d'Avezac, après quoi « il se confond un instant avec le plateau dit de Lannemezan. Parvenu sur ce vaste « atterrissement, il se rapproche du village de Caphern, entre le ruisseau Lène et le « double vallon de Rieupeyroux, source la plus occidentale de la Baïse ; de là il se « continue par Lutilhous, Cabaret, Bégole, Burg, Bernadets-Dessus entre les « deux affluents opposés du Lizon et du Bouès : Bugard, Villembits, Vidou, « Lalanne, Lapeyre, Bernadets-Debat où l'Osse prend naissance. Le môle « divisoire traverse ensuite le département du Gers sur les points suivants : « Castets, Miélan, Gouts, Laas, Bars, Saint-Christau, Mascaras, Sieurac, « Baccarisse, Peyrusse-Grande, Lupiac, à l'ouest de Demu et Eauze. Et page 65, « une voie d'embranchement tenant toujours la hauteur, car elle passait « au-dessus des sources de l'Osse, partait de Bernadets-Debat dans la direction de « Sarraguzan, Sainte-Dode, Saint-Maur, Montesquiou, etc. »

Nous avons suivi dans le département du Gers, aux environs de Miélan et la

De Capvern, la voie se dirigeait vers Mauvezin en suivant sensiblement le tracé de la route actuelle.

Près de Mauvezin un vieux chemin existe encore; longeant le Château et descendant le long d'une arête il aboutit au moulin du Kersant situé sur l'Arros, à peu près à égale distance entre l'ancienne abbaye de l'Escaledieu et la commune de Gourgues. Ce chemin qui porte le nom significatif de *la Herrade* (1) conduit à un vieux pont que nous avons examiné. Il a trois arches à plein cintre dont deux sont intactes, et présente d'après M. Emilien Frossard des traces de travaux romains.

La voie remontait en ligne directe sur l'autre versant à Artiguemy, se dirigeait ensuite à l'ouest et gagnait la bosse du Hailla près de la chapelle de l'Arroumec (de la ronce). Des voies secondaires remontaient sans doute le cours de l'Arros par Bonnemaison (Bona mansio) Bourg (2), les Baronnies, et descendaient aussi le cours de la rivière.

Tenarèse et l'embranchement vers Sarraguzan, où l'on voit un vaste amoncellement de terre admirablement situé qui a dû être utilisé à diverses époques et sur lequel s'élevait au moyen âge un château-fort. Sur le territoire de Sainte-Dode se trouve un vaste camp à côté du rameau secondaire qui vient de Sarraguzan. Ce camp présente du nord au midi 250 mètres, de l'est à l'ouest 100 mètres, il est divisé en deux parties inégales par un large fossé qui, comme ceux qui entourent le camp, a 8 mètres de longueur sur 4 mètres de profondeur dans les parties intactes. Ce camp commande, au levant, la vallée de la Baïse, au couchant, la vallée de l'Osse.

Non loin de là, à 300 ou 400 mètres vers le nord, se trouve *le Castéra*, couvert par plusieurs habitations. On y voit aussi les restes d'une castramétation orientée comme la précédente, mais moins grande. Ce camp commande la vallée de l'Osse; et du Castéra descend un chemin vers les bords de l'Osse, à l'endroit où était l'ancienne ville de Miélan, brûlée par les Anglais.

Pourquoi ces deux camps, l'un en face de l'autre. Le Castéra n'était-il pas l'ancien Oppidum, et le camp (dit de César) n'a-t-il pas servi aux troupes romaines pour attaquer l'Oppidum? On y a trouvé des monnaies romaines.

A l'ouest de la crête qui reunit Castets à Miélan, on nous a signalé et nous avons visité à Forcette (territoire de Miélan), un camp vaste, de forme elliptique, et commandant la vallée du Bouès. Il est moins bien conservé que le précédent.

Cunie-Seimbres, loc. cit. (p. 67). » A Lupiac, une petite voie se détachant, « absolument comme à Bernadets-Debat, au-dessus des sources de l'Osse, prenait « la direction de Lannepaz et de Condom. »

(1) Le nom de Cami Ferrade s'applique souvent aux anciennes voies romaines voir Revue d'Aquitaine, T. IX p, 338 et T. X, p. 602.

(2) A Bourg, vaste camp rectangulaire commandant le cours de l'Arros. A Esconnets, *castel* d'Esconnets commandant le cours de l'Esqueda avec chemins circulaires, fossés, épaulements. C'est un tumulus qui a été probablement utilisé en camp. Le sommet est composé de terres rapportées, on y a trouvé autrefois des poteries et des ossements. A l'ouest du Castet le terrain est creusé, y a-t-il des grottes sépulcrales? Des fouilles seraient intéressantes sur ce point. A Bulan, Laborde, Esparros se trouvent des camps mais nous n'avons pu les visiter.

A la Bosse du Hailla se trouve encore une sorte de nœud dont les rameaux divergents portent sur des crêtes : 1° Artiguemy, 2° Chelle-Spou, 3° Poumarous, Lamarque. La voie gagnait la Bosse du Hailla en suivant la crête située au midi et se confondait avec la *Poutge* actuelle.

Elle passait ainsi près de la commune actuelle de Cieutat dans la direction de Vielle, où l'on voyait il n'y a pas encore bien longtemps l'Estelou de St-Miqueu (1) qui a été détruit lors de l'établissement du chemin de fer sans soulever de protestations et nous le regrettons. Cet Estelou est relevé sur la carte de Cassini et sur celle de l'Etat-major, un peu en avant de Vielle.

Nous avons peine à nous expliquer pourquoi M. Vaussenat, in Bulletin Ramond, 1866, p. 145, place cet Estelou sur le territoire de Bernac-Debat : « Voie qui passait par Bernac-Debat, ou l'Estelou « (ancienne borne milliaire), etc. »

Quoiqu'il en soit, nous avons là un point de repère important. A quoi servait cet Estelou ?

Le Bulletin de la Société Borda, 1882, rendant compte des séances de la 3° section, nous dit, p. 118 :

« M. Ledain constate que dans certains pays, des piles surmontées « d'un cavalier foulant un monstre, étaient placées le long des rivières « et servaient à en indiquer les gués.

« M. Dufourcet constate aussi avec M. Vaussenat, qu'il existait « autrefois à Vielle-Adour (Hautes-Pyrénées) une pile que les paysans « appelaient stelou (de stèle) et qu'elle était située tout près d'un gué.

Mais entre la Bosse du Hailla et l'Estelou, quel était le tracé de la voie ? Allait-elle en droite ligne par Orignac à quelque distance du camp romain (les Castérious), en traversant les deux vallons arrosés par Larret devant et Larret darré. La disposition de ce terrain tourmenté, très-boisé alors, avec des pentes très marquées, nous semble peu propre à l'établissement d'un large chemin. Nous n'en avons pas trouvé trace.

Nous croyons donc que la voie suivait l'ancien chemin qui est encore très large en certains endroits et se trouve sur une ligne séparant les bassins de deux petits ruisseaux, le bassin du Luz au midi, et celui de Larret au nord. La voie traversait au midi de la route

<hr>

(1) CHARLES DESMOULINS. — Notice sur quelques monuments de Bigorre. — Caen, 1844, p. 20. (Note empruntée à Capbern historique).

actuelle le territoire de Merlheu (1) et gagnait (2) ainsi une sorte d'atterrissement analogue à celui de Lannemezan, mais avec des proportions beaucoup plus restreintes. Jusqu'à ces derniers temps il y avait aussi des landes incultes. Près de ce point se trouve le quartier de Manse. Ce mot vient-il de Mansio ? Nous trouvons ici comme au plateau de Lannemezan, comme à la Bosse du Hailla, un nœud duquel partent : 1° une crête vers Merlheu, 2° Orignac, Hitte (3), 3° Ligne de crête se prolongeant au nord et au midi et dominant le cours de l'Adour et par conséquent commandant la vallée.

Aquœ Convenarum. — Au point même où la voie ancienne qui présente encore une très grande longueur atteint la crête en se dirigeant de l'est à l'ouest, elle se continue directement vers Bagnères par un embranchement actuellement très rétréci par les envahissements des propriétaires voisins. Notre grande voie descendait-elle à Bagnères pour suivre la vallée de l'Adour et gagner Vielle ? nous ne le pensons pas. Au sommet de la côte elle émettait le rameau qui la reliait à Bagnères (4) après un trajet de 2 kilomètres et demie .et que M. Vaussenat (Bulletin Ramond, 1866, p. 145) a découvert sur une étendue de 60 mètres de longueur entre le nouveau champ de foire et le pont de l'Adour. Mais la voie principale s'infléchissant au nord, suivait le môle divisoire qui sépare l'Adour des affluents de l'Arros.

B. — Partie de la voie entre Aquœ Convenarum et Oppidum Novum.

Sur cette crête, un chemin se trouve encore, très large en certains endroits 7 à 8 mètres, très rétréci ailleurs, par suite des empiètements voisins. On l'appelle actuellement chemin de Barbazan. Sur ce sol ferme, il n'était pas besoin d'établir la chaussée avec les empierrements

(1) Il y avait autrefois à Merlheu un hôpital de St-Jacques. — Communication orale de M. l'abbé Dulac.

(2) Camp de Castillon à gauche de la route à peu de distance de Cieutat.

(3) « Quant ce vint au matin, nous montâmes ès chevaux et partîmes de « Tournay.... et entrâmes en Bigorre, et laissâmes le chemin de Lourdes et de « Bagnères et le chastel de Montgaillard a senestre, et nous adressâmes vers un « village que on dit au pays le Civitat (Froissart). »

(4) A quelque distance de l'embranchement vers Bagnères, se détachait au nord et à droite un embranchement vers Orignac suivant la crête indiquée ci-dessus et atteignant les *Castérious*, camp romain rectangulaire divisé en deux parties. Le vieux chemin qui passe actuellement près du camp va jusqu'à Rabastens.

habituels, mais l'aspect véritablement grandiose de ce chemin en certains points, sa situation exceptionnellement favorable ne nous laissent pas de doute, que ce ne soit là un reste de l'ancienne voie romaine. Celle-ci ne parcourait qu'un segment du long chemin qui suit cette crête et qui se prolonge au midi vers la montagneet au nord vers les plaines, avec le même caractère. Au nord se trouve près de la route, le tumulus de Bernac-Debat, ce qui semble démontrer que la voie romaine avait probablement succédé à un chemin Aquitain, abrité contre les inondations et faisant communiquer la plaine avec la montagne. Il y a là, selon nous, une très ancienne voie parallèle à la Ténarèse. Se maintenant sur les hauteurs et traversant successivement les territoires de Pouzac (1), Ordizan où elle est étranglée, Antist, Montgaillard, notre voie parvenait à l'Estelou de Vielle. Elle devait se souder avec des voies secondaires remontant et descendant le cours du fleuve.

De l'Estelou la voie se dirigeait vers Hiis ; mais avant de traverser la vallée de l'Adour pour arriver à celle du Gave, arrêtons-nous un instant.

Hiis. — Hiis est la contraction de Finis. Consultons le dictionnaire manuscrit de Larcher, lettre H, I, J, L, (archives de Tarbes, p. 43). Nous trouvons : « Hiis, St-Martinus de Finibus annexe de Vielle, « diocèse de « Tarbes sous l'archiprêtré de la Sède. Cette terre était possédée en « 1096 par Ar. et Br. de Finis qui assistèrent à la consécration de « l'Eglise de St-Pé. »

Et p. 46 nous voyons qu'en 1359, noble Arnaud Guilhem était seigneur de Hiis.

Cette station n'est-elle pas l'analogue des *Fines* que nous voyons dans plusieurs voies de l'Itinéraire d'Antonin et si fréquemment en Aquitaine dans la table de Peutinger, et qui marquaient les limites des cités et des anciennes peuplades. Nous examinerons quelle pouvait être a signification de Hiis à ce point de vue.

Reportons-nous à Cieutat (2), notre route laisse à sa droite la commune actuelle de ce nom. M. Curie-Seimbres croit que Cieutat a été

(1) Sur le plateau situé sur la rive gauche de l'Adour, au-dessus de Pouzac, se trouve le camp dit de César.

(2) Marca, histoire de Béarn, liv. IX. chap. 12, p. 830, Cieutat de Navarest, probablement le *Navaret* dont parle Froissart (édition Kervyn de Lettenhove, T. XI, p. 203 et 204). On voit encore à Cieutat des restes de castramétation sur lesquels se serait élevé au moyen âge le château-fort détruit, selon le Chroniqueur, par les troupes royales.

la capitale des Tornates (1). Cette opinion nous semble très plausible ; mais si les Tornates placés sur un plateau qui s'élève entre les deux vallées de l'Arros et de l'Adour, ont étendu leur territoire jusqu'à Tournay, pourquoi n'auraient-ils pas dominé à Bagnères au moins aussi rapproché que Tournay.

Dans le rapport de M. de Bordeu au Conseil général, Tarbes 1844, nous lisons page 14 : « Bagnères remonte à la plus haute antiquité, « qu'un berger de Cieutat ait ou non découvert ces sources ainsi que le « veut la légende, les Romains les fréquentaient.

M. Curie-Seimbres nous dit (2) que le Nebousan était partie intégrante du Comminges.

Parmi les nombreuses peuplades que Pline nomme dans l'Aquitaine, quatre d'entr'elles, les *Onobrisates*, les *Tornates*, les *Camponi*, les *Begerri* (3) peuvent être placés avec quelque vraisemblance sur le parcours de la voie que nous venons de suivre. Les *Onobrisates* seraient les plus voisins des Convenœ ; viendraient ensuite les *Tornates*, dominant sur les deux vallées de l'Arros et de l'Adour, les *Camponi* (4) occuperaient la partie montagneuse de la vallée de l'Adour (vallée de Campan), les Tornates la partie moyenne, tandis que les *Begerri* seraient cantonnés au nord dans la plaine.

Cette hypothèse, sur la position qu'occupaient ces peuplades au temps de Pline, nous semble parfaitement admissible (5).

(1) Revue d'Aquitaine, T. VIII, p. 407. Capbern historique, p. 25.

(2) Capbern historique, p. 8.

(3) Peuplades probablement celtibériennes. Les habitants de Cieutat présentent une haute stature et ressemblent plus aux descriptions des Gaulois, qu'à celles des Aquitains ou Ibères.
Il en est de même des habitants de Campan.
D'après Castillon (d'Aspet), (Histoire de Bagnères-de-Luchon, p. 17) « les « Arrevacci ne seraient autres que les *Vassei*. » (Pline).

(4) Une voie reliant Bagnères à Campan s'élevait d'après M. Charles Frossard, par les allées Maintenon sur les côteaux qui dominent la rive gauche de l'Adour. On peut voir encore dans le jardin de M. Soucaze, notaire à Campan, une borne milliaire sur laquelle on lit l'inscription suivante rapportée pour la première fois par Millin (Voyages dans les départements du midi de la France, T. IV, p. 496),
IMPE.CAÉ || SARI.M || AVR.VAL || MAXIMI || ANO PIO ||
Bulletin de la Société Ramond, 1882, p. 105. — Stèle de Campan. — Communication de M. Ch. Froissard.

(5) LEJOSNE. — Essai géographique sur la cité et l'ancien diocèse de Tarbes (Revue d'Aquitaine, T. 7, p. 597) « pagus bigorrensis ». Le territoire qui devait correspondre à celui des Bigerrones. Le village de Hiis (fines) au midi, et le lieu de la Fittère commune de St-Lannes en indiquent la plus grande longueur.

Les Onobusates dépendaient certainement des Convènes; les Tornates ont pu également entrer dans la clientèle de Lugdunum. Peu de temps avant la Révolution de 89, Cieutat et Uzer aux portes de Bagnères, envoyaient leurs députés aux Etats du Nebouzan. La petite cité des Tornates a pu certainement dépendre, tantôt des Convenœ, tantôt des Bigerri, mais bien plutôt des Convenœ plus importants et jouissant du droit latin.

Nous pouvons invoquer à l'appui de cette thèse l'autorité de M. Barry (1) : « Il ne faut pas oublier que c'est au pied et presque en « dehors de la montagne, que s'était élevée cette petite civitas des « *Convenœ*, à laquelle les hautes vallées de la chaîne se trouvaient « rattachées par un vague lien de dépendance géographique et « administrative. Plus ancienne et plus monumentale, tout semble « l'indiquer, que les autres cités du pied des Pyrénées auxquelles elle « paraît avoir servi de type, cette ville, d'origine pompeienne devait « exercer et a certainement exercé, même du côté de la montagne, « une certaine influence sur le pays dont elle était devenue la métropole « dans l'organisation d'Auguste et d'Agrippa.

Et en note « Comment expliquer, si l'on n'admet point ce fait, ces « noms de peuples ou de nations secondaires que l'on retrouve au « nombre de deux ou trois quelquefois dans les limites de la même « civitas et dont les nationalités distinctes comme les territoires, ont « traversé ainsi le moyen âge tout entier? Tels étaient dans la *civitas* « des *Convenœ* le petit peuple des Onésii (Strabon) et celui des « Onobusates (Pline), qui a conservé jusqu'au siècle dernier son nom « Nebouzan, et une sorte d'existence politique. »

Hiis n'était-il pas à la limite des Tornates et des Bigerri? Remarquons que c'est encore le territoire de cette commune qui sépare les arrondissements de Tarbes et de Bagnères, et Hitte à l'est se trouve sur la même ligne.

Les Campani avaient probablement aussi les limites du canton actuel de Campan.

Aquœ Convenarum, Bagnères-de-Bigorre. — Examinons les objections qui ont été opposées à l'identification de Aquœ Convenarum, avec Bagnères-de-Bigorre. Bagnères, se trouvant dans le Bigorre, ne pourrait être Aquœ Convenarum. Les considérations précédentes nous

____

(1) Inscriptions inédites des Pyrénées, p. 3.

semblent atténuer dans une bien large mesure la portée de cette objection.

D'après une seule inscription connue, Bagnères se serait appelé à l'époque gallo-romaine *Vicus Aquensis*. Mais *Vicus Aquensis* pourrait n'être qu'une partie de Aquæ Convenarum (1). D'ailleurs *Vicanorum Aquensium* est une appellation générique pouvant s'appliquer aux habitants de toutes les villes d'eaux. Et dût-on donner à *Vicanorum Aquensium* un sens précis délimité, les *Vicani aquenses* de l'inscription gravée probablement peu après la mort d'Auguste, ont pu devenir les *Aquenses Convenarum* de l'itinéraire d'Antonin. Dax s'est appelé Aquæ Tarbellicæ, Aquæ Augustæ. On trouverait aisément d'autres exemples de noms multiples s'appliquant à une même station (Aix en Savoie s'est appelé Aquæ Allobrogum, Aquæ Domitiæ, Aquæ Gratianæ et Baden en Suisse se serait appelé Aquæ Helveticæ, Vicus Thermarum (2). Tandis que Cieutat resté peut-être le modeste chef-lieu d'une peuplade, était passé sous silence par l'Itinéraire, Bagnères avait dû prendre un

(1) Bagnères a toujours été divisé en deux bourgs dans les plus vieilles chartes.

(2) Diction. général des Eaux minérales par Durand-Fardel, Lebret, Lefort. — Paris, 1860, t. 1, p. 175.

Note sur la cité de Bigorre. — M. Longnon (Géographie de la Gaule au VI⁰ siècle, Hachette 1878, p. 598), au chapitre civitas Turba ubi Castrum Bigorra pense que Cieutat aurait été le chef-lieu de la cité de Bigorre et rapporte un passage de Froissart qui désigne sans doute d'après la tradition, cette ville comme « une puissante cité que les Wandeles detruisirent » Tarbes serait un ancien vicus, vicus Talva dans lequel on aurait transporté le siège épiscopal après la ruine de l'ancienne civitas de Bigorre.

Il se peut en effet que les Tornates placés entre les Convenæ et les Begerri aient dépendu de ces derniers, et aient même vu leur ville devenir la capitale de la Bigorre. Nous remarquerons cependant que dans ce cas, le chef-lieu aurait été à l'extrémité de la cité et bien voisin des Onobusates.

A la suite des diverses invasions, l'emplacement du chef-lieu a dû varier, et nous avons peine à croire que Tarbes situé dans la plaine ait toujours été le chef-lieu de la Bigorre, comme M. Deville (Bulletin de la Société académique des Hautes-Pyrénées 1859) s'est efforcé de le démontrer.

La Charte du moine anglais Marfin, et celle rapportée par Bertrandi doivent-elles être entièrement écartées ? La critique dirigée contre elles par M. Deville ne nous semble pas décisive et n'établit pas que *urbem Orrensem quæ nunc vulgariter Bigorris dicitur* (Monlezun histoire de la Gascogne T. VI. p. 341, Charte de Bertrandi.) ville que Abadie place sur le territoire de St-Lézer où l'on a trouvé des ruines considérables (Indicateur des Hautes-Pyrénées p. 408) n'ait pu être le centre de la civitas ou le siège de l'évêché avant l'invasion des Normands. Il est en effet parlé dans cette même charte du *Castrum Tarbiense*.

La charte de Lescar que l'on oppose à la précédente parle de ecclesia Tarbæ (Davezac-Macaya. Essai historique sur le Bigorre, T. I. p. 136) et ne semble pas donner à Tarbes l'importance d'une cité.

Monlezun (loc. cit. t. 1, p. 340) fait mention d'un évêque Seralpius d'Orre

grand développement. On y a trouvé les ruines d'une station thermale importante, tandis que à Capvern, on n'a rien découvert jusqu'à ce jour, rien qui puisse être comparé aux vastes piscines, aux larges aqueducs du Bagnères gallo-romain.

2. — Partie de la voie comprise entre Vielle et Lourdes, c'est-à-dire entre l'Estelou et l'Estrade.

De Hiis la voie suivait le chemin dit de Mourdens au nord du village de Montgaillard, se dirigeait d'abord du nord au sud en dominant et du côté de la vallée de l'Adour et du côté de Lourdes, allait ensuite de l'est à l'ouest vers le *tuco* des Puyoles qui est composé de trois amoncellements de terre dont le plus considérable est au milieu et se voit au loin. Une tranchée pour le passage de la voie a été pratiquée entre ces amoncellements qui constituent des tumulus. La voie passait-elle ensuite sur le territoire de Visker ou bien sur celui de Loucrup? Nous avons adopté ce dernier tracé après examen répété sur les lieux. Elle gagnait ensuite Layrisse pour descendre et traverser l'Echez à Barry. Ce point nous semble déterminé ; là se trouve encore un pont à plein cintre d'une seule arche, et qui nous a paru avoir une construction semblable à celle du pont sur l'Arros dont il a été question plus haut.

Après avoir traversé l'Echez, la voie gravissait une pente raide vers Averan et se plaçait toujours sur la ligne de partage des eaux, dominant la vallée de l'Echez vers Orincles et surtout la vallée en aval vers Lanne, Louey, Ossun et Tarbes.

En sortant du village d'Averan, on trouve une première croix ; on monte encore jusqu'au sommet du bois du Mouret, dominant toujours et

(Monlezun traduit Orre par Tarbes) qui avec d'autres évêques aurait assisté à la consécration de l'église Ste-Marie d'Auch peu après la défaite des Normands.

Tarbes important sans nul doute pendant les beaux jours de la domination romaine fut probablement détruit par les Vandales comme il le fut plus tard par les Normands. M. Longnon et M. Deville s'appuient sur le même texte de Grégoire de Tours (Vicus Talva) pour soutenir des opinions contradictoires.

Nous concluons que le siège de la cité ou de l'évêché a varié dans la Bigorre. Le chef-lieu placé sur un point culminant du territoire de St-Lézer concorderait bien avec le cantonnement des Begerri primitifs au nord des Tornates.

M. Lejosne (Rev. d'Aquitaine, T. X, p. 621) ne pense pas qu'il faille rejeter entièrement du terrain historique, ces récits rapportés par Marfln ou par Bertrandi et conclut à la réalité d'une ville, Orra, Bigorra, distincte de Tarbes, détruite par les Normands en 844 et dans le voisinage de laquelle a été fondé plus tard Vic-Bigorre.

complètement la vallée de l'Echez et en très grande partie celle de l'Adour. L'ancienne voie se tenait plus près du sommet du mamelon — deuxième croix.

Arrivée au sommet du bois la voie traversait une sorte de col ; col de Raoussas (là se trouve aussi une croix). De ce point partait un premier embranchement vers Julos (où on voit encore les restes d'un camp) et un deuxième embranchement vers Adé.

La voie descendait presque directement à Lasgranges, hameau très important de Julos et aboutissait à une sorte de carrefour marqué encore par une croix et duquel partent un sentier vers Lourdes et un autre vers Saux et Adé. Un troisième bientôt interrompu semble se diriger vers l'Estrade.

Ces croix ne correspondraient-elles pas encore à des milliaires ou à des édicules disparus ? Il nous a semblé qu'elles étaient placées à des distances égales répondant à peu près à la lieue gauloise.

A l'Estrade nous sommes en face d'Oppidum Novum Lourdes.

Dans le système que nous soutenons, la distance entre Aquœ Convenarum Bagnères-de-Bigorre et Oppidum Novum Lourdes, doit être comprise entre le sommet de la côte qui domine Bagnères près de Manse-Mansio, au point où la route s'infléchit brusquement vers le nord d'une part, et l'Estrade ou bien le carrefour près de Lourdes d'autre part.

Nous avons parcouru cette région, nous avons mesuré avec soin sur les cartes, consulté grâces à l'obligeance de MM. Fourcade et Cougombles, conducteurs des ponts et chaussées, les cahiers de cette administration et cette distance doit être avec le tracé indiqué, de 28 à 30 kilomètres. Or ni le chiffre VIII = 17 k. 768 m. et XVIII = 39 k. 978 ne conviennent nullement.

Aussi nous autorisant de la note (1) donnée par la commission de topographie des Gaules dans le travail résumé par M. Bertrand et qui nous a été de la plus grande utilité, nous pensons que ni le chiffre VIII ni le chiffre XVIII ne sont les véritables et nous proposons la correction XIII = 28,873.

C — Partie de la voie comprise entre Oppidum Novum et Beneharnum.

Nous devons à M. Dufourcet, l'importante communication suivante :

« J'approuve votre itinéraire, il est parfaitement d'accord avec les

(1) Voies romaines, etc., p. 12.

« constatations que j'ai pu faire aux environs de Lourdes : pour moi,
« la voie a *Tolosa ad Aquas*, n'entrait pas dans *Oppidum novum*, elle
« passait près de l'oppidum (plus vieux) qui se trouve *à Estrade* et
« montait sur les côteaux du Buala, par une tranchée très apparente,
« puis elle se dirigeait vers le bourg de Loubajac, et non pas vers
« Peyrouse, passait près du Dolmen qui se trouve derrière Mourle,
« entre le Dolmen et un magnifique camp romain très bien conservé.
« De ce point elle suivait le tracé du chemin dit d'Henri IV qu'on peut
« suivre encore jusqu'au Pont Long près de Pau. Depuis le Pont Long
« jusqu'à St-Boès, entre Lescar, Orthez et Dax, on voit une ligne de
« camps, sur le haut plateau glaciaire dont plusieurs ont été décrits par
« M. Cenac-Moncaut dans le Bulletin de la Société archéologique de
« Montauban, ils devaient tous se trouver à proximité de la voie qui
« passait par Lescar et tout près d'Orthez et aussi par la tour de
« Maslacq, point où plusieurs archéologues ont placé Beneharnum.

« De St-Boès à Dax, le chemin devait traverser les communes de
« Tilh, Mouscardés, Estibeaux et Mimbaste. Je suis propriétaire, dans
« cette commune, d'une métairie appelée Estrade, voisine d'une autre
« appelée la Hitte. C'est ce dernier nom qu'on donnait autrefois dans le
« pays à toutes les *anciennes bornes*. Je vais passer mes vacances à
« Mimbaste et j'espère arriver à reconstituer le tracé de la voie depuis
« Dax jusqu'à Orthez.

« A Estrade, près Lourdes, la voie ab *Aquis* se croisait avec celle
« ad Palatium Emilianum qui passait aux pieds du Gers où j'ai pu
« reconnaître des traces de son parcours près du turon de Justice (1).

« Toutes les voies qui passaient à Dax traversaient la ville et cela
« à cause du Pont sur l'Adour, mais à Orthez comme à Lourdes, la voie
« passait au nord à quelques centaines de mètres. »

A Oppidum novum, une voie remontait le cours du Gave pour
atteindre le Palatium Emilianum. Une ligne de camps qui est figurée
sur la carte dressée par M. E. Barbier (2), semble jalonner le
prolongement de cette route vers Juillan et Tarbes. Sur cette même
carte sont figurés deux camps en avant d'Ossun.

Les renseignements que nous fournit M. Dufourcet, sont pleinement

(1) Objets trouvés au turon enfermés dans le musée Frossard. — Haches en
bronze, pointes en bronze.

(2) Bulletin de la Société Ramond, 1870.

d'accord avec ceux que nous trouvons dans les diverses publications de
M. Paul Raymond. (1).

« Le troisième qui conduisait de l'abbaye de St-Pé (département des
« Hautes-Pyrénées) à Buissaillet, au fond de la vallée d'Ossau, nous
« paraît avoir suivi entre Coarraze et Bizanos, la voie romaine de
« Lescar (Beneharnum) (2) à Toulouse. Nous le plaçons au chemin appelé
« aujourd'hui chemin d'Henri IV, qui autrefois portait le nom de chemin
« de St-Pé. Lo tertz (cami) de Geyres entre Busalet qui es un port en
« Ossau aixi aperat XIII s. (fors de Béarn). »

(1) Dictionnaire topographique du département des Basses-Pyrénées, p. 49,
articles chemins vicomtaux.

(2) A Beneharnum (Lescar) aboutissait aussi un chemin venant d'Espagne et
passant par Summum Pyreneum Sumport. — Forum Ligneum Urdos. — Aspaluca
Accous. — Iluro Oloron et enfin Beneharnum.

Cette voie romaine se prolongeait de Lescar vers le nord. La route suivie par
les pèlerins devait se confondre sur un grand nombre de points avec la voie
romaine ainsi que le remarque M. Raymond (Dictionnaire topographique du
département des Basses-Pyrénées, p. 144, articles Romiu et Congrès de Pau,
t. 1, p. 271) qui nous donne dans cette direction les stations suivantes dans le
Dictionnaire topographique et au Congrès de Pau. Ces stations sont moins
nombreuses dans le compte-rendu du Congrès. Nous les avons soulignées.

De Lescar, après avoir traversé *les landes du Pont-Long*, arrivait à Buros, *Morlaas*,
St-Jammes, *Gabaston*, St-Laurent-Bretagne, Abère, Anoye, Momy, *Luccarré*,
Luc-Armau.

M. Léonce Lavergne a fait des recherches analogues dans le département du
Gers (Revue de Gascogne, t. XX, p. 363 et suivantes), et continue le *camin
Romiu* des Basses-Pyrénées par Maubourguet, Sauveterre, Monlezun,
Saint-Christau (entre-croisement avec la Ténarèse) Montesquiou, Isle de Noé,
hôpital de Serregrand, hôpital de La Gors, chemin de Saintes, Auch, hôpital
Saint-Jacques (place du Caillou).

D'Auch à Toulouse, le chemin de Saint-Jacques devait se confondre avec
l'ancienne voie de Bordeaux à Jérusalem ; il passait par Labitte-Marsan, hôpital
St-Jacques aux portes d'Aubiet, atteignait les hauteurs qui séparent la vallée
de l'Arrats de celle de la Gimone. On arrivait ensuite à St-Jean le Vieux, ou
St-Jean de las Monges ; on traversait la Gimone au pont des pèlerins — hôpital
d'Ambon — hôpital de Bestiol-Giscaro, Montferran, Marestaing, Auradé, Blanquefort.
M. Lavergne suit la route dans le département de la Haute-Garonne par
Bonrepos et Fonsorbes probablement la dernière station avant d'arriver à Toulouse.

M. Lavergne pense que « l'étude de ces chemins faite dans les landes, sur des
» documents anciens, accompagnée de l'exploration du pays, amènerait à la
» découverte des voies romaines plus sûrement que toutes les hypothèses des
» géographes. »

Ces réflexions peuvent s'appliquer au département des Hautes-Pyrénées et nous
espérons que M. l'abbé Dulac ne tardera pas à faire connaître le résultat de ses
investigations, annoncé dans le *Souvenir de la Bigorre*.

D. — De Beneharnum à Orthez (station omise)?

De Lescar à Orthez le chemin *Romiu* traversait *Bougarber*, Cescau, Castéide-Cami, Serres Ste Marie, Audejos, Doazon, Castillon commune d'Arthez, *Urdès*, ensuite *Arthez, Argagnon, Castetis, Orthez* (1).

E. — D'Orthez à Dax.

Sur la dernière partie de la voie qui unit Orthez et Dax, nous ne pouvons que renvoyer à la communication que M. Dufourcet a bien voulu nous adresser.

Dans les cartes anciennes, nous voyons un chemin traversant les localités indiquées par M. Dufourcet, c'est-à-dire St-Boès, Tilh, Mouscardés, Estibeaux et Mimbaste, et coupant à quelque distance de Dax un autre chemin qui part de cette ville et se dirige vers Narrosse, Hinx, Gamarde, etc.

Nous quittons la voie principale à Dax ; elle allait jusqu'à Bordeaux. Hasardant encore une hypothèse, nous nous demandons si, se comportant auprès de Dax comme auprès des autres stations, elle n'allait pas, continuant sa direction vers le nord traverser l'Adour au-delà de Dax? Cependant, M. Dompnier de Sauviac nous apprend (loc. citato. p. 80) qu'il y avait, avant la Révolution sur la place cathédrale de Dax une sorte de borne ou pierre milliaire qui semblable au mille d'or du forum de Rome, aurait servi à compter les distances en s'éloignant de la cité (2).

---

(1) Ce chemin Romiu se poursuivait d'Orthez vers l'Espagne et passait par Sainte-Suzanne, *Lanneplaa*, l'hôpital d'Orion, *Orion*, Andrein, Burgaronne, *Sauveterre*, enfin d'Osserain, joignait Saint-Jean-Pied-de-Port et la frontière d'Espagne par St-Palais et Larceveau.

M. Raymond fait mention d'un chemin vicomtal (Loco citato, chemins vicomtaux, p. 49) allant de Sault-de-Navailles à Osserain ; suivait-il au nord d'Orthez une ancienne voie romaine?

L'un deus camiis es deu Pont de la Faderne entro au Saranh XIII S. (fors du Bearn.)

(2) La voie ab Asturica Burdigalam passait aussi par Dax, traversant Summum Pyreneum Roncevaux, Imum-Pyreneum St-Jean-Pied-de-Port, Carasa Garris.

M. François St-Maur (compte-rendu du Congrès p. 119) estime qu'entre Dax et Garris, il y a près de 100 kil. c'est ce qui l'amène à conclure que le pas aquitain valait environ trois mètres.

M. Perret, devant cette difficulté, pense qu'une station a été omise entro Garris

La voie venant d'Espagne et notre iter prolongé reliaient Dax et Bordeaux et suivaient deux tracés différents. Pourquoi deux voies distinctes entre deux cités ?

La voie, continuation de celle que nous avons étudiée, devait remplir encore au-delà de Dax, un rôle stratégique et se rapprocher de l'Océan. Elle passait par Cœcosa Castets où se trouve un camp fortifié (Dompnier de Sauviac) par Mimizan (Alexandre Bertrand) et entre ces deux stations devait rencontrer non loin de son parcours les lieux fortifiés le Vigna et Uza (Dompnier de Sauviac, p. 49).

Conclusion.

En résumé la voie décrivait une courbe à concavité supérieure dont la direction générale se rapproche de celle du chemin de fer de Toulouse à Dax. Le projet primitif du chemin de fer (tracé belge) suivait exactement les vallées correspondant aux crêtes sur lesquelles se développait notre voie.

Elle traversait perpendiculairement les vallées flanquée de camps à droite et à gauche de son parcours, et communiquait avec les stations désignées dans l'Itinéraire à l'aide de voies secondaires.

Les hauteurs sur lesquelles elle se tenait autant que possible, avaient été choisies avec grand soin ; elles dominaient au nord les plaines, et au midi les vallées de la Garonne de la Neste et du Gave. De Toulouse, la voie parvenait à Dax sans franchir ces trois cours d'eau. Elle servait à maintenir les populations au millieu desquelles elle

et Dax. Cette hypothèse, semblable à celle que la commission de topographie des Gaules afaite sur notre grande voie, nous semble également acceptable. M. Paul Perret croit que la station omise est Orthez et veut assimiler Orthez à Beneharnum, bien à tort selon nous.

Il est probable que la voie ab Asturica Burdigalam passait à l'ouest d'Orthez par Sordes. M. Dompnier de Sauviac (loc. cit. p. 50) s'exprime ainsi : « On peut être » certain que le tronçon de voie de Garris à Dax ne débouchait pas sur » Peyrehorade qui n'existait pas alors, mais que laissant Œyre-Gave à gauche, » il franchissait les deux gaves à la hauteur de Sordes et montait vers Dax par » Cauneille et le Vic romain de Pouillon.

Cette dernière voie n'est-elle pas jalonnée dans les Basses-Pyrénées par les stations de Came et d'Ordios. (Paul Raymond, loc. cit.)

En acceptant l'hypothèse de la commission de topographie des Gaules et celle de M. Perret, il résulte que les deux stations voisines de Dax auraient été omises par l'itinéraire d'Antonin sur les deux grandes voies romaines qui passaient à Dax pour aller à Bordeaux.

passait, et à soutenir l'effort des invasions. Avec les camps, avec les voies secondaires qui venaient s'y souder, elle formait la base d'un vaste et habile système d'occupation et de défense.

C'est seulement dans les vallées, et la voie avait hâte de les quitter en gravissant directement des pentes roides, que l'on a trouvé et que l'on pourra trouver des traces de chaussées.

Sur les crêtes, placée sur un terrain solide et d'un entretien facile, elle n'avait pas besoin d'être installée avec les précautions employées dans les pays plats, à sol mouvant. On la reconnaît surtout à son imposante largeur qui tend de jour en jour à disparaître.

Les Romains s'étaient probablement contentés d'améliorer les routes suivies avant eux par les Aquitains, lesquels, nous l'avons vu, avaient jalonné ces hauteurs de tumulus aux proportions souvent grandioses. Après les Aquitains ces routes durent probablement servir aux envahisseurs Gaulois avant d'être régulièrement établies par les conquérants romains.

Les chars qui les parcourent actuellement sont semblables à ceux qui les parcouraient il y a deux mille ans, et leurs conducteurs portent encore, selon la saison, la longue saie gauloise blanche et tissée de lin ou la *bigerricam vestem brevem atque hispidam* dont parle Sulpice Sévère.

J.-M. DEJEANNE.

Golfe de Gascogne
Sinus Aquitanicus
N
S

LES
VOIES ROMAINES

ET

L'ANCIEN BENEHARNUM

Réponse de M. l'abbé LARTIGAU à M. DEJEANNE.

Le court mémoire que j'eus l'honneur de présenter au dernier Congrès scientifique de Dax sur les voies romaines de l'ancienne Aquitaine et l'emplacement de l'ancien Beneharnum fut accueilli avec bienveillance par la section d'archéologie historique qui en rendit compte à l'assemblée générale. Il a trouvé dans l'honorable M. Dejeanne un contradicteur résolu. J'eus le regret de ne pouvoir assister à la séance où il produisit ses observations critiques. Elles furent, à mon sens, plus sommaires que probantes, et je voudrais essayer d'y répondre dans cette note, en montrant qu'elles n'ont ni détruit, ni affaibli les solutions que je m'étais permis de soutenir.

La contradiction de M. Dejeanne a porté principalement sur trois points. J'avais soutenu que *Lugdunum Convenarum* se trouvait où est aujourd'hui *Luc-Armau*, près *Lion* ; d'après M. Dejeanne, c'est Comminges qui s'identifie avec *Lugdunum*. J'avais soutenu qu'*Aquæ Convenarum* se trouvait là où est Lescar ; d'après M. Dejeanne, c'est *Bagnères-de-Bigorre* qui s'identifie avec *Aquæ Convenarum* ; enfin, j'avais conclu que *Beneharnum* avait dû se trouver là où est *Bellocq* ; d'après M. Dejeanne, c'est sur le territoire actuel de Lescar que s'était élevé Beneharnum. Je voudrais successivement examiner ces trois points.

I

Et d'abord *Lugdunum Convenarum* : Où donc était située cette ancienne ville des *Convenæ*, bâtie sous la domination romaine et détruite au VIᵉ siècle ?

En nous fondant sur l'Itinéraire d'Antonin, nous avions dit : *Lugdunum* était placé à 65 milles d'*Agen* (*ab Agino*), à 61 milles de *Dax* (*ab Aquis Tarbellicis*) ; à 72 milles de *Toulouse* (*à Tolosa*) : et comme aucun doute ne peut s'élever sur l'identification d'*Agini* avec Agen, d'Aquarum Tarbellicarum avec Dax, de Tolosæ avec Toulouse ; comme d'ailleurs, le mille romain équivaut à peu près à 2 kilomètres 220 mètres, le point où était Lugdunum peut être déterminé avec une précision rigoureuse. Il faut le fixer dans un lieu qui, d'après le tracé connu des voies romaines, se trouve à 144 kilomètres d'Agen, à 135 kilomètres de Dax, et à 159 kilomètres de Toulouse. Luc-Armau est dans ces conditions : donc c'est sur l'emplacement actuel de Luc-Armau que se trouvait Lugdunum.

L'argument était simple : mais il me semblait péremptoire. Il fallait en tout cas, ou s'inscrire en faux contre l'Itinéraire d'Antonin, ou admettre la conclusion irréfutable que j'en avais tirée.

L'honorable M. Dejeanne ne conteste pas l'autorité de l'Itinéraire. Je puis donc lui dire *à priori :* ma thèse reste : Lugdunum se trouvait à Luc-Armau, car le calcul des distances, basé sur les indications de l'Itinéraire, impose cette solution. Je puis lui dire encore : Votre système ne tient pas : vos prétendues preuves directes ne sont que des présomptions plus que hasardées ; Lugdunum n'a pu se trouver à Comminges ; le calcul des distances, basé sur les indications de l'Itinéraire, écarte cette hypothèse.

Mais j'entre dans l'argumentation de M. Dejeanne. Il nous dit que Comminges appartient à l'histoire, que le diocèse de Comminges portait le nom de *Diœcesis Convenarum*, qu'une inscription qu'on peut lire encore à Comminges, au-dessus de la porte cabirole, désigne cette ville comme la cité des Convenæ : *Civitas Convenæ*. Soit ; j'admets tout cela. Mais, en vérité, il ne s'agit pas de savoir si longtemps après que Lugdunum eut été détruit (nous verrons plus bas que Lugdunum fut détruit en 584 et que Comminges ne commença à exister comme ville, sous le nom de *Convene*, qu'en 1100), il ne s'agit pas, dis-je, de savoir si cinq siècles après la destruction de Lugdunum, Comminges devint une cité importante, si les Convenœ l'appelèrent de leur nom, parce qu'elle devint leur principal centre, si elle fut, au moyen-âge, le siège d'un diocèse qui porta d'abord le nom de Diœcesis Convenarum : il ne s'agit pas, en un mot, de savoir ce que fut Comminges, longtemps après que Lugdunum avait disparu. Il s'agit de savoir où était Lugdunum lorsqu'il existait. Les faits rapportés par M. Dejeanne, et qu'il appelle bien à tort des *preuves directes,* seraient décisifs pour établir l'importance historique de Comminges, dans des temps fort éloignés de ceux où Lugdunum avait été détruit, mais ils ne touchent pas à la seule question que nous avons à résoudre ; il n'en résulte à aucun degré que Comminges fut établi sur les ruines même de Lugdunum.

Et lorsque mon honorable contradicteur se croit autorisé, sur ce seul fondement, à dire que l'identification de Comminges et de Lugdunum est directement démontrée, qu'elle est hors de cause, que l'argument tiré de l'Itinéraire et du calcul des distances est dès lors sans valeur, que toute discussion est superflue, et que ma thèse toute entière s'écroule, je m'étonne d'une affirmation si fière devant de prétendues preuves directes qui ne s'appliquent pas au seul point débattu, et je lui demande la permission de lui faire observer qu'il n'a pas même ébranlé la solution qu'il prétend avoir détruite.

S'il avait établi que l'Itinéraire d'Antonin n'est pas authentique, ou a subi des altérations, les considérations qu'il fait valoir, au sujet de Comminges, sans donner à sa thèse une base certaine, lui prêteraient un certain aspect de vraisemblance ; mais tant que l'Itinéraire garde sa valeur, l'hypothèse de l'identification de Comminges et de Lugdunum perd, malgré l'importance ultérieure de Comminges, toute la sienne. Je pourrais presque dire à M. Dejeanne : toute discussion est superflue, et un premier point est hors de cause ; le lieu où se trouve Comminges n'a jamais été le siége de Lugdunum.

Voici du reste, un texte qui me paraît jeter sur ce premier point une lumière décisive. Il est de Marca. (p. 37)

« Elle (la ville des Convenœ) demeura longtemps à se relever,
« jusqu'à ce que St-Bertrand, son évêque, rétablit l'évesché *sur*
« *l'emplacement actuel de Comminges,* avec une petite enceinte
« de maisons, environ l'an 1100. »

Ainsi de 584 (date de la destruction de Lugdunum) à 1100 (date de la fondation de Convene, qui fut plus tard appelé Comminges) les Convenœ ne relevèrent pas leur ville ; en 1100 seulement, ils furent remis en possession d'un évêché ; ils le rétablirent avec une petite enceinte de maisons, non pas, qu'on le remarque bien, sur l'ancien emplacement de Lugdunum, l'histoire l'aurait dit, mais dans un lieu nouveau sur l'emplacement actuel de Comminges. On appela cette ville *Convene ;* on appela ce diocèse, *diœcesis Convenarum.* Ville et diocèse entrèrent dans l'histoire et y jouèrent depuis un rôle remarqué. Il est donc certain que les Convenæ, qui avaient eu jusqu'en 584 à Lugdunum leur ville principale et le siége important de leur diocèse, rétablirent l'une et l'autre, après un intervalle de six siècles, sur l'emplacement actuel de Comminges ; en sorte qu'il y a identification, si l'on veut, entre Comminges et la ville de Convene, fondée vers 1100. Mais il n'est pas moins certain que le Convene de 1100 ne fut pas rétabli sur l'emplacement de Lugdunum Convenarum détruit en 584. L'identification de Lugdunum et de Comminges condamnée par l'Itinéraire, est également contredite par l'histoire ; c'est une hypothèse que rien ne justifie.

En ce qui concerne, au contraire, l'identification de Lugdunum et de Luc-Armau, près Lion, des probalités historiques ne viennent-elles pas corroborer la certitude fournie par l'Itinéraire ? Je vais l'examiner rapidement.

L'histoire ne parle guère de Lugdunum que pour nous faire connaître les circonstances de son origine et de sa destruction.

Pour ce qui est de son origine, voici ce qu'on trouve dans Saint-Jérôme : Cneüs-Pompée, après avoir soumis l'Espagne. retournait à Rome où l'attendaient les honneurs du triomphe, lorsqu'il fut inquiété, dans sa marche à travers l'Aquitaine, par les restes de l'armée de Sertorius qui s'étaient réfugiés dans la partie montagneuse de cette contrée de la Gaule. Il y avait là des hommes de toute origine et de toute nation qui, à cause de cela même, avaient pris le nom de *Convenæ*. Ils commettaient toute sorte de brigandage et interrompaient toutes les communications. Pompée les traqua, les battit, en tua un grand nombre, fit les autres prisonniers et les força à se fixer dans une autre portion du pays (*Vicus*) où se fonda une ville qui prit leur nom : « Undè et Convenarum nomen urbs accepit. » Telle est l'origine de Lugdunum Convenarum. (Saint-Jérôme, lettres contre vigilance. Pline L. 4. Ch. 19. Strabon et Stolémée cités par Marca, p. 37 et 38.)

Quel est donc ce *Vicus* où se fonda cette ville ? Ne serait-ce pas celui que les Romains appelaient : *Vicus Vetulus*, et qui, d'après l'opinion de plusieurs historiens à laquelle s'était rallié aussi l'ancien archiviste des Basses-Pyrénées dont la compétence en ces matières était si autorisée, a conservé son nom à travers les âges, et n'était autre que le Vic-bil actuel (Vicus-Vetulus, Vicbilh)? C'est une conjecture infiniment probable et elle vient à l'appui de notre thèse : car Luc-Armau, près Lion, se trouve précisément dans le Vic-bil.

Je trouve d'ailleurs dans Marca et dans M. Morel des indications précieuses sur l'aspect topographique de Lugdunum, qui corroborent cette conjecture.

Je lis dans Marca : « Grégoire de Tours escrit que cette ville « (Lugdunum Convenarnm) qu'il nomme *Convenas* était assise sur le « coupeau d'une montagne ayant une fontaine au pied. » (Marca, p. 37.)

Et M. Morel dit de son côté : « Le gallique fournit le nom du chef- « lieu, bâti sur un monticule isolé, (dunum) au pied duquel était un « marais (Lug ou Long). » (Essai historique sur St-Bertrand, p. 14.)

Donc, un monticule, au bas duquel était un marais, tel était le *Vicus* sur le coupeau duquel fut bâti Lugdunum. N'est-ce pas le Vic-bilh avec ses coteaux au bas desquels s'étendaient les marais du Pont-long et de Vidouze ? et Luc-Armau ne se trouve-t-il pas sur le flanc d'un de ses coteaux ?

Je vais au devant de l'objection qu'on pourrait me faire. Si l'emplacement de Luc-Armau avait été le siége d'une ville importante, dira-t-on peut-être, on y trouverait des ruines, des débris d'anciens monuments attestant l'existence, dans le passé, de la ville disparue : Or, on n'y trouve rien de pareil. Comment, si Lugdunum avait été là, comprendre cette absence complète de tout vestige qui le rappelle?

Je pourrai répondre que ces traces qu'on ne trouve pas à Luc-Armau on ne les trouve par ailleurs et que l'argument est loin d'être décisif.

Mais Grégoire de Tours va nous fournir la véritable explication. On lit, en effet, dans Marca qui déclare emprunter ce récit à Grégoire de Tours :

« Gombaut, ayant quitté Bourdeaux, s'y estait retiré en désordre » (à Lugdunum poussé par l'armée du roi Gontran, laquelle mit le siège » devant la place, y donna plusieurs assauts, et la prit par composition, « mais qui fut aux despens de la vie de Gombaut, du duc Mummole, et de » Sagittaire évesque et traîna après soi *la ruine entière de la ville*, que » les Français mirent à feu et à sang, l'an 584 » (Marca p. 37). « La

» population détruite, on s'en prit aux demeures, monuments et
» remparts : ce que le fer ne put détruire, le feu y suppléa. Les soldats
» ne laissèrent après eux que la terre nue ; *Nihil ibi præter humum*
» *vacuum relinquentes.* (Grégoire de Tours cité par M. Morel p. 41.) »

Ainsi s'explique qu'on ne trouve rien à Luc-Armau qui rappelle la ville détruite. La destruction avait été un anéantissement.

Ce que l'armée de Gontran n'avait pu détruire, ce sont les routes. Aussi trouve-t-on à Luc-Armau de nombreuses traces de voies romaines de Dax à Agen et à Toulouse. « Le chemin Romiu ou voie Romaine, dit
» M. Raymond que je cite toujours avec confiance, venait d'Auch, et
» commençait dans les Basses-Pyrénées à Luc-Armau, traversait ensuite
» Luccarré, Morlaas, Lescar, Orthez, etc., etc. (1).

L'induction tirée de l'Itinéraire se trouve donc confirmée par les données de l'histoire et je puis maintenir le premier point de mon mémoire :

Lugdunum Convenarum se trouvait là où est Luc-Armau.

II

Je passe à *Aquæ Convenarum.* Où était située cette ville ? Est-ce sur l'emplacement actuel de Lescar, comme je le soutiens ? Est-ce sur celui de Bagnères-de-Bigorre, comme le prétend M. Dejeanne ?

Ici encore, je ramène, d'abord, mon honorable contradicteur à l'itinéraire d'Antonin. *Aquæ Convenarum* était à 45 milles (100 kilom.) d'Aquis Tarbellicis (de Dax) ; à 88 milles (295 kilomètres) de Tolosâ (Toulouse) ; à 81 milles (179 kilomètres) Ab Agino (d'Agen). Donc, il n'était pas, il ne pouvait pas se trouver à Bagnères-de-Bigorre qui est à la fois plus près de Toulouse et plus loin de Dax et d'Agen. Il devait se trouver à Lescar, qui, par le parcours de voies romaines, est, par rapport à Dax, d'une part ; à Agen et à Toulouse, de l'autre ; aux distances indiquées par l'Itinéraire. Encore une fois, nous disons à M. Dejeanne : Inscrivez-nous en faux contre l'itinéraire, ou accepter les inductions qui doivent rigoureusement s'en tirer.

M. Dejeanne s'en tient à son système de prétendues preuves directes. Voici celle qu'il nous oppose sur ce second point.

____

(1) On trouve encore, aux pieds des coteaux de Luc-Armau, une rivière dont le nom indique le lieu de la vieille Aquitaine, où l'armée de Gontran s'arrêta, après sa victoire, et établit la nouvelle frontière du royaume. On la nomme : *Le Luy-de-France.*

Aquæ Convenarum désigne nécessairement, comme son nom l'indique, une ville d'eaux. Est-ce Bagnères-de-Bigorre? Est-ce Capvern? On peut discuter, bien que les probabilités soient pour Bagnères ; mais Lescar est hors concours ; ce n'est pas une ville d'eaux ; le calcul des distances doit tomber devant cette objection radicale.

Examinons donc l'argument pris en lui-même, et sans insister avec — que, fut-il cent fois plus sérieux, il ne peut avoir de valeur, tant que l'autorité de l'itinéraire n'est pas infirmée.

Bagnères-de-Bigorre est une ville d'eaux et Lescar ne l'est pas, dans le sens que le langage moderne attache à ce mot : c'est-à-dire, en tant, que ville d'eau signifie station balnéaire. Mais est-ce que le nom d'*Aquæ* n'était donné à une ville par les Romains que lorsqu'il s'y trouvait des eaux renommées par leurs propriétés curatives? Est-ce que il ne se donnait pas aussi et souvent à des villes où venaient converger plusieurs cours d'eau, où jaillissaient des sources nombreuses ? Est-ce que, à ce double point de vue, le nom d'*Aquæ* ne pouvait pas convenir à Lescar ? Est-ce que le nom actuel de Lescar lui-même ne vient pas de *Las curris* et n'indique pas que des cours d'eau nombreux s'éparpillaient autrefois dans la partie basse de la ville ? M. Dejeanne ne veut pas que Lescar ait pu s'appeler *Aquæ* dans le passé ; et, à prendre l'étymologie du mot Lescar, il se trouve que ce nom, qu'il est impossible qu'on lui eût donné, est précisément celui que cette ville porte dans le présent.

Au surplus, sur ce point, écoutons Marca :

« On donna à Lescar, dit cet historien, le nom de Lascurris, qui
» estait le particulier du lieu, où elle fut bastie : à sçavoir de Lascourre
» pour user des termes vulgaires. Ce qui signifie un lieu, ou il y a des
» ruisseaux et des destours des eaux, qui s'escartent du canal. A quoi
» se rapporte fort bien l'assiette de Lascar, qui est arrousée d'un
» petit ruisseau et de sept ou huit sources de fontaines, qui rejaillissent
» de divers endroits, et qui avant que d'être renfermées dans leurs
» tuyaux, s'éparpillaient en ce lieu où est la ville-basse, et faisaient les
» petits détours que l'on nomme vulgairemement *Escourres* ou *las
» Escourres*. De sorte que comme la ville d'Acqs en Gascogne, celles
» d'Aix en Provence et en Germanie et plusieurs autres villes ont pris
» le nom des eaux qui estaient sur les lieux ; et la ville de Lascar de
» même a pris son nom de Lescourre, qui signifie les détours des
» Eaux. » (Marca p. 45.)

Lescar a donc pu s'appeler *Aquæ* au temps des Romains, à raison des sources nombreuses qui y émergeaient, comme on l'appelle plus tard *Las Courres* pour un motif semblable.

M. Poydenot, constatait, d'ailleurs, au dernier Congrès de Pau « qu'on découvre aux portes de Pau des mosaïques, des débris de « substructions qui indiquent un établissement balnéaire considérable, « sans que rien nous fasse connaître le nom de la localité ancienne qui « se révèle ainsi à nous. »

N'est-il pas permis de croire que cet établissement balnéaire était une annexe de l'importante ville d'*Aquæ Convenarum;* et n'est-ce pas une probabilité de plus que le siège de cette ville était à Lescar dont le nom romain se trouve ainsi surabondamment justifié ?

Donc l'objection de l'honorable M. Dejeanne tombe, et la conclusion tirée de l'Itinéraire reste.

Aquæ Convenarum a existé sur l'emplacement actuel de Lescar.

IV

Reste *Beneharnum.* L'honorable M. Dejeanne le place à Lescar, mais il ne discute pas, à vrai dire, mes études précédentes qui discutaient cette hypothèse, et démontraient, à mon sens, que le véritable siège de Beneharnum avait été à Bellocq.

Je ne crois donc pas devoir reproduire des arguments qui n'ont pas été réfutés.

Je n'ai pas à établir davantage que Bellocq est par rapport à Sarragosse et Dax d'une part. Toulouse et Agen de l'autre, aux distances indiquées par l'itinéraire d'Antonin de Beneharnum à ces mêmes lieux' Rien de tout cela n'a été infirmé ; je n'y reviens pas.

Je me borne à appeler l'attention des personnes que ce problème historique intéressent sur trois faits qui me paraissent avoir une importance capitale dans la question.

Voici le premier fait : Hachencs, Faisencs a été le nom primitif de Bellocq. D'où vient ce nom ? — On sait que les Sarrazins sous la conduite d'Abdérame, s'emparèrent de Beneharnum et livrèrent cette ville aux flammes. Elle fut anéantie. L'Eglise-Cathédrale fut seule respectée *;* et, autour de cette église, s'éleva une ville nouvelle.

Or Haschem, Faisencs était le nom du Kalife dont Abdérame représentait la puissance et exécutait les ordres. Quand on voit que Bellocq, à son origine. porte ce même nom ne faut-il pas admettre qu'Abdérame le lui donna, et ne doit-on pas en induire que Haschencs,

Faisenes, fut la nouvelle ville construite sur les ruines de Beneharnum, et que par conséquent Beneharnum avait été où aujourd'hui se trouve Bellocq ?

Voici le second fait qui confirme le premier. Froissard, le grand chroniqueur dont les meilleurs critiques ont constaté l'exactitude, à propos d'une lutte engagée entre les Béarnais et les partisants d'Armagnac, appelle les premiers du nom de Fuccéens ou Faccéens. D'où pouvait leur venir ce nom ? Sinon d'une de leurs anciennes villes qui avait été comme leur capitale ? et ce nom de Faisenes, on le retrouve encore dans une des banlieues de Bellocq.

Enfin voici un troisième fait, d'ordre différent, qui tend, comme les deux premiers à établir que Beneharnum fut à Bellocq. La monnaie béarnaise qui était frappée à Beneharnum par les Romains s'appelait moneta *furcensis*. Ce mot de *furcensis* comment l'expliquer ? Il se trouve que Bellocq est situé entre les deux gaves béarnais qui de là jusqu'à leur embouchure présentent l'aspect et décrivent par leur cours la forme d'une fourche *Furca*. Ne peut-on pas soutenir que la monnaie fabriquée à Beneharnum tira de là son nom de *moneta furcensis?* Et n'est-ce pas une preuve de plus que le territoire de Bellocq fut autrefois le siége de Beneharnum ?

Le dernier mot de ce travail est donc le premier mot de ma première Etude.

C'est à tort que Beneharnum est depuis trop longtemps identifié à Lescar.

Beneharnum se trouvait là où aujourd'hui est Bellocq.

Sauveterre-de-Béarn, 28 Septembre 1882.

L'Abbé LARTIGAU,

Curé-doyen de Sauveterre, ancien desservant de Bellocq.

NOTES

D'UN VIEUX BÉARNAIS

SUR LE PATOIS DE SON PAYS

Lues à la section d'Archéologie de la Société de Borda, dans la séance du 4 Mai 1882.

Messieurs,

Vous permettrez à un vieux Béarnais de vous parler de la langue de son pays.

Le travail qu'il a l'honneur de vous présenter n'est pas l'œuvre d'un savant : ce sont les notes d'un chercheur. Il a le bonheur de parler à d'autres chercheurs qui savent au prix de quels labeurs et de quels efforts on remue un coin quelconque du vaste champ de la science. Il espère donc trouver chez eux les sentiments d'une indulgente fraternité, et il en aura besoin.

Mes notes se divisent en quatre points différents :

1º Le dialecte béarnais et ses variétés ;
2º Ses contractions et ses formes ;
3º Ses affinités avec la langue grecque ;
4º Quelques autres curiosités de notre patois.

§ Ier. — Dialecte Béarnais et ses variétés.

Le Béarnais, vous le savez, est un des nombreux dialectes de la langue romane ou langue d'Oc. Il est parlé dans l'ancien Béarn, c'est-à-dire dans les trois arrondissements de Pau, d'Orthez et d'Oloron. Mais il existe des différences assez notables entre le patois béarnais, proprement dit, et le patois oloronais, et également entre ces deux patois et celui de la vallée d'Aspe (le canton d'Accous), la plus latine de nos contrées pour la langue et peut-être pour l'Etnographie ; mais cette question m'est étrangère.

1re *Différence*. — Ce qui distingue principalement le Béarnais proprement dit, c'est l'article : *Lou, Las*, Lous, Las.

> *Deü* pour *dé lou*.
>
> *Deüs* pour *dé lous*.
>
> *Aü* pour *à lou*.
>
> *Aüs* pour *à lous*.

L'Oloronais a un article tout différent, qui est également commun à la vallée d'Aspe.

> Eth, ére, Eths, éres.
>
> Deth, dére, Deths, déres.
>
> At, are, Ats, ares.

Cet article n'est pas aussi rude qu'il en a l'air.

Il se fond même assez bien et s'adoucit dans la prononciation avec le mot qui suit, *prént-és* (eths) *libés*, prends tes livres, dit un père à son fils partant pour l'école. *Mett'éra raübette y és* (eths) *souliès*. Mets ta robe et tes souliers, dit une mère à sa fille.

Eths homis, éras hemnes, les hommes, les femmes. Devant une voyelle ou une h muette. on ne dit pas *Eth*, mais *ér* : *ér'oubré*, l'ouvrier, *ér'homi*, l'homme.

2e *Différence*. — Une autre différence entre le Béarnais d'une part, l'Oloronais et l'Aspois de l'autre, c'est la prononciation de la lettre J. Le Béarnais prononce cette lettre comme un i grec : You, Ya, Yan, Yaqués, Yé, Youga, Yu. L'Oloronais et l'Aspois disent Jou, Ja, Jan, Jaqués, Jé (hier), Jonga, Ju (joug).

3e *Différence*. — La conjonction copulative *et*, qui est pour le Béarnais la même qu'en Français. Vous et moi, *Bous et you*, est pour l'Oloronais et l'Aspois la copulative espagnole *y*, *Bous y Jou*.

4e *Différence*. — Plusieurs mots usuels sont différents dans ces dialectes. Le Béarnais dit *débara*, descendre, *bitare*, maintenant, à présent. L'Oloronais et l'Aspois disent *bacha*, descendre, *adare*, qui est presque le mot espagnol *ahora*. L'un et l'autre viennent du latin *ad horam*, sur l'heure. L'Ossalois dit *bixare* (bitchare), contraction des mots *vix ad horam*. Bitare a la même étymologie.

Le Béarnais dit, à l'imparfait de l'indicatif de la 3e conjugaison : *Qué crédébi, qué disébi*. Je croyais, je disais. Qué crédèbes, qué disèbes, etc. L'Oloronais dit qué crédi, que disi, que crédès, que disès, etc. L'Aspois dit à la première personne : *qué crédey, que disey,* et le reste comme l'Oloronais. L'Aspois dit *y* pour aller : *Ey bos i ?* Veux-tu y aller. *It, ite,* allé, allée. Ey ès it ? Y es-tu allé ? Ey ès ite ? Y es-tu allée. Le Béarnais et l'Oloronais disent *Ey ès anat ?* Ey es anade ?

L'Aspois a conservé le *t* latin dans les participes passés. Aïmat, aïmate, aimé, ée, aüdit, aüdite, ouï, ïe, houratat, houratate, troué, ée. Le Béarnais et l'Oloronais disent : aïmat, aïma*de*, aüdit, audi*de*, houradat, houra*dade*.

Le vocabulaire de l'Aspois est tout à fait latin dans une foule de mots. Il dit mét (de metus) peur, le Béarnais et l'Oloronais disent : *poou.* L'Aspois dit poc à poc, peu à peu, pouquét, petit, du latin pauci, pauca. Il dit sérou (de soror) sœur, soué (de socer) beau-père, etc.

§ 2. — Contractions et formes du dialecte béarnais.

1° *Contractions.* — Les contractions très nombreuses qui existent dans le Béarnais, contribuent beaucoup à la douceur et à l'harmonie de notre patois.

Contraction de l'article : Moussoü Curé, Moussoü Maire, Monsieur le Curé, Monsieur le Maire. pour *Moussu lou.* — Deü, pour dé lou ; déüs, pour dé lous, aü, pour à lou, aüs, pour *à lous,* Ces contractions sont autrement harmonieuses que leurs similaires françaises du, des, au, aux.

L'Oloronais et l'Aspois disent *at* pour à le, ats, pour à les. *At soum déra mountagne,* au haut de la montagne. Ats pour à les, *ha poou ats aüjamis,* faire peur aux oiseaux.

Contractions du pronom. — Les pronoms mé, té, pé, (pé pour vous), s'élident très fréquemment et se contractent avec le mot qui précède. Si'm boulèt crédé, si vous vouliez me croire. Si't disi tout co qui pensi, si je te disais tout ce que je pense, et au pluriel, si'p disi, si je vous disais, pour *si pé* disi.

Nous emprunterons quelques exemples de ces contractions à l'excellente traduction béarnaise de l'Imitation de Jésus-Christ par l'abbé Lamaysouette (1). Cette traduction devrait être dans les mains

(1) Cette traduction a été imprimée à Pau en 1870, chez Viguancour et rééditée en 1882. Nous citons l'édition de 1870.

de tous les Béarnais et de tous les amateurs de la langue romane. On y lit, page 130. « Et la mey gran'marque de la téndrésse de boste amou « qu'ey, quoan n'éri pas, d'*abé'm* hèyt ; quoan éri esbarrit loegn dé bous « d'*abé-m* heyt rébiéné à boste serbici et d'*abé-m* dat mandamén de « *p'ayma.* » Pour d'*abé mé heyt*, d'*abé mé* dat mandamén de *pé ayma.* « La plus grande marque de la tendresse de votre amour, c'est lorsque « je n'étais pas de m'avoir fait ; lorsque j'étais égaré loin de vous de « m'avoir fait revenir à votre service et de m'avoir commandé de vous « aimer. »

A la page 179 du même ouvrage : « Toutù coum lou mé pay *m'a* aymat you qué *p'aymi.* » Pour *mé a* aymat.... qué *pé aymi.* — « Comme « mon père m'a aimé, moi je vous aime. »

A la page 115 : « Goarde-t de discuta las obres deü Ségnou. » Pour gourde-*té.* « Garde-toi de discuter les œuvres du Seigneur. »

Le pronom *üs* pour *lous.* Même ouvrage, page 33. Il est question des saints Pères du désert : « A *bédé-üs* de tout qu'aben reyte, més « dens l'intériou, la gracie et la counsoulation de Diü *qué-üs* naüribe.... Pour a bédé *lous* .... qué *lous naüriben.* « A les voir ils manquaient de « tout, mais à l'intérieur la grâce et la consolation de Dieu les « nourrissaient. »

Le pronom *én*, en, s'élide et se contracte aussi très souvent : *si-n* boulèt, pour *si én* boulèt. Si vous en voulez — Si p'én souciat, pour si *pé en* souciat. Si vous en souciez.

Le pronom *sé*, se ou soi. A la même page 33 de l'Imitation béarnaise, il est dit : « A pène si prénén de qué *tiéne-s* à bite ; et « d'*oucupa'-s* diü cos.... qu'ère tu d'eths u turmén. » Pour *tiéné-sé....* d'*oucupa-sé.* « A peine ils prenaient ce qui était absolument nécessaire « pour vivre, et de s'occuper de leur corps était pour eux un « tourment. »

Le pronom *at*, le. Si *n'at* bédi pas *n'at* poudéri pas crédé. Si je ne le voyais, je ne pourrais pas le croire. Contraction de cet article avec l'adverbe *nou*, non : Si *nou at* bédi, *nou at* poudéri crédé.

Ce pronom contracté se trouve également dans le cri des Croisades, devenu un nom béarnais, *Diüsabôo* pour *Diü at bôo*, et dans son diminutif Diüsaboulet, le petit Dieu le veut.

L'adverbe *sinon qué* forme par contraction *sounqué.* Nou y a pas sounqué bous. Il n'y a que vous.

La préposition *per* se contracte avec l'article, lou, lous. Peü cam, peü prat, peüs cams, peüs prats. A travers champs et prés.

L'Oloronais et l'Aspois disent peth cam, peths cams.

2° *Formes du dialecte béarnais.* — Quand je parle de forme, je veux parler de la syntaxe des mots et non de la syntaxe des phrases : celle-ci nous mènerait trop loin. Dans la forme des mots j'ai remarqué quatre choses différentes :

En premier lieu, la particule préfixe *Ar,* qui s'unit à une foule de mots commençant par R. Le Béarnais dit *ar*rose, *ar*rode, *ar*rous, *ar*rec, *ar*riü, etc., au lieu de rose, rode (roue), rous (de ros, rosée), rec (ravin), riü (ruisseau).

En deuxième lieu, les terminaisons augmentatives ou diminutives, qui s'ajoutent au radical des substantifs ou adjectifs. Ainsi le mot homi prononcé quelquefois houmi (l'*h* muette), radical hom ou houm, a l'augmentatif houmias et les diminutifs houmiét, houmiot. Hemne, femme, radical hemn, augmentatif hemnasse, diminutif hemnote, hemnète. Daüne, maîtresse de maison, radical daün, augmentatif daünasse, diminutif daünette, daünine, et diminutif du diminutif daüninette.

Adjectif, hort, horte, fort, forte ; radical, hort ou hourt, augmentatif hourtas, sse, diminutif hourtet, hourtéte, hourtot, hourtote.

Ces différentes terminaisons du même mot, en modifiant l'idée, ajoutent aussi beaucoup à la richesse de la langue.

En troisième lieu, la terminaison en *éya* de la plupart des verbes exprimant l'idée d'actes répétés ou prolongés, comme tourn*éya*, tourner, houl*éya*, folâtrer, birroul*éya*, mettre sens dessus dessous, pass*éya's* se promener, prons*éya's*, causer amicalement, etc.

Les habitants de la vallée d'Ossau (canton d'Arudy et de Laruns), disent *éjà* au lieu d'*éya*, tournéja, houléja, etc. Nous aimons mieux éya, terminaison plus euphonique.

En quatrième lieu, la particule *qué* qui remplace les pronoms personnels ou indéfinis, sujets des verbes dans les modes indicatif et conditionnel. Ainsi le verbe canta, chanter, qué canti, je chante, qué cantes, tu chantes, qué cante, il chante ; qué cantam, nous chantons, qué cantat, vous chantez, qué canten, ils chantent, etc., etc. Qué caü, il faut ; qué créden, on croit ; qu'ey aquo ou aquéro, c'est cela.

On peut s'assurer par la lecture de quelque ouvrage béarnais, par la traduction de l'Imitation de J.-C. déjà citée, par exemple, que la répétition de cette particule ne nuit en rien à l'agrément de la langue. Elle doit, je crois, son origine au besoin d'euphonie comme la préfixe *ar* dans arrose, arriu.

§ III. — Affinités du Béarnais avec la langue grecque.

Nous passons à un autre ordre d'idées, et nous allons examiner l'étymologie d'un certain nombre de mots qui paraissent appartenir à la langue grecque.

Il y a dans le Béarnais deux espèces de mots grecs, ceux que le latin peut nous avoir apportés et ceux qui n'ont rien de commun avec le latin. C'est de ces derniers seulement que je m'occupe.

La première fois qu'un mot purement grec s'est offert à moi, j'avoue que j'ai été fort étonné et que je lui ai fait subir toutes les vérifications et toutes les épreuves que j'ai pu avant de lui concéder cette noble origine. Mais notre patois compte un assez grand nombre de mots grecs et qui n'ont rien de commun avec le latin.

Le premier qui a attiré mon attention, il y a longues années, et l'un des plus frappants de ces mots helléniques, c'est le mot *karcalites* châtouilles. Le latin dit titillatio ; l'espagnol, avec lequel notre patois a bien des mots communs, dit cosquillas. A Pau, on dit glanites qui est évidemment le même que karcalites.. Mais le grec dit Γάργαλίζω, je châtouille, Γάργαλη, chatouille. La syllabe finale se prononce *li* en grec moderne. Le grec et le patois oloronais ont donc le même radical. C'est le même mot.

2ᵉ mot. — *Kaümas*, châleur étouffante, le latin dit œstus, d'où un autre mot patois estouf, mais le grec dit Καῦμα.

3ᵉ mot. — *Katbat,* en bas, de Καταβαθμος, descente, en latin, deorsum.

4ᵉ mot. — *Cérimane,* faîte d'un toit, en latin fastigium, en grec Σώρευμα.

5ᵉ mot. — *Bros,* charrette, (cami broussé, voie charretière, dit-on en Béarn), currus dit le latin. Δίφρος, dit le grec. Le *di* a disparu, la labiale *f* s'est changée en la labiale homophone B, et *difros* est devenu bros.

6ᵉ mot. — Trapalè, ére, bavard, inconséquent, Trapaléya, bavarder à tort et à travers, du grec Ευντράπελος, facetus, farceur ; Εντράπελίαί, facetiœ, farces.

7ᵉ mot. — *Hart, te*, adjectif, plein de vin ou de viande, du grec Ἄρτος, nourriture, en latin cibus.

8ᵉ mot. — *Krimail*, crémaillère, du grec Κρέμαω, je suspends, en latin suspendo.

9ᵉ mot. — *Brac, que*, adj. court, te, (dies bracs, journées courtes), en latin brevis, en grec Βράχυς.

10ᵉ mot. — Plap, tâche, en grec Βλαϐή, en latin labes. Le Béarnais a conservé la labiale qui commence le mot : le latin l'a perdue.

Nous citerons encore *traüt*, trou, de Τρέω, je troue, en latin foramen ; *Care*, de Κάρις grâce (boune care d'hosté, bon visage d'hôte, male care, mauvaise mine) ; *Ouère*, vois, *ouarat*, voyez, du grec Ὁράω, je vois impératif, Ὅρα, Ὁρᾶτε ; *Brousta*, brouter, de Βρόσχω ; *Péléya's*, se quereller et se battre, péleye, querelle, de Παλαίω, je lutte ; *Péga*, cruche où les pasteurs enferment le lait, de Πήγή fontaine ; Esquis, déchirure, esquissa, déchirer de Σχίσις ; Atrebit, ide, décidé, ée, adj. de Ἀτρεμητος, etc. etc. Ces mots sont grecs. Qu'importe.................... si Grœco fonte cadant, *parce detorta?*.... Vous dirai-je avec Horace (de arte poetica, v. 52 et 53). Ils viennent évidemment de cette source, quoique les siècles leur aient fait subir quelque altération.

De l'existence de ces mots purement grecs dans notre patois, de l'existence aussi d'un grand nombre de noms grecs que portent plusieurs villages béarnais et beaucoup d'autres lieux de la région sous-pyrénéenne, n'est-on pas autorisé à conclure qu'entre l'occupation de notre pays par les Celtibères et la conquête de la Gaule par les Romains, des colonies grecques auraient envahi et peuplé ces contrées. Ce fait expliquerait l'existence dans notre idiome de tous ces noms et de tous ces mots d'origine hellénique. Je laisse cette question aux investigations des historiens, et je passe à la quatrième partie de mes notes.

§ IV. — Quelques autres curiosités de notre patois.

Après ces nombreux mots grecs de notre patois, le philologue trouve dans le Béarnais une foule de mots entièrement étrangers aux langues latine et grecque. Mots celtiques, comme *Penne*, du celte *Penn*, montagne, ou ayant d'autres origines, et qui étonnent par leur étrangeté. *Pana,* voler ; — *Tuma, tume,* en latin arictare, combat de béliers ou de bêtes à corne ; — Haza, coq ; — Crescq, coque d'œuf ou de noix ; — Esquillot, noix ; — *Armuqa,* ruminer, etc., etc. Il y en a trois que la conquête franque nous a laissées : *Franciman, Gaïman* et *Trachaman.*

1° *Franciman.* — L'homme Franc, l'homme de France. Autrefois tous les Français, qui ne parlaient pas la langue romane, étaient pour les Béarnais des Francimans. Il faut se souvenir que jusqu'en 1620, le Béarn n'était pas Français.

2° *Gaïman.* — A première vue, ce mot signifie homme gai ; mais en réalité il signifie homme calin. Je crois même que Gaï est une abréviation de *calin, caliman.*

3° *Trachaman.* — Pour *tricheman,* l'homme trompeur. Le mot *trache* ou *triche* n'est pas béarnais, non plus que le mot *man.*

Enfin, il y a dans notre pays un mot qui a naturellement attiré l'attention et exercé l'esprit investigateur des philologues, c'est le nom de la ville d'*Oloron.* Oloron, qui s'écrit par trois o et qui, en béarnais, se prononce aülourou, était écrit dans l'itinéraire d'Antonin, au deuxième siècle de notre ère, *Iluro* ou plus exactement *Ilouro.* Notre illustre évêque, St-Grat, souscrivait ainsi les actes du concile d'Agde en 506, *Episcopus de civitate* OLORONE. sauf l'e final, c'est l'ortographe actuelle. Quant à la prononciation béarnaise *Aülourou,* nous la retrouvons dans la prononciation des noms de plusieurs de nos villages, tels que *Orin, Ogeü, Ogenne, Oràas, Orion,* etc., que le Béarnais prononce *Aüri, Aügeü, Aügenne, Aüràas, Aüriou,* etc. Quant à la prononciation de la syllabe finale *ou,* nous la retrouvons dans le village d'Orion, qui se prononce Aüri*ou,* comme Oloro*u,* Aülourou*u.* Il est vraisemblable que cette prononciation populaire existait du temps de St-Grat et remonte bien plus haut. Quoiqu'il en soit, notre savant maître et ami, M. l'abbé Menjoulet (1), ancien archiprêtre d'Oloron, vicaire-général de Bayonne, dans sa Chronique du Diocèse et du Pays d'Oloron (Chronique... Introduction, page 6, note a), adoptant l'orthographe d'Antonin, *Iluro,* fait dériver ce nom de deux mots basques, *Ir* et par euphonie *Ill,* ville, et ur (our), eau, ville des eaux. Et en effet quand on voit la situation de notre vieille cité entre deux gaves, ayant pour limite au nord le ruisseau l'Escou et les nombreuses sources du quartier dit des Fontaines, on

(1) Mort en Juillet 1882, avec la réputation d'un saint prêtre et d'un savant pour l'histoire et l'archéologie du diocèse de Bayonne. Note de l'Auteur.

s'explique sans peine ce nom de ville des eaux, de même que cette
apostrophe de notre poëte, Navarrot :

> « Biel Aülourou, salut ! . . . . , . . .
> . . . .
> « Du mantou blu de Ceü lous picxs qué t'amantoulem :
> « Lous dus Gabés d'argén, coum dus jumeüs qué coulen,
> « Té cinten lous coustatz y coum de diamantz,
> « Deü hoec de lurs calhaus hèn relusi tous flancxs.

MINGEQUANNAS Y L'ELECTOU.

> « D'un manteau bleu de ciel les grands pics t'enveloppent,
> « Les deux Gaves d'argent en vrais jumeaux galoppent,
> « Entourent tes côtés, et comme des diamants
> « Du feu de leurs cailloux font reluire tes flancs.

MANGEQUANDTUENAS ET L'ELECTEUR.

J'accepte donc l'étymologie trouvée par notre docte historien, mais
vous me permettrez de vous en signaler une autre qui a quelque
apparence de vérité et un fond plus poétique. Oloron est entre deux
villages portant des noms grecs, Estos et Bidos. D'après le texte de
notre charte oloronaise de l'an 1080, le second de ces villages
s'appelait *Abidos* ; le premier a dû s'appeler primitivement *Sestos*.

De tout temps jusqu'au XVIIe siècle, Oloron a été défendu par des
tours et des remparts : il en existe encore quelques restes. Or, un jour,
en lisant le *Voyage du Jeune Anacharsis en Grèce,* je fus frappé par ce
passage. Anacharsis raconte sa traversée de l'Hellespont :

> « Nous aperçûmes, dit-il, d'un côté la ville de Lampsaque, dont le
> « territoire est renommé pour ses vignobles ; de l'autre l'embouchure
> « d'une petite rivière nommée Agos-Potamos, où Lysandes remporta
> « cette célèbre victoire qui termina la guerre de Peloponèse. Plus loin
> « sont les villes de Sestos et d'Abydos, presque en face l'une de l'autre.
> « Près de la première est la tour de Héro. C'est là, me dit-on, qu'une
> « jeune prêtresse de Vénus se précipita dans les flots. Ils venaient
> « d'engloutir Léandre, son amant, qui, pour se rendre auprès d'elle,
> « était obligé de traverser le canal à la nage. » Anarchis, Tome 2,
chap. 2, pages 49 et 50, édition de 1790.

Nous trouvons là Estos et Abydos. Si à Héro nous ajoutons Πολ,
première syllabe de polis, ville, nous avons Pol-Héro, la ville de Héro
et *Olhéro* par la disparition du P. — Admettez cette invasion grecque,

qui aurait chassé ou absorbé les premiers habitants de nos contrées, et vous admettrez aussi sans peine que l'*Ilouro* des Celtibères, soit devenu pour la colonie grecque la ville de *Héro* entre *Sestos* et *Abydos*.

Je finis, Messieurs, en vous demandant pardon de vous avoir retenus si longtemps sur ces études techniques, qui n'ont un véritable intérêt que pour quelques rares philologues. Mais, en finissant, permettez-moi d'exprimer un vœu.

Vous avez fait preuve de sens et de patriotiome, en inscrivant dans votre programme l'étude des divers patois et plus particulièrement celle du Gascon et du Béarnais. Preuve de sens, parce que nos patois sont une mine qui serait très féconde, si elle était exploitée, une mine qui récèle des richesses merveilleuses. Preuve de patriotisme, parce que si nous sommes Français et parfois fiers de ce titre, nous ne devons pas oublier que nous sommes aussi Gascons ou Béarnais. La grande patrie ne doit point faire oublier la petite et la grande langue ne doit point faire dédaigner celle du pays natal. La Gascogne et le Béarn ont leurs gloires particulières et, dans ce patrimoine glorieux, la langue locale a une bonne part. Nous Béarnais, nous citons avec orgueil les vieux Noëls et cantiques, les poésies de Despourrins, de Navarrot (1), de Bataille, et pour la prose nos vieilles chartes, notamment celle d'Oloron de l'an 1080, et dans ces derniers temps la traduction de l'Imitation de Jésus-Christ, par l'abbé Lamaysouette. Vos richesses, je le suppose, ne sont pas moindres que les nôtres.

Eh bien, Messieurs, j'exprime le vœu que vous continuiez l'œuvre que vous avez commencée. Créez une section spéciale de chercheurs pour les patois. Encouragez leurs études et leurs efforts, et croyez-en un ancien, un grand avenir est réservé à cette partie de vos travaux. Chaque jour on dit autour de nous : « Les patois s'en vont. La langue « française s'avance en conquérante et bientôt elle aura aboli tous ces « idiomes locaux. » Non, Messieurs, il n'en sera pas ainsi. Les populations ne changent pas de langue comme de costume. Voilà plusieurs siècles déjà que le Français est usité dans tous les actes officiels et de la vie publique sans que les dialectes méridionaux aient cessé d'être parlés.

(1) Sans approuver néanmoins la licence de ce poète en ce qui concerne la religion et les mœurs. Note de l'Auteur.

Lorsque, au milieu de mes études béarnaises, je vois la masse et la qualité du matériel que possède notre patois, lorsque je songe que le Gascon, le Bigorrais, l'Agénais, le patois de Guienne, le Languedocien, le Rouergot, le Limousin, l'Auvergnat, le Provençal, etc. etc., en un mot, chaque dialecte, ou sous-dialecte, roman a une multitude de richesses inconnues, je me dis qu'il y a les éléments d'une œuvre magnifique c'est-à-dire d'*une seconde langue nationale*. La langue *d'oc* autrement riche et harmonieuse que la langue *d'oui*, est destinée à revivre et à jeter un grand éclat sur le génie national.

« Multa renascentur, quœ jàm cecidêre, cadent-que
« Quœ sunt in honore, vocabula, si volet usus :
« Quem penes arbitrium est, et jus, et norma loquendi. »
(Hov. de arte poët. v. 70 et seq.)

« Bien des mots qui sont tombés renaîtront un jour. Ceux qui sont « maintenant de mode, tomberont à leur tour, suivant les caprices de « l'usage, qui est le juge, le maître et la règle des langues. »

Cette action du temps sur les langues dont parle le poète latin, sera favorable à la résurrection de nos patois. Il se fait en ce moment un travail qui doit aboutir à la réhabilitation de la langue romane. Pendant que la Société de Borda prend l'initiative de nos idiomes, la Société des Félibres provençaux fait revivre le souvenir et les œuvres des anciens troubadours, et dans le même temps combien de laborieux investigateurs du passé fouillent dans les archives méridionales et trouvent toujours ces patois qui, comme de vieilles monnaies, excitent leur attention et leurs recherches curieuses. Appelez à vous, Messieurs, ces hommes de bonne volonté. Formez une association spéciale de méridionaux, enrôlez d'abord les plus voisins, puis, d'année en année, élargissez le cercle de vos collaborateurs, vous verrez avant longtemps le terrain que vous aurez gagné et les nombreux adhérents qui seront venus à votre idée. Pour moi, vieux chercheur et humble pionnier, je préparerai quelques matériaux et les laisserai à mes jeunes confrères, heureux d'avoir contribué en quelque chose à cette œuvre de l'avenir que j'entrevois et que je salue avec bonheur, heureux de lui avoir consacré *les restes d'une ardeur qui s'éteint.*

ED. LOUIS.

INSCRIPTIONS GALLO-ROMAINES

DÉCOUVERTES DANS LE

DÉPARTEMENT DES LANDES

Messieurs,

Je viens répondre aux deux demandes suivantes qui ont été inscrites sur le Programme du Congrès :

« *Relater les inscriptions antiques découvertes dans l'un des* « *départements de la Région.* »
« *Dresser la liste des marques de potiers trouvées dans la contrée.* »

Malheureusement, le Département des Landes, dont j'ai recherché les monuments épigraphiques, est, sous ce rapport, de la plus grande pauvreté. L'année dernière, j'ai publié dans le Bulletin de la Société de Borda, la liste des inscriptions du Musée de Dax. Cette année, en étendant mes recherches à tout le département, je ne pourrai y ajouter que deux monuments dont l'un est inédit, et dont l'autre a déjà été publié dans la *Revue de Gascogne*.

Sur les six inscriptions qui existent au Musée de Dax, et dont j'ai donné la description à la Société de Borda, cinq avaient été déjà publiées par M. Dompnier, mais d'une façon incomplète ou défectueuse, et la sixième était alors inédite. Je dois ajouter que c'est d'après les savants conseils de MM. A. Allmer, A. Lavergne et Robert Mowat que j'ai modifié certaines appréciations concernant ces inscriptions (1).

---

(1) Emile Taillebois. — Epigraphia Dacquoise. — Les Inscriptions Gallo-Romaines du Musée de Dax. (Bulletin de la Société de Borda, 1881.)

INSCRIPTION PUBLIQUE

I

Fragment de borne milliaire demi-cylindrique, en pierre calcaire, trouvé, il y a sept ou huit ans, dans les fondations des murs gallo-romains de Dax où il avait été jeté comme moellon, et déposé actuellement au Musée de Dax. La hauteur du fragment est de 0 m. 23 c.; l'épaisseur de 0 m. 25 c., la hauteur des lettres est de 50 millimètres : (1)

```
  . . . . . . . . . . .
V I C. . . . . . . . . .
========================
M .T. . . . . . . . . .
========================
C O  . . . . . . . . . .
  . . . . . . . . . . .
```

Ce fragment a été très mutilé ; cependant on peut facilement se rendre compte de sa forme demi-cylindrique, ce qui semble indiquer que cette borne milliaire était encastrée dans un mur.

Les lettres sont de la basse époque, mal faites, irrégulières, tendant à la forme cursive. Le V et le M sont avec jambages à tête dépassant la lettre ; l'O est couché et pointu ; après l'O, on peut supposer la tête d'un S qui serait aussi couché que l'O. La forme de ces lettres accuse un monument du IVe siècle ; c'est exactement le même genre de lettres que sur une borne milliaire du Musée d'Amiens, décrite par M. Ernest Desjardins dans la *Revue Archéologique* (2e semestre 1880), et datée de l'an 307 ou 308.

Les lignes sont séparées par un double trait. Les deux lettres qui commencent la troisième ligne ont en partie disparu ; il n'en reste plus que le haut.

J'avais d'abord cru que la deuxième lettre de la troisième ligne était un D, car je n'ai jamais vu d'O aussi allongé et aussi pointu,

---

(1) Tous les dessins sont dûs au crayon consciencieux de M. Duverger, sauf l'inscription n° 6 qui a été dessinée par M. Collard.

mais MM. Allmer, Robert Mowat, Lavergne et Camoreyt y ayant reconnu un O, je me suis rangé à leur avis. C'est aussi d'après leur opinion unanime que je rétablis ainsi l'inscription : (1)

d. n. imp. caes.

. . . .

pio . fel . in
V I C *to . aug . p.*
M . T *rib . pot... p. p.*
C O s . . . *procos . . .*

. . . .

Domino nostro imperatori Caesari . . . . pio, felici, invicto, Augusto, pontifici maximo, tribunicia potestate. . . . . patri patriae, consuli . . . , proconsuli, ...

« A notre maître l'Empereur César . . . . pieux,
» heureux, invincible, Auguste, souverain pontife, revêtu de la puissance
» tribunicienne pour la. . . . . fois, père de la patrie, consul pour la
» . . . . . fois, proconsul, ... »

Ce monument est d'autant plus intéressant que les bornes milliaires sont extrêmement rares dans notre région.

INSCRIPTION MUNICIPALE

II

Fragment d'inscription en marbre blanc trouvé dans les murs de Dax, il y a une douzaine d'années et déposé au Musée de Dax. (publié par M. Dompnier.) (2)

Ce morceau dont il ne reste presque rien, devient le monument le

(1) ALLMER. — Revue Epigraphique du Midi de la France. — N° 16, mars 1882.
LAVERGNE. — Revue de Gascogne. — Tome XXIII. — Février 1882.

(2) A. DOMPNIER DE SAUVIAC. — Chroniques du diocèse et de la cité d'Acqs. — Dax, E. Campion, 1873.

plus intéressant de Dax, quand on adopte la lecture de MM. Allmer et Lavergne, puisqu'il nous apprend que la cité des *Tarbelli* possédait un conseil des décurions.

L'inscription était entourée d'une jolie moulure formant encadrement. Les lettres sont de la belle époque et indiquent le Ier ou le IIe siècle. Hauteur du fragment 0 m. 20 c. ; épaisseur 0 m. 18 c. ; hauteur des lettres 35 millimètres.

L'épaisseur qui a été plus considérable, mais dont il reste encore 18 centimètres dans le bas, semble indiquer que cette inscription formait le socle d'une statue ou d'un monument d'un certain volume, peut-être d'un autel ou d'un ex-voto ?

```
        . . . . . . . . . .
    L . . . . . . . . .
    P L E B . . . . . .
    E T . O . . . . . .
        . . . . . . . . . .
```

Le L de la première ligne pourrait être un E, la partie supérieure étant cassée. Le B de la deuxième ligne est mutilé et pourrait se changer en R. On avait proposé de substituer un Q à l'O qui n'est pas complet, à la troisième ligne, mais il faudrait en placer la queue trop haut ; ce n'est pas possible, et je suis convaincu que c'est bien un O. Le point de la troisième ligne est en forme d'étoile à trois pointes.

M. Lavergne, croyant voir un D dans la lettre de la première ligne, avait proposé la restitution suivante :

```
    . . . . . . . . . . . .
    D omui divinae
    P L E B i optimae
    E T . O rdini sanctissimo
    . . . . . . . . . . . .
```

Mais sur mon affirmation que cette lettre ne pouvait pas être un D, attendu que le bas du L est presque complet (si même il ne l'est pas tout-à-fait), que ce bas était trop droit pour avoir pu être un D (qui doit toujours être un peu arrondi du bas), et qu'il n'y avait le choix qu'entre le L et l'E : sur cette affirmation, M. Lavergne a restitué ainsi l'inscription (*Revue de Gascogne*. Tome XXIII. Février 1882.) :

> . . . .
> L . . . .
> P L E B s *optima*
> E T . O *rdo sanctissimus*
>
> . . . .

ce qui indiquerait que : « Lucius . . . . . , et avec lui, le peuple très » bon et le conseil très saint des décurions de Dax, auraient élevé un » monument. accompli un grand acte religieux, etc. »

Cette restitution a été inspirée à M. Lavergne par une inscription, trouvée à Eauze en 1881, et publiée par MM. Piette et Allmer (1).

Cette inscription mentionnant l'ordre des décurions et le peuple de la cité d'Eauze, commence ainsi :

> DOMV*i divinae co* LONIAE ELVSATIV*m*
> ORDINI *sanctissim* O ET PLEBI OPTIMA*e*, etc.

M. Allmer préfère à la lecture de M. Lavergne, celle suivante :

> . . . .
> L . . . .
> P L E B s *urbana*
> E T . O *rdo tarbellorum*
>
> . . . .

Il s'agirait alors, dit-il, d'une statue élevée par le peuple de la ville de Dax et par l'*Ordo decurionum* de cette cité, à un personnage municipal ou public, ce qui vient confirmer ce que j'avançais plus haut : que ce fragment de marbre paraissait être le socle d'une statue ou d'un monument important.

Enfin, M. Robert Mowat, dans la *Revue Archéologique* (Février 1882), a proposé une restitution ayant le même sens :

(1) Revue Epigraphique du Midi de la France, page 238.

. . . .

L . . . .

P L E B s *universa*

E T . *Ordo aquensium*

ou *tarbellorum ?*

. . . .

« Le mot *Plebs,* dit M. Mowat, qui ne se rencontre pas souvent dans
» les inscriptions municipales de la Gaule, se réfère manifestement ici
» aux gens de la cité des *Tarbelli,* dont une fraction, les *Aquenses,*
» tiraient leur nom du chef-lieu qu'ils habitaient *Aquae Tarbellicae*
» (Dax). Il y aurait un grand intérêt à connaître la forme ethnique du
» nom qui était inscrit sur la pierre. »

INSCRIPTIONS RELIGIEUSES

III

Trois monuments peuvent être classés dans cette série.

Le premier, qui se trouve au Musée de Dax, est un autel votif en
marbre blanc, avec base et couronnement, dédié à Jupiter, trouvé en
1843 dans les fondations des remparts Est de Dax, et publié par
MM. Dompnier et Pédegert. En dessous, il existe un trou carré qui a
servi pour le sceller sur un piédestal aujourd'hui disparu.

Hauteur de l'autel : 0 m. 70 c. ; largeur 0 m. 22 c. au milieu du dé ;
et 0 m. 29 c. à la base et au chapiteau. L'épaisseur n'est pas régulière ;
elle est de 0 m. 24/26 c. dans le bas et dans le haut, et de 0 m. 21/22 c.
au milieu. Le dé a 0 m. 28 c. de hauteur. Enfin les lettres ne sont pas
très régulières et varient de 33 à 38 millimètres.

. I . O . M .

M . S I L . VA .

. N I . V S .

. S I L . V I .

. N V S .

. V . S . L . M .

Les lettres V et A de la deuxième ligne sont liées. Le S de la cinquième est très petit et placé de travers. Les lettres n'ont pas une forme très pure. Chaque syllabe est placée entre deux points en forme d'étoiles triangulaires.

Jovi optimo, maximo, Marcus Silvanius Silvinus, Votum solvit libens merito.

« A Jupiter très bon, très grand, Marcus Silvanius Silvinus, avec » reconnaissance en accomplissement de son vœu. »

J'avais cru pouvoir faire remonter cette inscription au Ier siècle. Mais M. Allmer la déclare postérieure, se basant sur la forme des lettres qui n'est pas très pure ; sur l'O de la première ligne qui n'est pas parfaitement circulaire ; sur la mauvaise forme des S ; sur le V et l'A qui sont liés ; et enfin sur le nom gentilice *Silvanius* formé d'un *cognomen*, probablement par suite d'affranchissement. Il faudrait donc faire redescendre cet ex-voto au IIIe siècle.

IV

Le deuxième monument religieux est un autel votif en calcaire, trouvé, il y a une quinzaine d'années, dans les murailles sud de Dax, et faisant maintenant partie du Musée de Dax. (Il a été publié par M. Dompnier.)

Cet autel est en forme de dé surmonté d'une corniche saillante, au-dessus de laquelle est un fronton triangulaire orné d'une volute à chaque coin, du côté de la face. Le dé est tronqué à sa base.

Hauteur du fragment 0 m. 30 c. sans compter les ornements du fronton. Largeur 0 m. 21 c. au milieu du dé, et 0 m. 19 1/2 c. au fronton. Epaisseur 0 m. 14 c. au milieu, et 0 m. 12 c. au fronton. Hauteur des lettres 40 millimètres.

T V T E L A E .
S A N C T I S S
C H R Y S A N ...

. . . .

Le C de la troisième ligne est mutilé ; on n'en voit que le haut. La fin de cette même ligne est brisée, et devait contenir une lettre de plus qui était certainement un T. Enfin, le reste de l'inscription manque.

Le point de la première ligne est en forme d'étoile triangulaire. Les T sont coiffés d'une barre courbe se terminant à chaque bout par un crochet relevé à droite et baissé à gauche. Les S sont maigres; l'Y est fin et mince, et son délié sort au-dessus de la ligne, en formant le demi-cercle. Toutes ces lettres ont, du reste, une forme mince, grêle, élancée; elles sont extrêmement resserrées.

Tutelae sanctissimae, Chrysan(thus).......

« A Tutelle très sainte, Chrysanthus....... »

Cet autel a été érigé à la déesse Tutelle (Tutela), par Chrysanthus, qui, comme l'ont très justement observé MM. Allmer, Mowat et Lavergne, devait être un affranchi, car ces noms Grecs indiquaient toujours des esclaves. Le nom de *Chrysanthus* n'est pas nouveau en épigraphie; nous en trouvons trois exemples dans Wilmanns (1), deux avec le nom au génitif et au datif, écrit : *Chrysanthi* et *Chrysantho,* et le troisième au datif, écrit : *Chrysanto.*

La déesse *Tutela*, à laquelle cet autel fut élevé, était une divinité qui, quoique honorée dans d'autres pays, semble cependant l'avoir été plus particulièrement dans notre contrée, suivant l'opinion de M. Charles Robert. En effet, dans le Sud-Ouest de la France, on a trouvé des monuments portant le nom de Tutela dans les villes suivantes : Agen, Auch, Bagnères-de-Bigorre, Bordeaux, Dax, Eauze, Le Mas d'Agenais, Périgueux, Poubeau (Haute-Garonne), etc. A Bordeaux, la dévotion à Tutela semble même avoir été très grande, car à Bordeaux comme à Périgueux, la déesse avait un temple. Dans le département du Gers, nous trouvons un petit village, Tudelle, dont le nom indique que ce bourg doit son origine au culte de la déesse Tutelle.

Comme nous l'avons dit plus haut, en dehors de cette contrée, on a trouvé des autels et des inscriptions à Tutela dans diverses villes, mais peu nombreuses : à Lyon, à Brescia, à Pérouse, à Rome, etc.

La déesse Tutela, qui est ici qualifiée de *très sainte*, était le génie, la divinité tutélaire, le *genius loci* de la ville où on l'honorait; c'était donc en réalité une divinité propre à chacune de ces villes, et quoique portant le même nom général partout, elle était différente dans chaque ville où son culte était établi, et elle avait même un nom distinct qu'on cachait soigneusement, se contentant de l'appeler du nom général : « *Tutela.* » C'est donc à la très sainte *Tutela d'Aquae Tarbellicae*, à la

(1) Gustavus Wilmanns. — Exempla Inscriptionum Latinarum.

divinité tutélaire de Dax, au génie bienfaisant, protecteur spécial de la cité des *Tarbelli*, que l'affranchi *Chrysanthus* a érigé ce monument votif. Cet autel à une divinité spécialement Dacquoise doit par conséquent nous offrir un intérêt tout particulier.

V

La troisième inscription religieuse ne figurait pas parmi celles que j'ai publiées précédemment. Cette inscription a été donnée par M. l'abbé Dutiné dans la *Revue de Gascogne* (Tome XX. 1879, pages 280 à 282.)

D'après la description de M. Dutiné, on aurait trouvé à une époque qu'il ne précise pas, mais qui serait récente, dans une excavation remplie de débris, une pierre calcinée portant une inscription ; l'excavation était située entre le mamelon sur lequel est bâtie l'église de St-Michel-de-Gieure, et le pont de l'Yjoure.

Or, comme l'auteur le fait très bien remarquer, St-Michel-de-Gieure (Landes), autrefois St-Michel-de-Yjoure, tire son nom de *Jovis ara* (autel de Jupiter). D'après la tradition, un temple de Jupiter a existé sur le mamelon et fût remplacé par l'église actuelle. St-Michel, qui n'est actuellement qu'une bourgade composée d'une église et de trois maisons, fût sans doute un bourg important ou peut-être un lieu d'assemblée pour les populations Tarbelliennes, comme Sanxay le fût pour les Pictons. Ce qui donnerait lieu de le supposer, c'est qu'actuellement encore des foires, des assemblées importantes se tiennent tous les ans dans ce hameau de trois maisons, et y réunissent quelques milliers de personnes qui arrivent de tous les points du Marensin. Tous les ans, à la St-Michel, s'y tient une assemblée où on vient de tout le pays pour louer des domestiques.

Pourquoi de telles réunions qui sont encore considérables aujourd'hui, mais qui l'ont été bien plus, il y a un demi-siècle, pourquoi ont-elles lieu dans une si infime bourgade, perdue au milieu des bois, dans un pays triste et désolé, loin de tous les villages habités et n'ayant pas de voies de communication praticables avec le reste du pays ? Pourquoi ?

Une seule raison me paraît possible. C'est parce que St-Michel a dû être autrefois, à l'époque Gauloise, un centre d'une certaine importance, un lieu d'assemblée pour un ou plusieurs peuples de la Novempopulanie ;

que sous la domination Romaine, un temple à Jupiter y fût élevé, remplaçant sans doute un autel consacré aux divinités dont les druides étaient les ministres ; et que les assemblées continuèrent à s'y tenir pendant des siècles, assemblées qui étaient tout à la fois politiques et religieuses, où se rendait la justice et où se traitaient les affaires commerciales, et dont les jeux du cirque étaient l'accompagnement obligé. Peut-être même le marché des domestiques qui s'y tient actuellement a-t-il remplacé l'ancien marché des esclaves ? Plus tard, St-Michel déchût de son importance, mais l'habitude de s'y réunir se perpétua de siècle en siècle, et maintenant qu'il est réduit à trois maisons, la force de la tradition est telle que les paysans Landais viennent encore de dix ou quinze lieues à la ronde y continuer les assemblées qu'y tenaient leurs aïeux les Aquitains.

La tradition veut du reste, d'après l'abbé Dutiné, que St-Michel ait été la ville la plus importante du Marensin. (1)

Je ne sache pas qu'on y ait jamais trouvé trace d'antiquités sauf la pierre qui nous occupe ; mais, suivant M. Dufourcet, une voie Romaine passait à peu de distance.

Je ferai remarquer que St-Michel n'est pas le seul hameau du Marensin qui, malgré son peu d'importance, soit un lieu de réunion. Il existe une autre bourgade du même genre, ne se composant que d'une église et d'une auberge. Ce hameau appelé Bourricos, est situé à 1,500 mètres des forges de Pontenx (Landes). Là aussi, tous les ans à la Saint-Jean, a lieu une assemblée où on accourt de tous les points du Marensin.

A Bourricos, comme à St-Michel, ces assemblées nous indiquent un ancien centre Gaulois. Dans l'un comme dans l'autre nous trouvons d'anciennes fontaines sacrées ; celle de Bourricos s'appelle la fontaine de St-Jean, et depuis le christianisme elle est devenue fontaine miraculeuse. Celle de St-Michel est à quelque distance du bourg et s'appelle la fontaine de St-Pierre ; elle est au milieu des bois et on l'a convertie en puits avec une chaîne et un seau à l'usage des voyageurs ; devant le puits on a établi un tronc pour les aumônes, tronc primitif fait d'un tronc d'arbre fiché en terre et muni d'une cavité solidement fermée et cadenassée ; au-dessus du tronc, une croix en fer du XIVe siècle. Le tout est abrité par un toit. Cette construction en a

(1) M. Dufourcet m'a même assuré ces jours-ci que St-Michel était encore au siècle dernier le siège d'un archiprêtré.

remplacé une autre plus ancienne, car tout autour on trouve des fondations de murs Romains.

Mais revenons à la pierre de St-Michel. Voici, d'après M. l'abbé Dutiné, l'inscription qui existait sur cette pierre :

O V I . O M . E T   G E N

A U G   S A C R V M

F I G V L I

M. Dutiné a reconnu qu'il y avait des lacunes causées par les cassures de la pierre ; il croit lire **CL.** avant **AVG.** En conséquence, il propose de rétablir ainsi l'inscription :

I O V I . O . M . E T . G E N I O

C L . A V G V S T I . S A C R V M

F I G V L I

Jovi optimo, maximo, et Genio Claudii Augusti, sacrum figuli.

« A Jupiter, très bon, très grand, et à la divinité de Claude Auguste » (ont dressé) ce *sacrum* les *figuli*. »

Ce serait donc, suivant M. Dutiné, un temple érigé à Jupiter et au Génie tutélaire de Claude par les Potiers (*figuli*) de St-Michel.

Cette inscription ne me satisfaisant pas complètement, telle que M. Dutiné l'avait publiée, j'ai voulu la voir pour éclaircir certains doutes que m'inspirait la lecture de M. le curé de Linxe. Mais, ayant pris des renseignements, j'appris que l'inscription avait disparu.

Mon excellent collègue, M. Dufourcet, et moi, nous nous décidâmes alors à aller à sa recherche ; malheureusement toutes nos démarches furent infructueuses. Nous acquîmes la certitude que personne dans le pays, sauf M. l'abbé Dutiné, n'avait jamais vu cette inscription, ni n'en avait jamais entendu parler. M. le curé de Léon (duquel dépend l'église de St-Michel), nous affirma que depuis une douzaine d'années qu'il était à Léon, jamais il n'avait vu la pierre signalée par M. Dutiné, et qu'elle avait disparu avant son arrivée à Léon. Cependant, M. Dutiné l'a vue et décrite en 1879 ; il est vrai qu'il ne dit pas s'il l'a vue à St-Michel ou ailleurs. Qu'est-elle devenue ? Depuis quand a-t-elle disparu ? Malgré l'enquête minutieuse à laquelle nous nous sommes livrés, M. Dufourcet et moi, il nous est impossible de répondre à ces questions.

Cette inscription qui n'a été vue que par M. l'abbé Dutiné, a-t-elle réellement existé ? C'est possible, mais est-elle authentique ? M. le curé de Linxe n'aurait-il pas été induit en erreur ? Et si l'inscription a existé et est authentique, a-t-elle été bien lue ? Loin de nous la pensée de douter de M. l'abbé Dutiné, dont la bonne foi est indiscutable, mais il peut avoir fait erreur, et comme l'inscription a disparu sans qu'aucun estampage en ait été pris, il est impossible de contrôler sa lecture.

L'inscription de St-Michel-de-Gieure est du plus haut intérêt pour notre contrée, et il serait bien désirable qu'on la retrouvât. Peut-être au lieu du *Genius* du divin Claude, est-ce au *Genius loci* de St-Michel qu'elle est dédiée, et dans ce cas il serait fort intéressant de connaître l'ancien nom de ce bourg ?

Attendons patiemment, et peut-être pourrons-nous plus tard éclaircir cette question.

INSCRIPTIONS FUNÉRAIRES

VI

J'ai classé cette inscription dans la catégorie des Funéraires, mais j'avoue qu'elle pourrait peut-être tout aussi bien rentrer dans les inscriptions publiques, le peu qui en subsiste ne m'ayant pas permis d'acquérir une certitude à cet égard.

C'est un fragment en calcaire blanc saccharroïde orné d'une belle et large moulure. Ce débris, qui est cassé en deux parties, a 30 c. de hauteur sur 28 c. de largeur ; l'épaisseur actuelle est de 13 c., mais elle a été réduite.

Ce fragment a été trouvé par M. le docteur Gaye à Serres-Gaston (Landes), dans un terrain où a existé une villa Romaine ; des quantités de débris de toute nature indiquant une riche et luxueuse habitation, ont été exhumés en cet endroit ; on y a découvert des fûts de colonnes et des chapiteaux en marbre blanc, des marbres de couleur, des mosaïques, des poteries, des monnaies Romaines, une meule, etc. etc., M. Gaye y trouva même un charmant petit groupe en marbre blanc représentant Andromède victime de la jalousie de Junon (1).

(1) Les Ruines de Serres-Gaston, par M. Léon Martres (Bulletin de la Société Archéologique du Midi de la France).

Cette inscription est actuellement au Musée du Collège de Dax, dont le savant organisateur, le P. Labat, s'occupe avec un zèle si digne d'éloges. Nous ne possédons de ce morceau que la fin des deux dernière lignes : (1)

. . . .
. . . . O S .
. . . . . MA I I S

A la première ligne, le S est couché ; la ligne est terminée par un point triangulaire. A la deuxième ligne, on voit sur la cassure le reste d'un S couché ; puis un point triangulaire plus petit que celui de la ligne précédente. L'A n'est pas barré. Les lettres de la deuxième ligne ont environ 05 cent.

Le Père Labat a vu très distinctement un C avant OS, lorsque cette pierre était fraîchement exhumée, mais depuis elle s'est effritée, et le C a disparu dans la cassure. Ceci ne nous étonne pas, car le mot COS. est celui qui se présente le plus naturellement à l'esprit, quand on veut rétablir cette inscription.

Quant à la seconde ligne, elle doit se lire ainsi :

(C A L E N D I) S . MA I I S
ou (K A L E N D I) S ., ou (N O N I) S ., ou I D I B V) S .

C'est donc très probablement l'épitaphe d'un consul (COS.) ou d'un proconsul (PROCOS.) décédé aux Calendes, aux Nones, ou aux Ides de Mai.

Peut-être cependant serait-ce une inscription publique relatant une grâce, un fait, un événement dû à........ consul ou proconsul, le dit événement arrivé aux Calendes, aux Nones ou aux Ides de Mai ?

Le doute est possible, mais la première interprétation nous paraît plus probable.

VII

Epitaphe en marbre blanc, brisée en huit morceaux, sans parler de ceux qui manquent, trouvée il y a quelques années dans la maçonnerie

(1) Le dessin est dû à M. Collard.

du rempart Est de Dax et déposée au Musée de Dax. Hauteur 0 m. 33 c.; largeur 0 m. 59 c. ; épaisseur 0 m. 03 c. (1)

. . A E M I L I V S . P L A

C I D V S . P O M P A E L O

N E N S I S . A N . X .....

H . S .   E ST

Les lettres sont belles et profondes, et appartiennent à la meilleure des époques, celle des Antonins. Leur dimension varie suivant les lignes ; elle est de 64 millimètres à la première ligne, de 53 mil. à la seconde, de 50 mill. à la troisième, et de 40 mill. à la quatrième. L'inscription n'a pas d'encadrement, ou, si elle en a eu un, il a été brisé.

Le H est barré de travers de bas en haut. Les O sont ronds. Au lieu de point, la marque de séparation est un creux irrégulier et grossièrement fait, traversé par une ligne brisée. Cependant le point qui sépare le H du S est différent, et a la forme d'un crochet à longue queue.

A la première ligne, il y a, avant Aemilius, la place d'une lettre, initiale du prénom. Malheureusement la plaque est brisée à cet endroit. A la troisième ligne, le X est suivi du bas soit d'un second X, soit d'un L, soit d'un I ; le reste de la ligne est brisé. Mais d'après la longueur de la ligne précédente, on peut se rendre compte à peu près du nombre de chiffres nécessaire pour remplir la troisième. Or, si le X était suivi d'un I, l'âge du défunt ne pourrait varier que entre XI et XIV ans ou XIX ans, ce qui ferait un nombre de chiffres insuffisant pour le vide à combler : j'écarte donc la supposition de l'I, et je crois que le deuxième chiffre est un second X ou un L, de façon que l'âge d'Aemilius Placidus n'a pu être moindre que XXIII ou XXIV ans, ni plus élevé que XLIX ans.

La quatrième ligne a été mutilée au commencement et à la fin, mais je crois qu'il n'y manque aucune lettre.

Cette inscription doit donc se lire ainsi :

... Aemilius Placidus Pompaelonensis annorum X........ Hic situs est.

« Aemilius Placidus, citoyen de Pampelune, âgé de........... ans. Ici » repose. »

(1) M. Dompnier, dans ses Chroniques, et M. R. Pottier, dans le Bulletin Monumental, en ont tous deux donné une description.

Notre inscription nous apprend donc qu'un citoyen de Pampelune, dont le *prænomen* reste inconnu, mais qui nous a laissé son *nomen* et son *cognomen*, *Aemilius Placidus*, est venu mourir à Dax, dans un âge qui peut varier entre 23 et 49 ans. Comme l'a fait remarquer M. Lavergne dans la *Revue de Gascogne*, Dax était en relation avec Pampelune par la voie *ab Asturica Burdigalam*, indiquée dans l'itinéraire d'Antonin.

VIII

Une autre épitaphe funéraire gravée sur un bloc de marbre blanc lamelleux et micacé qui paraît être celui de Louhossoa (Basses-Pyrénées), suivant M. Thore. Ce monolithe était placé, il y a une douzaine d'années, en face de la fontaine de l'Hôtel-de-Ville de Dax, où il servait à poser les cruches, après avoir été utilisé autrefois comme pilori ; le sommet en avait été arrondi et les côtés en avaient été retaillés en forme de pilier cylindrique. (1)

En le déterrant, on s'aperçut que ce pilier était le bas d'un socle qui avait été retourné pour la destination que je viens d'indiquer. M. Hector Serres, alors Maire de Dax, le fit enlever et transporter dans la cour de l'Hôtel-de-ville pour le préserver de toute détérioration nouvelle. Il a enfin été installé depuis peu dans le Musée de Dax.

Ce socle aplati sur le dessus pour recevoir un buste, se compose de deux parties :

La partie supérieure forme un encadrement au milieu duquel on lit :

$$M\ O\ N\ V\ M\ E\ N\ T\ U\ M$$
$$-\ R\ E\ P\ E\ R\ T\ V\ M\ -$$
$$25\ IVNII$$
$$-\ 1737\ -$$

« Monument retrouvé le 25 Juin 1737. »

L'encadrement inférieur séparé de l'autre par une grosse moulure en saillie, porte la véritable inscription du monument :

$$V\ A\ L\ ^x\ P\ R\ I\ S\ C\ \AE$$
$$S\ E\ X\ .\ V\ A\ L\ E\ R\ ^x$$
$$E\ \dots\dots\ V\ \dots\ F\ .$$

(1) M. Dompnier l'a décrit.

Valeriae Priscae, Sextus Valerius (et ......? Valerius) F(ilii).

« A Valeria Prisca, Sextus Valerius et ......? Valerius, ses fils. »

Les deux premières lignes sont parfaitement lisibles et en dehors de toute contestation. Mais la lecture de la troisième ligne n'est pas aussi certaine. L'E est hors de doute, mais le V est contesté par M. Duverger, et la dernière lettre que je regarde comme un F, a été considérée par M. Duverger comme étant un T. Aussi est-ce cette dernière lettre qu'il a reproduite sur son dessin.

Les points sont dans le bas des lignes. Le petit x de la première ligne et celui de la deuxième (que M. Allmer croit modernes), sont d'après moi parfaitement de l'époque, et seraient une marque abréviative. L'A et l'E de la première ligne sont liés.

Les lettres sont régulières et d'une bonne forme indiquant une époque ancienne que rappelle aussi la sculpture de l'encadrement ; je serais disposé à assigner à cette inscription comme dernière limite, la fin du du II° siècle.

La hauteur totale du monument est de 1ᵐ30. La hauteur de l'inscription antique est de 0ᵐ35 c, et sa largeur de 0ᵐ55 c. La hauteur du fronton est de 0ᵐ22 c. et sa largeur de 0ᵐ46 c. L'épaisseur du bloc est de 0ᵐ48 c. au milieu, et de 0ᵐ40 c. au fronton. Les lettres ont 42 à 44 millimètres de haut.

Le sommet est percé de deux trous carrés destinés à sceller le buste de Valeria Prisca qui devait surmonter le monument. Enfin j'ajouterai qu'une seconde inscription antique a dû exister à la place occupée actuellement par celle de 1737, car cette place ne me semble pas avoir été destinée à rester vide ; elle est trop bien disposée pour cela, et je crois y voir encore des traces de moulures qu'on aurait enlevées. Il est probable que, lors de l'exhumation du monument en 1737, on aura trouvé ce fronton fruste ou à peu près, et on l'aura poli pour y mettre l'inscription actuelle.

Nous voyons par l'inscription moderne que ce bloc antique avait déjà été perdu une première fois, et retrouvé le 25 juin 1737, mais aucun document ne nous en parle, et nous ignorons en quel lieu il fut retrouvé la première fois. Nous ne savons pas davantage par suite de quelle mauvaise inspiration on l'ensevelit de nouveau volontairement à moitié, en retaillant l'autre partie pour la consacrer à un usage aussi vulgaire. Il faut espérer que les vicissitudes du monument de Valeria Prisca sont terminées, et qu'après avoir été tour à tour monument funéraire, pilori et borne servant à poser les cruches, il trouvera désormais dans notre Musée un abri définitif.

Mais nous ne saurions trop blâmer la détestable idée qu'on a eue en 1737 de graver sur ce monument une inscription moderne qui le défigure. Le graveur de cette époque a même eu la malencontreuse inspiration de repasser les lettres Æ de la 1re ligne, qui étaient sans doute en mauvais état ; il les a refaites à neuf. C'est encore lui qui a placé sur l'I de PRISCAE, un point qui lui semblait sans doute avoir été oublié par le premier artiste. M. Allmer l'accuse en outre d'avoir ajouté les deux croisillons de la première et de la deuxième ligne, et le point circulaire de cette dernière. Je crois devoir l'en défendre ; comme je l'ai dit plus haut, les croisillons me semblent parfaitement antiques ; quant au point circulaire de la 2e ligne, il est si fruste, si abîmé qu'on ne sait trop s'il a toujours été circulaire, si même il n'a pas été fait accidentellement ; en tout cas il serait plus ancien que la réparation de 1737.

J'ajouterai que le nom de *Valeria* est un *nomen gentilicium* qui semble avoir été très répandu dans notre contrée, car on en a rencontré de nombreux exemples. Quant au *cognomen Prisca*, M. Lavergne l'a déjà signalé à Auch et à Périgueux.

IX

M. Dufourcet m'a communiqué une note qu'il a trouvée dans les manuscrits inédits de M. J. Thore, médecin en chef de l'hôpital militaire de Dax, sous le premier Empire.

Voici cette note :

« En creusant la terre à côté des fondements de la porte Notre-Dame » (porte située à l'ouest de Dax et conduisant au pont), on trouva » une grande pierre de marbre blanc sur laquelle on lisait un reste » d'inscription ainsi conçue : »

C.......... E R I V S . S I L V A N V S

M. Thore ne donne pas d'autres explications sur cette trouvaille, mais d'après le dessin dont il l'accompagne, nous voyons que le nom de *Silvanus* est suivi d'un cœur traversé par un tronçon d'épée ou de flèche. Le C n'est pas complet, on n'en voit que le haut ; il en est de même de l'E et du R. Il en résulte que le C pourrait être un G, que l'E se changerait facilement en un F ou un T, et que le R pourrait se lire B ou P

Cependant, d'après ce qui reste, la lecture la plus naturelle me semble devoir être :

C. VALERIVS. SILVANVS

Ce qui rattacherait cette épitaphe à celle de la *gens Valeria* que nous venons de citer.

Ce monument est actuellement perdu.

X

Il est utile de signaler à la suite des neufs monuments trouvés dans les Landes, trois autres inscriptions qui s'y rattachent. Quoiqu'elles n'aient pas été découvertes dans notre département, toutes trois ont trait à des citoyens de Dax, tous membres de cette même *gens Valeria* dont on a trouvé à Dax même deux monuments.

Ces trois inscriptions ont été publiées par M. Allmer dans la *Revue Epigraphique du Midi de la France* (N° 11. Octobre à décembre 1880). C'est à cette Revue que je vais les emprunter.

La première devrait être classée parmi les inscriptions religieuses, car elle se trouve sur un autel en marbre avec base et couronnement, incomplet en haut, trouvé à Laplume (Lot-et-Garonne) et actuellement au Musée d'Agen. L'inscription est renfermée dans un encadrement de moulures. Hauteur 0ᵐ80 c. ; largeur 0ᵐ30 c.

L · VALER
COMMV
NISCIV
AQVEN
SIS · AED
CVM · SVo
SIGN · EX
VOTO · PO
SVIT
V · S · L · M

Les A non barrés ; le G de SIGN, à la septième ligne, terminé en spirale.

L. Valerius Communis, civis Aquensis, aedem cum suo signo ex voto posuit. Votum solvit libens merito.

« Lucius Valerius Communis, citoyen d'Aquae, a fait faire, en
» accomplissement de son vœu, ce temple avec cette statue du dieu.
» Avec reconnaissance en accomplissement de son vœu. »

Il s'agit donc d'un citoyen de Dax nommé Lucius Valerius Communis, qui, sur l'emplacement actuel de Laplume, érigea un temple à une divinité dont nous ignorons le nom.

XI

Le second monument est une inscription funéraire sur un cippe à fronton triangulaire conservé au Musée de Bordeaux :

<pre>
        D   .   M
     V A L . F E L I C I S
     C . AQ . DEF . ANN
     X X X X . V I C T O R I
     N A   .   C O N I V N X
     P . C . ET . SVB . ASC
       D E D I C A V I T
</pre>

Diis Manibus Valerii Felicis, civis Aquensis, defuncti annorum XXXX, Victorina conjux, ponendum curavit, et sub ascia dedicavit.

« Aux Dieux Mânes de Valerius Felix, citoyen de Dax, mort à l'âge
» de 40 ans, Victorina, sa femme, a fait faire ce tombeau et l'a dédié
» sous l'ascia. »

Les deux N de ANN sont liés ; les deux dernières lettres de DEDICAVIT sont liées également ; toutes les lettres sont d'une belle forme, indiquant une bonne époque ; les points sont en forme de feuille de lierre renversée.

Le fronton est orné d'un soubassement de moulures et d'une antéfixe à chaque coin ; le haut du fronton est cassé. Le piédestal est également orné de moulures, et muni de deux entailles pour sceller le monument.

Sur le côté gauche du cippe se trouve gravée une ascia couchée, la tête vers le devant, la pioche dessous.

Hauteur du cippe, fronton compris : 1 m. 25 ; largeur 0 m. 55 c. ; à la base et au fronton 0 m. 70 c ; épaisseur : 0 m. 35 c. ; du fronton 0 m. 43 c. Hauteur des lettres D.M. 65 millimètres ; les autres lignes ont 40 à 42 millimètres.

XII

Enfin le dernier monument est l'épitaphe de cette même Valeria Victorina, également inscrite sur un cippe à fronton triangulaire conservé au Musée de Bordeaux :

```
  D              ( M )
    E T    .    M
  V A L . VI C T O R I
  N A E . C I V . A Q V
  D E F . A N N . L X
  FILI . EIVS . P . C . ET
  S V B . A S C I A . D E D
```

Diis Manibus et Memoriae Valeriae Victorinae, civis Aquensis, defunctae annorum LX, filii ejus ponendum curaverunt, et sub ascia dedicaverunt.

« Aux Dieux Mânes et à la Mémoire de Valeria Victorina, citoyenne » de Dax, morte à l'âge de 60 ans, ses fils ont fait faire ce tombeau, et » l'ont dédié sous l'ascia. »

Les lettres D. (M) de la première ligne se voient sur les antéfixes aux côtés du fronton, dont le champ, bordé de moulures crénelées, contient au centre un croissant de lune aux cornes relevées ; l'antéfixe de droite est cassée ; par derrière, deux autres antéfixes ; le ET et le M, initiale du mot MEMORIAE, occupent la platebande de la corniche, élégamment supportée par des modillons. Le piédestal est orné de moulures et muni de deux entailles pour sceller le monument.

Les points sont triangulaires ; la sculpture et la forme des lettres indiquent une bonne époque.

Sur le côté droit du cippe se trouve gravée une ascia debout, la tête en haut, la pioche vers le fond.

Hauteur, fronton compris, 1ᵐ10 c. Largeur 0ᵐ58 c. ; du fronton 0ᵐ73 c. ; épaisseur 0ᵐ43 c. ; du fronton 0ᵐ47 c.

Hauteur des lettres D. M. 50 millimètres ; E T. M. 55 millimètres ; les autres lignes ont 35 à 40 millimètres. Le croissant à 10 c. de hauteur sur 13 c. de largeur.

Nous voyons ici les épitaphes des deux époux Valerius Felix et Valeria Victorina tous deux citoyens de Dax, morts successivement à Bordeaux. Tous deux, ainsi que Lucius Valerius Communis, appartiennent évidemment à la même famille que Valeria Prisca et son fils Sextus Valerius, dont nous possédons le monument à Dax. C'est encore à cette même famille que se rattache C. Valerius Silvanus dont l'inscription porte le n° IX.

Ces six personnages, s'ils ne sont pas contemporains, doivent appartenir du moins au même siècle, d'après l'identité de forme des lettres et des sculptures.

MARQUES DE POTIERS

Dresser la liste des marques de potiers trouvées dans le département est par malheur chose bien facile et bien vite faite. Je ne connais que six marques recueillies dans les environs de Dax, mais il faut dire aussi que personne ne s'est occupé de les conserver, et que très-probablement, beaucoup de débris de poteries signées ont été trouvés qui ont été jetés ou détruits par des personnes indifférentes. L'attention étant appelée sur ces monuments intéressants, j'espère que nous arriverons à en dresser une liste aussi considérable que partout ailleurs. Quoiqu'il en soit, voici les six marques recueillies dans nos environs :

1° ...... A N T. M ou ...... A V T. M sur un fragment de brique trouvé dans les démolitions des remparts de Dax. Les trois premières lettres sont réunies et forment un monogramme ; le point est dans le haut de la ligne. Le tout est inscrit dans un petit encadrement dont le commencement est brisé.

2° IVLI . ANCHI dans un joli encadrement dentelé se terminant par des queues d'aronde grillées. Cette marque est sur un fragment de brique trouvé à Gouts (Landes). Le V et le L sont liés ; le point est en forme de delta plein. Les lettres sont très-belles, grandes, larges, pleines et d'une forme parfaite.

Ces deux briques appartiennent au Musée de Dax.

3° et 4° G. F. M sur deux fragments de briques provenant de l'aqueduc gallo-romain de St-Paul-lès-Dax, et appartenant à M. du Boucher.

5° IVL . F . sur un débris de poterie samienne trouvé par M. du Boucher à Gouts (Landes).

6° Λ I en caractères cursifs, sur un petit pot en terre rougeâtre à pâte fine, à rebords et sans anse, trouvé dans l'ancien cimetière de St-Vincent-de-Xaintes (Landes), et déposé au Musée de Dax. Cette marque est répétée trois fois sur le haut du vase ; elle se compose d'un V renversé ou d'un A sans barre, posé à cheval sur un grand I, le tout gravé à la pointe avant la cuisson.

Les quelques marques recueillies ne peuvent pas avoir été seules, et sont un encouragement à faire de nouvelles recherches qui seront certainement couronnées de succès.

Nous avons dans le département des Landes assez de villes Romaines, de bourgs, de stations, de restes de villas, etc., pour que des fouilles bien dirigées enrichissent notre Musée de nouvelles inscriptions antiques et de poteries signées.

Em. TAILLEBOIS,

Archiviste de la Société de Borda.

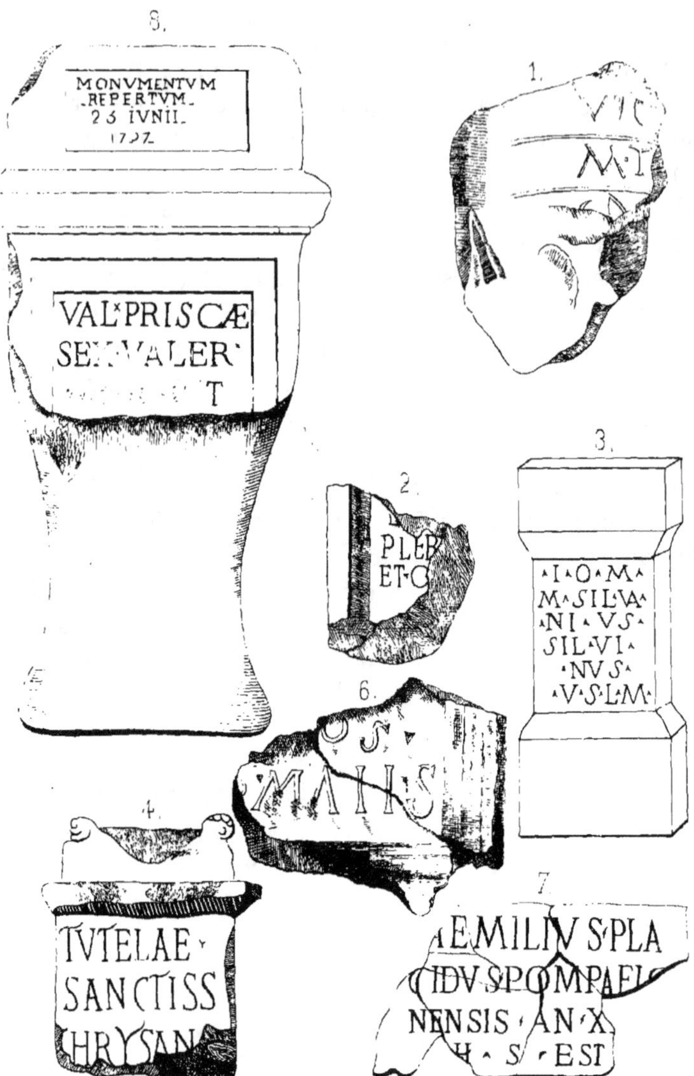

INSCRIPTIONS GALLO-ROMAINES

DÉCOUVERTES DANS LE DÉPᵗ DES LANDES

L'ÉGLISE DE SAINT-PAUL-LÈS-DAX

ET

SON ABSIDE ROMANE

Messieurs,

Le petit plateau sur lequel est bâtie l'église actuelle de St-Paul paraît avoir été consacré au culte depuis les temps les plus reculés de notre histoire locale.

A l'époque Gallo-Romaine, pas plus qu'aujourd'hui, Dax si riche en eaux thermales, ne possédait aucune source froide ; on dût en chercher une au dehors et on choisit celle qui fut appelée plus tard, fontaine de la Médaille et qui existait à un quart de lieue de la ville, sur la hauteur, où a été construite, depuis, une église dédiée à St-Paul ermite. (1).

Les eaux de cette fontaine furent conduites au moyen d'un aqueduc traversant les prairies basses qui séparent les coteaux de St-Paul de la rivière.

Oïhénart parle, *dans sa Notitia utruisque Vasconiœ*, des restes de cette conduite d'eau : « Supersunt in Suburbano trans atturum omnem « (quà ad D. Pauli Basilicam itur) reliquiœ veteris aquœ ductus. »

Tous les auteurs anciens et la tradition nous ont conservé le souvenir de cet aqueduc qui était formé d'arches en briques, et recouvert de dalles, de pierre calcaire, larges de six pieds. D'après M. Dompnier de Sauviac, on voyait encore, il y a à peine un siècle, dans les prairies du Sablar de *Vieux piliers en briques.*

Enfin, il y a une cinquantaine d'années, des travaux de déblai, exécutés dans le jardin de la maison Truol, situé sur la pente du coteau

---

(1) Dompnier de Sauviac. — Chroniques de la cité et du diocèse d'Acqs. — Tome I, page 76. (Dax — Campion — 1874).

de St-Paul, firent découvrir des substructions, fort anciennes, dans lesquelles notre collègue, M. Hector Serres, reconnut facilement la canalisation souterraine de l'antique conduite d'eau.

Non loin de la source de la Médaille, s'élevait un sacellum, petit temple fermé, mais sans toit, dans lequel on lisait encore du temps d'Oïhénart (La notitia a été écrite en 1638), une inscription latine, gravée sur une pierre, rappelant, très probablement, le nom du magistrat qui avait ordonné la construction de l'aqueduc : « nec procul inde in quodam » sacello antiquus lapis Romanis litteris inscriptus. »

Dès la fin du IVe, ou le commencement du Ve siècle, le sacellum payen dût vraisemblablement être remplacé par un premier temple chrétien, ayant comme tous ceux de cette époque, sa confession, ou sainte grotte, renfermant les tombeaux de quelque martyr.

Nous trouvons la preuve de l'existence à St-Paul, d'une crypte primitive, et dans divers auteurs et dans la tradition.

La grande géographie de Büsching, traduite de l'allemand, à Strasbourg, en 1786, contient le curieux passage suivant qui termine l'article relatif à la ville de Dax :

« Derrière l'Eglise de St-Paul située à une très-petite distance de « l'Adour, à l'opposite de la ville, est une spélunque, ou caverne voûtée, « qui renferme trois tombeaux de marbre antique, qu'on a regardés « comme merveilleux à cause d'une certaine mesure d'eau qui s'y « trouve constamment. *Les auteurs philosophes en attribuent la cause* « *au flux de la mer qui n'en est éloignée que de 5 lieues et qui doit* « *y communiquer par des voies souterraines et des espèces d'aqueducs* « *spongieux.* »

Le dictionnaire de l'Abbé Expelly (1764) donne à peu près la même légende et ajoute même que le niveau de l'eau s'élevait dans les tombes au moment de la pleine lune, et qu'il était très bas à la nouvelle lune.

Ces deux citations ne font, du reste, que reproduire la tradition qui, nous le verrons tout à l'heure, va encore plus loin que les philosophes du siècle dernier.

La spélunque n'existe plus, on ne sait pas, au juste, à quelle époque elle a été détruite, mais les sarcophages qu'elle renfermait, peuvent se voir, au moins deux, l'un dans la cour du presbytère, l'autre chez M. Pétrau, à l'ancienne gare du chemin de bois.

Ils sont, tous les deux, en beau marbre blanc des Pyrénées, et ressemblent par leur forme à ceux trouvés, en 1854, par M. Dompnier de

Sauviac, dans le cimetière de St-Vincent-de-Sentes. (1) Ils ne présentent, ni sculptures, ni inscriptions ; l'un d'eux a seulement sur ses quatre angles, de petites colonnes fort simples. Il serait difficile d'assigner une date exacte à ces tombeaux, mais on peut, sans trop de témérité, dire qu'ils sont Mérovingiens, ou tout au moins Carlovingiens. Le second est à peu près semblable à celui qui est sculpté sur l'un des bas-reliefs de l'abside, il paraît, cependant, un peu plus ancien.

La persécution Visigothe, qui à la fin du V⁰ siècle, ne laissa pas pierre sur pierre de toutes les églises de la contrée, ne dût pas épargner celle qui recouvrait le Martyrium dont nous venons de parler, pas plus que celle qui se trouvait dans un autre faubourg de Dax, et qui contenait le tombeau de son premier évêque, St Vincent de Sentes.

Nous savons que cette dernière fut reconstruite en 506, sous le règne d'Alaric II, qui se montra plus politique que son père, Evarix ; mais rien dans notre histoire ne nous dit si la crypte de St-Paul fut ou non réparée à la même époque. Il est cependant à présumer que l'Evêque Gratian, qui construisit à St Vincent une vraie Basilique, ne voulut pas laisser en ruines une église aussi rapprochée de sa cathédrale que l'était celle que nous étudions. .

Mais rien, ou presque rien, ne vient à l'appui de cette pure hypothèse. A St-Vincent nous avons des restes de murs, des sculptures évidemment Mérovingiennes et des monogrammes qui équivalent à des dates, à St-Paul, un seul chapiteau peut-être deux, mais ils pourraient bien venir de l'église de St-Vincent.

Si elle fut réparée, elle ne tarda pas à être de nouveau démolie, soit par les Vascons ou Gascons, soit par les Sarrazins, soit par les Normands qui envahirent successivement notre malheureux pays et qui tous, mais les derniers surtout, ravagèrent complètement la contrée. M. l'abbé Pédegert cite, dans sa Notice Historique et Archéologique sur Notre-Dame de Dax, une chronique de Bigorre, qui dit qu'après *avoir ruiné la fameuse ville d'Acqs, alors florissante et riche...* « Ils livrèrent
» aux flammes les basiliques, les oratoires et les lieux de réunion des
» chrétiens... Abattirent les autels... et ce qui est lamentable à raconter
» saisissant d'une main sacrilège les vénérables reliques, ils les
» semèrent partout suivant leur ancienne coutume. » (2)

(1) Dompnier de Sauviac. — St-Vincent-de-Sentes et sa cathédrale (Dax — Bonnebaigt — 1855).

(2) Abbé Pédegert. — Notice Historique et Archéologique sur Notre-Dame de Dax, (Dax — Bonnebaigt — 1849).

C'est à l'année 845 qu'il faut rapporter l'invasion normande dont parle le cartulaire de Bigorre.

En 915, Adalric, moine de Cluny, appelé en Gascogne pour rétablir les monastères et les églises ruinées, fut pourvu de l'évêché de Dax.

Il fut interrompu dans son œuvre par une nouvelle invasion de Normands et ce ne fut que son successeur Gombaut (960 à 980) qui put, après la bataille de Taller, qui nous débarrassa définitivement des Barbares (967), continuer les restaurations entreprises par l'Architecte Clunisien, son prédécesseur.

Gombaut fut aussi un grand bâtisseur, on lui doit la construction de la seconde cathédrale de St-Vincent et le fondation du Prieuré de St-Caprais de Pontonx.

Cet évêque était frère de Guillaume Sanche, duc de Gascogne et, suivant les anciens titres de l'abbaye de La Réole, il posséda à la fois, tous les évêchés de la Novempopulanie (1).

Il était aussi parent de Loup, vicomte de Dax, fils de Quinx-Arnaud, gendre de Guillaume, mort en 848, et c'est ce qui explique comment ce vicomte avait, sous le pontificat de son cousin, fait donation à *l'ermite de St-Paul* d'une partie de ses biens, vers le milieu du X⁰ siècle, d'après la charte de Lescar et les archives de la maison de Ravignan.

Cette donation prouve, tout au moins que déjà à cette époque l'Eglise de St-Paul avait été restaurée et qu'elle était sous le vocable du premier ermite. Elle n'a donc pas été fondée comme on l'a cru, par les ermites de St-Paul, ou frères de la mort, car elle avait ce saint pour patron au X⁰ siècle et l'ordre des frères de la mort ne fut établi en France qu'en 1620 par le P. Guillaume Callier. (Encyclopédie théologique publiée par l'abbé Migné, tome 22).

Le commencement du XI⁰ siècle fut troublé par l'agitation qui suivit la mort du duc Sanche Guillaume et le passage de cette province sous la domination du duc d'Aquitaine qui avait épousé Brice fille unique de Sanche. Cette domination ne fut complète qu'en 1073, après une bataille dans laquelle Bernard Tumapaler, comte d'Armagnac, fut définitivement vaincu par le duc d'Aquitaine.

La réédification de l'église de St-Paul, en admettant qu'elle ait été commencée par Gombaut, fut forcément interrompue. On trouve

(1) COMPAIGNE. — Catalogue des Evêques de Dax.

cependant, dans le catalogue de nos évêques, de 1063 à 1068, Grégoire, abbé de St-Sever, ancien élève de Cluny, qui, peut-être, aura fait reprendre un moment les travaux, qui furent de nouveau probablement renversés et détruits par les Béarnais, lorsqu'ils vinrent en 1107, mettre le siège devant Dax et que le vicomte Navarrus fut tué dans une bataille livrée sous les murs de sa ville.

Ce ne fut, vraisemblablement qu'après que le mariage d'Eléonore d'Aquitaine avec Henri II d'Angleterre eut fait passer Dax et tout le pays au pouvoir des Anglais, qu'on songea sérieusement à la construction de l'église dont l'abside fait, encore aujourd'hui, l'admiration des archéologues et des artistes.

Le style architectural de ce monument vraiment curieux est d'accord pour le prouver avec les données de l'histoire, car tous ceux qui l'ont étudié l'attribuent à la fin du XIIe siècle et leur opinion est corroborée par ce fait qu'en 1169, Arnaud de Bayonne, alors évêque de Dax, dut excommunier un de ses cousins qui s'était emparé des oblations faites à l'église de St-Paul. Ces oblations étaient évidemment destinées à subvenir aux dépenses nécessitées par la construction de cette église (Compaigne et Thore).

La nef de l'église du XIIe siècle, si jamais elle a été terminée, fut probablement détruite, comme beaucoup d'autres l'ont été dans la contrée, soit pendant une de ses nombreuses révoltes qui obligèrent Richard Cœur de Lion à venir, en quelque sorte, faire la conquête de la Gascogne ; soit lorsque Jean Sans Terre déposséda de l'Aquitaine son neveu Arthur ; soit enfin lorsque, en 1288, Philippe le Bel vint assiéger et prendre d'assaut la ville de Dax, qui fut bientôt reprise par les Anglais.

Peut-être, aussi, s'effondra-t-elle sous le poids de sa voûte, comme cela arriva, d'après Viollet-le-Duc, à beaucoup d'églises Romanes.

Au XIVe ou au XVe siècle on bâtit une nouvelle nef et le clocher qui existe encore aujourd'hui et on orna les parois du chœur et du sanctuaire de peintures, avec inscriptions, représentant l'histoire d'Adam et d'Eve, le Meurtre d'Abel, le déluge, etc.

Ces peintures que M. l'abbé Pédegert avait découvertes, il y a 30 ans, alors qu'il était professeur au grand séminaire de Dax, et qu'il avait dégagées du badigeon qui les recouvrait, ont été malheureusement détruites, tout dernièrement, lorsqu'on a, pour la dernière fois, restauré l'église de St-Paul, en bâtissant une nef et deux bas-côtés qui n'ont rien de monumental.

Le savant chanoine proteste énergiquement dans une lettre qu'il m'a fait l'honneur de m'écrire, contre cette destruction qu'il qualifie sévèrement et il ajoute, avec raison, que ses fresques sagement ravivées auraient valu bien mieux, comme ornement, que tout ce qu'on peut faire de nos jours. Il cite comme exemple, ce qu'on a fait à Villeneuve-de-Marsan pour des peintures murales du même genre.

En 1856, M. Leo Drouyn fut frappé de la *beauté et de l'originalité* des sculptures de l'adside, qui fait plus spécialement l'objet de mon étude, et il ne pût résister au désir d'en envoyer la description à M. de Caumont, pour le bulletin monumental. (1)

Si j'ai osé venir après ce maître, vous parler d'un sujet qu'il a traité bien mieux que je ne saurai le faire, c'est qu'il a bien voulu m'encourager à compléter son travail qu'il trouve, lui-même, un peu succinct et que je suis aidé dans mon entreprise, qui sans cela aurait été bien au-dessus de mes forces, par un archéologue du diocèse, aussi modeste que savant, dont je ne suis, en réalité, qu'un bien simple collaborateur. (2)

Il ne reste plus, comme nous l'avons vu plus haut, de l'église du XII⁰ siècle que le chœur et le sanctuaire en hémicycle, encore la voûte en est moderne.

L'arc triomphal, en plein cintre, est supporté de chaque côté par une colonne à démi-engagée dont la base est garnie de pattes rappelant le XI⁰ siècle et dont le chapiteau est orné de feuillages retournés asse× primitifs.

Trois fenêtres éclairent le sanctuaire : elles sont étroites et hautes, en plein cintre, encadrées de colonnettes à empattements à la base et à feuillages aux chapiteaux. L'archivolte qu'elles soutiennent est ornée de boutons en tête de clou. Elles appuient sur un bandeau qui les sépare du soubassement.

Tout le fond du sanctuaire est creusé de onze arcades, formant le *consessus antique*, avec ses stales dans de véritables niches, aiguës, surmontées d'une archivolte, ou plutôt entourées d'une grosse moulure faisant, à la fois, archivolte et colonnes sur les côtés.

Mais c'est surtout à l'extérieur que l'abside est remarquable :

Elle se compose de cinq travées, séparées par des contreforts très saillants, avec retraites en glacis, et offrant tous les caractères des

(1) Bulletin Monumental. 1856, pages 219 à 225.

(2) Le R. P. Labat, ancien professeur au grand séminaire d'Aire.

contreforts du XIIe siècle. Dans le sens vertical, elle est divisée en deux portions et entre les deux se trouve un fort bandeau orné de billettes. La partie inférieure formant soubassement, est ornée d'une arcature en plein cintre, interrompue par les contreforts.

Au-dessus du bandeau se voient de magnifiques bas-reliefs, en marbre blanc, qui vont avec les chapiteaux du soubassement, être l'objet de ma part d'une description et d'un examen aussi complets que possible.

Mais avant d'entrer dans les détails, laissez-moi vous dire que les fenêtres présentent extérieurement les mêmes ornements qu'intérieurement et que l'arcature inférieure repose sur des colonnes de marbre. L'angle saillant de l'arcade est couvert par un boudin et l'intrados orné d'une rangée de billettes.

La maçonnerie comprise entre les arcades et celle de l'ensemble de l'édifice est d'un appareil moyen et offre cette particularité que sur plusieurs de ses parements, elle a conservé, dans la taille des pierres, les lignes obliques et contrariées du système Carlovingien, tandis que les moulures du consessus et quelques soubassements sont rayés verticalement, ou longitudinalement, comme on l'a fait au XIe siècle. Cependant la plupart des pierres sont ou brettelées au marteau, ou piquées à la smille, ou même polies, surtout les colonnes ; ce qui indique, pour le midi, la fin du XIIe siècle.

Enfin, quelques pierres du moyen appareil, portent des marques de tacherons très visibles, deux ont identiquement la forme des croisettes que l'on voit sur les monnaies Carlovingiennes.

Ces observations prouvent évidemment, ce qui ressort aussi de la nature des pierres elles-mêmes, que l'architecte et les artistes auteurs de l'abside ont utilisé des matériaux provenant de monuments antérieurs : soit des diverses églises bâties successivement sur le même emplacement depuis le IVe siècle, soit de quelqu'autre église de Dax, ou des environs, soit, même, du *Sacellum* Gallo-Romain, commémoratif de la construction de l'aqueduc. Les marbres de Lourdes, de Campan et de Sarrancolin qui composent les colonnes et les beaux marbres blancs des bas-reliefs viennent, probablement, de ce *Sacellum* payen ou des temples et des thermes de Dax, ruinés par les Normands, en 845.

Il est à noter encore, que plusieurs chapiteaux semblent, comme nous le verrons, remonter à des époques bien plus anciennes que celle de l'édification de l'abside et qu'on remarque à St-Paul, comme dans beaucoup d'autres églises de la fin de l'ère Romane, certaines interversions dans l'ordre et dans les places des chapiteaux et des panneaux des bas-reliefs, dont nous allons tâcher de découvrir le sens mystique tout en les décrivant et en les comparant avec les sculptures semblables ou analogues, que l'on rencontre dans le pays :

« Donnez à toutes les parties d'une église » disait Hugues de St-Victor, mort en 1140, « une signification symbolique. » Les chapiteaux surtout avaient à la fin de l'époque romane, un sens bien connu :

On en faisait la tête des pontifes et ils exprimaient les paroles divines destinées à porter et à maintenir la vérité dans le monde. Durand de Mende nous l'atteste, au XIIIe siècle, dans son rational, vaste recueil des interprétations données jusqu'à lui.

St-Bernard reprochait à l'architecture clunisienne de pousser la chose à l'excès et de se lancer dans un allégorisme par trop exagéré. Ce reproche serait, peut-être, bien mérité pour certaines de nos sculptures de St-Paul, que nous devons vraisemblablement à cette grande école de Cluny, qui a exercé dans tout notre Sud-Ouest une puissante influence, grâce, en particulier aux nombreux abbés de nos monastères, venus de Cluny et aux évêques d'Aire, ou de Dax, sortis, eux aussi, de cette Abbaye. Nous avons déjà parlé de Grégoire, qui fut évêque de Dax, après avoir été abbé de St-Sever. Il avait placé sur le siége d'Aire son disciple Pierre et ils durent, à eux deux, répandre dans le pays le goût des sculptures allégoriques. L'imagination méridionale s'en mêlant, nous eûmes bientôt, un peu partout, de véritables hiéroglyphes dont il nous est bien difficile de retrouver, aujourd'hui, le sens : les faits bibliques, les dogmes évangéliques, les préceptes de la morale, tout fut mis en action ; on alla jusqu'à donner, en quelque sorte, aux pierres un langage en leur faisant représenter des mots et des phrases entières, des citations des livres saints, ou des inscriptions commémoratives.

C'est ainsi qu'on a pu lire sur le tombeau de Ste-Quitterie, à Aire, ces paroles de St-Paul : « J.-C. a été livré à la mort pour nous délivrer de nos péchés et il est ressuscité pour nous soustraire à la mort. » (1)

Ce qui rend l'interprétation de ce que j'appellerai ces sculptures clunisiennes difficile, c'est qu'elles présentent à la fois et notamment à St-Paul, des faits historiques, mêlés à des paraboles, à des symboles, à

(1) Traduction du R. P. Labat.

des apologues ou à de simples allégories. Heureux quand on n'y voit intervenir la légende et même la fable. Qu'on ne regarde pas ce mélange comme un système plein d'incohérence : outre qu'il est simplement apocalyptique, comme l'est aussi le plus souvent son thème, ne trouve-t-il pas son analogue et sa justification dans cette alliance, si reçue, de la métaphore et du terme direct dans nos phrases les plus classiques, comme dans les plus usuelles ?

Après avoir résumé ainsi en quelques mots les principes, tâchons d'en faire l'application aux bas-reliefs de notre abside et voyons s'ils ne seraient pas la traduction matérielle de ces mots de l'apocalypse : « *Ils ont vaincu le dragon par le sang de l'agneau :* » Le salut offert par l'église à tous les passants de ce monde. Mais, avant tout, examinons ces panneaux un à un :

Première pierre. (1) — Elle est au sud. M. Drouyn en donne une description très-exacte en les termes suivants :

« Ce premier bas-relief est composé de trois animaux fantastiques :
» le premier, à partir de la gauche, est une espèce de basilic
» à tête de canard ; de son bec sortent des flammes ; le bout de
» sa queue est formé par une tête de monstre cornu. La tête du
» second animal est de face ; il tire la langue ; au bout de sa queue
» est une autre tête de monstre cornu qui vomit des flammes ; une de ses
» pattes est levée et il entrecroise ses griffes avec celles du troisième
» animal dont la tête est de profil ; deux cornes ornent son nez, une large
» et longue langue pend au-dessous de son menton ; il vomit des flammes
» dont le jet va frapper la tête du second animal ; il a deux bosses ;
» la première est formée par une tête de monstre, vue de face et armée
» de cornes, la seconde est placée sur sa croupe : elle est formée par
» une tête de profil avec cornes sur le nez. Sa queue se termine par une
» tête de serpent ; de la gueule de cette tête sortent : un dragon ailé
» vomissant des flammes, et un serpent armé d'une corne et orné d'une
» crinière, il vomit également des flammes. De la croupe du second et
» du troisième animal sortent des doigts armés de griffes. Entr'eux
» s'élève une tige ressemblant à une fleur de lis. »

« Il est impossible, ajoute M. Drouyn, de voir des animaux fantastiques plus admirablement composés. » Cependant, ce qu'il attribue *aux rêves bizarres d'une imagination en délire*, pourrait bien, comme nous allons le

(1) Voir la planche, figure I.

voir, avoir un sens et, dans tous les cas, continuant la citation, je ne crains pas de dire avec le savant·archéologue Bordelais : « tout cela est plus effrayant que grotesque : c'est de la sculpture vigoureuse bien dessinée et qui est loin d'être vulgaire. »

Ce premier panneau était originairement plus grand, il a été raccourci du côté gauche et le morceau qu'on y a enlevé se trouve placé plus loin. (1)

Dans l'idée du salut représentée par le bandeau formé de l'ensemble des bas-reliefs ne trouve-t-on pas trois choses distinctes : le mal, la délivrance de ce mal et l'état du délivré? Le premier tableau lapidaire ne nous représenterait-il pas le mal sous tous ses aspects ?

Le grand mal est dans l'animal qui cherche à régner en nous tandis que c'est la raison qui devrait avoir le dessus. Adversaire terrible, il se triple encore par ses trois convoitises animales : c'est d'abord *le superbe* qui cherche à prendre son vol trop haut par l'ambition et dont l'arrière pensée, la queue, est cet orgueil qui le porte à se croire plus de mérite que n'en ont les autres. C'est encore l'*avarice,* ce lion dévorant de la cupidité, dont la queue offre un second vice, la *ténacité.* C'est enfin la *sensualité*, celle-ci a autant de têtes que nous avons de sens. Trois dominent : la première est, selon les auteurs, la *gula,* la gourmandise ; la seconde celle des yeux ; la troisième, la moins honorable, celle du toucher. A la queue de ces trois premières, viennent la curiosité d'entendre et la sensualité de l'odorat. Aussi ces deux dernières têtes auront-elles l'une de grandes oreilles et l'autre un long nez.

Ne venons-nous pas de faire une seconde description de notre première pierre historiée? de ces trois corps de monstres qui se tiennent par la main, et de la disposition de leur têtes multiples? Il n'est pas nécessaire de pousser trop loin la confrontation de leurs détails avec ceux des vices à exprimer, surtout pour la dernière bête, la plus complexe ; cela pourrait cependant se faire facilement.

Constatons, enfin, dans ce premier panneau la présence, non pas d'une, mais bien de plusieurs fleurs de lis paraissant indiquer le caractère royal qu'affectent ces bêtes. L'esprit prophétique avait conservé, comme symboles dans les écritures, les animaux royaux et syncrétiques de l'Egypte et de l'Assyrie. Aussi St-Jean, dans son Apocalypse, en oppose trois à l'agneau et l'un a sept têtes et dix

(1) Planche, figure X.

cornes ; ce qui donne encore à trois têtes la prédominance comme dans notre sculpture, toute morale, et pour laquelle l'artiste qui l'a exécutée n'a peut-être pas assez servilement suivi les modèles qu'il avait sous les yeux, comme sembleraient l'indiquer certains menus détails.

Il existe au Puy en Velay une autre lion à peu près semblable à celui de St-Paul et dont le dos donne naissance à une tête d'âne et la queue à une tête de serpent.

Deuxième pierre (1). — La seconde pierre n'est pas, évidemment à sa place naturelle. Elle devrait être après la septième, car elle représente la *Résurrection du Sauveur*. Deux anges lèvent le couvercle d'un sépulcre dont la forme semble carlovingienne ; au-dessus on voit une main tenant une croix qui rappelle celles de la même époque et deux bras munis d'encensoirs qu'on dirait descendre du ciel. Trois saintes femmes arrivent, couronnées comme des princesses, avec les vases des parfums qu'elles portent respectueusement d'une main voilée.

Troisième pierre (2). — Où sera le moyen de nous sauver des dents meurtrières que nous avons vues sur le premier bas-relief? et de nous guérir du mal qu'elles nous ont fait? Le péché, qui outrage un Dieu, creuse entre lui et nous un abîme infini, et est d'une gravité également infinie. Seul un être infini pouvait s'offrir à Dieu comme notre représentant et notre caution, réparer ce mal infini et nous guérir. Aussi voici, sur le premier contrefort, le Sénat de la Trinité : trois personnages semblables, assis et richement vêtus. Chacun d'eux tient un livre, celui des décrets divins. Ce livre nous est, en quelque sorte, montré par les deux assesseurs de celui qui occupe le premier rang : par la seconde et la troisième personne comme dit la théologie. Mais ils n'élèvent que la main gauche. Serait-ce parce qu'il est écrit : « Actuellement sa gauche nous soutient et sa droite à la fin nous » embrassera? » ou bien encore : « Dans sa main gauche sont les » richesses et la gloire? » Est-ce plutôt parce que dans la droite du Tout-Puissant on mettait autrefois une loi de feu? « in dextera ejus ignea lex » et que celle qu'on lui substitue pour notre salut est d'un caractère tout opposé? Les pierres ont, nous l'avons vu, un véritable langage, mais il faut l'avouer, ce langage est pour nous aujourd'hui une véritable langue morte dans le sens le plus absolu de ce mot.

(1) Planche, fig. II.

(2) Planche, fig. III.

Quatrième et cinquième pierres (1). — Après un tout petit panneau qui nous offre trois bêtes, comme pour nous rappeler celles du premier, nous trouvons une magnifique représentation de la Cène. Le Divin Sauveur est assis avec ses disciples à une table sur laquelle sont servis des pains d'hostie, un poisson dont on connaît la signification hiéroglyphique, et quatre petits barils, comme pour mieux exprimer le vin, ou par allusion, peut-être, à ceux qu'offre à l'autel le Pontife le jour où il vient d'être consacré. Judas a, comme les autres apôtres, la tête nimbée, ce qui prouve que le nimbe n'était pas encore un signe de sainteté.

Sixième pierre (2). — Vient maintenant l'arrestation du Sauveur par des hommes armés qui, d'un marteau destiné à le clouer sur la croix, qui d'une épée ; à ce dernier St-Pierre saisit l'oreille et la coupe. Judas embrasse son Divin Maître. Comme le fait justement remarquer M. Drouyn, la scène se passe dans une vigne et non pas au Jardin des Oliviers. A moins cependant, que les deux torsades de vigne qui encadrent le panneau ne soient un simple ornement. Ce qu'il y a de sûr, c'est qu'on en trouve un semblable sur l'un des tailloirs des chapiteaux de l'arcature inférieure.

Septième pierre (3). — Voici le crucifiement. Deux soldats accostent le crucifié et chacun d'eux tend vers lui une tige : c'est pour celui de gauche le roseau et son éponge amère, car il tient en même temps un vase grossier ; et pour celui de droit la lance ; de fait l'Eglise a toujours supposé que le Christ fut percé au côté droit. Tout près des soldats, deux figures représentent, l'une, N.-D. coiffée d'une sorte de diadème formé par sa chevelure relevée avec art, l'autre, Saint-Jean caractérisé par le livre de son Evangile.

Les soldats portent en tête des casques pointus, d'une forme fort ancienne, bien antérieure au XIIe siècle.

Le Divin crucifié a le nimbe crucigère ou plutôt trois faisceaux de rayons autour de sa tête. Son visage, aussi bien que les autres, joint un peu la roideur de l'époque primaire au sérieux des temps cléricaux. Ces images sont toutes, du reste, bien proportionnées. Jésus étend

(1) Planche, figures IV et V.

(2) Planche, fig. VI.

(3) Planche, fig. VII.

complètement ses bras et il est percé des quatre clous qu'on supposa jusqu'au XIIIᵉ siècle. Ses reins portent le voile large.

Huitième pierre (1). — Le second contrefort va ouvrir la troisième partie du drame : l'homme est maintenant sauvé ; nous devons avoir le spectacle de son double triomphe de la vie et de la mort. Voyez-le monté sur un lion, semblable désormais à un coursier docile. Son cavalier lui prend de ses deux mains les machoires, pour lui montrer qu'il ne faut pas résister. Ce sujet peut se rapprocher d'une sculpture de la cathédrale d'Auch représentant Sanche Guillaume, duc de Gascogne, sur un lion, avec la légende : « *Virtus Sansonis sœvi domat ora leonis.* » Le Samson de St-Paul semble coiffé d'un bonnet de docteur. Est-ce en témoignage de la nécessité des célestes enseignements pour que l'homme, en nous, ait le dessus sur la bête ?

Neuvième pierre (2). — *Le triomphe du sauvé après la mort.*

Un beau mausolée nous laisse voir son buste dans une niche ; au-dessus deux anges glorificateurs ; en deça le dragon (3) qui voudrait son âme, et Abraham dans la posture traditionnelle d'un homme qui tend le sein de son vêtement, naïve interprétation de la place attribuée aux élus *dans le sein d'Abraham* (4). Au delà une céleste Jérusalem et son entrée.

L'histoire du salut est close ; une dernière pierre est pourtant là, à la place que devrait occuper un dixième bas-relief. Elle est rase comme une table d'attente. En a-t-elle remplacé une autre perdue ? Ou bien les autres sont-elles venues d'ailleurs pour entourer fortuitement notre abside, et n'y en a-t-il pas eu assez pour garnir tout le bandeau ? Après un sérieux examen je n'hésite pas à adopter cette dernière opinion qui ne saurait être douteuse, car il est constant, pour moi : 1° Que ces bas-reliefs datent au moins de la fin de l'époque Carlovingienne ; 2° Que la deuxième pierre n'est pas à sa place pas plus que le morceau séparé de la première, qui se trouve aujourd'hui à côté de la neuvième ; 3° Enfin, que la courbure des panneaux n'est pas la même que celle de l'abside. La seule objection qu'on puisse faire est tirée de ce que les panneaux des contreforts paraissent avoir été faits exprès pour eux,

(1) Planche, fig. VIII.

(2) Planche, fig. IX.

(3) Ce dragon paraît avoir appartenu au premier panneau et en avoir été séparé intentionnellement. Planche fig. X.

(4) Planche, fig. XI.

mais, on peut répondre qu'il est tout aussi possible que, la largeur des contreforts ait été calculée sur celle des panneaux.

Reste à savoir d'où sont venues ces magnifiques sculptures? N'oublions pas qu'au commencement du Xe siècle un moine de Cluny, Adalric, fut pourvu de l'évêché de Dax avec mission de restaurer les églises ruinées par les Normands en 845. Peut-être lui doit-on les bas-reliefs historiés de St-Paul que les architectes du XIIe siècle auront remis en place après avoir augmenté la largeur de l'abside. Quoiqu'il en soit, il est certain que c'est bien au XIIe siècle que ce bandeau a été mis à l'endroit où nous le voyons aujourd'hui ; l'ensemble de l'abside ne laisse pas de doute à cet égard ; le *consessus* intérieur vaut, à lui seul, une date.

Les chapiteaux représentent, nous l'avons vu, les évêques eux-mêmes, alors qu'ils n'ont pas un autre sens bien marqué ; ils nous enseignent les vérités du dogme et les préceptes de la morale : ce que Dieu a fait pour nous et ce que nous devons faire pour lui. Il nous montrent l'église enseignante et les enseignements qu'elle nous transmet.

Ordinairement les sujets sont disposés avec ordre et méthode et, la pluspart du temps, les sculptures de droite se réfèrent au triomphe de l'homme sur le mal, et celles de gauche, au contraire, nous montrent la déchéance de l'homme qui n'a pas su le vaincre ; ou bien encore, comme à la magnifique porte de l'église de Rion-des-Landes, on voit comment on entre dans la maison du Seigneur par la droite et comment on en sort par la gauche. A St-Paul, nous devons constater un véritable désordre dans la disposition des sujets; non-seulement la morale et le dogme y sont mélangés, mais encore les chapiteaux du même genre s'y trouvent éloignés les uns des autres et séparés par des sculptures d'un genre tout à fait différent et qui paraissent quelquefois d'un autre âge archéologique.

PREMIER CHAPITEAU. — C'est ainsi que le premier nous offre un tailloir des plus primitifs, à cavet simple et une corbeille de forme allongée sur laquelle on voit deux beaux animaux fantastiques à tête de cheval ; leur tête fièrement retournée en arrière reçoit l'extrémité de leur queue et leurs poitrails se trouvent unis. Ils ont des griffes de chien mais leur crinière montre bien que ce sont des équidés et qu'ils n'appartiennent pas à la race canine, comme l'a cru M. Douyn. Ils rappellent par leur style et leur forme, l'animal couché que l'on rencontre sur le tympan de la porte de Œyreluy. Mais quelle est la signification classique de ce symbole ? Représente-t-il l'éternité exprimée

chez les égyptiens par le serpent qui se mord la queue? Les chrétiens
leur ont bien emprunté le phénix et le Pélican. Ne serait-ce pas plutôt, la
traduction de cette idée : « *Dieu est le commencement et la fin de toute
chose — l'alpha et l'omega ?* En effet, la queue symbolyse ordinairement
la fin ou aboutissent ou vers laquelle tendent tous les êtres, comme
la tête peut en exprimer le commencement. Tertulien explique que par
sa forme composée de deux alpha, couchés et réunis par une courbe,
l'oméga grec part de l'alpha et y retourne : « Alpha usque ad omega
» volvitur et rursus omega ad alpha replicatur ; ita ut ostendoret
» (Dominus) in se esse et initii decursum ad finem et finis recursum ad
» initium. » Ne pourrait-on pas voir dans ce double animal, qui
commence la série des chapiteaux à St-Paul et qui la termine à Aulex,
le symbolisme de celui dont la parole est le point de départ et la fin de
tout, c'est-à-dire des deux premières personnes de *la Sainte Trinité*, de
Dieu le père et de son Verbe ?

DEUXIÈME CHAPITEAU. — Trois hommes tiennent dans leurs mains
les longs cheveux de deux têtes placées sur les deux angles de face de
la corbeille. Deux sont vêtus de robes ornées de broderies dans le bas
et au bout des manches, ils sont coiffés avec soin; celui de gauche
porte même trois bandeaux; ils ont les pieds nus, ce qui en fait, d'après
les principes reçus, des personnages divins. Le troisième, celui à l'Est,
n'a qu'une broderie très-simple à sa robe; il a les cheveux plats et ses
pieds sont chaussés. Aussi peut-on trouver dans ce second chapiteau la
représentation de la Providence et des trois personnes de la Sainte-
Trinité : le Père au milieu, le St-Esprit à l'Ouest, et le Fils fait homme à
l'Est. Les trois personnes divines gardent avec soin jusqu'à notre
chevelure : « Omnes capilli capitis vestri numerati sunt, non cadet
capillus de capite vestro. »

Le tailloir est orné de palmettes semblables à celles que l'on voit sur
un tailloir de St-Samson-sur-Riscle et que quelques-uns ont attribué au
IXe siècle. On trouve, du reste, dans les ruines de cette Eglise, plusieurs
autres moulures se rapprochant de celles de nos chapiteaux (1).

TROISIÈME CHAPITEAU. — Le tailloir en est formé par deux cavets
superposés. La corbeille nous fait voir deux grands oiseaux becquetant
le fruit du gouet (arum). St-Hildegarde, dans son histoire naturelle,
écrite au XIIe siècle, exalte les propriétés médicinales de cette plante
d'*Aaron*. Cette paronymie a fait fortune sur les chapiteaux romans et on

(1) Abécédaire d'Archéologie de M. de Caumont. Pages 87 et 88.

l'y rencontre très-souvent. Ces oiseaux ne représentent-ils pas les fidèles profitant des enseignements sacrés, devenant célestes et s'élevant comme eux vers le ciel, tandis que, un peu plus loin, nous verrons, comme contraste, de pauvres têtes qui tirent la langue comme des faméliques, qui n'ont pas su profiter de la nourriture spirituelle que l'église leur offrait? Ces personnages n'ont quelquefois, qu'une jambe et pas de corps, mais ils conservent toujours une grosse tête humaine, ce qui semble indiquer que, malgré leur déchéance, il leur reste toujours la faculté de penser, la raison qui pourra, peut-être les ramener dans le droit chemin.

QUATRIÈME CHAPITEAU. — Tailloir avec cordages entrelacés et pierreries au centre des entrelacs, moulures d'apparence carlovingienne. Pas de corbeille.

CINQUIÈME CHAPITEAU. — Deux pélicans, à têtes conjointes, se mordent le ventre, symbole évident de la charité ; peut-être même plus spécialement de la charité des bons prêtres, car, à l'opposé, nous trouverons un autre oiseau dans la même posture, placé au-dessus de flammes et ayant à ses côtés deux autres oiseaux, à gros bec, attachés au pilori, et représentant, probablement, les faux docteurs, les mauvais prêtres (17ᵉ chapiteau).

Le tailloir est orné d'un cable serpentant avec palmettes et becs d'oiseau mordant le cable.

SIXIÈME CHAPITEAU. — Le talloir à deux cavets superposés. La corbeille est formée de feuilles à crochet imitant grossièrement des feuilles d'acanthe ; des crochets lapidaires soutiennent le tailloir, ce chapiteau ne semble pas avoir été fait pour la colonne, qui est d'un plus fort diamètre.

SEPTIÈME CHAPITEAU. — Tailloir : rinceau à palmettes. Trois hommes tiennent une de leurs mains dans la gueule de deux têtes de lion, sous les volutes on voit des feuilles découpées. Les hommes latéraux sont armés de marteaux qu'ils lèvent pour frapper sur les monstres. On dirait qu'ils tiennent les lions par la langue, et qu'ils ne sont pas menacés d'être dévorés par eux. C'est le triomphé du juste sur les lions infernaux. Nous verrons ailleurs les victimes des vices spirituels représentés par des paons orgueilleux qui ont la tête abaissée et se mordent les pieds avec le mépris qu'ils leur inspirent, et celles des vices sensuels ressemblant à ce malheureux qui tombe la tête en bas au son des instruments de musique, (11ᵉ et 13ᵉ chapiteaux). Ces mêmes sujets épars à St-Paul se retrouvent en bon ordre à Montfort, à 18 kilomètres de Dax, et ils composent avec un quatrième semblable, à celui de notre 14ᵉ chapiteau, le symbolisme roman de cette église. Mais là les oiseaux humiliés ont refusé les grappes d'Aaron qui pendent au-dessus d'eux.

Les interprétations exposées jusqu'à l'heure semblent justifiées par des scènes analogues que l'on rencontre ailleurs dans le pays, notamment à Uchacq, près Mont-de-Marsan. Il existait autrefois dans cette localité, au milieu d'une enceinte carrée de 200 mètres environ de côté, marquée par des colonnes de pierres surmontées de petites croix aux bras arrondis, dont l'une qui existe encore s'appelle toujours *croix de la Sauvetat*, une église romane qui mériterait elle aussi d'avoir son histoire et dont on a conservé plusieurs bas-reliefs. Le tympan de sa porte présente, entre les quatre animaux symboliques, le chrisme avec l'S percée et l'alpha et l'oméga suspendus. Aux deux colonnes monolithes qui soutiennent le dernier cintre à damier, sont deux chapiteaux dont l'un offre un homme courbé à la renverse ; un démon joue sur lui du rebec (violon à trois cordes) pendant qu'une harpie se perche sur sa tête et qu'un centaure joue aussi de la harpe ; triple image, sans doute de l'esprit d'orgueil, de l'avidité et de la passion. L'autre chapiteau porte un personnage richement vêtu, avec l'ancienne *Stola*, ressemblant un peu au pallium ; il tient ses mains sur la tête de lions, ou bêtes humblement inclinées et marquées du sceau de la croix.

HUITIÈME CHAPITEAU. — Tailloir à rinceau formé de deux câbles entrelacés, avec fleurons en centre. Second tailloir à chanfrein rapporté en dessous.

Deux monstres aux longues jambes avec griffes de lion, grandes crinières et des oreilles de singe ou d'homme ; l'un mord l'autre à la tête.

NEUVIÈME CHAPITEAU. — Tailloir à palmettes variées, trois têtes : celle du milieu portée par deux jambes, les autres par une seule ; animaux évidemment apocalyptiques ; feuilles découpées en dessous.

DIXIÈME CHAPITEAU. — Tailloir à enroulements et palmettes. Têtes séparées par des palmes et de la bouche desquelles sortent des enroulements. Corbeille presque cylindrique et pierre, également cylindrique, ajoutée, après coup, entre la corbeille et le tailloir.

Ce chapiteau est évidemment antérieur au XIIᵉ siècle et pour l'utiliser on a dû l'allonger en y ajoutant la pierre fruste dont je viens de parler.

ONZIÈME CHAPITEAU. — Tailloir à palmettes.

Trois grands oiseaux se mordent la patte droite ; aux encoignures, grappes d'arum formant volutes géométriques.

Nous avons vu qu'on rencontre, à peu près, le même chapiteau à Montfort.

DOUZIÈME CHAPITEAU. — Tailloir semblable au précédent.

Trois animaux féroces, à crinières de lion, ont l'air d'attendre leur proie et regardent les passants.

On sait que l'évêque était symbolisé par le lion. Alexandre Néquam, dans son speculum humanœ salvationis, écrivait en 1215 : « Rugitu « patris proles animatur, habeto rugitum, leo sis, formaque justitiæ, « insista, declara quam tutum vivere rite : sic tibi commissum grex « animatus erit » Il est convenu, du reste, que la sentinelle sacrée, appelée le lion par Izaïe est surtout l'évêque : « *clamavit leo : super custodiam Domini ego sum.* » Et voilà pourquoi, au XVIe siècle, St-Charles Borromée décrétait que l'on conserverait l'usage de figurer des lions à l'entrée des églises.

Souvent, comme à St-Paul, les lions des chapiteaux romans ne font que monter la garde en menaçant les passants. A Aire, au-dessus de la chaire à prêcher, ils élèvent, à droite, un petit enfant, et, à gauche, ils lèchent, symbole bien connu, un visage couvert de plaies, comme pour dire : « Nous exaltons l'innocence, nous consolons le malheur. » A St-Sever, le bas-côté du nord présente, également, sur un chapiteau, deux griffons accostés de deux lions comme en un attelage et faisant de leurs ailes un trône, ou un charriot sur lequel ils élèvent un enfant. En face de la double scène d'Aire, s'en trouvent deux autres peu dissemblables : un enfant assis couronné ou nimbé, les mains en repos et, à ses côtés, deux lions pacifiques qui posent sur son siége leurs pattes de devant ; à sa droite le chapiteau géminé offre encore une tête virile, à longue barbe, et deux lions les pattes posées à terre.

TREIZIÈME CHAPITEAU. — Tailloir : enroulements avec grappes de raisins dans les intervalles.

Trois personnages, l'un jouant du rebec, l'autre de luth, le troisième, entre les deux, renversé la tête en bas, les pieds appuyés sur une boule qu'ils semblent supporter. Nous avons déjà vu le symbolisme de ce chapiteau et de ceux qui lui ressemblent, à Montfort et à Uchacq.

QUATORZIÈME CHAPITEAU. — Un personnage, richement vêtu, en tient deux autres par les jambes et ceux-ci le tirent par les cheveux. L'homme triomphant des attaques du monde.

Ce même chapiteau se trouve à Montfort. Tailloir simple à un seul cavet.

QUINZIÈME CHAPITEAU. — Tailloir : cordages enroulés avec fleurons au milieu sur la face, palmettes sur les côtés. Corbeille de feuilles recourbées grossières et très-primitives. Le fût est en trois morceaux tandis que les autres sont monolithes et ces trois morceaux sont de marbres différents : Campan et marbre gris de Lourdes.

SEIZIÉME CHAPITEAU. — Tailloir à chanfrein, simple pierre schisteuse posée à plat.

Corbeille en calcaire nummulitique avec feuilles grossières.

DIX-SEPTIÈME CHAPITEAU. — Tailloir carré, enroulements avec feuilles d'olivier sur le côté et, en dessous, un trefle avec un fleuron au centre. La corbeille est angulaire et représente trois oiseaux : deux grands, debout et de face, ont le bec aussi gros que la tête ; le troisième au milieu se mord la poitrine, il est plus petit que les autres et placé sur un support sur lequel il semble y avoir des flammes. Il est vu de côté, j'ai déjà expliqué le sens de ce chapiteau en parlant du cinquième.

DIX-HUITIÈME CHAPITEAU. — Tailloir à chanfrein.

La corbeille manque. M. Drouyn l'a vue, cependant, dans un coin de sacristie et sa description m'a permis de la retrouver en possession de M. Boë, propriétaire à St-Paul-lès-Dax, qui a bien voulu me la confier pendant le Congrès. Elle représente une homme et une femme assis.

DIX-NEUVIÈME CHAPITEAU. — Même tailloir que le précédent.

Entrelacs à têtes d'oiseaux sur la corbeille qui est, ainsi que la colonne, d'un diamètre fort petit et ne ressemble en rien aux autres.

VINGTIÈME CHAPITEAU. — Tailloir semblable au dix-neuvième.

Trois oiseaux à tête humaine et, entr'eux, aux quatre coins de la corbeille, des têtes tirant la langue et semblant avoir des crinières. Celle de l'angle Nord-Ouest ressemble beaucoup à une tête de singe ; sa crinière est plutôt un ornement sculptural.

VINGT-UNIÈME CHAPITEAU. — Tailloir à chanfrein.

Corbeille à feuilles recourbées. Diamètre encore plus petit que celui de la dix-neuvième colonne.

Il résulte de l'examen des chapiteaux, comme de celui des bas-reliefs que l'abside de St-Paul a été faite, passez-moi l'expression, de pièces et de morceaux, rassemblés avec plus ou moins d'ordre au XIIe siècle ; ce qui n'empêche pas que ce monument est sans contredit le plus remarquable de ceux que nous pouvons offrir en étude aux membres du Congrès. Ils penseront, peut-être, comme moi, que la diversité des matériaux que le composent, leur âge différent et leur provenance inconnue ne font que le rendre plus intéressant. Il constitue à lui seul un véritable Musée pour la conservation duquel je vous demanderai en finissant d'émettre un vœu qui aura, je l'espère, son utilité.

Notre abside menace ruine : l'établissement d'un chemin en contre-bas de l'église a occasionné un mouvement de terrain à la suite duquel les murs du sanctuaire se sont gravement lézardés. Ce travail des murs continue et pour l'arrêter il faudrait construire un soutènement qui ne coûterait pas bien cher ; mais la commune de St-Paul-lès-Dax n'est pas riche et ne peut pas faire la moindre dépense pour la conservation de son église.

L'abside est classée parmi les monuments historiques et je ne doute pas qu'un vœu émis par vous et appuyé par la puissante intervention de notre éminent président, M. Léon Palustre, ne reçoive de la part de l'État un accueil qui nous permettra de sauver ce dernier reste de notre antique splendeur, cette page glorieuse de notre vieille histoire Dacquoise.

E. DUFOURCET.

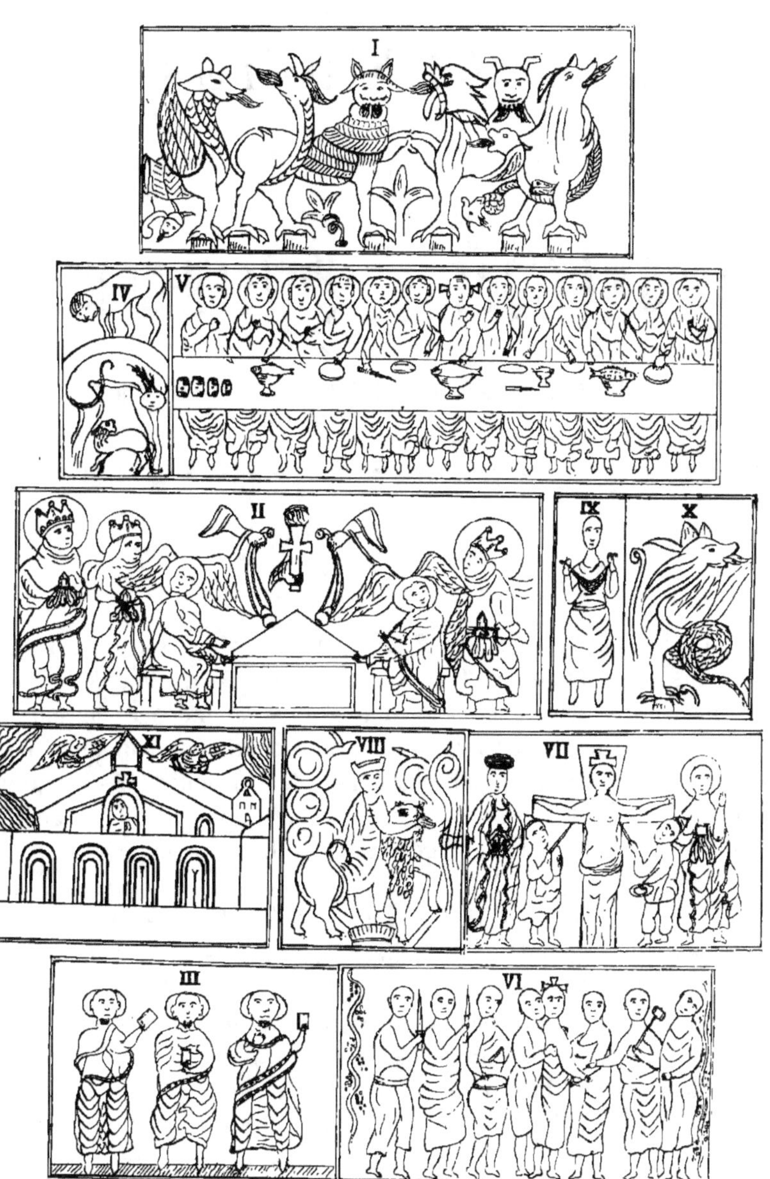

BAS-RELIEF DE L'ABSIDE DE L'EGLISE
DE SAINT-PAUL-LÈS-DAX

Lithographie L. Poujean — Dessiné par M. H. Serres.

RECHERCHES

SUR LA

NUMISMATIQUE DE LA NOVEMPOPULANIE

DEPUIS LES PREMIERS TEMPS JUSQU'A NOS JOURS

MESSIEURS,

Il n'existe peut-être pas en France une autre province aussi pauvre en Numismatique que l'est la Novempopulanie. Dans toutes les autres régions, nous trouvons soit une grande abondance de monnaies Gauloises, soit des ateliers Romains ayant fonctionné pendant plusieurs siècles, soit enfin de nombreux types des périodes Mérovingienne, Carolingienne ou Capétienne. Dans la plupart, nous voyons une quantité de fiefs qui ont eu au moyen-âge le droit de battre monnaie.

Ici rien de semblable. La Novempopulanie, qui, dès avant l'invasion Romaine, était un pays riche et peuplé, semble n'avoir pas eu de monnaies à elle pendant la période d'indépendance, sauf cependant les deniers du petit peuple d'Eauze. Et à peine si, à l'époque de César, nous trouvons à signaler les quelques rares monnaies des *Sotiates* pour attester l'existence d'un monnayage autonome.

La domination Romaine passe sans laisser de traces numismatiques, c'est-à-dire sans qu'aucun atelier ait été établi sur le territoire des *neuf peuples*.

Presque aussi pauvres sont les époques Mérovingienne et Carolingienne, pendant lesquelles nous n'aurons à signaler que peu de monuments monétaires. Enfin, sous les Capétiens, plusieurs siècles se passeront sans que nous trouvions aucune monnaie royale ; ce n'est qu'en 1488 que fut fondé l'atelier royal de Bayonne et plus tard encore celui de Pau.

La Féodalité elle-même, si féconde partout pour la Numismatique, n'aurait pas enrichi notre contrée au point de vue du monnayage, si nous n'avions d'une part la période Anglo-Française qui a produit un certain nombre de variétés, et d'autre part, la seigneurie de Béarn qui nous fournit à elle seule de longues et nombreuses suites.

Depuis longtemps, cette rareté de monnayage nous avait frappé et étonné, et nous nous en étions souvent demandé la cause. Si nous avons porté cette question devant vous aujourd'hui, ce n'est pas que nous ayons la prétention de vous en fournir la solution, mais nous avons cru utile de signaler aux savants spéciaux, aux numismatistes, cette lacune dans notre histoire métallique, pour les engager à la combler.

Nous avons pensé aussi que cette rareté était due en partie à ce que la science numismatique avait toujours été très négligée dans notre contrée, et que, par suite, les hommes spéciaux manquant, on avait laissé disperser sans les étudier les trésors trouvés dans notre province; par ignorance ou par négligence on a laissé perdre pour la science ces documents précieux qui sont pour nous le moyen le plus sûr de reconstituer l'histoire du passé. Enfin, nous sommes convaincus que de nombreuses pièces sinon uniques, du moins fort rares, sont restées enfouies dans les collections d'amateurs qui, ne les ayant pas étudiées, n'en soupçonnent pas l'importance.

Il nous a donc semblé que ce serait faire œuvre utile que d'éveiller l'attention de ces amateurs et de les engager soit à étudier leurs monnaies eux-mêmes, soit à les confier à des numismatistes qui publieront leur description, et fourniront ainsi les matériaux indispensables aux futurs historiens de la Novempopulanie.

ORIGINES DE LA NOVEMPOPULANIE

Commençons par définir ce que nous entendons par Novempopulanie, car les limites de cette province ont été maintes fois discutées :

A une époque impossible à préciser, les Ibériens qui occupaient

toute l'Espagne, envahirent la Gaule et s'emparèrent de la partie
méridionale, de l'Océan à la Méditerranée. Les Celtes furent-ils
repoussés complètement au delà du pays conquis? Ou bien une sorte
de fusion s'établit-elle entre les vainqueurs et les vaincus, comme elle
eut lieu en Espagne, ce qui donna naissance au peuple Celtibérien?
C'est ce que nous ignorons, mais cette dernière supposition nous
semble plus probable, et nous croirions volontiers que les Ibériens
vainqueurs englobèrent les Celtes et se les assimilèrent. Cette égalité,
au moins accidentelle des Celtes nous paraît sinon prouvée, du moins
probable en présence du mélange de noms Gaulois et Ibériens que
l'on remarque dans la Novempopulanie. Un nom surtout est bien
caractéristique : c'est celui d'*Adietuanus* ou *Adcantuanus*, nom
assurément Gaulois porté par le roi des *Sotiates*, peuple Ibĕrien.

D'après Strabon, l'Ibérie s'était étendue autrefois jusqu'au Rhône,
et avait été limitée à l'est et à l'ouest par les golfes du Lion et de
Gascogne. Les Ligures ou Ligyes étaient le seul peuple d'origine
différente enclavé dans cette portion de l'Ibérie que nous qualifierons
de Gauloise. Mais de son temps, Strabon reconnaît que l'Ibérie était
bornée par les Pyrénées. La partie sud-ouest de la Gaule, qui formait
l'Aquitaine proprement dite, et avait été conquise par les Ibériens, est
occupée, dit cet auteur, par une race différant absolument des Celtes
et des Belges par la langue et le type physique, et bien plus semblable
à celui des habitants de l'Espagne qu'à celui des Celtes.

Cette Aquitaine primitive, qui prit ensuite le nom de Novempopulanie,
ne doit pas être confondue avec l'Aquitaine telle qu'Auguste la
constitua (1). Sous cet empereur, quatorze peuples placés entre la
Garonne et la Loire furent adjoints aux neuf peuples primitifs. Ces
quatorze peuples furent : les *Pictones* (Poitou), les *Santones* (Saintonge),
les *Bituriges Cubi* (Berry), les *Lemovices* (Limousin), les *Petrucorii*
(Périgord), les *Cadurci* (Quercy), les *Ruteni* (Rouergue), les *Arverni*
(Auvergne), les *Gabali* (Gévaudan), les *Helvii* (Vivarais), les *Vellavii*
(Velai), les *Segusiavi* (Forez), les *Nitiobroges* (Agenois) et les *Bituriges
Vivisci* (Bordelais), auxquels il faut peut-être ajouter les *Turoni*
(Touraine) et les *Vasates* (Bazas). Ces quatorze peuples étaient de race
Gauloise ; aussi leur adjonction aux neuf cités Ibériennes excita-t-elle
un vif mécontentement parmi nos ancêtres qui ne voulurent pas se

---

(1) DESJARDINS (ERNEST). — Géographie de la Gaule Romaine.

trouver englobés au milieu de peuples d'une race étrangère, plus nombreux et sans doute plus puissants qu'eux. Ils députèrent donc vers l'Empereur le plus illustre de leurs citoyens, le flamine *Verus,* ainsi que nous l'apprend l'inscription d'Hasparren, si savamment étudiée par M. Henry Poydenot (1).

Verus obtint que les Neuf peuples seraient séparés des Gaulois, nous dit l'inscription. Il est donc certain que les quatorze peuples étaient Gaulois et que les neuf autres ne l'étaient pas. Strabon raconte du reste que vers l'an 27, Auguste avait réuni et soumis au même régime deux groupes de peuples de race différente, les Ibéro-Aquitains et les Celtes. (2).

Les Neuf peuples ainsi séparés de l'Aquitaine et formant la *Novempopulana* furent, d'après M. Desjardins :

1° Les *Convenœ* (chef-lieu *Lugdunum Convenarum* — St-Bertrand de Cominges), qui occupaient le Nébouzan, le Cominges et l'Almezan.

2° Les *Bigerriones* (*Bigorra* — Cieutat.) — le Bigorre.

3° Les *Benarnenses* (*Beneharnum* — Lescar ou Bellocq.) (3) — La Soule.

4° Les *Iluronenses* ou *Oscidates* (*Iluro* — Oloron.) — Le diocèse d'Oloron.

5° Les *Tarbelli* (*Aquae Tarbellicae.* — Dax.) ayant pour clients les *Cocosates* (Castets) — l'Albret, le Marsan, les Marennes, le Labourd et une partie de la Basse Navarre.

6° Les *Aturenses* ou *Tarusates.* (*Adura* — Aire.) — la Chalosse, le Gabardan occidental et quelques terres de l'Estarac (4).

7° Les *Elusates* (*Elusa* — Eauze) ayant pour clients les *Sontiates* ou *Sotiates* (Sos.) — le Gabardan oriental, le Condomois, le Fezensac septentrional et l'Armagnac occidental.

8° Les *Ausci* (*Eliberris* — Auch.) — l'Estarac et le Magnoac.

9° Les *Lactorates* (*Lactora* — Lectoure) — l'Armagnac et la Lomagne.

---

(1) Poydenot (Henry). — L'Inscription d'Hasparren.

(2) Ernest Desjardins.

(3) M. Desjardins est pour Lescar. M. l'abbé Lartigau, dans un savant mémoire, a plaidé la cause de Bellocq d'une façon bien remarquable et bien séduisante !

(4) Peut-être devrait-on considérer les *Aturenses* comme un peuple dont Aire eut été la capitale, et les *Tarusates* comme un autre peuple ayant eu Tartas pour chef-lieu ; et dans ce cas, les *Tarusates* eussent été les clients des *Aturenses.*

Outre ces neuf peuples et les deux ou trois clients que nous avons cités, il faudrait peut-être nommer cinq autres clients : les *Sibusates* (Saubusse? près Dax), les *Garumni,* les *Gates,* les *Ptianii* ou *Preciani,* les *Onesii* (Monein?), tous cités par César comme étant de race Aquitaine. Quant aux *Vasates* ou *Vocates* ou *Boates* (Bazas) et aux *Consorani* (Conserans), qui furent plus tard annexés à la Novempopulanie, ils étaient de race Gauloise, dit M. Desjardins, et ne doivent pas être compris dans les populations Aquitaniques. Enfin les *Boii* (La Teste) étaient également d'origine Gauloise.

En dehors et voisins de la Novempopulanie, existaient encore deux peuples puissants, d'origine Gauloise, qui habitaient le Languedoc et la Provence. C'étaient les *Volcae Tectosages* dont les principales villes étaient Toulouse, Carcassonne, Narbonne, Béziers, St-Thibery, Castel-Roussillon et Elne, et les *Volcae Arecomici* qui avaient Nîmes pour capitale.

Il résulte de tout ce qui précède que la colonie Ibérienne en Gaule, après avoir possédé toute l'Aquitaine, le Roussillon et le Bas Languedoc ne comprenait plus à l'époque de César, qu'un seul groupe de peuples : les *Novem-populi,* réunion puissante des peuples d'une même race, ayant les mêmes mœurs, les mêmes habitudes, le même langage, les même intérêts, et, ainsi que nous le verrons plus loin, ne semblant pas disposés à se considérer comme intéressés dans les luttes que les peuples d'origine Gauloise soutenaient contre César pour conserver leur indépendance.

Ayant établi les limites des *Novem-populi,* nous allons rechercher quel fut le monnayage de la province formée par eux pendant les différentes périodes de son existence.

PÉRIODE AUTONOME

Les seules monnaies de cette période actuellement connues comme appartenant à la *Novempopulana* sont :

1° *Elusates* (Eauze) — (1). Pièces d'argent généralement concaves et d'assez grand module.

A/ — Tête barbare paraissant représenter soit une tête de lion, soit une tête casquée. (Dégénérescence d'un type plus ancien)

R/ — Cheval ailé ; sous le ventre on voit un carré d'où part un trait vertical.

2° *Elusates* (1).

Une petite obole trouvée à Vieille-Toulouse présente le même cheval mais sans l'aile et sans le carré. — Un globule au revers.

Ces pièces des *Elusates* sont évidemment, d'après leur type, antérieures à César, et peuvent remonter à 100 ou 150 ans avant l'ère Chrétienne. Nous pensons qu'elles ont été faites en imitation des statères Macédoniens, mais que le type a dégénéré. On les trouve très fréquemment dans l'ancien territoire d'Eauze, et quelquefois aussi dans les environs d'Aire (Landes) et dans ceux d'Auch.

3° *Adietuanus*, Roi des *Sotiates*. (Sos)

A/ — REX ADIETVANVS FF. ou REX ADJEVAD (2). Tête de lion, à droite, aussi dégénérée que celle des *Elusates*.

R/ — SOTIOTA. Loup à gauche.

Ces pièces sont d'un type postérieur aux monnaies des *Elusates* qu'elles ont imitées en partie. Il est, du reste, fort naturel que les *Sotiates* qu'on croit avoir été clients des *Elusates*, et qui étaient en tout cas leurs alliés et leurs voisins, aient imité leurs monnaies.

Le roi *Adietuanus*, qui y est nommé, est certainement le même que *Adcantuanus* désigné par les commentaires de César. Ces monnaies servent donc à nous donner le nom exact du roi. Elles servent aussi à nous indiquer celui du peuple qui a été appelé tantôt *Sotiates* tantôt *Sontiates*.. La légende du revers nous semble prouver que la première appellation seule est la vraie, et nous ne comprenons pas pourquoi certains archéologues continuent à préférer la leçon *Sontiates*.

Les pièces de Sos sont assez rares. Elles ont été frappées probablement avant l'arrivée de César, peut-être encore pendant ses campagnes ; mais leur émission n'a pas pu, en tout cas, dépasser de beaucoup la conquête de la Gaule.

(1) Dictionnaire Archéologique de la Gaule.

(2) La lettre finale que nous avons dû figurer par un D est un *delta*.

Les monnaies des *Elusates* et celles des *Sotiates* forment un type à part, comme le dit M. Huchèr (1), et ne ressemblent à aucune autre monnaie de la Gaule. Elles sont toutes du type le plus barbare et accusent des goûts artistiques bien peu développés.

4° *Convenae* (Comminges). (2)

Trois pièces de ce peuple sont connues et ont été décrites par leur possesseur, M. de Saulcy. Ces trois deniers rentrent dans le système des *Monnaies dites à la croix* qui sont attribuées aux *Volcae Tectosages* et aux *Cadurci*.

A/ — Un fleuron formé de quatre branches courbées en forme de S et composées de trois traits, dont l'intermédiaire est beaucoup plus épais.

R/ — Une croix dont les 1er, 2e et 4e cantons, ornés d'une olive, contiennent en outre une légende externe. Le 3e canton contient une hache comme celle des *Tolosates* et trois points en triangle. La légende commence au 4e canton par les lettres : COVE. Elle continue dans le 2e canton par des lettres indéchiffrables.

Il existe au Musée de Saint-Germain une obole pareille.

En dehors de ces quatres types, on ne connaît pas actuellement d'autres pièces des *Novem-populi* datant de la période nationale ; et sur ces quatre types, trois sont rares, puisque les monnaies des *Convenae* ne sont représentées que par quatre exemplaires, celles des *Sotiates* ne se trouvent que très difficilement, et la petite obole des *Elusates* est une pièce unique. Seuls, les deniers d'argent du peuple d'Eauze sont très communs, mais ne se rencontrent néanmoins que sur le territoire de la cité d'*Elusa* ou dans un rayon très rapproché.

Nous croyons devoir citer en outre quelques pièces qui furent pendant un temps attribuées aux peuples de la Novempopulanie, mais dont l'origine a dû être rapportée à d'autres peuples.

Telles sont les pièces marquées du nom de : AVSC que le Marquis de Lagoy avait données aux *Ausci*, tandis qu'il s'agissait d'AVSC(ROCOS), chef d'une peuplade située sur les bords de la Durance.

Telles sont encore les monnaies de CONTOVTOS qui fut un chef des *Santones* et non des *Ausci,* comme on l'avait cru d'abord.

____

(1) E. Hucher. — L'Art Gaulois.

(2) Dict. Arch. de la Gaule.

Nous citerons en outre les pièces marquées COTT qui ont dû être rendues au chef Eduen *Cottus.*

Les *Belendi,* peuple mal connu de la Grande Lande, avaient été considérés comme les auteurs d'une pièce marquée BIIINOS qu'on a reconnue comme voisine des *Carnutes.*

Enfin les *Consorani* (Conserans) ont produit deux pièces jusqu'à présent uniques, dont la première a été trouvée à Vieille-Toulouse (1).

A/ — Une petite tête tournée à gauche.

R/ — Un cheval galopant à gauche surmonté de la légende : COVS *(Cousoranni,* ce qui est encore actuellement la prononciation du nom Conserans. — On écrit *Conserans,* mais on prononce *Couserans).*

La deuxième pièce est un denier également unique.

A/ — Tête barbare à droite avec la légende : VIII........

R/ — Un cheval galopant à droite surmonté de la légende rétrograde : COV.....

Ces deux monnaies, dit M. de Saulcy, rentrent tout-à-fait dans le système des deniers à la croix des Tectosages.

Si nous avons décrit ces deux dernières pièces quoiqu'elles n'appartiennent pas à la Novempopulanie, c'est parce que certains auteurs veulent que les *Consorani* soient d'origine Ibère ; mais pour nous, nous croyons avec M. Desjardins, qu'ils étaient Gaulois.

Toutes ces pièces, d'ailleurs peu nombreuses, étant éliminées, il ne nous reste plus que les quatre types appartenant aux *Elusates,* aux *Sotiates* et aux *Convenae.*

Or, il nous paraît impossible qu'à une époque où les communications entre les peuples de la Gaule n'offraient pas cette facilité que leur donna la domination Romaine, avec ses larges et nombreuses voies sillonnant tout le pays, il nous paraît impossible qu'une nation aussi puissante et aussi étendue que la Novempopulanie ait pu se passer d'un monnayage local et se contenter du numéraire importé par ses voisins. Nous n'admettons pas que les neuf peuples Ibériens, séparés des tribus Gauloises par l'origine, le caractère, le type, les mœurs, les usages, et d'un autre côté, reliés à leurs frères d'au delà des Pyrénées par la communauté de race, la similitude de mœurs et les rapports

(1) Dict. Arch. de la Gaule.

journaliers, nous n'admettons pas que ces peuples aient pu rester tributaires des Gaulois pour l'argent monnayé. Et pourquoi l'eussent-ils fait? Le métal leur manquait-il? — Non. Tous les auteurs anciens nous vantent les mines d'or des *Tarbelli*, le plus puissant des neuf peuples, celui qui avait Dax (*Aquae Tarbellicae*) pour capitale.

Strabon nous dit que les *Tarbelli* possédaient des mines d'or très riches, desquelles on retire des lames d'or pur qui ont à peine besoin d'être raffinées. Palassou croit que ces mines sont celles de Baygorry et de la montagne de Haya (Trois Couronnes), en Espagne, qui appartenaient au territoire des *Tarbelli*. Ces montagnes, dit-il, sont percées de nombreuses galeries; on a calculé que 600 hommes, travaillant journellement pendant 200 ans, ne seraient pas parvenus à faire toutes ces excavations.

Strabon nous apprend en outre que l'or était recueilli sous forme de pépite dans le sable des *Tarbelli* (Landes), et sous forme de paillettes dans les cours d'eau qui descendaient des Pyrénées.

Quant aux mines d'argent, nous ignorons à la vérité si les Ibères de la Novempopulanie en avaient chez eux, mais il leur était facile de tirer le métal brut des nombreuses mines argentifères de l'Ibérie, leur mère-patrie, qui en produisaient des quantités considérables.

Ignoraient-ils le moyen de travailler l'or et l'argent? Non, car les monnaies des *Sotiates*, des *Elusates* et des *Convenae* nous montrent le contraire. Puis, les *Tarbelli* et leurs frères ne descendaient-ils pas des Ibères d'Espagne qui étaient d'excellents métallurgistes, de parfaits monnayeurs? N'avaient-ils pas pour premiers voisins les *Volcae Tectosages*, les *Volcae Arecomici* et les *Cadurci* qui ont inondé le midi du produit de leur fabrication?

Les Neuf peuples avaient donc les métaux à leur disposition et savaient les travailler. Pourquoi eussent-ils perdu le bénéfice de cette fabrication et l'eussent-ils laissé à leurs voisins les Gaulois? Nous ne le comprendrions pas.

Et cependant si les *Tarbelli*, les *Benarnenses*, les *Aturenses*, etc., ont battu monnaie, nous devons retrouver leurs pièces ; s'ils n'en avaient pas à eux, ils se servaient de celles de leurs voisins et nous devons également les retrouver ; et néanmoins, jusqu'à ce jour, les unes et les autres sont inconnues.

Nous attribuons cette absence de monnaies, comme nous l'avons dit en commençant, à ce que les numismatistes étant peu nombreux dans notre contrée, on a négligé de recueillir et d'étudier les découvertes de monnaies faites dans le pays, et nous sommes persuadé que si chacune des Sociétés régionales étudie avec soin toutes les trouvailles numismatiques petites ou grandes, on ne tardera pas à s'apercevoir que le monnayage de la Novempopulanie n'est pas aussi pauvre qu'on l'a cru jusqu'à ce jour, et peut-être même qu'il ne le cède à aucun autre.

M. Cartailhac nous citait hier l'exemple de M. Morel qui, arrivant dans la Drôme après avoir fouillé le sépultures Gauloises et Mérovingiennes de la Marne, apprit que le pays était vierge d'antiquités et que toute recherche devait être inutile. Sans se laisser décourager par ces renseignements, à peine installé, il se mit à faire des fouilles et ne tarda pas à trouver sur tous les points du département d'immenses richesses archéologiques qui y étaient enfouies et que personne ne soupçonnait.

De même, si nous voulons nous en donner la peine — et c'est à Messieurs les Archéologues de la région que nous nous adressons — nous trouverons ici dans un pays qui passe pour dépourvu de monnaies autonomes, nous trouverons certainement des suites numismatiques ignorées, ou mal classées jusqu'à ce jour. Et peut-être nous apercevrons-nous que telles variétés de *monnaies à la croix* attribuées aux *Volcae Tectosages* ou aux *Cadurci*, ou telles autres variétés de *Desconocidas* attribuées aux Ibères d'Espagne, doivent être rapportées aux Aquitains de la Novempopulanie qui peuvent avoir copié le monnayage de leurs voisins soit de la Gaule, soit de l'Espagne.

N'est-ce pas ainsi, du reste, que M. Maxe-Werly est arrivé à rendre aux *Cadurci* une série de *monnaies à la croix* provenant de la trouvaille de Cuzance (Lot), tandis qu'avant lui, toutes ces pièces étaient données indistinctement aux Tectosages.

On nous opposera sans doute que jusqu'à ce jour, on n'a pas trouvé dans l'ancien territoire de la Troisième Aquitaine (*Aquitania Tertia sive Novempopulania*) de monnaies Ibériennes, à part le Trésor de Barcus, qui se composait de 1800 deniers en argent appartenant à six villes de l'Espagne (*Turiaso — Segobriga — Balsio — Ontzan — Arsa — Aregrat.*)

On nous opposera aussi que jamais on n'a trouvé de *monnaies à la croix* chez les *Tarbelli,* les *Aturenses,* les *Iluronenses* et les *Benarnenses,* très rarement chez les *Lactorates,* les *Elusates,* les

Sotiates, les *Convenae* et les *Bigerriones* (et encore est-ce isolément), et une seule fois chez les *Ausci* à l'Isle de Noé (1).

A cela nous répondrons que si on n'a trouvé ni monnaies Ibériennes ni pièces à la croix dans la Novempopulanie, ce n'est pas une raison pour qu'il n'y en ait pas des dépôts enfouis qui se trouveront un jour ou l'autre ; que bien des trouvailles ont pu être faites qui auront été dispersées sans avoir été signalées par les archéologues, à une époque où la numismatique était une science peu répandue, et où les monnaies Gauloises et Ibériennes n'avaient pas le don d'intéresser les collectionneurs qui portaient toute leur attention sur les monnaies Romaines ; que, du reste, le Trésor de Barcus et celui de monnaies à la croix de Cuzance (Lot) ont bien failli être vendus et exportés avant d'être signalés et publiés ; que c'est le sort réservé à la plupart des trésors, et que souvent même on leur donne un faux certificat d'origine pour dérouter les soupçons et empêcher certaines réclamations ; on les expédie au loin, on les fait fondre au creuset, de façon que, fondus ou non, leur provenance étant inconnue, la science y perd ce qu'elle était en droit d'en attendre.

Et d'ailleurs, si on n'a pas trouvé de monnaies Ibériennes ou de deniers à la croix, a-t-on-trouvé davantage les monnaies Gauloises des autres peuples ? Pas plus. Au contraire, les monnaies à la croix et les Ibériennes ont été rencontrées quelquefois, quoique exceptionnellement, tandis que les autres ne l'ont pas été du tout.

Or les *Novem-populi* se servaient assurément de monnaies, et s'ils n'en avaient pas à eux, ils employaient celles de leurs voisins. De même qu'on a trouvé chez les *Elusates* et les *Sotiates* les monnaies dont ils faisaient usage et qui étaient les leurs, de même nous devons trouver chez les autres peuples de l'Aquitaine primitive les monnaies qui avaient cours chez eux, qu'elles fussent frappées par eux ou qu'ils les tirassent des ateliers de leurs voisins.

Nous pensons que les Aquitains de la Novempopulanie ont dû, s'ils n'ont pas eu de monnaies à eux, se servir de celles ou des *Elusates* ou

(1) Quant à la trouvaille de Castelnau-sur-l'Auvignon, près de Condom, qui a eu lieu en 1845, elle se composait de 700 monnaies des Elusates et des Volcac Tectosages mélangées. Castelnau appartient, croyons-nous, à l'ancien territoire des Elusates, sur les confins des Lactorates et des Nitiobroges (Agen). Ce dernier peuple est un de ceux chez lequels on trouve habituellement des monnaies à croix.

des Ibères d'Espagne ou des *Tectosages*, et non pas de celles des autres Gaulois.

La raison en est toute simple : C'est qu'ils étaient liés par le sang et l'amitié avec les *Elusates* dont le monnayage a laissé des traces relativement nombreuses. Ils étaient liés aussi par une communauté de race et des relations fréquentes avec les Ibères d'Espagne au secours desquels nous les voyons courir souvent ; de même que César nous apprend que les cités de l'Espagne citérieure envoyèrent des secours en hommes et des chefs aux Aquitains contre Crassus. Enfin ils étaient voisins et alliés des *Tectosages* et des *Cadurci* peuples commerçants dont les relations s'étendaient au loin, car on a retrouvé leurs monnaies (ou du moins celles des *Tectosages*) dans les départements suivants : Ariège, Aude, Aveyron, Corrèze, Dordogne, Gard, Gers, Gironde, Haute-Garonne, Hérault, Lot, Lot-et-Garonne, Tarn et Tarn-et-Garonne, soit dans tout le sud-ouest à l'exception des Landes, des Basses-Pyrénées, des Hautes-Pyrénées et des Pyrénées-Orientales. On en a même trouvé jusque dans les environs de Genève et dans le Grand Duché de Bade. Les seules trouvailles importantes de *Monnaies à la croix* faites dans le Gers sont, croyons-nous, celle de Castelnau-sur-l'Auvignon, près de Condom, faite en 1845, et celle de l'Isle-de-Noé — et dans la Gironde, celle de St-Sauveur, et quelques pièces trouvées à Blaye.

Il résulte de ces trouvailles ce fait que les monnaies des *Tectosages* ont été fréquemment rencontrées dans quatorze départements dont un seul, le Gers, fait partie de la Novempopulanie, et qu'elles n'ont pas été remarquées, jusqu'à présent, dans les départements tirés de cette province, le Gers excepté ; or le Gers est justement le département où on devait s'attendre à en trouver le plus, puisqu'il est limitrophe de la Haute-Garonne, l'ancien pays des *Tectosages*. Cela veut-il dire qu'on n'en trouvera pas dans les Landes, les Hautes et les Basses-Pyrénées ? Non ; mais il faut attendre avant de se prononcer.

Mais si les Aquitains ont eu de bonnes raisons pour se servir des monnaies des Ibères Espagnols ou des Tectosages, ils n'en avaient pas pour employer les monnaies des autres peuples Gaulois avec lesquels ils n'étaient ni en communauté de race, ni en relations d'intérêts. Car une chose remarquable est l'abstention des Neuf peuples dans la lutte de la Gaule contre César. Jamais les Aquitains ne s'en sont mêlés ; ils semblent avoir considéré la conquête de la Gaule par les Romains comme un événement qui ne les intéressait pas, comme une guerre entre deux peuples étrangers. Ils ne sont jamais intervenu, pas même lorsque Vercingétorix réunit la Gaule entière dans un suprême effort contre César. Là encore nous voyons figurer tous les peuples Celtes mais pas un seul peuple Ibérien, ainsi que l'a fait remarquer M. Ernest Desjardins. Et parmi les 497 monnaies Gauloises qui ont été trouvées dans les fouilles d'Alesia, il n'y en avait pas une seule de la Novempopulanie, tandis que la plupart des confédérés Gaulois s'y trouvaient représentés. Aussi, quand ils seront attaqués eux-mêmes, qui viendra à leur secours? Ce ne sont pas les Gaulois qui, à leur tour, les laissent écraser ; ce sont les Ibères qui, considérant la cause des Aquitains comme liée à la leur, leur enverront des renforts et des chefs.

Ces faits démontrent complètement combien les Aquitains avaient peu de liens avec les Gaulois. Leurs relations étaient avec les Ibères ; leur pays était un prolongement de l'Espagne ; et quoique voisins des Celtes, les *Novem-populi* n'avaient ni relations ni alliance avec eux. Dans ces conditions, il n'est pas supposable qu'ils se soient servis de leurs monnaies.

Nous croyons donc que les habitants de la Troisième Aquitaine ont eu des monnaies à eux, imitées très probablement de celles des *Tectosages*, des *Elusates* ou des Ibères d'Espagne, et que ces trois sortes de monnaies ont eu également cours chez eux. Nous croyons en outre que la seule façon de résoudre cette intéressante question est de recueillir et d'étudier toutes les trouvailles de monnaies faites dans la contrée et d'en établir exactement la provenance. C'est ainsi que nous arriverons en peu de temps à connaître les monnaies dont se servait chacun des neuf peuples et à déterminer la filiation des types.

Quoique les *Boii* du Bassin d'Arcachon ne rentrent pas dans les peuples de la Novempopulanie, nous ne pouvons passer si près d'eux sans exprimer le désir qu'on s'occupe de savoir quelles sont les monnaies Gauloises qui se trouvent habituellement sur leur ancien territoire. N'y rencontrerait-on pas de ces statères scyphates auxquels nous avons conservé leur nom allemand *Regenbogen-Schüsselchen,* qui se trouvent généralement dans tous les pays qui ont été habités par les *Boii?* Suivant qu'on en découvrira ou qu'on n'en découvrira pas, on aura des présomptions pour fixer la date à laquelle la colonie des *Boii* est venue s'établir à La Teste. Car le manque de monnaies scyphates doit nous démontrer, d'une part, que l'émigration 'est antérieure à l'époque où les *Boii* de Germanie frappaient leurs statères, de l'autre que la colonie de La Teste n'avait pas conservé de relations avec ses congénères. Dans le cas contraire, les *Boii* de la Teste auraient apporté avec eux des monnaies de leur pays et auraient continué à en recevoir de leurs frères de Germanie, ce qui nous permettrait d'en retrouver des exemplaires.

Avant de quitter la période antique, nous voulons rappeler que, suivant Timagène d'Alexandrie, une peuplade Dorienne aurait franchi le détroit de Gibraltar et serait venue se fixer en Aquitaine. Plusieurs auteurs, et Dompnier entre autres, ont profité de ce récit pour demander si on ne devait pas reconnaître des restes de cette colonisation Grecque dans les noms de : Pau — Abydos — Scyros — Athos — Biganos — La Bouheyre — Laluque — Tosse — Tyrosse — Buglose — Pissos — Caudos — Lugos — Mios — etc., etc.

Sans vouloir entrer dans la discussion sur l'étymologie de ces noms, nous ferons observer que si la colonie Grecque avait réellement existé et avait été assez importante pour fonder tant de villes aussi éloignées les unes des autres, elle aurait dû répandre dans le pays une énorme quantité de monnaies Grecques dont nous retrouverions de nombreux exemplaires, comme cela a eu lieu sur les côtes de la Provence, de l'Italie et de l'Espagne. On retrouverait aussi des inscriptions Grecques, des vases, des bijoux, des ornements, etc. Il n'en est rien. La prétendue colonie Grecque a passé sans laisser de traces, et les monnaies Grecques de même que les inscriptions, vases ou bijoux sont inconnus en Novempopulanie. Nous croyons donc peu à cet essai de colonisation qui doit en tout cas ne pas avoir eu de suite.

DOMINATION ROMAINE

Aussitôt après la conquête de la Gaule, le monnayage Gaulois se latinisa un moment pour disparaître presque aussitôt, et bientôt le monnayage officiel de l'empire se substitua partout aux monnaies locales.

En Gaule, cinq ateliers seulement furent établis successivement ; ce furent ceux d'Arles, de Lyon, de Narbonne, de Cologne et de Trèves. La Novempopulanie, n'ayant pas été comprise dans la distribution des ateliers, ne frappa pas de numéraire. Certaines colonies telles que Nîmes, Vienne, etc., avaient été autorisées à émettre des monnaies, dans le commencement de l'empire ; mais la Troisième Aquitaine ne renfermant aucune colonie, nous n'aurons rien à enregistrer pendant cette période.

Cependant, si la Novempopulanie n'eut ni ateliers monétaires ni colonies ayant le droit d'émission, cela ne veut pas dire qu'aucune monnaie n'ait été frappée dans cette province.

Souvent, et surtout pendant les guerres, les troubles et les usurpations qui signalèrent l'époque de Gallien, souvent des monnaies étaient frappées en dehors des ateliers officiels, soit pour les besoins d'une province, soit pour ceux d'une armée en campagne (1). Constamment aussi les nombreux usurpateurs qui se disputèrent les lambeaux de l'Empire Romain, battirent monnaie là où ils se trouvaient, au camp ou à la ville, se hâtant d'exercer cette marque de souveraineté. Certains d'entre eux qui ne régnèrent que quelques jours au milieu des camps ou dans des provinces éloignées d'ateliers monétaires, trouvèrent cependant le moyen de répandre dans les provinces qui les reconnurent des quantités de leurs monnaies.

Le même fait se produisit naturellement en Gaule sous les *Empereurs nationaux* qui pendant quinze ans (de 258 à 273), enlevèrent la Gaule à Gallien et la défendirent contre les Barbares. Ces empereurs, au nombre de huit : Postume père, Postume fils, Lélien, Victorin père, Victorin fils, Marius, Tétricus père et Tétricus fils, émirent une énorme quantité de monnaies, et comme ces pièces ne portent aucune marque d'atelier, on ne peut savoir où elles ont été fabriquées. Un peu partout vraisemblablement. Il est donc probable que la Novempopulanie peut en revendiquer sa part, surtout dans celles de Tétricus qui était un sénateur Aquitain et qui prit la pourpre à Bordeaux. Néanmoins jusqu'à présent, rien n'indique leur lieu d'émission et nous ne pouvons attribuer aucune pièce à notre province.

Nous croyons toutefois qu'une étude attentive des trouvailles de

(1) Sans parler de ces milliers d'officines de faux monnayeurs répandues dans toutes les provinces.

monnaies Gallo-Romaines faites dans la contrée, surtout de celles de
l'époque de Gallien et des Empereurs Gaulois, dont les dépôts
monétaires sont si fréquents dans notre pays, pourrait amener par la
comparaison des types et des lettres monétaires, à reconnaître la
présence d'une fabrication locale. Cette opinion ne doit pas étonner si
on considère la quantité prodigieuse de monnaies émises par Postume
père, Victorin père, Marius et les deux Tétricus en l'espace de quinze
années, et l'insuffisance absolue de deux ateliers, ceux de Cologne et de
Lyon pour produire autant de numéraire en si peu de temps. Nous
disons deux ateliers, car celui de Trèves date seulement de Dioclétien,
celui d'Arles de Constance Chlore et celui de Narbonne de Constantin I.
Il est donc certain que d'autres officines éphémères durent être ouvertes,
et il est présumable que l'Aquitaine en a eu sa part. C'est d'autant plus
probable que Tétricus étant Aquitain de naissance et ancien gouverneur
de l'Aquitaine, ne dût pas oublier sa province ! On croit même que
Victorin et Tétricus étaient parents, ce qui peut faire supposer que
Victorin, lui aussi, était Aquitain.

Quoiqu'il en soit, à défaut de certitude, il y a des probabilités pour
que les Empereurs Gaulois aient battu monnaie en Aquitaine. L'avenir
se chargera peut-être de changer ces probabilités, en certitude ; c'est
aux archéologues Aquitains qu'il appartient de lui en fournir les moyens.

PÉRIODE WISIGOTHE

En 418, Honorius, croyant se débarrasser des Wisigoths qui étaient
déjà maîtres de l'Espagne, leur céda l'Aquitaine. Il ne rentre pas dans
notre cadre de raconter toutes les péripéties que subit la domination
des Wisigoths en Gaule ; il nous suffit de rappeler que leur occupation
dura en Aquitaine de 418 à 507, époque à laquelle Clovis, après la
bataille de Vouillé, les chassa de l'Aquitaine. Les Wisigoths repassèrent
alors les Pyrénées et se confinèrent en Espagne, d'où ils chassèrent
à leur tour les Vascons. C'est de cette époque que date la dernière
invasion des Ibères en Aquitaine. Car les' Vascons, qui ont été aussi

appelés Basques ou Gascons, étaient les descendants de ces mêmes Ibères qui avaient déjà conquis une première fois l'Aquitaine bien des siècles avant celui dont nous parlons.

Cette fois, les Vascons conquirent encore une partie de l'Aquitaine et principalement toute la Novempopulanie dont ils reconnurent sans doute les habitants pour leurs frères. De là vinrent aux pays qu'ils occupèrent les noms de Gascogne et de pays Basque.

Le monnayage des Wisigoths semble s'être fait exclusivement en Espagne et à Narbonne, car jusqu'à présent on n'a signalé aucun autre atelier de ce côté des Pyrénées que celui de Narbonne. Cette ville étant un ancien atelier Romain, continua à jouir du privilége de produire les monnaies des rois Wisigoths.

Cependant rien ne prouve que d'autres villes n'aient pas partagé cette faveur, car la plupart des monnaies Wisigothes ne portent pas de nom d'atelier. Alaric II, qui avait établi sa cour à Aire, aurait pu y faire frapper de la monnaie, mais rien n'indique qu'il l'ait fait. Du reste, comme le fait remarquer si justement M. Charles Robert (1), les Wisigoths étaient habitués à se servir des monnaies Romaines. Comme tous les peuples barbares, ils avaient été plus ou moins à la solde des Romains et avaient été payés en monnaie Romaine ; le pillage et les tributs les y avaient encore accoutumés. Ils se servirent donc du numéraire Romain qui était répandu dans le monde entier et qui était alors presque le seul en usage.

Quand les Wisigoths voulurent faire de nouvelles émissions monétaires, ils ne crurent donc pas pouvoir faire mieux que de copier servilement les monnaies Romaines ; tous leurs efforts tendirent à faire confondre leur numéraire avec celui des empereurs, afin de lui assurer un cours plus facile. C'est ce qui explique pourquoi pendant plus d'un siècle les Wisigoths ne firent que des monnaies purement Romaines fort difficiles à distinguer de celles qu'elles reproduisaient. Ce n'est qu'après leur expulsion d'Aquitaine que les rois Wisigoths commencèrent à avoir un monnayage propre, des types toujours imités de ceux des Romains mais s'en éloignant cependant assez pour en être distingués.

Dans ces conditions, il nous sera très difficile, sinon impossible, d'arriver quelque jour à retrouver les pièces qui pourraient appartenir à la Novempopulanie, s'il en existe. Ces monnaies sont, du reste,

____

(1) Charles Robert. — Numismatique de la Province de Languedoc.

d'autant plus rares que l'or fut presque le seul métal employé. Pour l'argent et le bronze, les anciennes monnaies Romaines semblent avoir suffi, car il y a peu d'exemples de pièces Wisigothes de ces deux métaux.

PÉRIODE MÉROVINGIENNE

Les Wisigoths étant chassés d'Aquitaine, Clovis s'empara de cette province et l'unit à la monarchie Franque. Après la mort de Clovis, la Novempopulanie passa dans le royaume d'Orléans et appartint à Childebert, puis à Clotaire I, roi de Paris, à Charibert, et enfin à Chilpéric I, roi de Soissons.

Les Vascons enlevèrent cette province à Chilpéric, et Dax devint le centre de la ligue Gasconne. Au milieu du VIIe siècle, la Novempopulanie, qui commençait à être aussi appelée la Gascogne, fut annexée au nouveau royaume que Clotaire II créa pour son fils Caribert, sous le nom de Royaume d'Aquitaine. Un siècle plus tard, l'Aquitaine retournait à la monarchie des Francs, mais était régie par des ducs.

Les Francs émirent deux sortes de monnaies d'or : les monnaies Royales et celles des Monétaires. Quant aux monnaies d'argent et de bronze, elles furent extrèmement rares. Pour ces deux métaux, on continua à se servir des monnaies Romaines ou on les contrefit. Ajoutons toutefois que vers la fin de la première race, les monnaies d'argent commencèrent à devenir plus communes à mesure que celles d'or devenaient plus rares ; mais ces pièces sont encore très peu connues.

Les monnaies Royales sont celles qui furent frappées au nom du roi, en imitation des monnaies Romaines ; elles sont fort rares dans toute la France, mais surtout dans le midi. Ces pièces sont toutes des sous d'or ou des tiers-de-sou d'or (*triens*).

Les pièces des Monétaires sont des monnaies spéciales aux Francs qui ont commencé à être émises vers la fin du sixième siècle. A cette époque. presque toutes les monnaies d'or (sous ou tiers-de-sou) cessent généralement de porter le nom du Roi ; elles sont signées d'un *monétaire* et marquées d'un nom de lieu. M. Charles Robert (1) donne sur ce fait une explication extrêmement intéressante que nous essaierons de résumer en quelques mots :

Pourquoi les Rois Francs ont-ils renoncé au droit régalien d'inscrire leur nom sur la monnaie ? Pourquoi ont-ils autorisé des agents appelés *monétaires* à signer les espèces monnayées ? Pourquoi ces pièces portent-elles toutes des noms de localités qui sont très fréquemment des lieux sans importance, des bourgades, des postes souvent très rapprochés les uns des autres ? Pourquoi enfin existe-t-il une multiplicité incroyable de ces noms de lieux qui varient sans cesse, lorsque sous les Romains quatre ou cinq ateliers suffisaient à toute la Gaule ?

M. Charles Robert croit que les monétaires étaient des agents financiers chargés de percevoir les impôts ou de les recevoir des collecteurs et des fermiers, et de les convertir sur place en numéraire ; leur signature et le nom du lieu où l'impôt avait été perçu servaient de garantie et de cóntrôle. C'est pour cela que sur certains tiers-de-sou d'or frappés avec le produit de mines de sel qui devait être partagé entre l'église et l'état, le monétaire inscrivait : RATIO ECCLESIAE sur les uns, et : RATIO FISCI sur les autres, en y ajoutant le nom du lieu, et sa signature ; de cette façon. il établissait la part de chacun.

Les monnaies Mérovingiennes de la Novempopulanie ont été si peu étudiées que nous en connaissons bien peu qui aient échappé au creuset du fondeur. Nous ignorons si tous les types connus sont arrivés jusqu'à nous. Voici, en tout cas, ceux que nous avons pu relever.

Pour la série des monnaies Royales nominales, nous ne connaissons aucune pièce de notre province.

Quant à la série des Monétaires, elle se compose actuellement des pièces suivantes :

1° **Bayonne** : ABBA.
2° **Oloron** : HERLORO CIVE.
3° **Morlas** : ... ?
4° **Guiche** : ... ?

Ces quatre indications ont été données au *Congrès de Pau* par le regretté M. Paul Raymond ; elles sont malheureusement trop courtes, car elles ne donnent qu'une partie de la description des deux pièces de

(1) CHARLES ROBERT. — Numismatique de la Province de Languedoc.

Bayonne et d'Oloron, et ne fournissent que les noms de Morlas et de Guiche, sans nous apprendre la légende de leurs monnaies.

5° **Auch** (1) : A/ — AVSCIVS FIT. Profil droit et perlé.

R/ — + ROMVLFVS. Croix ancrée du haut.

6° AVXIACI FIT. Profil droit.

R/ — + AVNVLFVS. Figure debout à droite.

7° AVXIVCI FIT. Profil droit. Même revers.

8° AVSCIS FIT. Profil droit. Même revers.

9° AVSIVS ∴ FIT. Profil droit. Même revers.

10° Avers pareil.

R/ — + CHADOVLDO.. TA... Croix.

11° *Campus Ausciorum ?*

A/ — CANPAVS CIAC. Profil gauche.

R/ — BAVDICCISILO. Croix avec quatre points.

12° **Bigorre** (2) : A/ — BEGORRA FIT. Buste à droite.

R/ — TAVRECVS MO. Croix avec C. G.

13° **St Bertrand de Comminges**. (*Civitas Convenarum — Convenae*) (3) :

A/ — + I CONBENAS + I.... Buste diadémé à droite.

R/ — + NONNII.. MONITARVS. Deux Victoires de face séparées par une longue palme.

Sou d'or orné d'une bélière.

14° + CONBENAS FIT. Tête à droite.

R/ — + NONNITVS MO —. Croix à branches égales posée sur un globe ; dans le champ, les sigles C G et le chiffre VII.

Or.

15° Variété de la même pièce.

16° + CONBENAS FIT. Tête à droite.

R/ — + BONITVS MO.. Croix à branches égales, posée sur un globe ; dans le champ, deux étoiles.

17° **Comminges ?** :

A/ — + IN CVMMONIGO. Buste à gauche. (pour : *in comitatu Cominico* — dans le comté de Comminges.)

(1) Cette pièce et les six suivantes sont tirées du Catalogue raisonné des Monnaies Nationales de France par Guillaume Conbrouse.

(2) Cette pièce a été publiée dans le Catalogue Dassy.

(3) Cette pièce et les cinq suivantes sont tirées de la Numismatique du Languedoc, par M. Charles Robert.

R/ — FRIPRICVS MONITA. Croix ancrée.

Or.

Nous ajouterons une pièce de St-Lizier (Conserans), quoique nous considérions le Conserans comme en dehors de la Novempopulanie :

A/ — CVNSERANIS. Croix à branches égales dans un grénetis.

R/ — OSE   MO. Croix sur une sorte de long piédestal.

Or.

Telles sont les rares monnaies Mérovingiennes appartenant à la Novempopulanie qui aient été remarquées jusqu'à ce jour.

Il est impossible d'admettre que le sud-ouest de la France n'ait pas émis de sous d'or et de triens, lorsque dans tout le reste de la France on en trouve une variété considérable, quand des milliers de petits lieux inconnus ont inscrit leur nom sur les monnaies, produits de leurs impôts. Nous ne pouvons pas croire que des cités comme Dax, Aire, Eauze, Lectoure, Lescar, etc., sans parler d'une foule d'autres localités moins importantes, n'aient pas vu leur nom marqué sur des triens.

Il faut bien le dire, dans la science numismatique, la branche Mérovingienne a été à peine étudiée. Il n'y a que quelques années que M. de Ponton d'Amécourt, M. de Saulcy, M. Charles Robert et quelques autres savants ont commencé leurs investigations, et déjà ils ont fait faire d'énormes progrès à cette branche nouvelle de la Numismatique. Mais dans notre Gascogne, personne ne s'en est occupé sérieusement ; on n'a pas recueilli les triens qui doivent se trouver fréquemment chez nous comme ailleurs. Ces petites pièces d'or, qui ont une certaine valeur intrinsèque, et se trouvent presque toujours isolément, sont généralement vendues par les paysans anx bijoutiers ou aux colporteurs qui les mettent au creuset, et c'est ainsi qu'elles nous échappent. Souvent aussi les colporteurs qui les achètent les dépaysent ; ils vont les vendre au loin en cachant avec soin leur pays d'origine qui, s'il était connu, faciliterait beaucoup l'attribution de la monnaie.

C'est encore une recherche fort intéressante à faire que celle de ces petites pièces d'or dont l'étude est si attrayante et peut nous fournir des renseignements tout nouveaux sur les usages et les procédés financiers des Francs, sur certains péages et fermages, sur les produits des mines de sel, ou autres mines, etc., sur les noms des monétaires de notre contrée, sur ceux de beaucoup de localités à l'époque Mérovingienne, etc., etc.

PÉRIODE CAROLINGIENNE

Sous Charlemagne, le duché d'Aquitaine fut réuni à la couronne ; puis en 781, il fut constitué en Royaume et donné à Louis (plus tard Louis-le-Débonnaire, Empereur). Tantôt formant un royaume dépendant de la couronne, tantôt réuni à elle, il fut annexé définitivement par Louis-le-Bègue, en 877.

La Novempopulanie fut érigée par Charlemagne en duché relevant du royaume d'Aquitaine, sous le nom de duché de Gascogne, et le duc Loup I en fut pourvu.

Sous les Carolingiens, la monnaie qui, déjà à la fin de la première race, avait subi de grandes modifications, changea complètement de système. Aux monnaies d'or petites et épaisses furent substituées des monnaies d'argent minces et plates, n'ayant aucun relief. Les monétaires disparurent presque complètement, et avec eux ces milliers de noms de localités qui figuraient sur la monnaie. Le nom du roi reprit sa place ancienne sur les espèces et les ateliers monétaires furent réduits à un nombre encore respectable quoique infiniment plus restreint.

Quelle fut la part de la Novempopulanie dans ce monnayage ? Nous ne le savons pas, car les documents nous manquent. La plupart des monnaies frappées en Aquitaine portent simplement le nom de la province : AQVITANIA, ou bien : REX AQVITANIORVM. Mais rien ne démontre dans quelle ville furent émises la majeure partie de ces pièces. Toulouse, Narbonne, Arles, Bordeaux peuvent certainement en revendiquer beaucoup ; mais de même que certains deniers ont été sûrement frappés à Nîmes, Uzès, Béziers, Rodez, Substantion, Carcassonne, Le Puy, Agen, Poitiers, etc., etc., pourquoi les villes importantes de la Gascogne : Dax, Auch, Aire, Lescar, Oloron et autres n'en auraient-elles pas frappé ? Tout le duché de Gascogne eut-il donc été privé de ces ateliers qui avaient été si libéralement répandus dans tout le reste de l'Aquitaine ?

Nous ne le croyons pas, et nous pensons que parmi toutes ces monnaies ne portant aucun nom d'atelier, une partie plus ou moins grande appartient à la Gascogne. Comment les distinguer ? Nous ne le savons pas encore, mais une étude attentive devra nous l'apprendre.

Quant aux espèces portant des noms de villes Gasconnes, celles connues se résument aux trois variétés suivantes, toutes trois émises à Dax :

1° A/ — + HVDOWICVS IMP. Croix (1).

R/ — AQVIS VASCON, dans le champ en deux lignes.

Un denier en argent appartenant à M. de Ponton d'Amécourt.

2° A/ — + HLVDOWICVS IMP. Croix (2).

R/ — pareil.

Quatre deniers trouvés au Veuillin.

Ces deux types expliquent le troisième que voici :

3° A/ — pareil (3).

R/ — AQVIS VASON en deux lignes dans le champ.

Trois pièces trouvées en 1836 à Belvezet, près d'Uzès, et qui avaient été attribués à Encausse ou à Vaison.

Ces trois variétés sont des deniers de Louis-le-Débonnaire frappés à Dax. La première pièce a permis de déterminer le troisième type qui doit être rendu à Dax ; le graveur a simplement oublié le C de VASCON.

Il est peu probable que le monnayage de Dax ait été limité à ces trois variétés et au règne de Louis-le-Débonnaire. D'autres souverains, rois d'Aquitaine et rois de France, ont dû continuer ce monnayage (4).

Il serait aussi bien étonnant que les Ducs de Gascogne, qui étaient fort puissants et jouissaient d'une demi indépendance, n'eussent pas battu monnaie dans leurs états, lorsque plusieurs autres seigneurs moins puissants leur en donnaient l'exemple. Les monnaies des ducs de Gascogne sont inconnues ; aucun texte n'indique qu'ils en aient frappé ; mais nous sommes convaincu, avec Poey d'Avant, que ces monnaies ont existé et qu'on les retrouvera un jour. M. de Gourgues a même soutenu que Morlas avait été l'un des ateliers des ducs de Gascogne ; comme le dit Poey d'Avant, c'est possible et même probable.

---

(1) EMILE TAILLEBOIS. — Note sur le Monnayage de Dax. — (Bulletin de la Société de Borda, 1879.)

(2) F. BOMPOIS. — Dépôt de Monnaies Carlovingiennes découvert au Veuillin.

(3) A. DE LONGPÉRIER. — Catalogue Rousseau.

(4) Pendant que ce travail était sous presse, un savant numismatiste, M. E. Gariel, a bien voulu nous apprendre qu'il venait de découvrir plusieurs monnaies Carolingiennes qui doivent être rapportées à l'atelier de Dax.

PÉRIODE CAPÉTIENNE

Monnaies Royales.

Eudes, duc de Gascogne, étant mort en 1040, son successeur Gui-Geoffroi (ou Guillaume VIII) réunit la Gascogne à l'Aquitaine. En 1137, Eléonore apporta l'Aquitaine à son premier mari, Louis VII, roi de France, et en 1152, à son second mari, Henri II, roi d'Angleterre. Pendant trois siècles, cette province resta sous la domination Anglaise, et ne fut rattachée à la France que par un faible lien de vassalité presque toujours purement nominale ; et souvent même ce lien fut rompu. Ce ne fut qu'en 1453 que Charles VII réunit définitivement l'Aquitaine à la couronne dont elle ne devait plus être séparée.

Nous allons d'abord voir quelles furent les monnaies Royales frappées pendant cette période, et nous examinerons ensuite les espèces Féodales.

Pendant les premiers siècles, les monnaies des Capétiens (et même aussi celles des seigneurs), ne différèrent pas sensiblement des monnaies Carolingiennes. Ce furent la même abondance de l'argent, la même rareté de l'or, les mêmes espèces minces et plates, n'offrant aucun relief. Le titre, d'abord semblable à celui du numéraire Carolingien, fut ensuite diminué ; il se releva cependant sous Louis IX, mais les successeurs de ce prince, Philippe III et Philippe IV altérèrent bientôt les monnaies à tel point que l'un d'eux, Philippe IV le Bel, fut surnommé par le peuple le *Roi faux-monnayeur*. Sous Louis X et ses successeurs l'altération du titre continua jusqu'à Jean-le-Bon, à partir du règne duquel nous voyons la valeur des monnaies se relever progressivement.

D'autre part, l'or, rare pendant la seconde race, et complètement inconnu au début de la troisième, reprit petit à petit une place plus importante dans la fabrication. En effet, aucune pièce d'or ne fut frappée depuis Hugues Capet jusqu'à Louis VIII ; l'argent et le billon furent seuls en usage, signes certains de la pauvreté publique de cette époque autant que de la décadence dans laquelle était tombée l'autorité Royale. Louis IX, en même temps qu'il éleva le titre des monnaies, reprit aussi la fabrication de l'or si longtemps interrompue, et qui ne cessa plus sous ses successeurs.

La figure royale, disparue depuis longtemps, se montra de nouveau, mais exceptionnellement, sur des monnaies de billon de Robert, de Louis VI, de Louis VII et de Philippe-Auguste. A partir de Louis IX, le roi fut représenté sur certaines pièces d'or (rarement sur l'argent), tantôt debout ou assis, tantôt à cheval. Mais ce fut Louis XII qui le premier créa les *Testons* ; c'est donc de son règne que date la réapparition du buste royal dans le champ des monnaies. A cette époque aussi, les pièces reprirent de l'épaisseur et du relief. Enfin sous Henri III apparut la première monnaie de cuivre.

Pendant ce temps, que devint le monnayage royal en Gascogne ? (car le nom de Novempopulanie était abandonné.) (1).

Jusqu'en 1488, il n'en est pas question, et nous le comprenons parfaitement. En effet, les rois de la troisième race n'étaient guère dans l'origine que les premiers d'entre les vassaux, ayant peine à faire reconnaître de leurs anciens pairs le nouveau pouvoir qu'ils avaient pris ; ce pouvoir nominal fut longtemps mal affermi, renié souvent par ceux-là mêmes qui l'avaient accepté. Il en résulta que les rois de France durent se contenter d'abord de frapper monnaie dans leur domaine privé, c'est-à-dire dans le duché de France. Ce n'est guère que sous Philippe-Auguste que les ateliers royaux commencèrent à se multiplier dans une partie du Royaume.

A l'avènement de Hugues Capet, les seigneurs s'étaient presque partout saisi du droit d'émettre des monnaies, et la faiblesse du pouvoir central ne put pendant plusieurs siècles s'y opposer d'une façon efficace. Les uns obtinrent l'autorisation royale, les autres s'en passèrent, et il en résulta que la France fut inondée de monnaies frappées par une quantité innombrable de seigneurs.

Les ducs de Gascogne ne furent pas les derniers à s'emparer du droit régalien de battre monnaie car ils en usèrent même sous les rois de la seconde race. Il n'est pas étonnant que les rois de France n'aient pas songé à se réserver le droit de monnayage en Aquitaine, ayant affaire à de si puissants vassaux qui n'auraient pas facilement cédé les droits dont ils s'étaient emparés, lesquels, du reste, avaient cessé à cette époque d'être considérés comme régaliens. Les ducs de Gascogne, et après eux, ceux d'Aquitaine, restèrent donc paisiblement en possession du droit de

(1) La Gascogne ne comprenait pas toute l'ancienne Novempopulanie. Le Béarn en était détaché et formait une vicomté séparée qui ne fut réunie à la couronne qu'en 1607.

monnayage. Il en fut de même des seigneurs du Béarn qui eurent aussi leur monnayage particulier.

Aussi ne devons-nous pas chercher à trouver des monnaies royales frappées à cette époque soit dans la Gascogne soit dans le Béarn. On n'en a pas encore signalé, et il est certain qu'on n'en trouvera pas. Louis VII émit à la vérité quelques monnaies en Aquitaine, mais ces pièces ont été frappées non en vertu de ses droits royaux, mais bien en qualité de duc d'Aquitaine ; c'est donc au monnayage féodal qu'elles appartiennent. Il en est de même des nombreuses monnaies Aquitaniques des Rois d'Angleterre qui rentrent toutes dans le système féodal. Nous n'avons donc pas à nous en occuper dans ce chapitre.

Cependant il serait possible à la rigueur que Henri V (1415-1422) et Henri VI (1422-1453), qui ont émis beaucoup de numéraire en qualité de rois de France, dans toutes les provinces reconnaissant leur autorité, eussent fait fabriquer des monnaies royales en Aquitaine.

Nous disons que ce serait possible, mais nous ne croyons pas qu'ils l'aient fait. Non-seulement on n'a pas trouvé de semblables monnaies, mais nous ne voyons pas quelle eut été pour ces princes l'utilité de faire battre dans leur propre duché d'Aquitaine des monnaies royales qui eussent fait concurrence à leur monnayage seigneurial. Or ce monnayage non-seulement continuait, mais était même très abondant, car il inondait tout le sud-ouest de ses produits. Aussi croyons-nous que l'émission de monnaies royales dans cette partie de leurs états eut été plus que inutile aux rois Anglais ; elle eut nui à leurs intérêts. Il nous parait donc sinon certain au moins très probable que ce monnayage n'a pas pu exister.

Mais si le monnayage royal n'a pas fonctionné en Aquitaine jusqu'en 1453, époque de la conquête de cette province par Charles VII, il n'en fut plus de même à partir de cette date.

Charles VII ayant annexé l'Aquitaine au domaine royal, des ateliers monétaires ne tardèrent pas à y être établis. Pour l'ancienne Novempopulanie, nous voyons Charles VIII créer l'atelier de Bayonne en septembre 1488 (1). M. de Saulcy, dans son *Histoire Numismatique du règne de François I*[er], nous initie à une foule de détails inconnus sur l'atelier de Bayonne. Par lui, nous apprenons qu'en 1515, Antoine de

_____
(1) F. DE SAULCY. — Eléments de l'Histoire des ateliers monétaires du Royaume de France. — Le même. — Histoire Numismatique du règne de François Ier.

Châteauneuf fut *Maître particulier* de la Monnaie de Bayonne pour huit ans, et qu'il fut nommé de nouveau pour un an en 1523. Nous le voyons *ouvrer* (travailler) du 28 juillet au 14 septembre 1523. En 1527, son successeur, Barthélemy de Meleun met un point ouvert sous l'écu, et au revers, sous la 4ᵉ lettre. Le 21 janvier de la même année, il met un point ouvert sous les quatrièmes lettres aux *Franciscus*. A cette époque, Pierre de La Rue est *tailleur de coins*. Le 4 février, ordre est donné à Barthélemy de Meleun de prendre un nouveau différent; c'est un croissant sous l'écu des deniers d'or *à pile*, et *à croix* un croissant sous la croix, à la droite de l'ancre. Aux *Franciscus*, un croissant au-dessus de F, et à *croix* comme aux écus.

En 1535, Menault de Montdaco est Maître pour dix ans et met un D à la fin des légendes. Le 8 mars 1539, ordre est donné à Menault de Montdaco de faire des écus *à la salamandre*. En 1542, Pierre de La Rue était Maître pour six ans et mettait un P au commencement des deux légendes.

Les Maîtres de la Monnaie n'étaient sans doute pas toujours honnêtes, car nous voyons que Jehannot de Barrouette, Maître de Bayonne, fut accusé d'avoir fait des *Franciscus* faux. (Il devait avoir occupé la maîtrise entre 1523 et 1527.)

Nous indiquons ces quelques renseignements tirés de l'ouvrage de M. de Saulcy pour montrer de quelle utilité peut être pour la Numismatique la recherche des vieux documents qui se trouvent encore cachés au fond de certaines bibliothèques publiques ou privées. C'est aux travailleurs de chaque ville qu'il appartient de les y découvrir et de les publier. Nos confrères de Pau et de Bayonne nous paraissent particulièrement bien placés pour rechercher tous les documents relatifs aux ateliers de ces deux villes et les faire connaître. Ils rendraient ainsi un grand service tout à la fois à la Numismatique et à l'histoire locale.

Jusqu'à 1539, les ateliers avaient été distingués par des points secrets. Bayonne mettait un point sous la 25ᵉ lettre (sous l'O de FRANCORVM.) Mais le 14 janvier 1539, François I remplaça les points secrets par des lettres, et donna à l'atelier de Bayonne la lettre L qu'il conserva jusqu'à sa fermeture. Cet atelier fonctionna jusqu'en 1794, époque à laquelle il fut fermé. Rétabli en 1803, il fut supprimé définitivement en 1837.

Jusqu'au règne de Henri IV, Bayonne fut le seul atelier royal de la province qui nous occupe. Mais lorsque le roi de Navarre fut devenu roi de France et eut ainsi réuni le Béarn à la couronne, l'atelier Béarnais de Pau continua d'exister et devint atelier royal. Il maintint comme par le passé une vache pour différent monétaire. Cet atelier subsista jusqu'en 1794, époque de sa suppression. Pendant le règne de Henri IV, Morlas, l'ancien atelier des seigneurs de Béarn, parait avoir fonctionné pour le roi de France ; ses monnaies auraient eu comme celles de Pau, une vache pour différent (1), mais avec les lettres B D entrelacées, à la fin de l'exergue (B D *Benearni Dominus*.) L'atelier de Morlas disparut avec Henri IV.

Enfin sous Louis XIV, une officine fut établie pendant peu de temps à St-Palais ; ses produits portent les armes de Navarre avec un V pour différent, tandis que ceux de Pau, au lieu de se distinguer par une vache, portent plus souvent les armes de Béarn, et quelquefois en outre un B à la fin de l'exergue.

Les ateliers de Morlas et de St-Palais semblent avoir été peu importants et n'ont eu qu'une courte existence, mais il n'en est pas de même de Pau et de Bayonne dont les produits ont été considérables, car aujourd'hui encore presque toutes les monnaies Royales que l'on trouve dans notre contrée sont de l'un ou l'autre de ces deux ateliers (de 1488 à 1837 pour celui de Bayonne, et de 1589 à 1794 pour celui de Pau.)

Lorsque des recherches sérieuses auront été faites sur la fabrication de ces deux ateliers, il serait intéressant de connaître les espèces émises par chacun d'eux pendant la durée de son existence.

PAPIERS-MONNAIE

Les Papiers-Monnaie appartiennent à la Numismatique, et cependant il n'existe aucun ouvrage complet qui nous les fasse connaître. Nos numismatistes ont entièrement négligé cette branche de la science qu'ils cultivent, et le catalogue de M. Reynard-Lespinasse (2) est encore

---

(1) Hoffmann. — Monnaies Royales de France.

(2) H. Reynard-Lespinasse. — Assignats et autres Papiers-Monnaie créés et émis par le gouvernement Français de 1789 à 1796. (Annuaire de la Société Française de Numismatique. Tome III. 1868.)

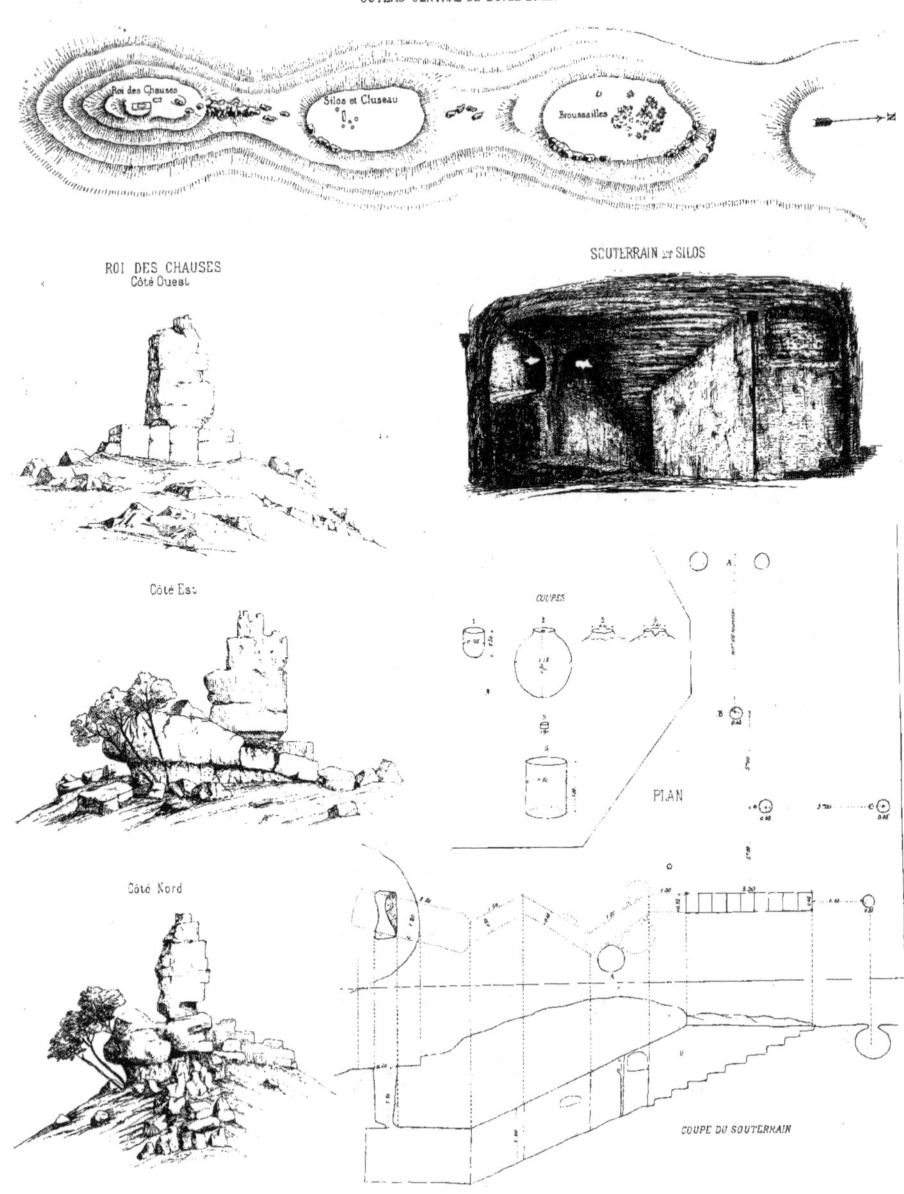

COTEAU CENTRAL DE BORIE-BELET
Roi des Chauses
Silos et Cluseau
Broussailles
N
ROI DES CHAUSES
Côté Ouest
SOUTERRAIN et SILOS
Côté Est
COUPES
PLAN
Côté Nord
COUPE DU SOUTERRAIN

le meilleur document à consulter quoiqu'il ne contienne que les Papiers-Monnaie créés par le Gouvernement Français de 1789 à 1796.

Tous les Assignats, Mandats Territoriaux, etc., émis par le gouvernement français ont-ils été fabriqués à Paris ? Nous n'en sommes pas certains, mais cela nous paraît probable. En tout cas, aucun d'entre eux ne porte de nom de ville.

Mais en dehors de ces papiers-monnaie du gouvernement, il fut émis par les communes une quantité énorme de numéraire fictif sous les noms de : *Bons municipaux, bons patriotiques et billets de confiance.*

Ce sont ces Papiers-Monnaie municipaux qui furent créés dans toutes les provinces, sur lesquels nous voudrions appeler l'attention. Nous n'en connaissons pas qui aient été émis par les municipalités de la Gascogne et du Béarn, mais évidemment ces deux provinces ont dû en produire comme les autres, et si on cherche bien, on devra trouver de ces Billets de confiance produits par toutes les villes importantes de notre contrée. Ce sera une page de plus à ajouter à l'histoire Numismatique de cette province ; mais il faut se hâter, car ce genre de monnaie ne résiste pas comme le métal aux injures du temps, et avant peu, si on ne s'en occupe pas de suite, tout ce numéraire fragile autant que fictif aura disparu sans qu'on puisse en retrouver les types.

Nous ne demandons pas seulement qu'on recueille ces monnaies de nécessité, et qu'on les préserve de la destruction qui les atteint si facilement, mais nous voudrions aussi voir étudier les archives des communes, afin de connaître les diverses émissions qui ont été faites, et amasser ainsi les matériaux nécessaires pour qu'on put un jour faire la monographie des papiers-monnaie Municipaux de la Gascogne et du Béarn.

MONNAIES FÉODALES

Duché d'Aquitaine.

Comme nous l'avons vu précédemment, Charlemagne avait créé le duché de Gascogne formé de la Novempopulanie, et l'avait rendu feudataire du royaume d'Aquitaine. Puis en 1040, Guillaume VIII réunit la Gascogne à l'Aquitaine dont elle suivit le sort.

Jusque dans la seconde moitié du X⁰ siècle, on ne possède pas de monnaies d'Aquitaine, quoiqu'il soit évident, ainsi que le démontre Poey d'Avant (1), que les pièces connues de Sanche frappées à Bordeaux sont la dégénérescence d'un type précédent. Il est donc certain que les ducs d'Aquitaine ont émis des monnaies avant le X⁰ siècle, et il est très probable que les ducs de Gascogne, eux aussi, ont battu monnaie avant cette époque, en imitant plus ou moins le type Carolingien. Quoiqu'il en soit, jusqu'à la seconde moitié du X⁰ siècle, nous ne possédons pas de monnaies des ducs soit d'Aquitaine, soit de Gascogne. A cette époque paraissent les premières pièces, dégénérescence d'un type antérieur, qui n'est pas encore venu jusqu'à nous. Ajoutons que toutes ces monnaies appartiennent non à la Gascogne mais à l'Aquitaine, car elles portent les noms des ducs d'Aquitaine (qui n'étaient pas encore ducs de Gascogne), et de l'atelier de Bordeaux.

Ce n'est que de 1052 à 1086, sous Gui-Geoffroi, que nous voyons figurer pour la première fois sur les pièces ducales le nom : AQVITANIE sans indication d'atelier. Ces deniers, ainsi que ceux analogues de Guillaume IX (1087-1127), peuvent avoir été frappés à Bordeaux, mais rien ne le prouve. Ils pourraient aussi bien appartenir à une autre ville soit de la Guyenne, soit de la Gascogne.

Il en est de même des deniers d'Éléonore portant : DVCISSIT AQVITANIE, et de Louis VII, avec les légendes : LODOICVS REX. — DVX AQVITANIE. Rien n'empêche la Gascogne d'en revendiquer une part, qu'on ne peut ni lui refuser ni lui accorder avec certitude.

Les premiers Rois Anglais continuèrent à frapper des deniers et des oboles portant le nom du duché d'Aquitaine sans désignation d'atelier.

Ce n'est qu'à partir d'Edouard I (1272-1307) que les ateliers sont désignés par des lettres monétaires. Voici les marques ou différents qui ont été attribués à des officines de la Gascogne :

A. — *Agen*, *Auch* ou *Dax*. La première ville est généralement adoptée de préférence. Cependant comme Auch et Dax ont aussi leurs partisans, et que rien ne prouve que ceux-ci n'aient pas raison, nous ferons figurer comme pouvant être attribuées à Auch ou à Dax, les monnaies portant l'initiale A. Conbrouse attribuait aussi l'A à Tarbes, mais, comme le fait justement observer Poey d'Avant, l'initiale de

---

(1) Faustin Poey d'Avant. — Monnaies Féodales de France. (La description de toutes les pièces féodales que nous avons indiquées est empruntée à cet ouvrage.)

Tarbes *(Tarba)* était T et non pas A, et c'est à tort que Conbrouse donne à Tarbes le nom d'*Aquae Tarbellicae* qui appartient à Dax.

B. — *Bordeaux* ou *Bayonne*. Comme le dit Poey d'Avant, le B ne peut appartenir qu'à Bordeaux, car l'atelier de Bayonne était alors placé à Guessin et avait un G.

G. — *Guessin*, près Bayonne. Atelier qui eut peu de durée.

L. — *Limoges*, *Libourne* ou *Lectoure*. On adopte généralement Limoges. Nous n'avons pas de raisons pour ne pas accepter Lectoure aussi bien que Limoges. Quant à Libourne, c'eut été une officine placée beaucoup trop près du grand et important atelier de Bordeaux, et nous n'en voyons pas l'utilité.

T. — *Tarbes*.

A la suite de ces marques, il faut ajouter que les ateliers de Dax et de Lectoure ont émis des monnaies avec leur nom entier : AENQIS, et LACTORA.

Suivant M. de Barthélemy (1), les ateliers Anglo-Français de la Gascogne auraient été :

A. — *Auch*. 1326.

B. P — S (Les trois lettres réunies). — *Bayonne*.

G. — *Guessin*.

L. — *Lectoure*. 1326-1362.

T. — *Tarbes*. 1362.

Et quelques ateliers incertains tels que *Bazas* et *Dax* (en Gascogne), *Mézin* et *Nérac* (en Navarre).

M. Raymond, au *Congrès de Pau*, y ajoutait encore *Guiche*.

Nous ne nous arrêterons pas à *Bazas*, *Mézin*, *Nérac* et *Guiche* dont les monnaies n'ont pas encore été retrouvées, si toutefois elles ont existé.

Pour *Bayonne*, comme nous l'avons dit, nous ne lui reconnaissons pas le B. Quant à l'association des trois lettres B. P — S, nous en parlerons bientôt. Cependant l'atelier de Bayonne a existé et a fonctionné ; c'est incontestable, car nous citerons plus loin des textes qui le prouvent. Comme les ateliers de Bayonne et de Guessin n'ont jamais dû exister en même temps, il est probable que la lettre G passa de Guessin à Bayonne lorsque ce dernier atelier remplaça le premier.

Nous avons souvent entendu dire que l'A ne pouvait pas s'attribuer à *Dax* et le L à *Lectoure*, parce que ces deux villes avaient l'habitude

(1) A. BARTHÉLEMY. — Numismatique Moderne.

d'inscrire leur nom entier sur les monnaies : AENQIS et LACTORA.
Cette raison n'a aucune valeur. D'abord la prétendue habitude consiste
en deux types de Dax (un exemplaire de l'un et deux de l'autre) et une
seule pièce de Lectoure. Ensuite nous ne voyons pas que l'émission de
ces quelques pièces portant le nom entier de la ville ait pu l'empêcher
de frapper beaucoup d'autres monnaies avec une simple initiale. Ne
connaissons-nous pas deux monnaies d'Agen frappées sous Edouard III
avec le nom entier de la ville : AGEN, ce qui ne l'empêche pas de
revendiquer à tort ou à raison les monnaies portant l'initiale A. La
Rochelle qui avait la lettre monétaire R, a émis un Blanc portant son
nom entier : MONETA RVPELLE. L'atelier de Bordeaux, quoique désigné
habituellement par un B, a émis des monnaies portant : BVRD, BVRDE,
CIVIT BVRDEGALE. Il peut donc en être de même de Dax et de
Lectoure, et sans rien affirmer, nous croyons possible que les lettres
A et L leur aient appartenu.

Nous ajouterons que l'atelier de *Dax* a eu une certaine importance,
car on trouve dans le *Catalogue des Rolles Gascons* le titre d'une charte
d'Edouard III, Roi d'Angleterre, octroyant à Pierre de la Grote la
charge de Garde et Essayeur de la Monnaie de Dax. Cette charte est
datée de Westminster le 4 juillet 1358 :

« *Rotulus Vasconiae de anno 32 Edwardi III. Membrana 12. — De*
» *officio custodiae et assaiae monetae Aquensis concesso Petro de la*
» *Grote.* »

Puisqu'Edouard III a jugé utile de donner cette charge à Pierre de
la Grote, il y a tout lieu de croire que l'atelier de Dax a existé pendant
un certain temps. Nous ajouterons que Pierre de la Grote devait être
à la tête de plusieurs ateliers qu'il faisait sans doute fonctionner
suivant les besoins, car une charte précédente d'Edouard III datée du
29 juillet 1354, donnait à Pierre de la Grote le titre de monétaire dans le
duché d'Aquitaine :

« *De constituendo Petrum de la Crote (sic) monetarium in ducatu*
» *Aquitaniae.* »

En outre il existe à Dax une maison qui s'appelle encore : « *La*
» *Mounède* ». C'est la partie de la maison de M. Jomier, faisant le coin
de la rue des Carmes et de la place Poyanne, en face du château. Cette
maison a toujours porté ce nom qui indique bien le souvenir d'un ancien
atelier monétaire. Il ne semble guère possible que cette dénomination
de : *La Monnaie* ait subsisté ainsi durant cinq siècles et fut venue jusqu'à

nous, si elle ne rappelait pas un atelier ayant fonctionné pendant un certain temps.

Le Catalogue des Rolles Gascons ne nous parle pas que de Dax. Il fait aussi mention de *Bayonne* :

Le 20 février 1351, Edouard III règlemente la monnaie de Bayonne :

« *De moneta in civitate Baionae cudenda* ».

Le 18 novembre 1351, il s'occupe de la monnaie d'or de Bayonne :

« *De moneta auri in civitate Baionae acceptanda.* »

Le 12 juin 1377, Edouard III donne le droit à Jean de Gand, roi de Castille et de Léon, et duc de Lancastre, de frapper monnaie à Bayonne ou ailleurs :

« *De licencia cudendi monetam apud Baionam vel alibi, pro*
« *Johanne, rege Castellae.* »

Le 7 mars 1380, Richard II donne au même Jean de Gand le droit de frapper monnaie à Bayonne et à Dax :

« *De potestate concessa Johanni, regi Castellae et Legionis, duci de*
» *Lancastre, de moneta cudenda in civitate Baionae et Aquensi.* »

C'est ce même Jean de Gand que Richard II faisait son lieutenant dans le duché d'Aquitaine, par lettres-patentes du 26 mai 1388 :

« *De constituendo Johannem, regem Castellae et Legionis, ducem de*
» *Lancastre, locumtenentem ducatus Aquitaniae.* »

Il est donc constant qu'un atelier a été établi à Dax et un autre à Bayonne. Il est sinon certain, au moins très probable que l'atelier de Dax a *ouvré* pendant un certain temps. Quant à celui de Bayonne, il existait en 1351 et frappait de la monnaie d'or. Nous ne savons pas à la vérité quand il a cessé d'être ouvert ; mais en 1377, Édouard III donnait à son fils, Jean de Gand, roi de Castille et de Léon, le droit de frapper monnaie d'or ou d'argent ou de tout autre métal et aloi dans la ville de Bayonne, au château de Guessin ou dans tout autre endroit de la sénéchaussée des Lannes, le dit droit octroyé pour deux ans. (1) Ce droit était confirmé à Jean de Gand par Richard II en 1380.

Disons de suite que le privilége donné à Jean de Gand paraît avoir eu pour résultat de faire frapper à Bayonne par ce prétendant à la couronne de Castille, des monnaies imitant celles de son beau-père Jean I, roi de Castille et de Léon. Poey d'Avant croit qu'on pourrait trouver parmi les monnaies attribuées à ce dernier prince un grand nombre de pièces

(1) Rymer. — Tome VII. Pages 148 et 244.

appartenant à Jean de Gand. En effet, Edouard III et Richard II avaient interdit à Jean de Gand de monnayer au type ni d'Angleterre ni d'Aquitaine. Ce prince fut donc obligé de prendre le type de Castille pour pouvoir assurer le cours de ses monnaies, et il copia textuellement les espèces de son beau-père, en y ajoutant les initiales B — S dans le haut du revers, et B dans le bas. Le B — S (que M. de Barthélemy a lu P — S, d'après Ainsworth) est l'imitation de la marque de Burgos, et le B indique l'atelier de Bayonne.

Voici, du reste, le seul type de Jean de Gand qui ait été retrouvé jusqu'alors :

A/ — IOHANIS REX. Buste couronné à gauche ; au-dessous, quatre rosaces.

R/ — ✠ CASTELE E LEGIONIS. Château à trois tours ; en haut : B — S ; au-dessous : B.

Denier en billon.

Il reste à retrouver les autres monnaies de Jean de Gand qui se confondent avec celles de Jean I. Une étude attentive de ces dernières devra les faire distinguer facilement, grâce au B qui indique Bayonne (1).

Quant à Dax, où Jean de Gand avait également droit de monnayage, il ne semble pas jusqu'à présent que ce droit ait été exercé. Cependant, si on retrouvait des monnaies de Jean I avec la marque A, il y aurait de fortes présomptions pour qu'elles provinssent de l'atelier de Dax et qu'elles dussent être rapportées à Jean de Gand.

Ce monnayage exceptionnel étant expliqué, nous revenons au règne d'Edouard I (1272-1307). Les seules pièces de ce règne qu'on puisse attribuer avec certitude à la Gascogne sont des deniers et des oboles de billon de l'atelier de *Guessin*, près Bayonne, dont voici la description :

1. A/ — ✠ ED' REX ANGLIE. Croix.

R/ — ✠ DVX AGITANIE. Léopard couché : au-dessous : G.

2. A/ — EDVVARDVS REX. Léopard couché entre deux croisettes.

R/ — ✠ DVX AQVITANIE. Croix cantonnée d'un G.

Nous négligeons intentionnellement les variantes de peu d'importance qui allongeraient inutilement notre travail.

On cite encore un denier-lion d'Edouard I avec la lettre L (*Limoges* ou *Lectoure*).

---

(1) Nous avons dit plus haut que le B appartenait à Bordeaux et non pas à Bayonne. Mais le monnayage de Jean de Gand est une exception à cette règle.

A/ — ✠ ED' : RPX : (*sic*) ANGLL. Léopard passant à droite.

R/ — ✠ DNS : AGITANIE L. Croix.

Sous Edouard III (1317-1355), nous trouvons une énorme variété de monnaies de tout métal frappées en Aquitaine, dont un petit nombre peut être donné à la Gascogne.

Deux pièces attribuées généralement à *Agen*, pourraient tout aussi bien appartenir à *Auch* ou à *Dax*, puisqu'il n'est pas prouvé que la lettre A ne doive pas être rendue à l'une de ces deux villes :

1. A/ — ✠ ED' REX ANGLIE. Léopard passant ; au-dessus : A ; au-dessous : GI. (pour : AGI(TANIE).

R/ — ✠ MONETA DVPLEX A. Croix ayant une couronne à l'extrémité de chaque branche.

Double de billon.

2. A/ — ✠ ED' REX ⚄ ANGLIE. Léopard couché ; au-dessous : A.

R/ — DNS ⚄ AGITANIE. Croix.

Denier de billon.

Nous sommes très disposé à rendre ces deux pièces à *Dax*, attendu qu'aucune bonne raison n'a été donnée en faveur d'Agen ni d'Auch. Or nous avons la certitude qu'un atelier a existé à Dax, et tout nous porte à croire qu'il y a fonctionné un certain temps. Cependant trois exemplaires seulement, et de deux variétés différentes, ont été retrouvés. Comme il n'est pas probable que le monnayage de Dax ait été limité à ces deux variétés, nous croyons qu'on peut lui attribuer les deux monnaies ci-dessus avec autant de raison si ce n'est plus qu'à Agen ou à Auch.

Voici les deux monnaies qui appartiennent à *Dax* d'une façon certaine :

1. A/ — DVX AGITANIE. Tête barbue et couronnée de face.

R/ — AENQIS CIVITAS. Croix coupant la légende, cantonnée de trois besants aux 1er et 4e, et d'une couronne aux 2e et 3e.

Denier d'argent. (Deux exemplaires.)

2. A/ — DVX AGITANIE. Même type.

R/ — Même légende. Croix coupant la légende, cantonnée aux 1er et 4e de trois besants, au 2e de deux besants et d'un annelet, au 3e d'une couronne.

Esterlin d'argent.

A l'atelier de *Guessin*, reviennent un pied-fort et une obole aux types suivants :

A/ — ED' REX ANGLIE. Croix.

R/ — ✠ DVX AGITANIE. Léopard couché et couronné ; au-dessous : G.

Lectoure a frappé l'esterlin suivant, en billon :

A/ — ✠ EDOVARDVS. R. Quatre croissants en croix.

R/ — ✠ LACTORA. CIV. Croix cantonnée de douze besants, trois par trois.

Enfin si le L, au lieu d'être donné à Limoges, est rendu à Lectoure, nous devrions attribuer à ce dernier atelier le magnifique Guyennois en or que voici :

A/ — ED'D'GRA REX AGE DO AQVTAE. Le prince debout, couronné et de profil à droite, tenant d'une main une épée à l'épaule, de l'autre un bouclier aux armes de France et d'Angleterre, ses deux pieds portant sur deux léopards, sous un portique à plusieurs fuseaux ; en face de la tête du prince et entre les fuseaux, la lettre L.

R/ — ✠ GLIA. IN. EXCLCIS. DEO. ET. IN. TRA. PAX. HOIBVS. Croix feuillue et cantonnée de deux lis et de deux léopards, dans un épicycloïde à plusieurs lobes.

Nous avouons que la beauté et le fini de cette pièce nous semblent un argument bien fort contre Lectoure et en faveur de Limoges. Il y a peu de vraisemblance, croyons-nous, à ce qu'un petit atelier comme Lectoure ait frappé une monnaie aussi belle et aussi bien gravée. De semblables pièces devaient être réservées aux grands ateliers comme celui de Limoges. Et du reste, nous remarquons que toutes les pièces d'or connues qui portent des lettres monétaires appartiennent aux grands ateliers tels que : Bordeaux, Limoges, La Rochelle, Poitiers. Or si nous retirons ce Guyennois à Lectoure pour le rendre à Limoges, il faudra bien en même temps restituer à cette dernière ville toutes les autres monnaies marquées d'un L.

En dehors des pièces avec lettres monétaires, il en existe une quantité d'autres qui ne portent pas de marque, et qu'on ne peut par conséquent attribuer à aucune officine, au moins dans l'état actuel de nos connaissances.

De 1355 à 1375, furent émises les nombreuses monnaies d'Edouard, Prince de Galles, surnommé le *Prince-Noir.* Sous le gouvernement de ce prince, nous remarquons les pièces suivantes appartenant à la Gascogne.

D'abord quelques pièces portant la lettre A que nous attribuons à Dax, tout en reconnaissant que cette attribution est douteuse :

1. A/ — ✠ ED' : PO : GNS : REGIS : ANGLIE : A. Buste du prince, vu de profil à droite, couronné, la main gauche levée, et tenant de la droite une épée à l'épaule.

R/ — ⚬ PRNCPS AGITAN. Croix coupant la légende et cantonnée de douze besants, trois par trois. Deuxième légende : GLIA : IN : EXLS : DO : ET : IN : TRA : PAX : HOIBVS.

Gros d'argent.

2. A/ — ✠ : ED : PO : GN : REG : AGL : A. Le prince vu de face et en buste, sous un dais, et tenant une épée.

R/ — . PRCPS. AGITANIE. Croix cantonnée de deux lions et de deux lis.

Hardi d'argent.

Il existe plusieurs variantes de ces deux types.

La lettre L se trouve sur un Hardi d'or qui nous semble, comme le Guyennois d'Edouard, devoir être donné à *Limoges* plutôt qu'à *Lectoure* :

A/ — ✠ ED. PO. GNS. REGIS. ANGLIE. PNS. AQVI. Buste du prince, de face et couronné, tenant d'une main son épée, l'autre appuyée sur sa poitrine.

R/ — ✠ AVXILIVM. MEVM. A. DOMINO. L. Croix feuillue et cantonnée de deux lis et de deux léopards.

Le même atelier (Limoges ou Lectoure) a émis des Gros d'argent :

A/ — ✠ ED : PO : GIT : REGIS : ANGLIE : L. Buste du prince, vu de profil à droite, couronné, la main gauche levée, et tenant de la droite une épée à l'épaule.

R/ — PRNCPS AQITAN. Croix coupant la légende, cantonnée de douze besants, trois par trois. Deuxième légende : GLIA, etc.

Il existe beaucoup de variantes dans les légendes.

Puis viennent des Esterlins en argent aux mêmes types et légendes (moins la deuxième légende GLIA, etc.)

Enfin on trouve des Hardis en argent :

A/ — ✠ ED PO GIT REG AGLE L. Le prince vu de face et en buste, sous un dais, et tenant une épée.

R/ — . PRICPS. AQTANE. Croix cantonnée de deux léopards et de deux lis.

Toujours avec des variantes dans les légendes.

L'atelier de *Tarbes*, inconnu jusque là, fait son apparition sous le Prince-Noir.

Nous voyons des Gros, des Esterlins et des Hardis aux mêmes types et légendes que ceux précédemment décrits, mais avec la lettre T à la fin de la légende de l'avers,

Comme Edouard III, le Prince-Noir a émis un grand nombre de monnaies sans lettre monétaire qu'il est impossible de classer quant à présent.

Richard II (1377-1399) et Henri IV (1399-1413) succèdent au Prince-Noir, et pendant ces deux règnes, nous n'avons à signaler aucune pièce de Gascogne, sauf, sous Henri IV, deux monnaies de billon qui semblent se rattacher au système créé par Jean de Gand. Les deux pièces suivantes paraissent comme celles de ce prince, avoir été frappées à *Bayonne* en imitation de la monnaie de Castille :

1. A/ — ✠ ENRICVS ₀ DVX ₀ ET ₀ DEI ₀ GRATIA ₀ REX. Buste couronné de face.

R/ — ✠ ANGLIE ₀ DNE ₀ IBERNIE ₀ ET ₀ AQVITANIE ₀ ELEGI. Dans le champ, donjon à trois tours ; au-dessous : B ; le tout dans un cercle à plusieurs lobes.

2. A/ — ✠ ENRICVS : CARTVS : D... Léopard dans le champ ; au-dessous une fleur ; au-dessus, un rameau.

R/ — ✠ ENRICVS : REX : . . . GIE. Donjon à trois tours ; au dessus : B.

Cette dernière pièce nous étonne tout particulièrement à cause de la répétition du nom ENRICVS, et plus encore à cause du mot CARTVS. A cette époque, on n'avait pas l'habitude, sur les monnaies, de distinguer ainsi les rois du même nom. Nous serions donc très porté à douter de l'authenticité de cette pièce. Poey d'Avant la considère, ainsi que la précédente, comme des jetons ou des essais.

Avec ces deux types, finit le monnayage Anglo-Français.

Pendant quelques années, de 1468 à 1474, Charles (depuis Charles VIII), fils de Louis XI et duc d'Aquitaine, fit émettre quelques monnaies en Aquitaine, mais sans aucune marque d'atelier. Rien n'indiquant que la Gascogne ait participé à ce monnayage, nous n'avons pas à nous en occuper.

Au moment où finit le monnayage de l'Aquitaine, nous avons à recommander aux numismates d'examiner soigneusement toutes les monnaies Anglo-Françaises pour y découvrir non-seulement les variétés nouvelles, mais aussi les lettres monétaires.

Les archives des villes qui ont servi d'ateliers et dont les produits sont douteux (Agen, Auch, Bayonne, Lectoure, Libourne, Limoges, etc.) et même de Tarbes, peuvent nous fournir d'excellents renseignements.

La Tour de Londres et l'Echiquier renferment encore plus de dix mille chartes concernant la Gascogne, et beaucoup d'entre elles ne sont pas connues. Qui sait si nous n'y trouverions pas de précieux documents sur nos ateliers monétaires ?

En 1878, sur notre proposition, la Société de Borda adressa une requête au Ministre de l'Instruction publique, le priant de s'entendre avec son collègue le Ministre des Affaires Etrangères, pour négocier avec l'Angleterre le gracieux abandon de nos titres provinciaux, devenus sans utilité pour elle. Notre demande, fort bien accueillie du reste, ne reçut aucune suite. Il est vrai qu'on nous promit de faire copier et publier toutes les pièces inédites et intéressantes qui se trouvent en Angleterre. Mais quand cette promesse sera-t-elle exécutée ? Combien de temps demandera un tel travail ?

Evêché d'Agen

Quoique la ville d'Agen n'ait pas fait partie de la Novempopulanie, cependant comme son diocèse comprend actuellement des pays d'origine Ibère, nous croyons devoir parler de cet évêché.

Il résulte de nombreux documents que les évêques d'Agen ont joui depuis le IX⁰ siècle du droit de battre monnaie, et qu'ils en ont usé jusqu'à la fin du XIV⁰ siècle.

Comment un monnayage a-t-il pu durer anssi longtemps sans qu'on en ait retrouvé aucune trace ? On ne sait même pas quelles pièces ont été frappées et à quels types. Il est impossible, comme le fait observer Poey d'Avant, qu'une étude attentive des dépôts monétaires trouvés dans les environs d'Agen ne donne pas la solution de ce problème.

Comté de Comminges.

S'il faut en croire Duby, cité par Poey d'Avant, Mathieu de Foix, comte de Comminges (1419-1453), fit battre monnaie en 1421 et 1422 aux châteaux de Saliez et de St-Julien, sans la permission de Charles VI. Cette monnaie fut supprimée en 1425 par le roi Charles VII.

Aucune de ces pièces n'est connue ; mais puisqu'elles ont existé, nous devrons les retrouver un jour ou l'autre. Il est vrai que ce monnayage n'a duré que trois ou quatre ans. Peut-être même le roi fit-il rechercher, confisquer et fondre les produits d'un atelier qu'il n'avait point autorisé. Mais, même dans ce cas, il n'est pas possible que quelques pièces n'aient échappé au creuset pour venir un jour orner nos collections.

Comté de Bigorre.

On ne connaît aucune monnaie émise dans ce comté.

Comté de Fezenzac.

Deux monnaies ont été retrouvées appartenant à ce fief, quoique aucun document n'ait appris que ses comtes eussent le droit de monnayage.

La première est un denier en argent appartenant au comte Astanove I (1032-1050).

1· A/ — ✠ ASTANOVA. Croix cantonnée au deuxième de trois points en forme de V.

R/ — ✠ AVSCIO CIV. Dans le champ, l'alpha et l'oméga attachés par un trait allongé à deux espèces d'écussons.

La deuxième est un denier en argent du comte Aimeri II (1050-1096 environ).

2. A/ — ✠ AIMERICO CO. Croix avec un alpha au 3° et un oméga au 4°, attachés par des filets aux branches de la croix.

R/ — ✠ AVSCIO CIV. Dans le champ : SOL ou LOS ou VOS ou SOV, disposé en triangle. (Reste d'un monogramme dégénéré dont le type primitif est encore inconnu).

Ces deux pièces ne sont certainement pas les seules qui existent ; c'est à nos confrères du Gers qu'il appartient de compléter ce monnayage.

Comté d'Armagnac.

On ne sait absolument rien sur les espèces émises dans ce comté qui eut cependant une grande importance. Il est donc impossible de supposer que les comtes d'Armagnac se soient abstenus de battre monnaie.

Vicomté de Lomagne.

Les quelques pièces de cette seigneurie qui sont connues ont été signalées par Duby, mais n'ont pas été retrouvées en nature depuis. Ce sont quatre deniers en argent.

Les deux premiers sont de Hélié-Talleyrand (1280-1301).

1. A/ — ✠ T ✠ Y ✠ C ✠ ꝋ. Monogramme formé des lettres H L ; au-dessous : C.

R/ — ✠ LACTOR CIV. Croix.

2. A/ — ✠ LACTOR. Dans le champ, monogramme formé d'un T.

R/ — CIVITAS. Croix.

Les deux suivants sont de Jean I, comte d'Armagnac et de Lomagne (1319-1373).

1. A/ — IOHANNI COMI. Croix cantonnée de quatre annelets.

R/ — ✠ LATO CIVI. Dans le champ, un monogramme.

2. A/ — CONITIS ARNANIA. Dans le champ, le monogramme de Jean ?

R/ — ✠ LACTORA CIVITAS MIB. Dans le champ, croix boulonnée, cantonnée de S. P. D. D.

Nous ajouterons que M. Caron, le savant vice-président de la Société Française de Numismatique, vient de retrouver trois autres monnaies qu'il attribue à Lectoure, et au sujet desquelles il se propose de faire une communication au Congrès. Nous ne pouvons donc pas nous permettre de déflorer la note qu'il nous a confiée, pour en faire bénéficier notre travail.

Vicomté de Fezenzaguet
et
Comtés d'Astarac et de Pardiac:

On ne connaît pas de monnaies de ces trois seigneuries, mais ce n'est pas une raison pour désespérer d'en trouver.

Vicomté de Béarn.

Le Béarn, qui faisait primitivement partie du duché de Gascogne, en fut détaché au commencement du IXe siècle et formé en Vicomté. La descendance de Loup-Centulle le posséda jusqu'en 1290, époque à laquelle il passa dans la maison de Foix. En 1471, François-Phébus l'unit à la Navarre, et en 1607, Henri IV le réunit à la couronne.

Nous n'avons pas l'intention de donner la description des Monnaies de cette seigneurie, attendu que, d'une part, la Numismatique du Béarn et de la Navarre a été admirablement et longuement décrite par Poey d'Avant, et nous n'aurions rien à y ajouter ; et que, d'autre part, le grand nombre de types et variétés de ces deux provinces nécessiterait un volume. Or, nous n'avons pas voulu écrire une monographie complète de la Novempopulanie, mais simplement rechercher les lacunes qui existent dans l'histoire monétaire de cette province, les signaler pour arriver à les combler lorsque nous le croyons possible, et les expliquer toutes les fois que nous l'avons pu. Dans l'histoire numismatique du Béarn, nous n'avons que peu de lacunes à indiquer ; aussi ne nous appesantirons-nous pas beaucoup sur ce monnayage, malgré tout l'intérêt qu'il nous inspire.

Les premières monnaies Béarnaises connues sont des deniers et des oboles au nom de Centulle, comte de Béarn :

A/ — CENTVLLO COM'. Croix cantonnée d'un besant aux 1ᵉʳ et 2ᵉ.

R/ — ✠ ONOR FORCAS. Dans le champ : PA✠.

A quel Centulle appartiennent-elles ? On les attribue généralement à Centulle III (1012-1058), et on croit que ce type s'est perpétué sous ses successeurs. Cependant Poey d'Avant admet que ces pièces puissent être la suite d'un type plus ancien, qui n'est pas parvenu jusqu'à nous. Il s'agirait donc de retrouver ce type primitif.

Mais une question plus intéressante et plus discutée est l'explication du mot : PAX. Lelewell lit ce mot : PM✠, et le traduit par *Percussa Morlani*, et une croisette. De Boze lit : *Pax Morlanis*. Tandis que Poey d'Avant n'admet pas ces lectures ; il croit que le prétendu M du champ est un A très ouvert, et il montre à l'appui certains deniers de Centulle, sur lesquels l'A de FORCAS est identiquement pareil de forme à l'A du champ. Et il explique ce mot PAX par la date même des plus anciens deniers connus de Centulle, qui ont été frappés dans les premières années du XIᵉ siècle. Or cette époque coïncide avec la *Paix de Dieu*, qui eut lieu aussitôt après l'an 1,000.

L'explication de Poey d'Avant nous paraît très plausible, et nous l'adopterions complètement si nous n'étions forcé de reconnaître que toutes les pièces de Centulle ne se prêtent pas à cette explication. Il y a certainement beaucoup de monnaies sur lesquelles l'A de PAX est incontestablement de la même forme ouverte que celui de FORCAS ; mais sur beaucoup d'autres, l'A de FORCAS est au contraire parfaitement fermé et barré dans le haut, tandis que la lettre du champ est un M complètement formé.

Nous ne pouvons admettre la lecture de Lelewell : *Percussa Morlani* et une croisette, car ce serait en dehors de tous les usages et de tous les précédents. D'un autre côté, l'interprétation de de Boze, excellente pour les pièces qui ont un M, ne vaut plus rien pour celles qui ont un A. Aussi croyons-nous être dans la vérité en proposant l'explication suivante :

Nous pensons que les premières pièces frappées vers l'an 1,000 durent porter le mot : PAX ; mais plus tard le type de Centulle se perpétuant et se recopiant toujours, et le mot : PAX n'offrant plus le même sens, les graveurs de l'officine de Morlas prirent sans doute la lettre du milieu pour l'initiale de Morlas ; et d'un A ressemblant à un M, ils firent un véritable M. Ce changement peut même avoir été fait volontairement, le graveur ayant voulu reproduire la légende déjà connue qui se trouvera plus tard tout au long sur les monnaies de Gaston de Foix : PAX ET HONOR FORQVIE MORLANIS. Nous aurions, dans ce cas, la lecture : P (*a*) X (*et*) ONOR FORCAS M (*orlanis*). Nous avons, du reste, remarqué que ce sont les pièces les plus anciennes dont l'A du champ est le mieux formé, tandis que le M se trouve sur les monnaies les plus récentes.

Enfin, nous ajouterons que sous Catherine (1483-1484), on retrouve des deniers portant dans le champ du revers : PAX ; mais alors l'A est parfaitement distinct, et le X n'est plus remplacé par une croisette. Et cette fois, comme pour donner raison à notre interprétation, la légende se continue autour de la pièce ; dans le champ : PAX, autour : ET HONOR FORQVIE MORL.

Dès l'origine du monnayage Béarnais, l'atelier fut établi à Morlas dans le château de la Forquie ou de la Hourquie. Le bon aloi de la *monnaie Morlane* lui valut une telle faveur qu'elle avait cours non seulement dans le Béarn, mais encore dans toute la France. Et lorsque plus tard un nouvel atelier fut établi à Pau, ses produits continuèrent à porter le nom de *monnaie Morlane*.

M. de la Grèze cite même des documents inédits constatant que les rois de France n'avaient aucun droit sur les monnaies Béarnaises qui étaient la propriété des vicomtes. Des lettres-patentes de François I, en date de 1542 (1), portent que les monnaies Béarnaises auront cours dans tout le royaume comme celles du roi lui-même. Tandis que les Rois de Navarre avaient le droit de percevoir et percevaient « *de tous les étrangers qui passent par le dit pays* » *de Béarn et sortent d'icelui, un liard pour chaque pièce d'or qu'ils*

____

(1) Citées par M. de la Grèze.

» *portent, qui n'est battue audit pays, soit battue en France ou ailleurs.* »
(*Sentence arbitrale rendue le 23 juillet* 1512 *entre le roi de France et le
roi de Navarre*). Il résulte donc de ces documents que la vogue des
monnaies *morlanes* était si grande qu'elles avaient cours dans toute
la France sans payer de droit au roi de France, tandis que les monnaies
royales Françaises ne pouvaient pénétrer en Béarn sans être sujettes
à un droit pour le souverain de ce pays. On ne trouverait une semblable
anomalie dans aucun autre monnayage ; mais cette étrange faveur
accordée par le souverain à son vassal, au détriment de sa propre
monnaie, est une preuve de plus en faveur du bon aloi et de la vogue
méritée des espèces Béarnaises.

Sous Jean de Grailli (1412-1436), nous ne connaissons que les rares
deniers et oboles dont voici la description :

A/ — *Vache.* IOAN ⁚ LO CONS (*Jean le Comte*). Croix cantonnée
d'un besant aux 1er et 2e.

R/ — *Vache.* ONOR FORCAS. Dans le champ : PA✖.

L'obole se distingue par une croix à pied à l'avers, et une vache
dans le champ du revers en place du mot : PA✖. Sur les deniers de
Jean, la lettre du revers est plutôt un M qu'un A.

A partir de Gaston de Foix (1436-1471), les variétés deviennent très
nombreuses, et nous ne voyons rien de particulier à signaler, si ce n'est
l'apparition d'une petite monnaie créée par Gaston de Foix sous le nom
de *Baquette,* (*Vaquette,* petite vache), parce qu'elle portait dans le
champ une petite vache couronnée. Cette monnaie qui paraît avoir été
émise d'abord en billon, et peut-être même en argent, ne tarda pas à
être faite en cuivre.

Le monnayage de Béarn se termine sous Henri d'Albret (1516-1555),
et se confond ensuite avec celui de la Navarre.

Seigneurie de Lescun.

Les seigneurs de Lescun auraient eu le droit de monnayage d'après
Duby, mais leurs espèces ne sont pas connues.

Royaume de Navarre.

Le Royaume de Navarre, tantôt indépendant, tantôt réuni à la
couronne de France, après avoir appartenu aux comtes de Champagne.

devint l'apanage des comtes d'Evreux en 1328. En 1479, il passa à la maison de Foix, et François-Phébus le réunit au Béarn. Jusqu'à cette époque, son monnayage ne nous intéresse pas, car il est complètement en dehors de celui qui nous occupe.

Le mariage de Catherine, sœur de François-Phébus, avec Jean d'Albret, fit passer la Navarre dans la maison d'Albret. Jusqu'en 1512, les monnaies Navarraises furent entièrement distinctes des Béarnaises ; elles étaient de types différents, et frappées en Navarre, à Burgos et à Sarragosse. Mais en 1512, le roi d'Aragon s'étant emparé de toute la Navarre Espagnole, il ne resta plus aux souverains de ce pays que la Navarre Française, qui se composait alors du Béarn, du pays de Soule, du Labourt, de la Chalosse et des Lannes.

Quoique la Navarre proprement dite ne leur appartint plus, les seigneurs de Béarn continuèrent à porter le titre de Rois de Navarre et à battre monnaie en cette qualité. Ils établirent à Pau leur atelier de monnaies Navarraises, lesquelles continuèrent à porter des types et des légendes distincts de ceux du Béarn.

Nous n'étudierons pas ces pièces qui sont en général parfaitement connues, et sur lesquelles nous n'aurions rien de nouveau à dire. Nous ferons seulement remarquer que la vache qui servait autrefois à désigner l'atelier de Morlas, servit ensuite pour celui de Pau ; quelquefois même on y ajouta un P.

Sous le règne d'Antoine de Bourbon et de Jeanne d'Albret (1555-1562), on commença à frapper de magnifiques monnaies d'une exécution parfaite, avec les têtes royales. La figure du roi avait, du reste, déjà commencé à être représentée dès le règne de François-Phébus.

Enfin en 1572, Henri II succède à sa mère, Jeanne d'Albret. Les monnayages Navarrais et Béarnais ne cessèrent pas en 1589, quand Henri devint roi de France ; ils durèrent jusqu'en 1607.

Les autres dépendances du Béarn : le Pays de Soule, le Labourt, les Lannes et la Chalosse n'eurent pas de seigneurs ayant droit de monnayage, ou du moins aucune monnaie ni aucun titre ne sont venus nous l'apprendre.

Jusqu'à ce que de nouvelles découvertes aient été faites soit dans les monnaies soit dans les archives de notre contrée, il faut donc considérer ces pays comme n'ayant pas battu monnaie.

Ainsi que nous l'avions dit en commençant, les monnayages Féodaux de la Gascogne et du Béarn comprennent donc deux grandes séries : les monnaies Anglo-Françaises et celles du Béarn et de la Navarre ; mais en dehors de ces deux séries, ils sont très pauvres, et offrent beaucoup de points douteux que l'avenir se chargera d'éclaircir.

MÉDAILLES, MÉREAUX, JETONS

Des *Médailles* ont-elles été frappées dans les ateliers de Pau et de Bayonne, soit en l'honneur de grands hommes, soit pour célébrer un évènement quelconque, soit même pour des récompenses, des concours, etc., etc? Nous l'ignorons, mais c'est probable. Par les archives de ces deux hôtels des Monnaies, on pourrait établir le catalogue des médailles frappées par chacun d'eux, et il serait intéressant de connaître tous les types qu'ils ont produits.

En dehors des hôtels monétaires, il y aurait aussi à rechercher toutes les médailles qui ont pu être émises dans notre contrée par l'industrie privée. Il s'en est produit à toutes les époques, et surtout pendant la période révolutionnaire. Nous n'avons pas été à même d'étudier cette question, mais nous engageons les numismates de la contrée à s'en occuper.

Au Congrès de Pau, en 1873, Miss Dunkin offrit au Congrès une médaille représentant les murs de Dax. Qu'est devenue cette pièce ? Personne ne le sait. Ce qu'il y a de certain, c'est qu'elle n'est pas au Musée de Pau. Nous n'avons pu avoir aucun renseignement ni sur la nature du métal, ni sur la façon dont le sujet avait été traité. Si cette médaille est ancienne, elle aurait peut-être pu nous fournir d'utiles renseignements sur les vieilles fortifications de notre ville !

Les *Méreaux*, ces jetons de chapitres, si communs dans certains pays, ont dû également exister dans la Gascogne. Il y avait aussi les méreaux des Protestants qu'on retrouve encore fréquemment en Guyenne et dans la Saintonge ; nous pensons que les protestants du Béarn et de l'Armagnac ont dû s'en servir comme leur frères de Guyenne pendant nos luttes religieuses. Ces derniers méreaux étant généralement en plomb, la fusibilité de leur métal et son utilité générale les a fait détruire facilement et promptement ; mais il est certainement possible encore d'en retrouver, si on veut s'en occuper.

Les *Jetons* se distinguent en jetons de compte et jetons de présence. Toutes les provinces ont émis de grandes quantités des premiers. Beaucoup à la vérité n'ont aucun caractère qui soit propre à une province plutôt qu'à une autre, mais la plus grande partie porte des légendes, devises ou armoieries qui permettent de leur assigner un lieu d'origine. Nous pensons, sans en avoir de preuve, que la Gascogne et le Béarn ont dû produire des jetons comme les autres provinces. Le Béarn, surtout, qui avait une sorte d'autonomie, une cour royale, et qui, même après son annexion à la France, conserva encore certains privilèges, le Béarn a dû être le lieu de fabrication de nombreux types de jetons à l'usage de la cour, des offices divers et même des particuliers. Quelque amateur de la contrée a-t-il recueilli ces intéressants souvenirs des anciens usages en matière de comptes ? Nous ne le croyons pas, et en tout cas, personne n'a rien publié sur les jetons de notre contrée. C'est une lacune qu'il faudra combler un jour.

Quant aux jetons de présence, qui offrent un intérêt beaucoup moins grand parce qu'ils sont plus modernes et moins nombreux, et que la plupart nous rappellent peu de souvenirs, ils forment la suite naturelle des méreaux.

POIDS MONÉTIFORMES

Les Poids Monétiformes sont aussi une dépendance de la Numismatique, mais malheureusement cette série est encore à étudier. Quelques archéologues se sont occupé de recueillir nos anciens poids, et parmi eux, on doit citer M. Edw. Barry, de Toulouse, qui en possédait une magnifique collection ; mais aucun d'eux n'a publié d'étude sur ce sujet ; à peine, par ci par là, a-t-on décrit quelques poids isolés. C'est donc un terrain presque vierge à explorer, et pour lequel il n'existe aucun guide. Ce serait cependant une étude pleine d'intérêt, et bien facile pour les détenteurs actuels de la riche collection de feu M. Barry, qui appartient actuellement, croyons-nous, au Musée de Toulouse. En attendant que cette description nous soit donnée, nous ferons celle des quelques poids que nous possédons dans notre collection, et nous chercherons à en tirer quelques renseignements sur les différents systèmes pondéraux adoptés dans notre contrée.

Avant la révolution, chaque province avait son système de poids, et souvent dans la même province, chaque comté, chaque cité avait encore le sien. Chaque ville faisait fabriquer des poids avec son nom, ses armes ou la représentation d'un de ses principaux monuments. Ces poids, presque toujours en cuivre, ayant généralement la forme d'un disque épais et l'apparence d'une monnaie, sont d'un grand intérêt pour l'archéologie, car ils nous montrent le système pondéral employé dans chaque province, dans chaque ville; ils nous indiquent à quel centre commercial se rattachent plus particulièrement tel pays, telle cité. Ils peuvent nous fournir de curieux renseignements sur les relations commerciales encore si peu connues qui existaient au moyen-âge entre certaines provinces.

Il est donc du plus grand intérêt d'étudier ces poids, et de savoir dans quel pays chacun d'eux se rencontre habituellement. Malheureusement, le peu d'attention qu'on y a porté jusqu'alors a permis de les détruire presque tous. En outre, on n'a pas pour eux, comme pour les monnaies, la ressource d'en trouver de grands dépôts. Ce n'est qu'isolément qu'ils peuvent être rencontrés, car les marchands qui les employaient n'avaient aucun motif pour en posséder un grand nombre, et personne n'a eu intérêt à les enfouir. Ne représentant aucune valeur, ils ont pu être jetés, perdus ou enterrés accidentellement, mais non être cachés. On ne les trouve donc plus guère que dans les démolitions de vieilles maisons, ou dans le sac du chiffonnier.

Non seulement les poids changeaient suivant les provinces, mais ils changeaient encore parfois suivant la nature de la marchandise ; car tandis qu'à Paris la livre était de 16 onces, à Lyon elle était de 14 onces *poids de ville*, et pour peser la soie, elle était de 15 onces, et on la spécifiait sous le nom de *poids de soie*.

La *livre* Romaine, employée jusqu'à Charlemagne, pesait 12 onces ; mais Charlemagne établit la livre à 16 onces, et elle prit dès lors le nom de *livre poids du roi* ou *livre poids de marc*. Nous ne savons pas comment cette livre de 16 onces, qui avait été adoptée dans tout l'empire de Charlemagne, finit par se modifier dans chaque pays. Mais il est certain qu'au XIII siècle, elle avait cessé depuis longtemps d'être uniforme.

La livre de Paris, appelée *poids de marc*, était de 16 onces et pesait 490 grammes (en ne tenant pas compte des fractions). La livre de Lyon, *poids de ville*, était de 14 onces, comme nous l'avons dit, et pesait 431 grammes, tandis que la livre de la même ville, *poids de soie*, était de 15 onces.

La livre de Toulouse et du Haut Languedoc s'appelait *poids de table* et était de 13 1/2 onces du poids de Paris ; elle pesait 415 grammes ; en sorte qu'il fallait 118 livres de Toulouse pour faire 100 livres de Paris. (100 livres de Toulouse égalaient 84 livres 12 onces de Paris.)

A Bordeaux·et à Bayonne le poids était égal à celui de Paris

A Marseille et dans la Provence la livre était de 13 onces du poids de Paris et pesait 397 grammes.

Au contraire, la livre de Rouen, qui portait le nom de *poids de vicomté*, pesait 510 1/2 grammes. Ces exemples suffisent pour nous montrer la grande diversité des poids.

Quel était le système pondéral adopté en Gascogne et dans le Béarn ? Nous allons essayer de répondre à cette question, à défaut d'autres documents, par la description des quelques poids que nous possédons.

Pour le Béarn, notre collection ne renferme qu'un poids d'une livre d'*Orthez*, de 1515 :

A/ — ✛ V.N.A : L.I.V.R.A : D.O.R.T.E.S. Le pont d'Orthez avec sa porte tourelée au milieu, accostée des deux clés de la ville.

R/ — ✛ LAN. MIL. CCCCC. XV. Une vache passant à gauche, avec une clochette au cou.

Magnifique poids en très-bon état de conservation pesant 403 grammes.

Malgré sa bonne conservation, nous admettons qu'il peut avoir perdu environ 12 grammes de son poids, ce qui lui donnerait environ les 415 grammes de la livre de Toulouse.

Or le poids d'Orthez est certainement le même que celui de Morlas qui était adopté dans tout le Béarn et la Soule, ainsi que nous le voyons dans les : « *Fors et Costumas de Bearn* » signés par le roi de Navarre Henry II, en date à Pau du 27 Novembre 1551 : (1)

» *En tout Bearn no averà que un peès et una mesura, qui seran los* » *de Morlaas.* »

___

(1) CHARLES A. BOURDOT DE RICHEBOURG. — Nouveau Coutumier Général de France. — Paris, Claude Robustel, 1724.

Et ailleurs nous lisons :

« *Lo pays de Sole, use deus pees et mesures deu for de Morlaas.* »
(Ordonnance du Roi du 24 Octobre 1520).

Etant donné que tout le Béarn et la Soule se servaient du poids de
Morlaas, et que la livre de Morlaas pesait comme notre poids d'Orthez
environ 415 grammes, nous sommes fondé à penser que le *poids de
table* de Toulouse, qui était aussi de 415 grammes, avait cours dans le
Béarn. C'est d'autant plus probable qu'on trouve fréquemment dans
cette province des poids de Toulouse. Voici la description de quelques-
uns de ces poids :

1. A/ — ✠ CARTARO DE LIVRA. Porte de château avec trois tours
crénelées.

R/ — ✠ AN MCCXXXVIIII. Eglise avec deux petites portes au
milieu, et au-dessus une tour. (Eglise St-Sernin ?)

Ce poids d'un quart de livre de Toulouse, de 1239, a été trouvé dans
le département du Gers ; il pèse 98 grammes, mais il est très abîmé, et
nous croyons facilement qu'il a perdu les 6 grammes qui lui manquent
pour avoir le poids normal.

2. A/ — ✠ CART DE LIVRA. Porte de château avec trois tours
crénelées, dans un grénetis.

R/ — ✠ LAN MIEL CCCC : L : Eglise avec un grand portail surmonté
d'une tour à trois étages et flanquée de deux ailes surmontées d'une
croix ; le tout dans un grénetis. (Eglise St-Sernin ?)

Ce poids d'un quart de livre de Toulouse, de 1450, est à fleur de
coin ; mais il a été rogné, sans doute par un marchand vendant à faux
poids ; il a été trouvé à Navarrenx (Basses-Pyrénées). Il pèse 101
grammes ; mais le limage qu'il a subi a bien dû lui enlever 3 grammes
environ, ce qui lui rend le poids règlementaire de 103 3/4 grammes.

Nous avons vu que la livre de Bayonne était égale à celle de Paris.
Cependant nous trouvons dans le Coutumier Général un arrèt du
Parlement de Bordeaux, en date du 9 juin 1514, fixant les Coutumes de
Bayonne, dans lequel il est dit :

« *Le Quintal doit peser quatre-vingt-seize livres, et la Livre
quatorze onces et demie, etc.* »

Il nous paraît ressortir de cela que dans l'origine le poids de
Bayonne différait de celui de Paris, mais que plus tard il aura été
ramené au taux du *poids de marc.* Nous n'avons pas de poids de
Bayonne pour nous assurer de ce fait.

La Livre de Bordeaux était égale à celle de Paris. Aussi trouvons-nous le poids suivant qui nous paraît appartenir à Bordeaux, quoique nous n'ayons pas pu nous en assurer :

A/ — Sans légende — Léopard couronné passant à droite.

R/ — ANNO ? MCCC IV ? Porte de ville.

Ce poids est excessivement usé et abîmé, et paraît avoir perdu beaucoup de métal. Il pèse 49 grammes. Nous le regardons comme un poids d'un demi-quart de livre de Bordeaux ou d'une autre ville d'Aquitaine. Pour le rapporter au système du *poids de marc,* il faut supposer qu'il a perdu 12 grammes, ce qui nous semble possible, vu son mauvais état de conservation. Il a été trouvé dans le département des Landes.

La ville d'Auch nous fournit un poids d'une demi-livre de 1359 :

A/ — ✠ MEYA LIVRA. DAVX. Crosse épiscopale traversant la légende.

R/ — ✠ ANNO. M. CCC. LVIIII. Léopard debout à gauche.

Ce poids est usé et rapiécé ; il pèse 198 grammes ; nous estimons qu'il a bien perdu les 9 grammes et demi qui lui manquent pour avoir le poids d'une *demi livre de table* de Toulouse, et nous en concluons qu'à Auch on se servait du système Toulousain.

Enfin, nous possédons deux poids de Condom :

1. A/ — ✠ .I. CAPTALON . DE . CONDOM : Deux clés adossées dans un grénetis.

R/ — ✠ ANNO . DOMINI. M CCC XXX IIII. Porte de ville flanquée de deux tours crénelées.

Ce poids pèse 118 1/2 grammes. Il a été trouvé dans le département des Landes. Il est un peu usé, et nous croyons qu'il peut facilement avoir perdu 4 grammes, ce qui lui donnerait un poids de 122 1/2 grammes, revenant à un quart de livre de Paris ou de Bordeaux. Le système Bordelais était-il en usage dans le Condomois ? Nous l'ignorons, mais ceci semblerait l'indiquer. En tout cas le nom différait, puisque nous voyons ce quart de livre prendre la désignation de : *Captalon.*

2. A/ — ✠ : ONSA : DE LIVRA : Porte de ville flanquée de deux tours crénelées.

R/ — ✠ : DE . CONDOM ⋈ ⋈. Deux clés adossées.

D'après la forme des lettres, ce poids, quoique non daté, est de la même époque que le précédent (1334). Il pèse 30 grammes et n'est pas usé. Or, l'once de Paris pesait 30 1/2 grammes ; c'est bien le poids de notre once de Condom, ce qui confirme notre opinion sur l'usage du *poids de marc* dans le Condomois.

N'ayant pas à notre disposition d'autres modèles de poids que ceux décrits ci-dessus, nous ne pouvons aujourd'hui poursuivre plus loin l'étude du système pondéral adopté dans les différentes villes de notre contrée, et nous ignorons de quels poids firent usage Dax, Saint-Sever, Mont-de-Marsan, et la plupart des autres villes de Gascogne. Nous essaierons de nous procurer de nouveaux documents pour continuer plus tard l'examen de cette question qui nous paraît fort intéressante pour notre histoire locale.

Arrivé au terme de notre travail, nous rappellerons le but que nous nous sommes proposé :

Nous avons voulu appeler l'attention du Congrès, et par suite, celle des hommes d'étude de notre région, sur la pauvreté actuelle de nos diverses séries Numismatiques, et nous avons voulu démontrer que cette pauvreté n'est pas réelle, qu'elle n'est qu'apparente ; qu'elle est due à l'indifférence de nos archéologues locaux pour la science Numismatique. La plupart d'entre eux ont porté leurs études vers d'autres branches de l'archéologie, au détriment de celle-ci. Nous avons espéré, en démontrant combien la Numismatique de la Novempopulanie offrait de ressources pour l'étude, que plusieurs de nos archéologues consentiraient à s'en occuper et à se livrer à des investigations fructueuses.

Que cherchons-nous généralement dans l'étude de l'archéologie ? La découverte de quelque fait ignoré, la connaissance d'événements, de mœurs, de coutumes qui n'avaient pas été signalés, la solution d'un problème, etc., etc. La recherche de l'inconnu, voilà le grand attrait de cette science !

Beaucoup croient que la Numismatique n'offre plus de problèmes à résoudre, que son histoire est écrite entièrement sans qu'il y ait aucun chapitre à y ajouter, et confondant le numismatiste avec le collectionneur de timbres-poste, s'imaginent que toute son occupation consiste à classer des monnaies dans des cartons sans aucun profit pour l'histoire ; le nouveau, l'inconnu ayant seuls le don d'exciter notre curiosité, ils négligent une science qui leur paraît sans mystère, mais dont, en revanche, l'étude leur semble longue et aride. C'est de cette erreur que nous voulons les tirer, en leur disant que peu de sciences renferment autant de questions à étudier, autant de *desiderata*, que la science des Monnaies. Et pour ce qui concerne notre région, les archéologues du pays auront le choix entre les recherches numismatiques suivantes que nous recommandons particulièrement à leur examen :

Etudier les trouvailles de monnaies Gauloises de la Région, et établir le système de monnaies dont se servait chacun des neuf peuples de la Novempopulanie. Voir si toutes les monnaies attribuées aux *Tectosages*, aux *Elusates* ou aux Ibères appartiennent bien à ces peuples, ou si certaines variétés ne doivent pas être rapportées aux *Tarbelli*, aux *Benarnenses*, aux *Ausci* ou à quelque autre des neuf peuples.

Etudier les monnaies Gauloises trouvées dans le voisinage du Bassin d'Arcachon, et particulièrement les statères d'or scyphates des *Boii*, si on en trouve.

Rechercher si des découvertes de monnaies Grecques en Novempopulanie pourraient donner raison à l'idée émise d'une colonie Grecque en Aquitaine.

Etudier les dépôts de monnaies Romaines trouvés dans la contrée, et voir si certains types n'auraient pas été frappés en Aquitaine, particulièrement sous les Empereurs Gaulois.

Examiner attentivement les monnaies Wisigothes pour rendre à l'Aquitaine celles qui pourraient lui appartenir.

Rechercher les monnaies Mérovingiennes frappées dans la contrée et relever la liste des ateliers.

Etudier très attentivement les monnaies Carolingiennes afin de retrouver celles qui nous appartiennent.

Se livrer à la même étude pour les monnaies Capétiennes, même jusqu'à Charles VII, quoique nous ne pensions pas que les prédécesseurs de ce souverain aient émis de numéraire en Aquitaine. Examiner avec soin toutes les pièces des ateliers de Bayonne, Pau, Morlas et St-Palais frappées depuis cette époque. Etudier les archives de ces quatre ateliers monétaires pour en tirer tous les renseignements utiles concernant la fabrication et l'émission des pièces, les marques de l'atelier, les différents des Maîtres, des graveurs, etc.

Rechercher et décrire tous les Papiers-monnaie de la région ; à cet effet faire des recherches dans les archives communales de 1789 à 1796.

Etudier les trésors dans lesquels on rencontre des monnaies seigneuriales; pour retrouver les types actuellement perdus. Vérifier les lettres monétaires des monnaies Anglo-Françaises, et par leur provenance, arriver à déterminer exactement la marque de chaque atelier.

Recueillir et cataloguer les médailles, méreaux et jetons du pays, y compris les méreaux des protestants.

Rechercher les anciens poids monétiformes de Gascogne et du Béarn, en établissant leur provenance exacte, de façon à reconstituer le système pondéral de chaque localité. S'aider pour cela des archives locales qui peuvent fournir de très utiles renseignements.

Et enfin ne pas garder pour soi les résultats de ses découvertes, comme le font trop d'amateurs, mais les publier pour servir de matériaux à l'histoire de la Gascogne et du Béarn.

Voilà, d'après nous, les principaux *desiderata* de la science numismatique dans la contrée qui représente l'ancienne Novempopulanie. Si nos Sociétés savantes de la Région veulent bien les recommander à l'attention de tous leurs membres, avant peu les documents abonderont, et la réponse à la plupart de ces questions pourra être apportée *au prochain Congrès de Dax*.

Émile **TAILLEBOIS**,
Archiviste de la Société de Borda.

LES TUMULUS DE TARBES [1]

1. *Emplacement des tumulus.* — Les tumulus, dont nous nous proposons d'entretenir le Congrès, sont situés sur un plateau qui domine toute la plaine de l'Adour, à l'ouest de la ville de Tarbes. Ce plateau couvert de landes appartenant aux communes d'Ibos, d'Azereix et d'Ossun (Hautes-Pyrénées), de Ger et de Pontacq (Basses-Pyrénées), présente de légères ondulations d'où s'écoulent les deux petits cours d'eau La Géline et le Rieutord. Les crêtes des bassins de ces deux ruisseaux sont surmontées d'un grand nombre de tombelles dont plusieurs ont été fouillées et ont fourni les objets, constituant le musée archéologique, déjà important, de l'Ecole d'Artillerie du 18ᵉ corps d'armée.

2. *Formes extérieures des Tombelles* — Les tertres affectent la forme d'un paraboloïde de révolution dont l'axe est vertical. Cependant, nous avons trouvé deux tumulus à section elliptique et une tombelle formée de deux éminences à bases circulaires accolées.

Les diamètres des cercles bases sont, en général, compris entre 24 et 30 mètres ; les hauteurs moyennes diffèrent peu de $2^m 50$. Les mesures exactes, prises avant le commencement des fouilles, peuvent seules permettre de constater des différences dans les dimensions extérieures. Sauf de rares exceptions, on serait tenté à simple vue de considérer le plus grand nombre des tertres comme construits d'après le même modèle.

3. *Méthode suivie pour les fouilles.* — Les travaux entrepris pour rechercher les sépultures ont révélé des différences extrêmement grandes dans la structure des tumulus. Avant de signaler les modes variables de construction de ces monuments, il nous paraît utile d'indiquer, en quelques lignes, la méthode que l'expérience nous a montrée comme la seule bonne pour les recherches archéologiques qui

---

(1) Communication verbale faite au Congrès par M. le colonel Pothier, directeur de l'Ecole d'Artillerie de Tarbes et résumée par un des membres de la section d'archéologie.

nous occupent. Peut-être cette courte description rendra-t-elle quelque service à ceux qui explorent les tombelles en leur faisant éviter les tâtonnements qui ont accompagné nos premiers travaux? D'ailleurs, l'examen de tumulus déjà fouillés justifiera, peut-être, la courte digression que nous nous permettons ici.

Dans l'état actuel de la science, le but de tout chercheur doit être surtout de rassembler la plus grande quantité de renseignements sur les monuments qu'il étudie. Or, dans la description de ces monuments, aucun détail ne saurait être négligé. La disposition des blocs constituant les dolmens, l'arrangement des galets sous forme de cella et de cromlech, sont des faits qui méritent d'être observés autant que les modes de sépultures, les poteries et l'outillage que l'on peut recueillir. Il importe donc de relever avec le plus grand soin toutes les parties du tertre exploré.

A cet effet, avant de commencer les fouilles, on doit faire le dessin exact de la tombelle. On pratique ensuite un fossé le long de la circonférence de base en rejetant les terres en dehors. On laisse en place toutes les pierres et l'on entaille circulairement le tertre de manière à enlever le remblai jusqu'au niveau du sol naturel. Lorsque l'on rencontre dans le massif, des ouvrages en pierres, on les découvre et l'on en relève avec soin le plan sur le dessin du tertre, en cotant l'altitude de façon à pouvoir reconstituer les coupes. On note exactement l'orientation da chaque partie de l'ouvrage.

Si l'on aperçoit des cendres, des ossements, des vases dans les terres rapportées ou près des constructions en pierres, on cesse tout travail à la pioche. A l'aide d'un couteau on détache le bloc de terre qui contient les objets précieux. Ce bloc est soigneusement déposé dans une chambre sans feu pendant un temps assez long pour que la terre soit bien desséchée et devienne friable. Les objets sont alors extraits de leur enveloppe ; les terres, pulvérisées par la dissécation, sont passées au crible et les fragments sont réunis pour reconstituer les pièces dans leur état primitif.

Les cercles de pierres, les galets isolés, les monuments mégalithiques qui reposent sur le sol, sont ensuite découverts. On en reporte l'image exacte sur le dessin et, s'il y a lieu, on procède à la fin, à l'ouverture des dolmens, des allées couvertes, des cella, en ayant soin de ne faire aucune opération sans inscrire sur un carnet tous les faits observés.

Cette méthode de recherche, que nous suivons aujourd'hui, est longue sans doute ; mais elle donne des résultats précis. Elle permet de reconstituer dans son ensemble le monument tel qu'il a été édifié et de préparer, pour les archéologues de l'avenir, des documeuts qui les autoriseront à écrire un jour, d'une manière probable, les mœurs des peuples d'autrefois.

4. *Structure des tumulus.* — En appliquant la méthode que nous venons de décrire succinctement, nous avons dressé les plans des différents tertres que nous avons fouillés. L'examen de ces plans révèle la plus grande variété dans les modes de contruction des tombelles.

Dans un tumulus nous avons rencontré, au centre du massif, un dolmen dont les parois, constituées de gros blocs de quartz, étaient recouvertes par une plaque de granit du poids de 6,000 kilogrammes environ, Quelques galets épars semblaient former un cercle discontinu autour de la crypte.

Dans un second monument nous trouvons, également au centre du remblai, une allée couverte longue de 5 mètres, ayant une largeur d'une œuvre de 1ᵐ et une hauteur de 1ᵐ,50.

Ailleurs, nous mettons à découvert un cercle de pierres discontinus, concentrique au tertre, et, excentriquement, un dolmen dont les parois étaient des murs en galets et le plafond une dalle de granit du poids de 2,000 kilogrammes environ.

Dans les autres tumulus, nous relevons, en général, des cercles de pierres soit continues soit discontinues, le plus souvent concentriques à l'axe du tertre. Parfois, ces cercles, de petit diamètre, sont au milieu des terres rapportées ; mais, presque toujours, ils sont sur le sol naturel. Dans beaucoup de tombelles, les cercles de plus grand diamètre ont dû primitivement constituer la base des monuments, Ils sont aujourd'hui recouverts d'une bande de terre de 0ᵐ40 à 0ᵐ50 de largeur, provenant sans doute de l'éboulement ultérieur du massif. Quelquefois, nous avons trouvé, dans le même tertre, plusieurs cercles concentriques, et deux ou trois fois, des pavages de forme presque rectangulaire.

En un mot, on peut dire que chaque monument possède une construction particulière, car, jamais, nous n'avons découvert deux combinaisons identiques. Seule, la forme circulaire apparaît partout. Elle semble avoir eu une importance spéciale dans les rites funéraires. Le soin que l'on a apporté à la faire régulière, l'art avec lequel on l'a dessinée, révèlent un symbole caractéristique du lieu vénéré.

5. *Classification des sépultures.* — Parmi les sépultures examinées, les unes mettent en évidence la pratique de l'inhumation, les autres la pratique de l'incinération.

La pratique de l'inhumation se rencontre dans les tertres qui contiennent des monuments mégalithiques. Les ornements, trouvés dans les dolmens et dans l'allée couverte, sont accompagnés de silex de l'époque néolithique. Bien qu'ils n'aient subi aucune espèce de calcination, ils sont toujours déposés à proximité de grands amas de charbon, restes des foyers allumés dans un but religieux ou, peut-être simplement, dans un but sanitaire pour éloigner les miasmes occasionnés par la décomposition des cadavres.

Dans les sépultures incinérées nous avons, sauf dans un seul cas, toujours trouvé des objets en métal, bronze et fer. Mais, d'un tumulus à l'autre, il existait de notables différences dans la disposition des foyers et des cendres. Ainsi, dans certains cas, les foyers étaient énormes, remplissaient le cercle d'un cromlech de quatre à six mètres de diamètre. D'autres fois, le foyer était limité à une faible surface. Les ossements calcinés, concassés, mélangés à des cendres, étaient répandus pêle-mêle dans le massif du remblai ou renfermés avec le plus grand soin dans de grands vases fermés par des couvercles en poteries. Souvent la sépulture incinérée était enfouie dans les terres rapportées à une hauteur quelconque, parfois presque à la surface, recouverte de quelques centimètres de terre seulement. Mais, toujours, on rencontrait au centre, suivant l'axe du tertre et au niveau du sol naturel, un ou plusieurs vases. Ces vases étaient souvent vides d'ossements ; mais il est probable que le sol de la lande, sol dépourvu de calcaire, avait dû s'assimiler le phosphate de chaux contenu dans les os et faire ainsi disparaître tout vestige humain.

Ce fait de l'existence toujours constatée d'une sépulture au pied de l'axe du tumulus semble permettre l'hypothèse que le monument a été construit pour recouvrir ces premiers restes. Les sépultures superficielles seraient des sépultures postérieures, enfouies par des générations nouvelles, utilisant, pour leurs morts, les lieux sanctifiés par les cendres des ancêtres. Ainsi dans un tertre de grandes dimensions, dans lequel nous avons relevé une trentaine d'urnes funéraires, un pavage de forme presque rectangulaire, placé au centre de 4 cercles concentriques, recouvrait une dizaine de vases dont les formes rappelaient les poteries de l'époque néolithique. Dans les terres qui les entouraient, se trouvaient quelques silex polis. Près du cercle extérieur était un second dallage, plus considérable, simulant un mur de plus d'un mètre d'épaisseur et qui était entouré de nombreuses sépultures presque superficielles, recouvertes de 15 à 20 centimètres de terre au plus, très riches en armes de fer et en objets de parure en bronze. Ces dernières sépultures étaient réunies dans la partie méridionale du tertre.

Ajoutons que, presque toujours, les cendres dans lesquelles on a trouvé des objets en fer, étaient à la partie superficielle du terrain rapporté, dans une zône rapprochée ducromlech extérieur est au sud de l'axe du tumulus.

6. *Poteries*, — Dans toutes les tombelles nous avons rencontré des poteries dont l'étude mérite la plus sérieuse attention. Je né puis ici, dans ce court récit récapitulatif des fouilles, relater toutes les observations faites. Il faudrait joindre à mes descriptions les représentations des nombreux échantillons de céramique que j'ai recueillis. Je me contenterai donc de signaler, en quelques mots, les faits qui semblent les plus importants.

Et d'abord, les poteries trouvées peuvent être classées en deux catégories : celles remontant à la plus haute antiquité, associées dans les sépultures à des outils en silex polis, et celles accompagnées soit de bronze soit de fer.

Les premières sont d'une pâte grossière, elles sont façonnées à la main. Les secondes, d'une pâte plus soignée et plus homogène, sont tournées au tour. Mais il suffit d'un coup d'œil sur l'ensemble des vases recueillis pour constater la grande supériorité au point de vue artistique des premières sur les secondes. Les poteries de l'époque néolithique sont presque toutes ornées de dessins gracieux ; elles portent des anses et sont munies, à leurs bases, de pieds élégants. L'artiste a varié ses formes et ses dessins à l'infini, avec un goût surprenant. L'ouvrier des temps protosidériques ayant, au contraire, un outillage industriel à sa disposition, mais arrêté dans le progrès par l'imperfection des moyens mécaniques, fabriquait toujours les mêmes vases de formes simples. Entre les poteries qu'il lançait dans la circulation et celles de ses ancêtres, il y avait la différence d'une mauvaise photographie avec l'œuvre d'un maître.

Quant à la matière plastique, les uns et les autres la prenaient probablement sur place. Le plateau, sur lequel ils ont fondé leur nécropole, présente, à sa surface, une couche de terre végétale, au-dessous de laquelle s'étend une bande assez mince d'alluvions anciennes qui surmonte des bancs réguliers et successifs de marne et d'argile. L'analyse chimique de cette argile nous a montré qu'elle contenait :

$$71 \%\ \text{de silice.}$$
$$1 \%\ \text{d'oxyde de fer.}$$
$$17 \%\ \text{d'alumine.}$$

plus de petites quantités de chaux, de magnésie, d'acide phosphorique et d'alcalis. Or, la matière constitutive des vases de l'époque néolithique, contient sensiblement les mêmes proportions relatives de silice et d'alumine que l'argile. On y constate seulement une augmentation considérable de l'oxyde de fer (12%) provenant probablement d'une addition faite de cette substance à la pâte comme matière colorante. Les fabricants ne savaient pas alors que, pour obtenir une bonne pâte céramique, il convient d'ajouter à l'argile une substance dégraissante, qui forme, en s'unissant à l'argile sous l'influence de la chaleur, un mélange homogène pouvant éprouver au feu un retrait régulier et une sorte de demi-fusion. Aussi l'examen à la loupe des cassures des poteries de cette époque rend évident le grand défaut d'homogénéité. Les retraits, produits par la cuisson, ont parsemé les surfaces de petits trous.

Dans les vases de l'époque protosidérique la proportion de la silice par rapport à l'alumine est considérablement augmentée. L'oxyde de fer entre dans la composition pour 10%. Il a été ajouté à l'argile, comme matière dégraissante, du quartz pulvérisé et du mica dont on aperçoit d'ailleurs, sur les surfaces, l'aspect brillant.

Ainsi se dégagent, de l'examen des poteries, ces deux faits caractéristiques. Les poteries de l'époque néolithique prouvent à la fois de la part de leurs auteurs, une grande ignorance de la fabrication des pâtes céramiques et des sentiments artistiques très développés. Les poteries de l'époque protosidérique, au contraire, sont l'œuvre d'artisans connaissant la confection des matières premières mais maintenus par l'imperfection de leur outillage industriel, dans une fabrication primitive et sans originalité. L'industrie semble avoir tué l'art.

Ajoutons qu'il existe, au point de vue des formes, la plus grande ressemblance entre les vases recueillis dans les sépultures et les vases employés, encore aujourd'hui, d'une manière usuelle, par les populations des environs de Tarbes. Cette conservation des mêmes modèles pendant une longue suite de siècles est un fait à constater.

7. *Objets divers trouvés dans les sépultures.* — Il me reste à dire quelques mots des objets trouvés dans les sépultures et qui sont :

1° des armes ou des outils en pierre polie.

2° des armes et des ornements en bronze.

3° des armes et des ornements en fer.

Les armes en silex ont été recueillies dans une allée couverte où les recherches les plus minutieuses n'ont fait découvrir aucun objet en métal. Elles remontent incontestablement à l'époque néolithique. Une hache en pierre polie et une pointe de lance en silex sont des spécimens d'une fabrication très perfectionnée.

Les objets d'ornement en bronze se sont quelquefois rencontrés seuls dans les tumulus ; mais, en général, ils accompagnaient les objets en fer. On peut, je crois, les rapporter à l'époque protosidérique.

Il est probable, d'ailleurs, que l'âge du bronze, s'il a existé dans la région que nous explorons, n'a eu qu'une courte durée. Cette hypothèse me paraît autorisée par les résultats suivants d'une fouille faite dans un des tertres déblayés.

La sépulture dont il s'agit, était entourée de vases à pieds, semblables à ceux qui nous rapportons à l'époque néolithique. Au milieu des cendres et des ossements calcinés étaient des objets en fer et des objets en bronze. Parmi ces derniers on remarquait une pointe de lance à douille parfaitement conservée. Les objets en fer étaient des ornements placés, avec des précautions évidentes, dans le fond du vase. La présence de l'arme en bronze, près d'ornements en fer, peut faire supposer que le fer était encore un métal rare, apprécié, servant à la parure, que l'on ne pouvait se procurer en assez grande abondance pour l'utiliser à la fabrication des armes à laquelle on employait encore le bronze. La sépulture pourrait donc être d'une époque presque contemporaine de l'âge du bronze et cependant peu éloignée de l'âge de la pierre polie, rappelé par les poteries. De là une probabilité que l'âge du bronze a duré fort peu de temps, s'il a existé parmi les populations qui ont fondé les tumulus de Tarbes.

En terminant, je signalerai un amas de pierres plates, en calcaire grossier, rencontré dans le massif d'un tertre. Ces pierres avaient été certainement apportées de loin dans ce tumulus, car le calcaire qui les constitue n'appartient pas aux formations géologiques des territoires voisins. Elles paraissent porter des traces d'un travail intentionnel. Deux d'entr'elles appelèrent surtout l'attention. La première pouvait être considérée comme la représentation grossière d'une tête de cheval dont l'œil serait figuré par un trou traversant le bloc ; la seconde paraissait être la jambe de derrière du même animal.

Ces pièces ont été soumises à l'examen d'archéologues distingués. Les uns ont pensé qu'elles étaient les débris d'une sculpture préhistorique ; les autres n'ont vu dans les formes qu'un jeu du hasard et dans les perforations qu'un effet naturel. La question me paraît difficile à résoudre. Je la réserve donc jusqu'à ce que les fouilles entreprises soient terminées. En attendant, je me borne à citer des faits.

NOTE

SUR LA DATE PROBABLE

DE L'INSCRIPTION ROMAINE DE HASPARREN

Messieurs,

J'ai l'honneur de présenter au Congrès scientifique de Dax un plâtre reproduisant par un moulage très-exact la fameuse inscription Romaine de Hasparren.

Les dimensions de ce monument, qui était un autel votif, sont les suivantes :

Hauteur 68 centimètres.

Largeur 32 centimètres et demi.

Epaisseur variant entre 46 et 50 millimètres.

Hauteur des lettres variant entre 30 et 34 millimètres.

Voici du reste cette inscription :

> Flamen item
> Dumvir quœstor
> Pagiq magister
> Verus ad augus
> tum legato mu
> nere functus
> pro novem opti
> nuit populis se
> jungere Gallos
> Urbe redux ge
> nio pagi hanc
> dedicat aram. (1)

Chaque mot est séparé par un point rond au milieu de la hauteur des mots. Ce point est très apparent presque partout, quoique l'inscription ait eu beaucoup à souffrir des intempéries, ayant été, pendant de

____

(1) Voir la planche.

longues années, encastrée dans l'un des murs extérieurs de l'église de Hasparren, au-dessus de la porte principale.

Voici la reconstitution et la traduction des quatre vers de l'inscription :

> Flamen item duumvir, quœstor, pagique magister,
> Verus ad augustum legato munere functus
> Pro novem optinuit populis sejungere Gallos ;
> Urbe redux, genio pagi hanc dedicat aram.

> Flamine, duumvir, questeur et magistrat de ce bourg,
> Verus s'étant aquitté de sa mission auprès de l'Empereur,
> Obtint que les neuf peuples seraient séparés des Gaulois ;
> Revenu de Rome, il a élevé cet autel au Génie du lieu.

C'est une véritable bonne fortune pour moi, Messieurs, que de pouvoir soumettre aux membres du Congrès ce remarquable monument si important au point de vue historique, puisque c'est la seule inscription connue jusqu'à présent, où il soit question de la Novempopulanie.

Sa découverte jette un jour tout nouveau sur une question historique bien controversée jusqu'ici : elle prouve, en effet, que ce furent ces neuf peuplades elles-mêmes qui députèrent Verus à l'Empereur pour demander de former une agglomération distincte des Gaulois ; que ce vœu fut exaucé, et que c'est ainsi que fut formée la *Novempopulana*.

Vous savez peut-être, Messieurs, qu'au Congrès de Pau en 1873, il y eut une discussion dans la section d'histoire et d'archéologie sur l'authenticité de cette inscription.

On supposait que c'était un pastiche de l'antique, fait, il est vrai, avec une grande habileté, mais que c'était l'œuvre d'un faussaire. On contestait la bonté de la latinité de l'inscription, l'exactitude des vers dont on trouvait deux ou trois faux, et enfin on ne voulait pas admettre que le Verus de l'inscription put être Ælius Verus ni que l'Auguste dont il y est fait mention fut l'empereur Adrien.

Je crois que ce n'est ni le lieu ni le moment de refaire ici une dissertation sur les motifs qui militent en faveur de l'antiquité de l'autel votif de Hasparren et de son inscription.

Son authenticité est admise aujourd'hui par les principaux archéologues et épigraphistes d'Europe, parmi lesquels je puis citer MM. Léon Renier et Ernest Desjardins, de l'Institut; MM. Théodore Momsen et Otto Hirschfeld, de Vienne, dont les noms font autorité dans la science.

Etant admise l'authenticité de l'Inscription, je vous demanderai la permission d'examiner les vers et de combattre encore devant vous comme je l'ai déjà fait à Pau, l'opinion qui en a fait taxer deux de faux : ce sont le 3e, à cause du manque d'élision dans *pro novem optinuit*, et le dernier pour la même raison dans *pagi hanc* et une faute de quantité dans *dedicat* (1).

On blâme aussi dans le 1er vers la réunion des deux syllabes *duum* en une seule *dum*.

C'est là, en effet, une licence poétique; mais elle était très usitée chez les poètes latins, qui l'appelaient synérèse (du grec *sunaïreo*, complector).

Ainsi pour n'en citer que deux exemples, au milieu de tant d'autres, il suffit de reproduire ces deux vers de Virgile :

Fērreīque Emenidum thalami,

Où les deux dernières syllabes du mot *ferrei* sont réunies en une seule et :

Inceptoque et sedibus hœret in īisdem

Où les deux i de īisdem ne forment qu'une syllabe.

Voyons maintenant le 3e vers de notre inscription :

> *Pro novem optinuit populis sejungere Gallos.*

Je ne suppose pas que l'on soulève la moindre objection contre *optinuit* pour *obtinuit* : C'est une forme archaïque qui est une preuve de plus de l'antiquité et de l'authenticité de l'inscription.

Tout au plus peut-on reprocher au versificateur de n'avoir point élidé la dernière syllabe de *novem* devant *optinuit*.

Mais c'est encore là une licence très permise, car les anciens poètes latins, au lieu d'élider la syllabe finale en *em* ou *um*, la gardaient souvent avec sa quantité qui est brève.

Voyez plutôt ce vers d'Horace :

> *Cocto num adest honor idem*

et celui-ci d'Ovide :

> *More lupi clausas circum euntis oves.*

Nous pourrions en citer de très nombreux exemples tirés des auteurs déjà indiqués, de Lucrèce, d'Ennius et de bien d'autres.

(1) Voir compte-rendu du Congrès de Pau en 1873. — IIe volume, pages 150 et suivantes.

Voyons enfin le dernier vers :

Urbe redux genio pagi hanc dedicat Aram.

Là, il y a aussi manque d'élision entre l'*i* de *pagi* et le mot *hanc*. Eh bien, je regrette d'être obligé de répéter toujours la même chose, mais c'est encore une licence poétique dont on trouve de nombreux exemples dans les œuvres des anciens. C'est une *diérêse,* qui en supprimant l'élision, donne au vers la quantité de syllabes nécessaires.

J'en ai cité plusieurs exemples dans ma dissertation de 1873 et je me borne aujourd'hui, à reproduire ce vers si connu de Virgile :

Et succus pecori et lac subducitur agnis

où c'est aussi un *i* qui n'est point élidé, absolument comme dans le dernier vers de l'inscription de Hasparren.

Enfin dans *dedicat*, l'i est bref très certainement.

Je ne crois donc pas que l'on. puisse continuer, en présence de ces éclaircissements qui me semblent irréfutables, à taxer nos vers de faux.

Leur bonne latinité me paraît tout aussi inattaquable et je crois que l'on pourrait mettre au défi un faussaire de la renaissance de composer un morceau semblable.

Ainsi, voici selon moi comment ces vers doivent être scandés :

$$\text{Flāmĕn ĭ/tēm dūm/vīr quœs/toř pā/gīqŭe mă/gīsteř}$$
$$\text{Vērŭs ăd / Aūgūs/tam lē/gātō / mūnĕrĕ / fūnctūs}$$
$$\text{Prō nŏvĕm / ōptĭnŭ/īt pŏpŭ/līs sē/jūngĕrĕ / Gāllōs}$$
$$\text{Ūrbĕ rĕ/dūx gĕnĭ/ō pā/gī hanc / dēdĭcăt / āram}$$

Je ne veux point fatiguer votre attention, Messieurs, en insistant davantage sur la bonté de ces quatre vers au double point de vue de la mesure et de la bonne latinité.

Aussi me semble-t-il que les auteurs du Journal de Trévoux qui en octobre 1703, répondant à un mémoire du savant chanoine Veillet, Théologal du chapitre de Bayonne trouvaient que le style de ces vers tenait du langage provincial et sentait le basque qui veut parler latin, se sont un peu trop légèrement avancés.

Mais si l'on ne conteste plus guère aujourd'hui l'authenticité de cette belle inscription, on se rabat encore sur le Verus |et l'Auguste dont il est fait mention et l'on discute ardemment la question de savoir s'il s'agit bien de l'empereur Adrien et de son favori Ælius Verus.

Les uns veulent que l'Auguste dont il est parlé soit Octave Auguste, et s'appuient pour soutenir cette opinion sur ce que généralement les empereurs étaient tous qualifiés de *César* dans les inscriptions lapidaires qui nous restent.

Les autres trouvent que le Verus de l'Inscription d'Hasparren ne pouvait être Ælius Verus personnage trop jeune, et qui en tout cas, avec ses relations intimes avec l'Empereur Adrien, n'aurait pas été relégué, même pour exercer des fonctions importantes, dans une partie reculée des Gaules.

Examinons rapidement, si vous le voulez bien, Messieurs, ces deux objections.

S'il est une règle certaine en épigraphie antique, c'est que tandis que les inscriptions en prose soit funéraires, soit votives, soit commémoratives, sont remplies d'abréviations, les inscriptions métriques, au contraire, n'en comportent pas. La forme est toujours subordonnée à la cadence du vers : car l'auteur étant forcément limité par un nombre déterminé du vers et de syllabes, on n'y retrouve généralement ni les indications des prénoms ou surnoms, ni l'inutile reproduction des dignités qui s'alliaient à la souveraine puissance.

Donc, pour l'objection tirée de ce que dans l'inscription qui nous occupe, l'Empereur n'est pas qualifié *César*, mot qui se retrouve presque toujours, au moins en abrégé, dans toutes les inscriptions, il n'est pas difficile de répondre que la qualification d'*Auguste* l'emporte sur celle de *César* puisque l'on ne pouvait être empereur sans être Auguste, tandis que l'on pouvait être César sans être empereur, et ce qui le prouve, c'est que cette dernière qualification était donnée aux héritiers présomptifs ou adoptifs de la couronne impériale.

Puis enfin, si au lieu du mot *Augustum*, l'auteur de l'inscription avait écrit *Cæsærĕm*, son vers eut été faux.

On n'est donc pas obligé de traduire le mot *Augustum* par le nom de l'Empereur Octave-Auguste, mais ce mot d'*Augustum* peut être attribué à tout autre empereur. Ainsi, j'avoue que j'ai peine à comprendre comment des hommes aussi éclairés et aussi éminents que M. Léon Renier et M. Ernest Desjardins ont pu affirmer que notre inscription est du temps d'Auguste. Vous allez voir cependant que cette opinion n'est pas partagée par plusieurs autres savants.

D'après M. Allmer « cette inscription est d'une authenticité » incontestable de la première ligne à la dernière, et elle se date par » son aspect paléographique du IIIe siècle, ou époque voisine. »

M. Théodore Momsen l'aurait datée au point de vue historique du IIIe au IVe siècle.

Voici ce qu'en dit M. Hirschfeld dans *sa dissertation sur les frontières du Rhin :* « L'inscription d'Hasparren sur laquelle s'est basée M. Léon » Renier pour faire remonter la création du district de Lectoure à » l'époque d'Auguste, est plutôt par la forme de ses lettres du IIe ou » du IIIe siècle, et le nom d'Auguste dans une inscription métrique » comme celle-ci peut se rapporter à un des Empereurs qui sont venus » après lui. »

Ainsi que j'ai eu l'honneur de vous le dire, Messieurs, M. Léon Renier, de l'Institut, a expliqué l'Inscription de Hasparren dans la séance du 11 novembre 1870 de l'Académie des Inscriptions et belles-lettres. Il en a admis la complète authenticité, et il la date du temps de l'Empereur Octave Auguste.

Voici, du reste, ce qu'il dit encore à ce sujet dans une note qui accompagne une lettre de Borghesi au docteur Henzen :

« La formation de ce district (la Novempopulanie) remontait » d'ailleurs au temps d'Auguste ; nous en avons la preuve dans » l'inscription suivante qui existe encore dans l'église de Hasparren, » département de Lot-et-Garonne, (*sic*), et dont j'ai sous les yeux » un excellent estampage.

(Suit l'inscription qui nous occupe)

» Je ne puis terminer cette note sans émettre une conjecture que » m'a inspirée la comparaison de cette inscription avec les termes dans » lesquels est mentionnée, dans celle de *Sestino,* la mission confiée par » Auguste à *L. Volusenus Clemens* ; c'est que cette mission avait » précisément pour objet de préparer par l'opération préliminaire du » recensement des *novem populi,* la mesure que *Verus* le *duumvir* des » *Tarbelli* avait été solliciter auprès de ce prince, et qu'il en avait » obtenue. » (1).

(1) Note de M. Léon Renier accompagnant une lettre de Borghesi à M. le docteur W. Henzen (œuv. comp. Bart. Borghesi, T. VIII, p. 543-544).

Ainsi comme vous le voyez, Messieurs, M. Léon Renier suppose toujours que cette inscription est du temps d'Auguste.

Il faut bien dire que ce qui semble le plus avoir influé sur sa conviction, c'est la découverte de l'inscription de Pérouse, et c'est ce qui lui fait dire que : « bien que faisant partie de l'Aquitaine, la province de » Lectoure avait un procurateur spécial, témoin *C. Minutius Italus,* » qui, dans son inscription datée de l'an 105 de notre ère (Marini, Fr. » Arval p. 5 ; Orelli n° 3651) est qualifié de *procurat. provinciarum,* » *Lugdunensi* et *Aquitanicœ, item Lactorœ,* et de même que l'Asturie » et la Gallécie, il forma plus tard une province indépendante, la » *Novempopulanie.* »

Mais il me semble qu'il pouvait y avoir un *procurateur* dans les provinces Lyonnaise Aquitaine, et même de Lectoure, dès l'année 105 de notre ère, sans que pour cela la Novempopulanie existât déjà.

En effet, l'inscription de Pérouse semble bien indiquer qu'il y avait en l'an 105 un procurateur des provinces Lyonnaise Aquitaine et de Lectoure, mais cela ne prouve en aucune façon que la Novempopulanie existât alors comme province spéciale.

Quant à M. Ernest Desjardins également membre de l'Institut de France, voici ce qu'il dit de notre inscription dans sa *Géographie historique et administrative de la Gaule Romaine.*

« Par l'inscription d'Hasparren qui est certainement du temps » d'Auguste, nous savons qu'il y avait déjà en Aquitaine neuf peuples » principaux, ce qui justifie le nom donné postérieusement à· ce pays, » nom dont l'origine est certainement fort ancienne, puisque dans les » textes du IV° siècle où il est employé, la *Notitia provinciarum* par » exemple, ce n'est pas neuf, mais douze peuples qui sont énumérés » sous le titre de *Novempopulana.*

» L'inscription parfaitement authentique de Hasparren est en vers ; » elle peut se traduire ainsi : *Flamine, duumvir, questeur, magister* » *de ce pagus, Verus, s'étant acquitté de la charge de délégué auprès de* » *l'Empereur Auguste, obtint que les neuf peuples seraient séparés des* » *Gaulois. A son retour de Rome, il a élevé cet autel au génie du pagus.*

» Verus avait donc été *magister* du pagus dont nous ignorons le » nom, mais qui devait correspondre à peu près au canton d'Hasparren, » lieu où l'autel a été trouvé ; puis questeur de la cité dont dépendait » ce *pagus,* puis *duumvir,* enfin *flamine* d'Auguste, toujours dans la

» même cité qui devait être celle des *Tarbelli*, chef-lieu *Aquæ*
» *Tarbellicæ* (Dax).

» Strabon nous apprend qu'Auguste, dans son organisation des
» Gaules en l'an 27, ayant formé une province de tout le pays compris
» entre le Rhône, les Cévennes, la Loire et les Pyrénées en réunissant
» deux groupes de race différente : les *Ibero Aquitains* et les *Celtes*, les
» avait soumis au même régime, aux mêmes *Vectigalia* et que ces deux
» nationalités si tranchées se trouvaient confondues sous le niveau de
» la conquête Romaine. C'est contre cette confusion qu'ont protesté
» les Aquitains : ils ont donc délégué auprès d'Auguste un personnage
» appartenant à l'une des neuf cités ou à l'une des neuf peuplades de
» l'Aquitaine. Ce personnage probablement citoyen Romain, (mais la
» mesure du vers ne nous a permis de connaître que son
« *cognomen* Verus) et qui était dans la cité ce que l'on appelait *omnibus*
» *honoribus functus*, obtint de l'Empereur que ces neuf peuples forment
» la *Novempopulana*, seraient considérés comme formant un groupe à
» part et surtout distinct des Gaulois ; il était sans doute originaire du
» *Pagus* d'Hasparren et l'on comprend que satisfait de l'heureux succès
» de sa mission il ait élevé un autel au *Genius* de son canton » (1).

Ainsi donc, Messieurs, M. Desjardins semble adopter pour la date
de notre inscription l'opinion de M. Léon Renier et la faire remonter au
règne d'Auguste.

Mais une chose me frappe dans les lignes que je viens de vous lire ;
c'est que M. Renier appelle Verus *flamine d'Auguste*. Cela seul devrait
nous mettre en garde contre l'adoption de la date indiquée, car ce n'est
qu'après sa mort qu'Auguste fut élevé au rang des dieux, qu'il eut des
temples, des autels, et des prêtres ou flamines. Et si Verus fut flamine
d'Auguste, ce ne fut qu'après la mort de ce prince, et dès lors on peut
conclure que ce n'est pas sous le règne d'Auguste que la
Novempopulanie fut séparée du reste des Gaules.

Vous le voyez, Messieurs, les avis de nos plus savants épigraphistes
sont unanimes quant à l'authenticité de l'Inscription de Hasparren, mais
ils sont bien divisés sur l'époque où elle a été faite.

MM. Léon Renier et Ernest Desjardins la croient du temps d'Auguste.

M. Allmer la date du IIIe siècle.

---

(1) Ernest Desjardins. — Géographie historique et administrative de la Gaule
Romaine, Tome II. pages 360 et suiv.

M. Momsen, la daterait au point de vue historique du IIIe au IVe siècle.

M. Otto Hirschfeld pense que par sa forme, elle est du IIe ou du IIIe siècle.

C'est cette dernière opinion à laquelle je me rallie, car je crois que notre inscription est du milieu du IIe siècle, c'est-à-dire qu'elle a été faite sous le règne de l'Empereur Adrien, comme j'espère pouvoir vous le démontrer en peu de mots.

A défaut de date certaine, l'inscription relate un fait historique qui me semble devoir éclairer complètement la question : C'est la séparation des neuf peuples Aquitains d'avec les Gaulois : C'est la création ou la constitution de la *Novempopulanie*.

Il s'agit donc de rechercher à quelle époque s'est passé cet important évènement.

Nous savons bien que c'est sous Octave Auguste que fut formée la première division officielle de la Gaule en trois grandes parties : La Belgique, la Celtique et l'Aquitaine, et c'est Strabon, auteur grec contemporain qui nous l'apprend.

Mais Octave Auguste est mort en l'an 14. Strabon est mort en 35 ou 36 ; Pline l'ancien en l'an 79 et Ptolémée sous le règne d'Antonin.

Aucun de ces auteurs ne dit un seul mot de la formation de la Novempopulanie détachée du reste de l'Aquitaine. Certes c'était là cependant un fait géographique et historique assez important pour qu'ils n'eussent pas manqué de le consigner dans leurs ouvrages.

Il ne me parait donc pas possible d'admettre que cette séparation ait eu lieu ni sous le règne d'Auguste. ni sous celui de ses successeurs jusqu'à Vespasien mort la même année que Pline.

Quant à ce qui concerne ce prince et ses fils Titus et Domitien, on sait qu'ils ne se sont point occupé des Gaules, et l'on peut en dire autant de leurs successeurs Nerva et Trajan.

Nous voici arrivés à Adrien qui régna de 116 à 138.

Or nous savons que ce fut lui qui remania la division territoriale de Gaule et la divisa en quatorze provinces parmi lesquelles se trouvaient la première, la seconde et la troisième Aquitaines (1). Et il est digne de remarque que les limites de la troisième Aquitaine sont exactement celles de la Novempopulanie.

____

(1) Marca. — Histoire de Béarn.

Mais nous voyons que la *Notitia Provinciarum* qui est du milieu du IV° siècle, parle de la *Novempopulana* en tant que contrée, et faisant l'énumération des peuples qui la composaient, en compte jusqu'à douze. Cela ne veut-il pas dire que, à l'époque où l'auteur de la *Notitia* écrivait son récit, trois peuples autres que les neuf primitifs avaient eu accès dans la confédération Novempopulaire? Il semble assez rationnel de supposer que ces trois peuples n'y sont entrés qu'assez longtemps après la formation de la Novempopulanie.

Nous venons de voir que les auteurs contemporains d'Octave Auguste, Strabon et Pline ne parlent pas de la Novempopulanie ; elle n'existait pas de leur temps.

L'auteur de la *Notitia provinciarum*, au contraire, en parle comme se formant de l'agrégation de douze peuples au lieu de neuf.

Il me semble que logiquement on doit conclure que l'époque de cette formation de la Novempopulanie doit se trouver entre le règne de Tibère et celui de Constantin.

Or nous trouvons précisément dans l'histoire que l'Empereur Adrien voulant rendre l'administration des Gaules plus facile, et peut-être placer un plus grand nombre d'ambitieux ou de favoris, la divisa en quatorze provinces : l'Aquitaine entr'autres fut divisée en trois, et nous avons déjà remarqué que la troisième Aquitaine correspond exactement au territoire de la Novempopulanie.

Rapprochons de ces faits ce nom de Verus, qui se trouve aussi être celui d'un des favoris d'Adrien, puisqu'il le fit adopter par Antonin son successeur à l'Empire, et je crois que nous pourrons de la sorte présenter à nos contradicteurs, une série de présomptions assez fortes pour former comme la preuve de l'opinion que nous avons avancée précédemment que l'Auguste de l'inscription est l'Empereur Adrien, et le Verus Ælius Verus favori de ce prince.

Voyons maintenant si Ælius Verus a pu remplir les fonctions indiquées dans l'inscription.

Évidemment toutes les charges qu'Ælius Verus remplissait dans la province de la troisième Aquitaine ou de la Novempopulanie, avaient bien moins d'importance que s'il les avait exercées à Rome.

On a voulu prétendre qu'Ælius était trop jeune pour remplir d'aussi grandes dignités même en province. Mais qui sait son âge ? Son historien Spartianus n'indique nullement le lieu ni l'époque de sa naissance. Ce que nous savons avec certitude, c'est qu'il fut adopté par

Adrien, l'an 135 ou 136 de J.-C. (889 de Rome) ; qu'il fut alors nommé consul pour la première fois et que cette charge consulaire lui fut renouvelée l'année suivante ; qu'à cette même époque il fut adopté par Antonin à la demande d'Adrien ; nommé préteur, puis gouverneur de la Pannonie et qu'il mourut à Rome le 1 janvier 891 (138 de J.-C.)

Nous savons aussi qu'il eut un fils, Lucius Verus, frère par adoption de Marc Aurèle, qui a régné après celui-ci de 161 à 169 époque de sa mort.

Il existe de nombreuses médailles d'Ælius qui le représentent comme un homme dans la force de l'âge, avec une barbe abondante : rien ne s'oppose donc à ce que Ælius Verus ait rempli toutes les fonctions importantes que lui attribue l'inscription d'Hasparren avant son adoption par Hadrien en 135 ou 136, puisque déjà il était marié et père de famille, car nous savons par son historien Spartianus qu'il était dans une telle faveur auprès de l'empereur Hadrien, qu'il en obtenait tout ce qu'il voulait.

Ne serait-ce pas précisément à cause de cette faveur, qui n'était ignorée de personne, que les neuf peuples choisirent Ælius Verus pour les représenter auprès d'Hadrien et obtenir du souverain leur séparation du reste de la Gaule ?

S'il en est ainsi, et nous le croyons fermement, il faut avouer qu'ils avaient eu la main heureuse dans le choix de leur envoyé, qui après avoir si complètement réussi dans son ambassade, voulut à juste titre consacrer son succès par l'autel votif dont nous nous occupons en ce moment.

D'après cela l'inscription d'Hasparren daterait des premières années du règne d'Adrien, ce qui concorderait avec le remaniement par cet empereur du territoire de l'Aquitaine, que M. Mazure dit avoir eu lieu en l'an 117 (1).

Voici au surplus comment il s'exprime en parlant de notre inscription :

« Cette inscription se rapporte à un événement de l'année 117
» lorsque l'empereur Adrien ayant divisé en trois parties l'Aquitaine
» reculée par Auguste jusqu'à la Loire fit un gouvernement à part de la
» région appelée Novempopulanie, qui n'était guère que la troisième
» Aquitaine. »

Il n'est pas ce me semble sans intérêt pour notre pays de rechercher

(1) Mazure. — Histoire du Béarn et du Pays-Basque, Pau — 1839.

quelles étaient les neuf peuplades qui séparées du reste de la Gaule à la demande de Verus formèrent la Novempopulanie.

Voici comment les classe M. Ernest Desjardins dans l'ouvrage déjà cité, Tome II pages 367 et 368.

1° Les *Tarbelli* (avec la petite peuplade des *Cocosates* ayant pour chef-lieu les *Aquæ Tarbellicæ* et comprenant tout le pays qui forma les diocèses *Aquensis* (de Dax) et Lapurdensis (de Bayonne), avec les localités de *Segosa*, de *Mosconum*, de *Sordi* et de *Carasa* ; ce qui correspond à l'Albret, au Marsan, aux Maremnes, au Labourd, au Lampourdan, et à une partie de la Basse Navarre, soit toute la partie occidentale des départements des Basses-Pyrénées et des Landes.

2° Les *Tarusates* ou *Aturenses* (?) avec la villa d'*Andura* (Aire sur l'Adour), occupant un territoire correspondant au diocèse *Aturensis* et comprenant la Chalosse, le Gabardan occidental et quelques terres de l'Estarac. (Est du département des Landes et Ouest de celui du Gers.)

3° Les *Elusates* ayant pour clients les *Sontiates* (?), qui formèrent avec eux la cité puis le diocèse d'*Elusa* (Eauze) ; pays qui correspond au Gabardan Oriental, au Condomois, à la partie septentrionale du Fesenzac et à la partie occidentale de l'Armagnac.

4° Les *Lactorates*, cité puis diocèse de *Lactoræ* (Lectoure), répondant à la plus grande partie de l'Armagnac et de la Lomagne, Nord-Est du département du Gers et partie Sud-Est de celui de Tarn-et-Garonne.

5° Les *Ausci*, avec la ville Ibère d'*Eliberris* (Auch) pour capitale : cité puis diocèse d'Auch (*Estarac* et *Magnoac*) partie méridionale du département du Gers.

6° Les *Benarnenses*, *Venarni* ou *Beneharnenses* avec *Benarnum* ou *Beneharnum* (Lescar un peu au Nord-Ouest de Pau) pour centre et qui ont formé le diocèse de même nom correspondant à la partie Nord-Ouest du département des Basses-Pyrénées.

7° Les *Iluronenses* on *Oloronenses* avec *Iluro* pour centre, correspondant à la cité du même nom, plus tard diocèse d'Oloron (*Oscidates Oski-dates* de Pline, *Datii* de Ptolémée ?)

8° Les *Bigerriones*, Begerri, Bigorre cité puis diocèse de même nom (plus tard diocèse de Tarbes) correspondant à peu de choses près au département des Hautes-Pyrénées avec le chef-lieu *Bigorre* qui serait Cieutat, d'après M. Longnon.

MÉMOIRE DE Mᵉ H. POYDENOT

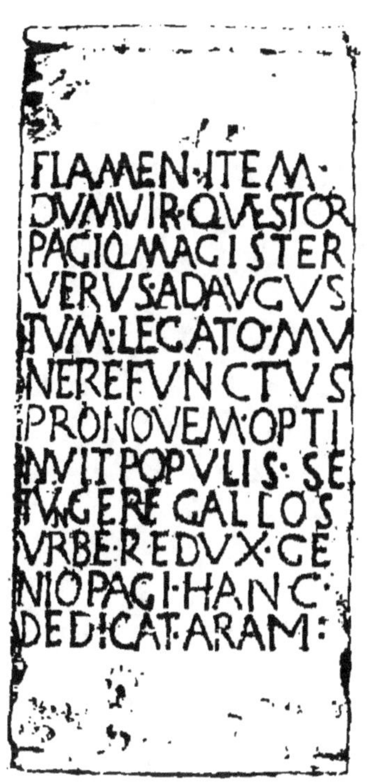

INSCRIPTION DE HASPARREN

9° Les *Convenæ* (plus tard cité puis diocèse du même nom) qui occupaient la vallée supérieure de la Garonne avec *Lugdunum Convenarum* pour chef-lieu, ce qui correspond au Nébouzan, au Comminges et à l'Almezan.

Ils s'étendaient au Nord jusqu'à *Calaguris* (vers Cazères) où devait commencer le territoire des *Volcae-Tectosages* de la Province.

HENRY POYDENOT.

Mai 1882.

LES BOII DU BASSIN D'ARCACHON

Messieurs,

Une des nombreuses questions inscrites au programme du Congrès et que j'ai cru en vous la communiquant capable de vous intéresser, est celle des Boïens.

Permettez-moi de vous faire part des quelques renseignements que j'ai recueillis, et de vous parler de l'une de ces tribus de la Gaule qui peuplaient à l'époque de l'invasion romaine, une ou plusieurs parties du territoire Aquitain, et qui devint, après l'invasion, la Novempopulanie. Il existe au Nord-Est de Lesparre, des marais et d'immenses étendues de terrains appelés Boïentrans : il est de tradition parmi les habitants de cette contrée, qu'une ville a existé autrefois en cet endroit, et cette croyance accréditée et transmise par les anciens à leurs descendants, semble avoir quelque valeur, si l'on en juge par les vestiges que l'on y trouve.

Il serait très-difficile d'en désigner exactement l'emplacement ; mais les fondements de maison recouvertes de terre aujourd'hui, paraissent lui donner une assez grande étendue. De nos jours encore, le laboureur, en soulevant la terre, rencontre des tessons de poteries et des monnaies Gauloises d'une exécution barbare.

La ville de Boïentrans, comme les autres villes de cette contrée, dont je vous parlerai plus bas, n'a point été épargnée par l'action destructive du temps et des éléments.

Laissez-moi vous raconter, Messieurs, l'histoire ou plutôt la légende qui enveloppe comme d'un voile sombre, la fin tragique de la ville de Boïentrans et de celle de ses habitants. Cette cité, si nous nous en rapportons à la tradition la plus antique, était dissimulée au milieu d'une épaisse forêt, elle paraissait à l'abri des coups de mains, des bandes qui parcouraient à cette époque la Gaule en tous sens : Une de ces bandes, conduite soit par le hazard, soit par tout autre cause vint s'arrêter au milieu de la nuit dans la forêt voisine de la ville.

Si les oies sauvèrent le Capitole ici, c'est un galinacé qui vendit sa patrie. Le chant d'un coq attira l'attention de cette bande de pillards.

Dès l'aube, la ville est attaquée et bientôt mise à sac, ses habitations deviennent la proie des flammes.

La ville de Boïentrans détruite, ses habitants tués ou dispersés : La légende s'arrête là.

Mais ces Gaulois étaient-ils un peuple à part ou bien une fraction des Boii qui habitaient sur les bords du bassin d'Arcachon et du pays de Buch ?

Quant à moi, je crois ou je suis porté à croire, que c'était une grande famille de la Gaule qui n'a laissé de son existence qu'un faible souvenir.

Mon intention n'est point d'affirmer les vagues rumeurs de la légende, car, nous connaissons en général la valeur de pareils récits, je viens simplement poser un jalon.

Pourquoi n'accorderions-nous pas quelques créances à l'existence de cette ville, qui peut avoir été fondée par des émigrants, ou des fugitifs Boïens..

Bien d'autres en Médoc ont aussi disparues, et grâce aux légendes et aux chroniques, on a pu retrouver bon nombre de villes qui semblaient n'avoir jamais existé.

Le Médoc est sans contredit le pays des villes disparues, englouties dans les eaux de l'Océan ou détruites par le feu : Je ne vous parlerai pas de toutes, il serait trop long de les énumérer. Mais je vous citerai une Noviomagus, Les Olives Reysson ou Brion dans les temps anciens, dans cette dernière on y trouve des poteries en très grandes quantités et des tuiles romaines, on y remarque deux ponts, très bien conservés, dont un en biais, et construits en pierre de petit appareil et qui ne laissent aucun doute sur leur origine romaine.

Plus tard ce sont les villes de Méduli et de Leujeon près Lesparre, Artrac, Soulac, Lilhan, Anehise, et vers 1452 la ville de Roman rasée par les soldats de Charles VII.

Pardonnez-moi, Messieurs, cette digression qui m'a un instant écarté de la question principale.

Nombreuses étaient en Gaule les tribus portant le nom de Boii, les unes établies entre la Loire et l'Allier (Liger et Elaver) les autres dans l'Aquitaine aux environs du bassin d'Arcachon, et celles résidant en Médoc, non loin du fleuve la Gironde.

Ces peuples formaient trois sections et devaient avant la conquête de la Gaule par Cesar ne former qu'un seul noyeaux :

Guerriers au caractère indépendant et vivant à l'état nomade. A cette époque les Boïens avaient pour chef un intrépide Gaulois nommé Sigovèse.

La conquête les aura probablement divisés ou bien encore poursuivis par les généraux Romains après s'être soustraits à leurs coups, ils auront formé une colonie, à l'endroit même de leur retraite, qui est devenue par la suite un petit Etat Gallo-Romain.

C'est ce qui explique l'établissement en plusieurs endroits de ce peuple portant le même nom.

On trouve encore de Boïens en Italie, bornés par les Linganes et l'Apenin, en Germanie, les Boii habitèrent la Bohême, dans l'Asie Mineure en Galatie il y avait les Tolistaboii.

Les Boïens qui habitèrent la Gaule sont-ils sortis du bassin de la Loire et ont-ils descendu dans l'Aquitaine, ou bien issus de cette dernière se sont-ils établis entre la Loire et l'Allier ? Nous n'avons pas de détails assez précis pour dire de quel pays ils étaient originaires.

Toutefois nous pouvons sans être affirmatif, dire que notre conviction est que les Boïens ont habité le Médoc, qu'ils ont bâti une ville dont le nom prend son origine chez ce peuple.

Les débris de poteries, et les monnaies trouvées sur son emplacement confirment cette opinion.

G. BONNORE.

ORIGINE

DES

CAGOTS, CAPOTS OU CHRISTIANS

L'origine des *cagots, capots* et *christians* est un problème historique qui a été résolu définitivement par M. le docteur V. de Rochas dans son ouvrage intitulé : *Les parias de France et d'Espagne* (1876. Paris, Hachette).

Il est inutile d'exposer de nouveau les raisons si bien déduites dans ce livre et qui prouvent que les cagots étaient les lépreux. Je veux seulement appuyer cette opinion par un texte inédit et qui me paraît décisif. C'est un document qui se trouve aux archives départementales du Gers et que M. Parfouru, notre excellent archiviste a bien voulu copier sur ma demande pour être soumis à l'appréciation du Congrès.

Tout le monde sait que les mots *cagots, capots* et *christians* désignent une même catégorie d'hommes et sont équivalents.

On remarquera donc les mots deux fois répétés : *christiania* (ou *christiana*) *sive leprosia*. On voudra bien remarquer, en outre, que Arnauld le donataire est un *christian d'Auch*, que l'un des témoins de l'acte dont il s'agit, Bernard d'en Derro, est un lépreux ; que tous les deux appartiennent sans doute à la même classe de malheureux, et peut-être à la léproserie d'Auch.

Il faut par conséquent admettre que les *christians* étaient des lépreux. On doit aussi admettre qu'il en était de même pour les *capots* ou les *cagots;* ou rejeter toute assimilation entre les personnes désignées par ces noms.

Adrien LAVERGNE.

(Donation par frère Raymond de Tremblède, prieur de l'hôpital de
Serregrand, de tous les droits dudit hôpital sur la *christiania*
ou léproserie de la bastide de l'Estéle de Barran, en faveur
d'Arnaud, *christian* d'Auch, et de sa femme Guillelme.)

(2 octobre 1291)

Noverint universi presentes pariter et futuri quod frater Raymundus
de Tremoleda, prior hospitalis cellegrandis, presentibus et concedentibus
fratre Guilhelmo Raymundo de Priano, milite, fratre Petro Arroy, fratre
Bernardo de Lafita et fratre Petro Sabaterii, hospitaleriis dicti hospitalis,
pro se et nomine tocius alius conventus dicti hospitalis, non vi vel
metu compulsus nec aliqua fraude seu falsa suggestione seductus vel
etiam circumventus, sed libere et consulte et gratuita ac spontanea
voluntate ad hoc inductus, dedit et concessit in perpetuum, pro se et
omnibus suis successoribus, Arnaldo, christiano de Auxio, et Guilhelme,
uxori ipsius Arnaldi, presentibus et recipientibus pro se suoque ordinio,
pietatis intuitu et helemosine, quidquid juris habebat et habere debebat
in christiania sive leprosia bastide stelle de Barrano, et totum jus et
deberium quod dictus prior habebat vel habere debebat in dicta
christiana sive leprosia, pro se et nomine quo supra, de assensu et
voluntate prenominatorum fratrum presentium, idem prior predictis
Arnaldo et Guillelme, uxori ipsius, absolvit, gurpivit, liberavit penitus
et quitavit, et ipsos conjuges de juribus et deberiis dicte christianie,
quantum ad dictum hospitale et domum Cellegrandis spectabant et
spectare poterant, in pocessionem vel quasi misit et induxit cum hac
presenti carta in perpetuum valitura ; et pro C XX^{ti} solidis morlanorum,
quos dictus prior una cum prenominatis fratribus recognovit se a dictis
conjugibus habuisse et recepisse in bona pecunia numerata, in
remuneratione donationis jurium predictorum ; dans et concedens dictis
conjugibus, quantum ad domum hospitalis et ad domum cellegrandis
spectabat, quod possint pro se et auctoritate propria nancisci et
aprchendere corporalem pocessionem dicte christianie et jurium et
deveriorum spectantium et spectare debentium ad christianiam
predictam. Promisit insuper dictus prior, nomine quo supra et de
assensu et voluntate prenominatorum fratrum, contra dictam donationem
et quitationem de jure non venire nec de facto, per se vel per aliquam
personam interpositam, nec faciet seu procurabit aliquid per quod

rumpi vallat vel modo quolibet infirmari. Renuncians expresse dictus prior exceptioni doli mali, pacti, conventi et conditioni sine causa vel ex nulla seu injusta causa, et benefficio restitutionis in integrum et omni alii auxilio et benefficio juris canonici et civilis, quibus mediantibus contra premissa vel aliqua de premissis posset aliquid in contrarium attemptare.

Actum fuit hoc secundo die introytus octobris, anno Domini M CC^{mo} XC primo, regnante Philippo, rege Franchorum; B° comite Armaniaci et Fezenciaci; Amaneuo archiepiscopo Auxitano. Hujus rey sunt testes : P. de Riscla, domicellus; P. de Castageto, clericus; Sancius Fabri; Bernardus d'en Derro, leprosus de Auxio; et ego, Bernardus de Gayhano, publicus stelle de Barrano notarius, qui hanc cartam scripsi et eam signo meo signavi ad instantiam partium consueto.

(Archives départementales du Gers. — G. 20, Livre dit DE GARROSSIO *(fonds du chapitre de Ste-Marie d'Auch), fol. XIX et XX).*

COLONNES DE SAUVETAT

DE VIELLE-SAINT-GIRONS [1]

Avec les colonnes brisées des environs de Dax de l'époque gallo-romaine, nous passons des temps préhistoriques, le seuil de l'histoire et nous y entrons de plein pied avec la colonne d'asile du littoral du golfe de Gascogne.

Ces colonnes sont en partie détruites ; les voisins s'en approprient les matériaux pour leurs constructions et avant peu elles auront complètement disparu. A Mimizan, on retrouve la trace de sept colonnes formant une enceinte sacrée ; Lesperon avait jadis des colonnes pareilles ; et à Saint-Girons, quatre colonnes formant un carré de 250 mètres de carré, existaient encore il y a une vingtaine d'années ; il en reste deux aujourd'hui à peu près intactes, dont nous allons donner la description (2).

Ces quatre colonnes formaient un carré dont les angles répondaient assez exactement aux quatre points cardinaux. Elles avaient une première base ronde taillée à grand appareil, dans le calcaire nummulitique du Port-Vieux de Biarritz ou des environs, de 1ᵐ 60 de diamètre ; une seconde base pareille de 1ᵐ de diamètre, et un fût pareil aussi de 0,80 c. ; et elles mesuraient avec leurs deux soubassements, environ six mètres de hauteur, leur maçonnerie était intérieurement liée par des rognons de grès ferrugineux dit *garluche* et elles portaient toutes à la base du fût et à l'Est, des dégradations identiques pénétrant jusqu'à la garluche, et que les gens du pays nous dirent être l'effet des rayons lunaires ; mais qui indiquaient sûrement une mutilation intentionnelle, ou la dégradation profonde d'une sorte de niche où

(1) Extrait d'un mémoire lu au Congrès par M. Léon Martres et ayant pour titre : *Les monuments mégalithiques des Landes.*

(2) Voir la planche.

reposait quelque image sacrée, telle que les Gaulois avaient l'habitude d'en placer à l'Orient des tours pleines qui leur servaieut d'autel, et qui aura été détruite par ceux qui ayant plus tard. modifié l'objet de leur culte, l'auront remplacée par la petite croix en fer surmontant actuellement les colonnes. L'enceinte est traversée par l'ancienne voie romaine et le nom de St Girons des Camps donné à l'église très voisine et l'une des plus anciennes du pays, semble indiquer un ancien campement des légions impériales.

Quoiqu'il en soit de l'origine des colonnes, gallo-romaine par leur mode de construction, elles furent comme celles de Mimizan, où une charte du Prince Noir, reconnaissant en 1365 l'inviolabilité de l'enceinte *des croix, pour toute personne qui viendrait y chercher un refuge,* un asile analogue à celui que consacrait le concile d'Orléans en 511, et dont usa Brunehaut, la trop célèbre veuve de Sigebert pour échapper à ses assassins. Ce droit *de sauveté,* figure dans la plupart des coutumes écrites des paroisses du littoral; il y figure à côté du droit de *bris* ou du privilège de s'emparer des vaisseaux échoués à la côte que s'attribuèrent fort longtemps en vrais pirates, les habitants du Marensin et des environs. On accourait au rivage depuis Tartas, disent les plus anciens, et ces droits étaient tellement passés dans leurs mœurs, que nous avons eu souvent l'occasion d'entendre la plupart de ces anciens exprimer leurs regrets et se plaindre vivement d'une civilisation qui a osé toucher aux droits que Dieu donnait dans l'enceinte des croix, aux pirates et aux réfractaires contre nos douaniers et nos gendarmes.

LÉON **MARTRES.**

CONGRÈS SCIENTIFIQUE

DE

DAX

SESSION DE 1882

MÉMOIRES

DEUXIÈME SECTION

(SCIENCES MÉDICALES)

RICHESSES THERMALES

ET

L'AVENIR DE DAX

Mesdames, Messieurs,

Un président de Congrès doit être le membre de la réunion qui se trouve le moins souvent en scène pour faire des communications et des lectures, dans le cours des séances. J'avais résolu de me renfermer dans le rôle strict des fonctions que vous m'avez fait l'honneur de me confier, et je renonçais à parler des richesses thermales et de l'avenir de la station de Dax, lorsque plusieurs de mes collègues m'ont engagé à traiter le sujet que j'avais choisi, alors que je n'étais que simple adhérent au Congrès. Il m'était difficile de ne pas accéder à cette demande, dans l'intérêt de Dax. Vous m'excuserez donc si je prends la parole dans cette séance publique. Je serai aussi bref que possible, me proposant de développer surtout le mémoire écrit qui paraîtra dans le volume du Congrès, afin d'éviter ainsi une perte de temps pour ceux de mes collègues qui ont également à prendre la parole dans la réunion actuelle.

Il existe à Dax, un homme qui a pris à cœur d'éclairer ses compatriotes au sujet de l'alimentation d'eau de la ville qu'il habite. Ce Dacquois a publié dans ce but un travail, qui, malgré des défectuosités, mérite une sérieuse attention. M. Gassanné a certainement rendu à son pays un véritable service en exposant ses idées sur la manière dont on devait s'y prendre pour donner à Dax de l'eau froide pour boisson, de l'eau ordinaire pour le lavage des rues, et de l'eau chaude, provenant des sources qui abondent dans les bas quartiers de la ville, pour alimenter les maisons et les rues des quartiers élevés.

Il a également cherché à résoudre un problème des plus intéressants dont la solution serait réellement pratique : l'utilisation de la chaleur énorme que la source de la Nèhe apporte des entrailles de la terre.

Je n'examinerai dans ce travail que les questions relatives aux sources chaudes, laissant de côté tout ce qui touche à l'alimentation de la ville de Dax en eaux froides et de lavage, malgré tout l'intérêt de ce problème, tant au point de vue technique qu'au point de vue de la population.

Je vais donc m'occuper tout d'abord de l'utilisation de la chaleur apportée par la source de la Nèhe, comme force restée jusqu'à ce jour sans emploi.

Nous avons établi, avec M. Thore, que la température réelle de la source est de 64° centigrades. C'est donc sur une température constante de 64°, et sur un volume d'eau variant de 2,429,000 litres à 1,569,000 litres (suivant le niveau où on exploiterait la source) qu'il faut compter pour établir les bases de l'utilisation de la chaleur de la source.

M. Gassanné, dans son travail, conseille d'employer la chaleur de la source à volatiliser un liquide bouillant à basse température, et dont on utiliserait ainsi la tension à l'état de vapeur pour mettre en mouvement un engin qui donnerait la force à appliquer à l'industrie. Après avoir parlé de l'éther qui bout à + 38° et qui à 60°, aurait une tension de 2,5 atmosphères. M. Gassanné a conseillé l'emploi de l'ammoniaque qui, à une température moindre, aurait une tension plus forte.

Mais il faut s'entendre sur l'ammoniaque, car il y a en premier lieu la solution d'ammoniaque dans l'eau (ammoniaque du commerce) employée dans les appareils Carré, pour la production de la glace, et en second lieu, l'ammoniaque liquéfiée, qui constitue un liquide possédant des propriétés physiques bien différentes du premier.

Pour faire rendre à la solution aqueuse d'ammoniaque tout son gaz, comme dans l'appareil Carré (1), il faut que le thermomètre plongeant dans la solution indique une température de 130°. Or nous ne disposons avec la source de la Nèhe que d'une température de 64°. Il faut donc renoncer à employer la solution aqueuse d'ammoniaque conseillée par M. Gassanné, car ce serait en pure perte qu'on chercherait, avec la température de 64°, à utiliser sa force expansive.

Il n'en serait plus de même si l'on songeait à employer la force expansive de l'ammoniaque liquéfiée.

En effet, en supposant que l'on ait une source d'ammoniaque, il serait

____

(1) Conseil de M. Gassanné : Eaux de Dax, p. 39.

possible, et même aisé, de liquéfier ce gaz, de manière à l'envoyer ensuite dans des bouilleurs plongés dans la fontaine de la Nèhe, où, sous l'influence de la chaleur de la source (64°), il entrerait en ébullition et aurait une force d'expansion très considérable.

Le gaz ammoniaque, nous devons le rappeler ici, se liquéfie par un froid de — 41°, ou bien sous une pression de 6 atmosphères 1/2 à la température de + 10°. Sa vapeur à 0° a une tension représentée par une colonne de mercure de 3.162 millimètres de hauteur, et à 40° (limite calculée par les physiciens) sa tension correspond à 11.776 millimètres de mercure. A 64° sa tension serait de 15.000 millimètres environ ? c'est-à-dire qu'elle atteindrait à peu près 19 à 20 atmosphères.

On voit donc combien serait grande la force motrice produite par l'utilisation des propriétés physiques de l'ammoniaque liquéfiée. Elle donnerait une force double de celle d'une locomotive de chemin de fer en pression maximum, et cela avec une température initiale de 64°.

Il est certain que, théoriquement, si on pouvait recueillir l'ammoniaque à sa sortie du piston pour la mettre de nouveau dans des conditions favorables de liquéfaction, on renouvellerait sans cesse l'ammoniaque liquide, comme on le fait dans certains appareils à produire la glace, la chaleur ne manquant jamais pour la volatilisation de l'ammoniaque liquéfiée, on aurait sans cesse la force motrice produite par cette dernière. Mais avant de comprimer l'ammoniaque devenue gazeuze, avant que son effet ne soit produit sur le piston du moteur, il serait utile de la faire passer dans un serpentin plongeant dans un courant d'eau froide constant, de manière à la refroidir le plus possible, pour diminuer le travail du compresseur.

L'ammoniaque n'est pas d'une fabrication coûteuse, puisqu'il suffit pour la produire de faire réagir de la chaux sur du chlorhydrate d'ammoniaque dans des vases chauffés pour activer la réaction. L'eau de la source pourrait remplir le rôle du chauffeur, et la chaleur serait ainsi produite sans dépense. La chaux n'est pas chère, et sa revente à l'état de chlorure de calcium en abaisserait encore le prix. Les pertes d'ammoniaque que l'on pourrait empêcher par une bonne installation réduiraient de beaucoup la dépense du sel ammoniaque. La force motrice énorme qui résulterait de l'utilisation complète de la chaleur de la source, compenserait très-vite, par le prix auquel on la vendrait, la dépense de production d'ammoniaque.

Il est donc utile que la chaleur propre de la source soit aussi promptement utilisée que possible, soit avec l'ammoniaque, soit avec un autre liquide volatil. Elle permettra à Dax de devenir une ville industrielle.

Mais l'importance des sources chaudes de Dax ne se borne pas seulement à une utilisation mécanique de la chaleur. On peut encore utiliser, ainsi que l'a parfaitement dit M. Gassanné, la chute des sources chaudes qui naissent partout sur les berges de l'Adour, à une hauteur notable au-dessus du niveau ordinaire de cette rivière, pour les faire remonter dans les quartiers les plus élevés de la ville, au moyen de ce curieux appareil qu'on appelle le bélier hydraulique, afin de les employer aux usages domestiques.

Je ne décrirai pas ici cet appareil. connu et décrit dans tous les livres de mécanique, mais je rappellerai les chiffres donnés par M. Gassanné, qui sont exacts.

Disons d'abord qu'il est possible de considérer comme certain que toutes les sources naissant sur les bords de la rivière, peuvent, si on les capte d'une manière complète, remonter aussi haut que la fontaine chaude. L'origine primitive de toutes ces sources est la même. Dès lors nous pouvons admettre que toutes ces sources remonteront plus haut que 4^m75, au-dessus du niveau de l'Adour. Leur débit exact n'est pas connu actuellement. mais, à les voir couler, on peut admettre que, sans atteindre le débit de la fontaine chaude, l'ensemble en approchera cependant d'une manière sensible. Mais pour ne pas nous éloigner de la vérité, admettons qu'au lieu de 1,569,000 litres par 24 heures toutes les sources riveraines réunies ne donnent que 500,000 litres chiffre minimum. Les béliers hydrauliques placés sur chaque source, avec une chute de 3^m, et ayant pour fonction d'envoyer l'eau chaude à 8^m de hauteur, pourront élever un ensemble de 140,000 litres d'eau chaude en 24 heures. Si, pour avoir une température moyenne suffisante de l'eau, on fait déverser tous les béliers dans un bassin commun d'où partiront toutes les distributions, on voit que chaque habitant (en en comptant 10,000) aura environ 15 litres d'eau chaude à dépenser par 24 heures.

Encore, dans ce rendement, n'ai-je compté, comme M. Gassanné, qu'un rendement de 75 p. °/₀ pour le bélier hydraulique, (qui peut rendre jusqu'à 90 p. °/₀) d'après la formule $\dfrac{500 \times 3}{8} \times 0,75 = 140,000$.

Comme M. Gassanné, également, je n'ai compté que 3^m de chute, afin de conserver près de 2^m de hauteur des béliers au-dessus de l'étiage l'Adour, pour le fonctionnement pendant les hautes eaux.

On voit donc qu'il est possible, avec les deux installations que nous venons de décrire, d'utiliser la plus grande partie des eaux de Dax qui se perdent aujourd'hui sur la voie publique.

Il resterait encore à utiliser, après la chaleur, le poids de toutes les eaux convenablement placées pour cela, comme source de force motrice en réunissant dans un même aqueduc toutes les eaux vannes de la partie supérieure de la ville, et en les faisant agir, après repos dans un bassin couvert, sur une turbine qui aurait une affectation spéciale, la production, par exemple, de la lumière électrique.

M. Gassanné a encore donné sur les moyens d'utilisation des eaux de Dax, soit pour l'arrosage, soit comme moteur, soit pour la culture maraîchère d'intéressants et d'utiles détails. Mes indications diffèrent peu des siennes. Cependant je dois avouer que j'aimerais mieux utiliser les 1,569 mètres cubes d'eau déversés par la source de la Nèhe, comme force motrice, plutôt qu'en source de chaleur distribuée en ville. En effet, la volatilisation de l'ammoniaque dans le bouilleur placé au fond du bassin de la source de la Nèhe, refroidira sensiblement l'eau minérale. La population n'aura alors, avec cette eau, envoyée en ville, qu'une eau à peine tiède, tandis que toutes les autres sources remontées des bords de la rivière à la partie supérieure de la ville, par le bélier, resteront chaudes, si les conduites sont convenablement faites.

Le parti que l'on peut tirer de la chaleur et du poids de toutes les sources minérales de Dax est donc énorme. C'est une *source inépuisable* de richesse qu'il faut se hâter de ne plus laisser couler à la rivière. L'exemple donné par Dax sera certainement suivi dans toute les villes où l'eau chaude naturelle coule en excès.

Avant de commencer à songer à l'utilisation des sources chaudes de Dax, surtout à celle de la fontaine de la Nèhe pour les besoins de l'industrie, il faut faire le captage de toutes les sources, afin d'avoir le rendement le plus complet et définitif, tant pour le volume que pour la température.

Le captage de la grande source, en outre de l'intérêt direct pour l'utilisation générale, offre un intérêt scientifique et historique.

Depuis des milliers d'années, ce gouffre, d'où s'échappe l'eau chaude, est béant, les populations diverses, depuis l'Ibère jusqu'à notre époque, ont dû voir avec stupéfaction et terreur d'abord, puis avec étonnement et admiration ce phénomène naturel. Les Romains, la chose est sûre, ont, suivant leurs habitudes, utilisé ces sources au profit de l'hygiène et de la médecine. Des révolutions locales ce sont succédées, et ce gouffre a dû plus d'une fois recevoir, soit les restes des victimes de ces révolutions, soit les ex-voto de malades guéris, soit les débris des monuments que des Vendales ont pu détruire. De nos jours encore la population Dacquoise vient jeter dans de gouffre insatiable les débris de vase cassés, désormais inutiles et encombrants, habitude ancienne à coup sûr, et qui promet de faire trouver en ces lieux l'échelle archéologique des arts du potier, du verrier, du fondeur, et de bien d'autres produits de l'industrie humaine.

Le captage des sources qui alimentent la fontaine chaude présente un certain danger au point de vue des chutes que les ouvriers peuvent faire dans l'eau, et au point de vue également de l'entraînement des murs qui environnent la place de la fontaine. Je me contenterai de signaler les deux points principaux sur lesquels il faudra que l'attention des autorités locales soit portée lorsqu'on fera le captage, et je n'entrerai, cela va sans dire, dans aucun des détails que comporterait la description de ce travail spécial et intéressant.

Je passerai maintenant à l'étude de Dax, au point de vue des facilités médicales qu'il offre au développement de la station balnéaire, et nous essayerons de formuler un projet d'installation générale.

Le climat de Dax, disons-le de suite, est parfait, doux, tempéré par le voisinage de la mer. Entourés d'immenses forêts de pins, les Dacquois jouissent presque toujours, en hiver, d'un soleil brillant et vivificateur. Je puis affirmer par ma propre expérience médicale que les malades à poitrine délicate que j'y ai envoyés pour y passer la saison froide, en ont retiré de merveilleux effets. L'établissement des Thermes est là, du reste, pour témoigner sur une grande échelle en faveur de ce climat charmant et sain. Les observations météorologiques du Dr Bourretère et de la Société de Borda seront bientôt suffisantes pour classer mathématiquement le niveau climatérique de Dax.

Il est donc permis de dire déjà, que la station thermale de Dax est dotée par la nature d'une température hivernale et de conditions climatériques spécialement appelées à fixer l'attention des médecins et des malades désireux de se mettre à l'abri des rigueurs de l'hiver.

Les ressources hydrologiques de la station sont des plus remarquables. Nous trouvons en effet à Dax même :

1° Les sources chaudes, déjà exploitées depuis des siècles, et dont les effets dans le rhumatisme simple, dans le rhumatisme goutteux, dans les affections chroniques des muqueuses, également, sont parfaitement constatés et appréciés des praticiens sérieux.

2° Les boues thermales, au sujet desquelles nous nous étendrons d'une manière spéciale, et qui, mieux qu'en Allemagne et qu'en Italie, sont aptes à produire, dans les affections chroniques et rhumatismales des articulations, des résultats thérapeutiques réellement merveilleux.

3° Les bains d'eau salée et d'eaux mères, institués depuis la découverte des gisements de sel de Dax et des environs.

En dehors des eaux de la ville, d'autres ressources faciles à concentrer par un transport intelligent et scientifiquement établi, constituent encore un appoint des plus sérieux pour la station d'hiver que l'on pourrait créer à Dax. Ce sont :

1° Les eaux de Pouillon dont l'étude chimique et médicale est encore à faire et dont l'observation consacre déjà les propriétés laxatives et reconstituantes lorsqu'on les prend sous forme de bains.

2° Les eaux de Gamarde, qui, par leur sulfuration élevée, pourraient être utilisées en boisson et en pulvérisation, dans l'établissement général qu'il faudrait créer.

3° Des sources froides, qu'il serait plus facile encore d'amener en ville, vu leur plus grand voisinage, et que l'on emploierait si bien pour l'hydrothérapie proprement dite, une fois qu'on les aurait refroidies suffisamment, grâce aux quantités considérables de glace que l'on pourrait obtenir en utilisant une partie de la force motrice engendrée par le moteur général mis en mouvement par la chaleur de la fontaine chaude, ainsi que nous l'avons dit plus haut.

Quelle est la ville thermale qui peut offrir d'aussi belles conditions, d'aussi grandes richesses, pour créer une station de l'importance de celles qu'on a le droit de rêver pour Dax? Je n'en connais pas.

Jetons un coup d'œil sur ces richesses que nous venons d'énumérer et commençons par les eaux (1).

. Voici l'analyse de l'eau de la fontaine chaude, faite sur une trentaine de litres environ. Cette eau a été puisée avec tout le soin voulu par MM. Hector Serres et Jules Thore, qui l'ont envoyée à mon laboratoire.

____

(1) Comme membre du Congrès, j'avais voulu payer mon tribut à la ville de Dax en lui donnant une nouvelle analyse de la source de la Nèhe. Je tiens d'autant plus aujourd'hui à payer ce tribut, que pour des motifs absolument étrangers à la science, on a détourné le Conseil municipal (l'auteur de cet acte me l'a écrit lui-même) de me faire l'honneur de me charger des analyses des sources appartenant à la ville.

La densité de l'eau à 15°, prise sur un litre, a donné 1000, 9530.

Un litre d'eau évaporée à siccité au bain marie, dans une capsule de platine, desséché à 120° et pesé, a fourni un résidu fixe du poids de 1 g. 0818. Ce résidu calciné à une douce température pesait 0 g. 9648. Transformé en sulfate, suffisamment desséché et calciné pour chasser l'excès d'acide sulfurique, il pesait 1 g. 0880.

Ces opérations préliminaires étant faites, nous avons commencé l'analyse proprement dite.

Chaux. — Deux litres d'eau ont été directement traités par l'oxalate d'ammoniaque ammoniacal, après addition de chlorhydrate d'ammoniaque. On a laissé reposer pendant 24 heures dans un endroit chaud, puis on a décanté sur un filtre : le précipité resté au fond du vase a été recueilli en dernier lieu, avec le plus grand soin, sur ce même filtre, où on l'a lavé avec de l'eau distillée chaude. Desséché, calciné avec précaution, sans trop chauffer, et pesé, le carbonate de chaux provenant de la transformation de l'oxalate a fourni un poids de 0 g. 6365 de cabonate de chaux pour deux litres d'eau, ou bien 0 g. 3182 pour un litre, représentant 0 g. 1782 de chaux.

Magnésie. — L'eau séparée par filtration de l'oxalate de chaux, a été traitée à son tour, ainsi que les eaux de lavage qui lui avaient été jointes, par une solution de phosphate d'ammoniaque, et abandonnée pendant 24 heures dans un endroit chaud. On a décanté, comme précédemment, et le précipité a été reçu sur un filtre, lavé à l'eau ammoniacale chaude, desséché et fortement calciné. Le pyrophosphate de magnésie ainsi obtenu pesait 0 g. 3151 représentant 0 g. 1575 de pyrophosphate de magnésie par litre d'eau, ou 0 g. 0568 de magnésie.

Alcalis. — Deux litres d'eau ont été concentrés, puis traités par l'hydrate de baryte, à chaud. On a filtré. Dans le liquide filtré on a ajouté du carbonate d'ammoniaque pour précipiter l'excès de baryte, toujours à chaud. On a filtré de nouveau. Le liquide filtré a été concentré dans une capsule de platine, et finalement desséché d'une manière complète. Le résidu ainsi obtenu, calciné, a de nouveau été dissous dans l'eau distillée ; on a filtré pour séparer le léger précipité floconneux qui s'était formé, on a ajouté quelques gouttes d'acide sulfurique au liquide et on a évaporé à siccité. Le résidu existant dans la capsule de platine fortement chauffé pour chasser l'excès d'acide sulfurique, était constitué par les sulfates de soude, de potasse et de lithine. Il pesait 0 g. 9070, d'où pour 1 litre 0 g. 1979 de potasse et de soude, la lithine n'y existant qu'à l'état de traces.

Strontiane et baryte. — Nous avions conservé le carbonate de chaux provenant du dosage de cette base, et nous avons cherché s'il n'y avait pas, en même temps que de la chaux, d'autres bases alcalino-terreuses. Au moyen du spectroscope, il nous a été facile de constater sur le produit même directement observé, la présence de la strontiane ; et en isolant la chaux de la strontiane et de la baryte, puis la strontiane de la baryte, nous avons pu constater l'existence de traces assez nettes de baryte.

Chlore. — Le dosage du chlore a été fait directement sur l'eau au moyen du nitrate d'argent. Le chlorure d'argent obtenu a été filtré et desséché dans l'obscurité, puis fondu et pesé. Il a permis de calculer le poids du chlore, qui était de 0 g. 1610.

Silice. — On a fait évaporer 4 litres d'eau additionnée d'acide chlorhydrique. Le résidu sec, chauffé pendant 24 heures à une température de 180° environ, a été repris par l'eau acidulée par l'acide chlorhydrique, jeté sur un filtre et lavé à l'eau distillée, jusqu'à ce que celle-ci ne précipitât plus par le chlorure de baryum. On a alors desséché le filtre, qui a été ensuite calciné. Le résidu obtenu pesait 0 g. 1360 et représentait la silice des 4 litres. D'où l'on a pour la silice d'un litre, 0 g. 0340.

Acide sulfurique. — Il a été dosé directement sur un litre d'eau acidulée par l'acide nitrique, et traitée par le nitrate de baryte. Après 24 heures de repos, on a décanté le liquide sur un filtre, et on y a jeté ensuite le sulfate de baryte formé. Après un lavage convenable, donnant un liquide qui ne précipitait pas par l'acide sulfurique, le filtre a été desséché et incinéré. Le poids du résidu ainsi obtenu était de 1 g. 0051, représentant 0 g. 3451 d'acide sulfurique par litre d'eau.

Acide carbonique. — Nous avons très-nettement constaté la présence de l'acide carbonique dans le résidu de l'évaporation de l'eau, mais nous ne l'avons pas dosé.

Matière organique. — Après avoir évaporé un litre d'eau dans une capsule de platine, nous avons desséché le résidu puis nous l'avons porté au rouge naissant. Il s'est produit une légère odeur empyreumatique, et le résidu s'est légèrement carbonisé. Nous n'avons pas cru devoir en prendre le poids, car cette opération n'aurait donné qu'un résultat erroné. La matière organique ne peut être dosée que par une série d'opérations successives et longues.

Mais, nous n'avons pas voulu borner là nos essais, nous avons recherché les métaux que l'eau pouvait contenir. Les expériences que j'ai instituées dans ce but, déjà depuis plusieurs années, ont été attaquées par des hommes qui aujourd'hui, et je le considère comme la meilleure preuve de leur valeur, en acceptent pleinement les résultats. Aussi je me permets, dans toutes les occasions, de prouver, au contraire, que la recherche des métaux dans les eaux minérales est du plus haut intérêt pour la médecine, puisque les résultats prouvent que presque toutes les sources thermales contiennent des quantités de métaux, qu'avant mes recherches on n'avait pas su voir.

Le Dr Burq, par son admirable découverte de la métalloscopie et de la métallothérapie, est venu nous donner la clef de problèmes hydrologiques qui, jusqu'à nous étaient restés sans solution. Sur des sujets sensibles au cuivre et atteints d'affections nerveuses, il a vu les eaux de Saint-Christaud, qui contiennent à peine des traces de cuivre (beaucoup moins qu'on ne l'a dit dans les dernières analyses), produire des effets thérapeutiques aussi favorables que le cuivre donné directement à l'état de pilules. J'ai vu les mêmes effets se manifester avec les eaux d'Aulus ou de Bigorre, cuivreuses toutes les deux. Le Dr Duhourcau a vu également des malades névrotiques sensibles au zinc, guérir sous l'influence des eaux de Cauterets dans lesquelles j'ai trouvé des quantités notables de zinc. Ces résultats sont, on ne peut plus encourageants, et il est probable que là thérapeutique hydrominérale devra désormais s'emparer de l'analyse chimique pour arriver à des applications réellement pratiques et sûres.

Pour faire la recherche des métaux, nous avons concentré toute l'eau qui nous restait, et nous l'avons évaporée à siccité, nous étant assurés que l'eau était restée légèrement alcaline. Le résidu sec ayant été placé dans un ballon de verre muni d'un réfrigérant supérieur, fut additionné d'alcool à 95°, puis on porta à l'ébullition cet alcool, le ballon étant placé sur un bain-marie. Après six heures d'ébullition, on arrêta l'opération et après refroidissement du liquide alcoolique, on décanta celui-ci et on lava le résidu à plusieurs reprises avec de l'alcool bouillant. Cet alcool étant évaporé, le résidu fut très-légèrement calciné. Il se carbonisa sensiblement, preuve qu'il contenait de la matière organique. On le porta au spectroscope où la lithine fut très-nettement constatée, ainsi qu'une trace de potasse. Ce qui restait ayant été dissous dans quelques centimètres cubes d'eau distillée, fut traité par une goutte de chlore très-étendue, en présence du sulfure de carbone. Celui-ci prit, après agitation, une teinte améthiste excessivement légère, ce qui indiquait la présence d'une trace très-faible d'iode.

Une nouvelle addition d'eau de chlore entraîna l'apparition d'une teinte jaune brun de plus en plus foncée, dans le sulfure de carbone. Il y avait donc dans le résidu des quantités notables de brôme.

Le résidu traité par l'alcool bouillant et insoluble dans ce réactif, fut desséché d'une manière complète et traité par l'eau régale bouillante. On décanta le liquide et on lava le résidu à l'eau régale. Cette eau régale de lavage ajoutée à l'eau régale de dissolution, fut évaporée dans une capsule de porcelaine. Le résidu, traité plusieurs fois à sec par l'acide chlorhydrique, fut enfin dissous dans l'eau distillée légèrement acidulée par l'acide chlorhydrique. Le liquide porté à l'acide sulfhydrique resta soumis au courant pendant trois jours et trois nuits. Il s'était formé après ce temps un précipité jaune brun foncé.

On sépara par filtration le liquide du précipité, et celui-ci fut examiné directement par le procédé des flammes de Bunsen. Nous y reconnûmes des indices assez abondants d'arsenic, et des traces très-faibles de plomb. Ayant de plus introduit dans une perle de borax une petite quantité du sulfure retenu sur le filtre, nous vîmes cette perle se colorer très-nettement en bleu, et devenir rouge quand on la chauffait, avec une trace de protochlorure d'étain, dans la flamme de réduction. Il y avait donc du cuivre.

Nous traitâmes le liquide séparé du sulfure dont nous venons de détailler l'examen, par l'ammoniaque, puis par le sulfhydrate d'ammoniaque. Il se forma un précipité noir qui se rassembla peu à peu au fond du vase, après que nous l'eûmes fortement chauffé sans le faire bouillir. Après avoir décanté le liquide clair sur un filtre, nous y jetâmes le précipité qui fut lavé avec une dissolution légère et chaude de sulfhydrate d'ammoniaque, puis, finalement, avec une petite quantité d'eau distillée, bouillie et encore chaude.

Le sulfure resté sur le filtre et parfaitement dépourvu de sulfhydrate d'ammoniaque, fut traité à son tour par une solution d'acide chlorhydrique au dixième, grâce auquel il entra immédiatement en solution. Il resta seulement sur le filtre une petite quantité de sulfure absolument insoluble, malgré des lavages répétés avec l'acide chlorhydrique au dixième. Ayant desséché le filtre, après l'avoir lavé à l'eau distillée bouillie et chaude, nous l'incinérâmes avec soin. Les cendres introduites dans une perle de borax lui communiquèrent une teinte bleu cobalt permanente dans la flamme d'oxydation, comme dans la flamme de réduction. Dans cette dernière portion de la flamme la perle semblait devenir un peu trouble ce qui me fait supposer qu'avec le cobalt il y avait des traces de nickel.

Le liquide chlorhydrique séparé du sulfure insoluble de cobalt et de nickel, fut examiné à son tour en le traitant à chaud par l'acide nitrique d'abord, puis par l'ammoniaque. Il se forma un précipité ocre clair que nous séparâmes du liquide par filtration et que nous lavâmes à l'eau distillée. Ce précipité, encore frais, nous servit à la recherche du fer, de l'alumine et de l'acide phosphorique, le zinc et le manganèse étant restés dans la solution séparée du précipité, le premier, grâce à l'excès d'ammoniaque, le second par suite de la présence du chlorhydrate d'ammoniaque.

Le précipité fut traité par une solution de potasse pure, sans alumine, pendant qu'il était encore sur le filtre. Il brunit un peu. Dans le liquide potassique filtré nous ajoutâmes un peu d'acide chlorhydrique pour saturer la potasse, puis un léger excès d'ammoniaque. Il se produisit, en chauffant, un très léger précipité blanc, floconneux, qui provenait de la présence de l'alumine.

La coloration ocreuse ne pouvait être produite dans la partie du précipité resté sur le filtre que par de l'oxyde de fer, nous ne cherchâmes pas à caractériser autrement que par la couleur de son oxyde, ce fer du précipité, car celui-ci était trop peu abondant, et il nous manquait encore à rechercher l'acide phosphorique.

A cet effet, nous desséchâmes ce léger précipité que nous introduisîmes, ensuite, dans un tout petit tube de verre mince avec un fil fin de magnésium. Ce tube de verre porté au moyen d'une pince fine, dans la flamme d'un bec de Bunsen y fut maintenu jusqu'au moment où il se produisit un éclair nous indiquant que le fil de magnésium était brûlé. A ce moment le tube fut retiré, placé sur une assiette de porcelaine et soigneusement écrasé. Nous en mouillâmes la poussière avec une goutte d'eau distillée et il se manifesta immédiatement une odeur d'hydrogène phosphoré, qui nous permit de conclure à la présence du phosphore, sous forme d'acide phosphorique, dans le précipité ocreux.

Le liquide dans lequel nous pouvions supposer l'existence du zinc et du manganèse devint à son tour l'objet de notre examen. On le fit bouillir quelques instants pour chasser le trop grand excès d'ammoniaque, puis on ajouta deux gouttes de sulfhydrate d'ammoniaque. Il se forma après quelques instants un précipité blanc que nous laissâmes déposer au fond du vase. Nous décantâmes le liquide, et nous vîmes peu à peu ce précipité brunir d'une manière légère. Nous le traitâmes par une goutte d'acide chlorhydrique qui le fit disparaître. Cette solution fut traitée à son tour par une petite quantité d'acétate de soude, puis par un courant d'acide sulfhydrique qui produisit, d'une manière instantanée, un précipité blanc de sulfure de zinc.

Le liquide séparé par décantation de ce précipité, fut évaporé à siccité, le résidu calciné et repris à son tour par une goutte d'acide nitrique puis par de l'ammoniaque et du sulfhydrate d'ammoniaque, fournit un très-léger précipité clair que nous recueillîmes par décantation et qu'on dessécha. On l'introduisit ensuite dans une petite spire de platine avec un mélange de carbonate de soude et de nitrate de potasse, et on chauffa le tout dans la flamme d'un bec de Bunsen. La masse prit une teinte légèrement verte qui dénotait la formation de manganate de potasse, et par conséquent la présence, dans le précipité, du manganèse que nous y avions soupçonné.

Il résulte donc de cette analyse qualitative et quantitative que l'eau de la source de la Nèhe présente une composition infiniment plus complexe qu'on ne l'avait supposé jusqu'à ce jour. Je crois pouvoir ajouter même que si l'on faisait une analyse de cette eau sur un volume plus considérable de liquide, on y trouverait une plus grande variété de métaux que je ne l'indique, métaux que je n'ai pas encore le droit de signaler sans une nouvelle vérification.

Résumant notre recherche chimique, nous dirons que l'eau de la source de la Nèhe présente la composition suivante :

<pre>
          Température. . . . .   64° centigrades.
          Densité à 15°. . . . .   1000,9530.
     Résidu sec au bain-marie. . . . . .   1 g. 0218 par litre.
     Résidu calciné. . . . .   0 g. 9648   —
     Résidu sulfaté totalement . . , . .   1 g. 0880   —
     Substances calculées en sulfates. . 1 g. 0907   —
</pre>

Silice.	0 g. 0340.	Strontiane, baryte . .	très-nettes.
Acide carbonique . . .	très-net.	Soude, potasse, lithine	0 g. 1979.
Acide sulfurique. . . .	0 g. 3451.	Magnésie	0 g. 0568.
Acide phosphorique. .	traces.	Alumine.	traces faibles.
Chlore	0 g. 1610.	Fer et zinc.	très sensibles.
Brôme	très-net.	Cobalt et nickel. . . .	nets.
Iode	traces.	Cuivre et plomb. . . .	nets.
Chaux (1)	0 g. 1782.	Arsenic.	très sensibles.

(1) Le poids de la chaux contient à la fois celui de la baryte et de la strontiane.

Je dois ajouter qu'une recherche spéciale faite sur la matière organique m'a démontré sa nature complexe et excessivement curieuse. Une nouvelle série d'expériences est absolument nécessaire pour pouvoir avancer la totalité des faits que mon premier examen m'a dévoilés.

Il est très-probable que toutes les sources ont une composition se rapprochant beaucoup de celle de la fontaine chaude, cependant il serait utile que l'analyse de chacune d'elles soit faite en détail, afin de ne pas laisser échapper parmi celles qui ne sont pas utilisées médicalement des propriétés encore inconnues.

Toutes les sources chaudes de Dax sont le réceptacle d'une série d'algues que M. Hector Serres a étudié d'une manière spéciale, et qu'il lui appartient de décrire dans tous les détails. Cependant avant de parler des boues de Dax, il est indispensable de rappeler les découvertes faites par le savant Dacquois sur les algues qui donnent aux boues leurs principales propriétés.

Ces algues, d'une couleur verte, tapissent l'intérieur du bassin de la fontaine chaude, jusqu'au niveau de l'eau qu'elles limitent d'une manière très-remarquable et très-nette. Elles semblent plus développées comme nombre du côté du bassin le plus exposé à la lumière. M. Hector Serres a cultivé ces algues et les a vu se développer en abondance par la culture. Aussi, a-t-il fait établir sur l'une des sources, entre les Thermes et l'établissement Séris, un bassin en demie-lune dans lequel il a institué la culture des algues et des boues. D'après lui, ce serait en grande partie aux algues qu'elles contiennent, que les boues doivent leurs propriétés curativives. Je partage l'opinion de M. H. Serres, et je considère que la culture des ces algues sur une grande échelle devrait être, dores et déjà, entreprise à Dax, de manière à propager et à faciliter la cure médicale par ce médicament.

Ces boues présentent plusieurs agents thérapeutiques réunis : 1° par elle-même la boue est un vrai cataplasme ; 2° ce cataplasme est chauffé par l'eau minérale ; 3° il renferme des substances minérales actives empruntées soit à l'eau minérale soit, par des transformations, à celles qui constituent la boue elle-même ; 4° la substance des algues mortes dans la boue constitue un agent plus ou moins gélatineux et organique utile comme émollient ; 5° les algues vivantes, dont l'abondance peut devenir énorme dans la boue mise en culture régulière, constituent un élément émollient animé et doué par cela de propriétés soit électriques soit altérantes, que nous ignorons encore, et qu'il serait utile d'étudier d'une manière scientifique.

Cette question des boues est, on le voit, remplie d'un intérêt thérapeutique réel, et elle a vivement passionné les médecins et les naturalistes Dacquois. Les intérêts privés exigeraient peut-être que nous nous abstenions de parler d'une manière plus étendue de l'origine et de la répartition des boues dans le sol et le sous sol de la ville. Mais les intérêts généraux et scientifiques étant en jeu, nous devons franchir les bornes placées par la spéculation locale à la portée de nos recherches, et nous ne devons nullement cacher la vérité sur tout ce qui touche à l'exploitation si spéciale de cet agent thérapeutique appelé à prendre un grand développement.

Disons d'abord ce que sont les boues de Dax comme origine.

La plaine de Dax, comme toute la plaine basse des rives de l'Adour, est constituée par des alluvions reposant sur des terrains plus anciens soit crayeux, soit nummulitiques. L'Adour, semblable en cela à tous les fleuves, déborde souvent, et dépose dans la plaine ses limons plus ou moins abondants, les abandonnant en grande quantité dans les points les plus bas et les plus étendus en largeur, en petite quantité sur les points les plus élevés qu'atteignent les eaux, surtout si le fleuve ne peut là s'étendre au loin. Ces limons sont noirâtres et répandent généralement, après un certain temps, une odeur d'hydrogène sulfuré peu intense. Si ces limons sont déposés sur les naissants d'eaux minérales ou tout autour, ils se trouvent imprégnés d'eau chaude, l'algue essentiellement liée à cette eau, se développe dans la boue au contact de l'air et de la lumière, et la boue médicinale est ainsi formée.

Si nous étudions la plaine de Dax au point de vue de la répartition des boues, et que nous tirions une ligne partant de l'Adour au pied du Mamelon de St-Vincent (1) et arrivant, suivant la direction E 10° N, jusques dans la plaine du Rauth, en passant sur l'établissement St-Pierre, nous constatons ce qui suit : Au pied du mamelon de St-Vincent, aux Baignots, la roche en place affleure presque à la surface du sol, à partir de là en allant vers l'E, elle s'abaisse sans cesse et finit par atteindre, soit sous la ville, soit sous l'établissement St-Pierre, soit dans la plaine du Rauth, une profondeur que nous ne connaissons pas, mais qui paraît être considérable. Il résulte de là, que vers le pied du mamelon de St-Vincent, les boues ne peuvent forcément qu'être très-peu épaisses

(1) Le pouy d'Eoüze.

et très-peu abondantes, tandis que, à l'établissement St-Pierre et dans la plaine du Rauth, elles ont une épaisseur considérable.

Ceci est une conséquence forcée de la forme du sol, et je me garderais d'en tirer une conclusion quelconque au sujet des coutumes relatives à l'exploitation des boues dans tel ou tel établissement.

Je ne puis cependant passer sous silence l'habitude qu'on a à Dax, dans le peuple, et même dans le monde médical, de faire une différence entre les boues naturelles et les boues artificielles destinées à l'usage médicinal. Je considère, comme un devoir également, de détruire cette croyance que les boues arrivent des profondeurs de la terre à la surface du sol, et constituent de vraies sources de boue.

Ces deux questions vont nous occuper maintenant. Elles ont une importance considérable dans l'exploitation scientifique de la boue thermale.

Boue naturelle et boue artificielle, paraissent être pour certaines personnes intéressées soit dans un sens, soit dans l'autre, deux choses absolument différentes. Cependant, si l'on se rappelle les conclusions de l'excellent travail de M. Serres sur les boues et les explications précédentes, il est facile de voir qu'il n'y a entre les deux, aucune différence.

La boue médicinale, est celle dans laquelle, par suite du concours de la lumière et de l'eau minérale, se sont développées les algues dont l'abondance introduit dans la boue une matière animale vivante, gélatineuse, glairineuse. Que ce soit donc naturellement ou artificiellement que la chose se produise, la boue sera ainsi préparée, elle constituera la vraie boue médicinale. Et la chose est si vraie si palpable, que les intelligents directeurs de l'établissement des Thermes, MM. les docteurs Delmas et Larauza, ont abordé sans hésitation le traitement des malades par des boues préparées artificiellement, *au grand jour*. Les résultats qu'ils obtiennent sont excellents. Ces médecins, qui n'ont voulu en aucune façon tromper ni le public ni les malades, nous ont montré que, pour préparer leurs boues, ils vont puiser dans la plaine du Rauth les limons naturels, ils les font transporter dans de grands bassins où ils sont constamment soumis à l'action de l'eau thermale et de la lumière. Lorsque la boue est suffisamment préparée, après plusieurs mois de séjour, ils enlèvent des baignoires les boues usées et les remplacent par des boues fraîches. Les établissements qui sont dans des conditions analogues à celles des Thermes devraient se comporter de la même manière.

Il n'est pas à dire pour cela que certains établissements de Dax ne soient pas placés dans une meilleure situation physique que les autres, pour avoir des boues naturelles, et, par ce fait, plus engageantes pour ceux qui placent les œuvres de la nature au-dessus de celles des hommes. L'établissement de St-Pierre, est, au point de vue des boues, le mieux situé de la station. Il est placé en pleine nappe de boue. Des sources naturelles d'eau chaude y imprégnent la masse énorme des limons, et c'est dans cette masse même que sont creusés les bassins dans lesquels on se baigne. Le malade se trouve donc plongé là, dans un bain de limon dont l'eau se renouvelle sans cesse, et qui tout en présentant moins de difficultés que partout ailleurs pour l'entretien, offre l'avantage, quelquefois recherché, d'être de fabrication naturelle.

Ici la couche de boue est considérable, et elle va en s'amoindrissant à mesure que l'on marche jusqu'au pied du mamelon de St-Vincent, où les dépôts de l'Adour sont en très-grande partie entravés dans leur développement par suite de l'affleurement des dolomies crétacées.

Il est donc certain que pour toute personne qui voudra des bains de boue chaude naturellement, et pour ainsi dire intarissables, l'établissement St-Pierre présentera, d'une manière indiscutable, toutes les qualités recherchées.

Mais l'établissement St-Pierre offre un désagrément que tout le monde connaît à Dax, désagrément qui concourt peut-être à le rendre encore plus riche en limon Adourien : il est très-souvent submergé et devient alors inabordable.

Avant de donner les indications générales pour l'exploitation médicale des eaux de Dax, je dois encore parler des prétendues *sources de boues*, et fournir l'explication du phénomène qui a pu, dans certaines circonstances, donner l'idée qu'il existait en réalité des boues chaudes s'épanchant du sein de la terre à la façon d'une source thermale.

Plusieurs personnes croient et disent que dans certains établissements munis de bains de boue, lorsqu'on enlève la vieille boue des baignoires, cette boue est immédiatement remplacée par d'autre arrivant directement du dessous de la baignoire, comme le ferait une source.

Le fait en lui-même est parfaitement exact pour l'établissement St-Pierre par exemple. Mais l'explication qu'on en donne est absolument fausse. Il n'y a pas de sources de boues arrivant du sein de la terre. Voici ce qui se passe dans ce cas si singulier.

L'établissement St-Pierre, appartenant aux demoiselles Lauquet, est creusé directement sur des sources d'eau chaude, et repose par des pilotis sur la couche épaisse de boue et sur les alluvions qui occupent tout le bas fond de la vallée au pied des remparts Romains. Des planchers et des cloisons à clairevoie limitent les espaces attribués aux bassins et aux baignoires. A certains moments on nettoie ces bassins et baignoires, et on en extrait la vieille boue. Celle-ci rejetée au dehors est immédiatement remplacée par une nouvelle quantité de boue neuve qui coule naturellement, à travers les interstices des clairevoies et remplit bassins et baignoires. Comme l'eau minérale chaude imbibe tout le sous-sol de l'établissement et qu'elle remplit instantanément les vides en même temps que la boue neuve et chaude, le vulgaire suppose que c'est du sein de la terre qu'arrive cette boue. Il se passe là un phénomène purement physique.

Supposons un vase rempli de bouillie demi-pâteuse, et une boîte sans fond placée dans cette bouillie. Si nous enlevons la bouillie qui aura pénétré dans la boite après qu'on l'aura enfoncée, elle sera remplacée sans cesse par la bouillie extérieure, par suite des simples lois de la pesanteur et des vases communiquants. La source de la bouillie rentrant ainsi dans la boîte, sera la bouillie remplissant le vase et se trouvant à un niveau supérieur au vide que nous aurons produit dans la boite sans fond, en enlevant la bouillie contenue dans son intérieur.

Telle est la cause la plus probable qui préside au remplissage des bassins et des baignoires de boue de l'établissement St-Pierre. Nous n'hésitons pas à déclarer que cet établissement est le seul admirablement placé pour que le phénomène que nous venons de décrire soit à jamais assuré. La couche de boue, en effet, qui comble la vallée de l'Adour en ce point est immense, et le tassement qui pourra résulter du renouvellement fréquent des boues dans les bassins sera tout à fait insensible, même après des siècles, puisque la superficie des terrains en rapport avec les bassins et les baignoires est de plusieurs centaines d'hectares, sur une épaisseur inconnue, mais considérable.

Il n'est pas possible qu'un phénomène semblable se produise dans un autre point de la ville, où la couche de boue à peine marquée, relativement à celle du bain St-Pierre, reposerait sur la dolomie semblable à celle qui constitue les abords du mamelon de St-Vincent. Là, comme ailleurs, les fossés peuvent être remplis de limons récents qu'on peut artificiellement cultiver, ainsi qu'on le fait pour les Thermes, sans manquer aux lois de l'honnêteté médicale Les présenter au public comme une boue minérale naturelle à la manière des boues de St-Pierre, serait manquer au respect que comporte la vérité.

De nos descriptions précédentes, nous devons maintenant tirer une conclusion pratique relative à l'aménagement général de la station de Dax.

Nous dirons donc que la ville de Dax devrait être érigée en station d'hiver.

Pour atteindre ce but, toutes les sources devraient être mises, sinon en une seule propriété, du moins sous une seule tête dirigeante, ayant la compétence voulue, et capable par sa vigueur de passer sur les petits intérêts froissés pour atteindre le but général, c'est-à-dire, le bien-être du malade.

Partant de ce principe que toutes les sources sont à peu près identiques, il serait indispensable de réunir l'exploitation balnéaire dans un seul et même lieu, en suivant l'exemple des Thermes actuels dont l'installation est à coup sûr fort présentable pour le moment. On pourrait, dans le même bâtiment, offrir aux pensionnaires logement, traitement thermal et climatérique, table, distractions, spectacles, etc.

Entreprise dans ces conditions, l'exploitation des richesses thermales de Dax, entraînerait l'essor industriel d'un pays comme le vôtre si digne, à tant de titres, d'attirer l'attention d'un Congrès comme celui que vous avez convoqué.

Dr F. GARRIGOU,

Président du Congrès.

ÉTUDE

SUR

L'UNE DES CAUSES DU GOITRE

DANS

LES COMMUNES DE GERDE ET ASTÉ

En qualité de correspondant de la commission ministérielle du goître, présidée par M. le Dr Baillarger, les questions qui touchent aux causes de cette infirmité m'ont beaucoup occupé dans mes excursions Pyrénéennes. J'ai relaté dans plusieurs mémoires les résultats de mes recherches, et je viens porter un élément à l'intéressante communication du Dr Dejeanne, relativement à l'existence du goître dans les communes de Gerde et d'Asté.

On sait que le goître existe dans certaines régions surtout montagneuses, et l'on a cru remarquer que la coincidence de la maladie et de sources plus ou moins mal saines semblait un fait assez général. On a même pensé, et je suis de ce nombre, que la présence des terrains magnésiens et des eaux magnésiennes, pouvaient avoir quelqu'influence sur la production du goître. Dans ces dernières années, un professeur de l'école de médecine de Clermont, M. le Dr Nivet, savant aussi consciencieux qu'habile observateur, a prouvé que la présence des eaux magnésiennes et des terrains magnésiens n'était pas indispensable à beaucoup près, à la manifestation du goître. De nouvelles recherches m'ont prouvé que M. Nivet a bien observé, et que je devais modifier ma première opinion sur ce sujet, et attribuer à la magnésie un rôle tout à fait secondaire, je n'ose pas, cependant, dire nul.

Pour répondre à l'invitation de M. Dejeanne de m'occuper en même temps que lui de la question du goître à Asté, j'ai fait l'analyse des eaux potables de cette localité, tout à fait voisine de Gerde.

Les habitants puisent l'eau dans deux points différents : une source et un ruisseau. La source coule sur la voie publique par le moyen d'une fontaine, le ruisseau traverse la localité.

Occupons-nous d'abord de la fontaine. L'eau contenue dans les bouteilles était parfaitement limpide, mais il existait un léger dépôt floconneux dans le fond.

La densité de cette eau, à 15° centigrades, était de 1000,1300. Son résidu fixe, calciné, pesait 0 g. 1360 par litre. Transformé en sulfate et chauffé au rouge il pesait 0 g. 1860.

Les dosages des diverses substances ont été faits d'après les règles connues de l'analyse chimique, sans employer aucun procédé spécial ou particulier. Aussi, pour ne pas encombrer d'une manière inutile notre volume du Congrès, je ne donnerai aucun détail sur la marche de l'analyse.

Mais je dois faire une observation particulière sur la matière organique. Cette eau contient en effet, en abondance, une matière qui se dépose avec les sels fixes en prenant une coloration jaune foncé, et que la carbonisation en vase clos rend noire, en lui faisant répandre une odeur de matière cornée assez nette. Pendant la concentration l'eau répandait déjà une odeur assez marquée de matières fécales en décomposition.

L'absence de procédé de dosage prompt et exact de la matière organique, m'a empêché de la peser. Je ne saurais donc donner un chiffre, mais je puis dire qu'il doit être élevé.

Voici les résultats chiffrés de l'analyse, rapportés à un litre :

Silice	0 g. 0126
Acide sulfurique	0 g. 0078
Acide carbonique	net
Acide nitrique	net
Acide phosphorique	traces
Soude et potasse	0 g. 0095
Lithine	traces
Chaux	0 g. 0547
Magnésie	0 g. 0060
Chlore	à peine sensible
Alumine et fer	traces
Matière organique	abondante

Pour nous assurer de l'exactitude de nos dosages, nous avons calculé toutes les bases en sulfates, de manière à comparer le chiffre obtenu par le calcul avec celui que nous avions obtenu directement en transformant le résidu salin d'un litre d'eau en sulfate et en le pesant après calcination.

Nous avons eu ainsi :

Silice.	0,0126
Sulfate de chaux	0,1364
Sulfate de magnésie	0,0180
Sulfate de soude	0,0179
Total	0,1849

Le chiffre obtenu directement par la pesée de la totalité des sulfates étant de 0 g. 1860, nous pouvous affirmer que toutes nos pesées sont exactes.

Passons maintenant à l'étude de l'eau du ruisseau.

L'eau contenue dans les bouteilles est limpide, mais il existe dans le fond un dépôt de matières organiques floconneuses très-abondantes, et quelques fétu de pailles disséminées.

La densité de cette eau à 15° est de 1000,0950. Son résidu fixe de 0 g. 1040 par litre et ce résidu transformé en sulfate, puis calciné, pèse 0 g. 1460.

Les dosages des diverses substances ont été faits dans cette analyse exactement comme dans la précédente.

Je dois faire observer que les matières organiques de cette eau ont présenté des phénomènes physiques particuliers. La concentration de l'eau a produit une odeur infecte qui s'est tellement répandue dans le laboratoire, que tous les coins en étaient empestés. Cette odeur rappelait absolument celle des matières fécales en décomposition. Le liquide concentré était jaune foncé. La calcination des sels desséchés transformait la masse jaunâtre en une masse noire. Il se développait pendant cette calcination l'odeur que répandent les matières organiques azotées fortement chauffées.

Le dosage direct de cette matière organique nous a paru encore plus impossible dans ce cas que dans le premier ; nous pouvons dire seulement que son abondance paraissait au premier abord infiniment plus grande que dans l'eau de la fontaine. Nous croyons cependant qu'il n'en est rien, et nous sommes en droit de conclure à la nature différente de ces deux matières organiques.

Voici l'analyse de l'eau rapportée à un litre :

Silice . . . . , ...	0 g. 0104
Acide sulfurique	0 g. 0040
Acide carbonique.	net
Acide nitrique	traces
Acide phosphorique	traces
Chlore.	à peine sensible
Soude et potasse.	0 g. 0200
Lithine	traces
Chaux. . . , ...	0 g. 0305
Magnésie.	0 g. 0067
Alumine et fer	traces
Matière organique	abondante et infecte

Nous avons répété la même opération que sur l'eau de la fontaine, pour la vérification des dosages.

Nous avons eu :

Silice.	0,0104
Sulfate de chaux	0,0741
Sulfate de magnésie	0,0201
Sulfate de soude	0,0460
Total	0,1506

Le chiffre directement obtenu par la pesée étant de 0 g. 1460, nous pouvons être sûr de l'exactitude des dosages de l'analyse à 0 g. 004 près.

Revenons maintenant à nos premières observations relativement à la matière organique.

Si nous jetons un coup d'œil sur les deux analyses, nous pouvons facilement voir que les acides trouvés sont assez loin d'être suffisants pour saturer les alcalis. Comme nous avons la preuve mathématique que les dosages sont exacts à 4 milligrammes près, il faut qu'il y ait d'autres acides que les acides minéraux dans les eaux que nous avons analysées, et ce sont les acides organiques joints à la matière organique carbonisable qui servent à cette saturation.

Le temps nous a manqué pour faire une recherche spéciale sur ces acides, mais c'est là une voie ouverte et qui pourra porter un élément nouveau dans l'étude de cette maladie si hideuse qui à la longue transforme l'homme en un animal sans intelligence, maladie que la misère, la mauvaise hygiène et des conditions encore inconnues développent, et que la bonne hygiène et le plus grand confortable tendront à diminuer et peut-être à faire disparaître.

Dr F. GARRIGOU,

Président du Congrès.

RÉPONSE

A LA QUESTION SUIVANTE

SOUMISE A LA 2ME SECTION DU CONGRÈS

POURQUOI DANS LES CONDITIONS D'INSALUBRITÉ OU DAX SE TROUVE PLACÉE EST-ELLE A PEU PRÈS INDEMNE DE FIÈVRES INTERMITTENTES?

MESSIEURS,

Cette question, dont quelques habitants de Dax se sont assez vivement émus, est on ne peut plus délicate, car elle implique l'existence d'un fait très-grave et non moins préjudiciable que compromettant. Si, par extraordinaire, j'avais été appelé à donner mon avis sur son opportunité, je me serais énergiquement opposé à ce qu'elle fut soumise au Congrès, et cela, par la seule raison qu'elle est basée sur un fait imaginaire, qui a existé, bien certainement, mais qui enfin a cessé d'être. La question étant donc intempestive, il n'y aurait pas lieu de s'en occuper. Toutefois, ne voulant pas lui opposer une fin de non recevoir, qui pourrait paraître suspecte, de la part d'un Dacquois surtout, je vais essayer de la résoudre.

Qu'il me soit permis de constater, préalablement, qu'un préjugé fort ancien fit longtemps de Dax un séjour très-malsain. Systématiquement, ce préjugé paraissait fondé, car le sol en étant généralement plat, bas, fréquemment submergé et conséquemment humide, y donnait lieu à des brouillards réputés insalubres.

D'autre part, bien que la tradition locale leur attribuât des propriétés

antisceptiques (1), des préventions défavorables du dehors s'étendaient également aux sources thermales (2). Dieu merci nous n'avons pas à la combattre aujourd'hui. Le temps a fait bonne justice des unes et des autres. Les livres qui les ont accréditées, sur la foi d'anciens témoignages, sans tenir aucun compte des progrès accomplis, ont eux-mêmes beaucoup vieilli, et l'expérience a démontré que l'air de Dax était non-seulement irréprochable, mais encore qu'il n'y en avait pas de meilleur. C'est que d'importantes améliorations, que la nature seconde, s'y effectuent incessamment et de très longue date. Déjà, même avant 1787, M. Grateloup, médecin de l'hôpital, en constatait, en les signalant, les bons effets et l'heureuse influence. Voici comment il s'exprime dans sa topographie de Dax (3). « Les courants d'air y sont
» plus sensibles et plus salutaires depuis les coupes immenses de
» bois qu'on y a faites............ Les inondations dont les suites
» tendaient à corrompre l'air deviennent moins considérables ; le sol
» par une progression lente mais continue s'élève insensiblement ; les
» débordements sont eux-mêmes la cause de cette élévation en couvrant
» la surface de la terre d'un limon gras et épais qui s'y fixe pour
» toujours. »

Par suite de ces exhaussements du sol, le teint des Dacquois, dont il attribue la pâleur particulière à l'humidité des terrains qui environnent la ville, lui paraît plus animé. Cet auteur ajoute que « malgré les
» apparences d'insalubrité de l'atmosphère, les habitants vivent
» longtemps ; les octogénaires sont multipliés, la population florissante
» et s'augmente chaque année. »

Plus de vingt ans après, Thore, envisageant la situation de Dax au même point de vue que son confrère, confirme l'exactitude de cette observation et s'exprime en ces termes : « Quant au sol qui environne
» la ville, considéré comme influent sur la santé, on peut assurer qu'il
» ne détermine jamais un nombre plus considérable de maladies que
» partout ailleurs, quand bien même le grand nombre de vieillards,
» qu'on distingue parmi nous, ne répondrait pas victorieusement à tout
» ce que pourraient faire conjecturer des apparences trompeuses (4). »

(1) Thore et Meyrac. — Mémoire sur les eaux thermales de Dax, page 23, (1809).

(2) Résumé de l'histoire du Béarn par M. Ader ; page 240.

(3) Dulaure.

(4) Mémoire sur les eaux de Dax par Thore et Meyrac, page 6.

Voilà qui est clair et catégorique.

Or, qu'elle était, indépendamment de tout voisinage, la situation particulière de Dax, à l'époque où Grateloup et Thore affirmaient qu'il n'y avait pas plus de maladies qu'ailleurs et qu'il y avait beaucoup d'octogénaires? Quelle était cette même situation quand le D' Verdo, parlant de Dax en 1851, écrivait que « l'air y est pur et sain, la vie bonne et à bon marché. (1) » Qu'était-elle, enfin, avant qu'on n'eut commencé à démolir les remparts, grosse affaire qui souleva tant d'orages et de récriminations? Ce qu'elle était? Le voici en quelques mots. Des quatre portes qui y donnaient accès, une seule avait les dimensions voulues pour le passage des grandes voitures ; les trois autres, étroites, basses, voûtées, marquées même, s'ouvraient sur des issues tortueuses. Les vents, chargés d'y purifier l'atmosphère, presqu'empêchés de toute part, semblaient borner leur rôle à lécher les toits des maisons. En été, avec ses rues étroites et ses maisons relativement hautes, la ville pouvait être comparée à une fournaise ; en hiver, c'était une espèce de caveau au sol humide et gluant.

Telle était la situation depuis quinze siècles, c'est-à-dire depuis la construction des remparts, quand les esprits éclairés, dont nous venons de citer les observations, ne s'arrêtant pas aux apparences et ne jugeant que d'après les faits acquis et dans une entière et loyale indépendance des hommes et des choses, affirment que Dax, sous le rapport de la salubrité, n'a rien à envier aux localités les plus favorisées.

Si ces savants d'élite voyaient aujourd'hui d'un côté, la ville embellie, méconnaissable, presque métamosphosée, et, d'autre part, les marais à peu près desséchés, convertis en riches potagers, en champs et en prairies fertiles, ils ne pourraient que protester contre une appréciation arbitraire, sans fondement, qui ne peut pas même s'appuyer sur des apparences, et qui, si elle pouvait être admise comme véritable nous ferait reculer de plus d'un siècle. S'ils revenaient et que la question qui nous agite plus que nous ne saurions l'agiter nous-même leur fut posée, il s'accorderaient à répondre, sans aucune espèce d'hésitation et avec le laconisme que j'ai connu à l'un d'eux : *Sublatâ causâ tollitur effectus.*

Comme nous venons de le constater, la question de constraste entre l'état sanitaire et les conditions d'apparente insalubrité n'est pas nouvelle; soulevée bien des fois, elle le fut encore en 1857 dans un journal

---

(1) Verdo. — Précis sur les eaux minérales des Pyrénées (1851).

de la localité (1) et mise alors sur la voie d'une solution facile. Voici en effet ce qu'on peut y lire :

« Depuis un petit nombre d'années seulement, les progrès agricoles enlèvent les dangers d'un triste voisinage. Un marais tourbeux, situé au Sud-Est, est devenu un sol fertile et très productif. Les terrains bas, submergés, marécageux, qui limitent la ville au Sud-Ouest et dont elle n'est séparée que par le Pouy d'Eause, ont changé de nature par le fait de l'endiguement. Au Nord, le même moyen a fertilisé un marais très-étendu, et il ne reste pour compléter l'assainissement des terrains qui l'environnent qu'à réaliser pour le marais *communal* ce qui a été fait pour les trois autres ».

« Il est à remarquer, néanmoins, que malgré ce rapprochement qui l'expose à des miasmes délatères, l'état sanitaire de Dax a toujours été satisfaisant et que ses habitants n'ont jamais ressenti les effets de l'intoxication paludéenne, si commune dans le département des Landes. Les épidémies y sont en quelque sorte inconnues ».

Pour appuyer cette dernière assertion je m'emparai d'un fait récent des plus sallants et, personnifiant le choléra, je poursuivis en ces termes :

« En 1855, le choléra franchit les Pyrénées et promène sa faulx redoutable et hideusement cruelle de Pau à Bayonne. Il semble dans ses affreux caprices choisir ses victimes et, pour se rendre encore plus redoutable, s'arrêter particulièrement sur les lieux qui paraissaient inaccessibles à ces coups. Dans sa bizarre pérégrination, il jette un matin sur le port de Dax, au pied du bastion de la Marguerite, deux robustes bâteliers qu'il a amené de Peyrehorade. La panique que son apparition fait naître ne lui ouvre même pas les portes de la ville. Arrêté par les remparts et ne pouvant pénétrer dans leur enceinte, il va, dans son affreux dépit, lâchement s'abattre sur quelques maisons situées dans les bas quartiers de la ville, d'où il s'éloigne, honteux, après avoir fait quelques rares victimes au milieu d'une population pauvre, souffreteuse et dégénérée qui appelait la mort. »

» Quelles sont donc ces effluves salutaires qui ont de tout temps, si puissamment combattu les émanations insalubres du dehors et du dedans au centre d'une ville compacte, resserrée dans de hautes

---

(1) *L'Echo de l'Adour*, août, septembre, octobre 1857. *Dax au point de vue de ses eaux thermales et de son climat.* (H. S.)

murailles et dont les habitants semblaient croupir naguère encore dans un air immobile, humide, miasmatique, qui est aux êtres vivant à la surface du sol ce que l'eau bourbeuse des mares serait aux poissons des Gaves. »

« Ne cherchons pas dans les infiniment petits la solution de ce problème physiologique. Notons seulement que la population indigène est généralement aisée ; qu'elle parait aimer le *comfort* et qu'elle pratique par goût ou par nécessité une hygiène préventive devenue proverbiale, hygiène parfaitement appropriée et très propre à combattre l'action débilitante d'un air humide et chaud. »

Substituant ma conviction au défaut de documents propres à démontrer que l'air de Dax a ce double caractère, je continuai comme il suit : « Mais les vents modifient singulièrement, et d'une manière bien avantageuse la constitution normale de notre atmosphère. Celui de l'ouest, qui est le vent dominant, sans rien changer à son état hygrométrique, lui communique tous les principes salins contenus dans l'eau de mer. Les vents du nord et du nord-ouest, en lui enlevant comme celui de l'est l'excédent d'humidité, y mêlent les émanations balsamiques qu'ils enlèvent aux forêts de pin et celles qui se dégagent aussi des usines où on fabrique les produits résineux. »

« Ces deux assertions trouveront peut-être des lecteurs incrédules. Il n'y a pourtant dans ce fait rien de bien surprenant ; car, du moment qu'on a découvert et démontré dans l'atmosphère de plusieurs grandes villes manufacturières des principes particuliers (1), qui n'y existent à la vérité qu'en proportion infinitésimales, mais qui par leur action continue altèrent la santé des habitants, on ne doit pas être surpris que les produits salins et les émanations dont nous venons de parler existent dans l'atmosphère de Dax, et qu'ils puissent y jouer conséquemment un rôle salutaire. »

« Ces principes en font réellement partie ; mais s'il nous a été facile de nous convaincre par nos propres essais et dans vingt circonstances différentes que l'eau de pluie donnait constamment à Dax des réactions franchement caractéristiques de l'existence des produits salins émanés de l'eau de mer, qui donc nous dira tous les autres secrets intimes de l'atmosphère de cette ville. »

Au printemps quand les végétaux ouvrent leurs coroles pour en répandre au dehors la poussière fécondante et que la pluie succède au

(1) A Paris l'hydrogène ; à Londres l'acide sulfureux.

vent d'ouest, du nord ou du nord-ouest, on y voit le sol se couvrir d'une poudre jaune extrêmement ténue. Ce phénomène qui était considéré, dans les temps d'ignorance comme une véritable pluie de soufre, mais qui doit être uniquement attribué au pollen des fleurs du pin maritime, suffit pour démontrer de la manière la plus évidente que les émanations balsamiques, permanentes dans les pignadars, arrivent fréquemment jusqu'à nous et quelles modifient sensiblement la propriété de l'air, tout aussi bien que certains miasmes qui ne sont pas plus coërcibles qu'elles et dont on ne peut, néanmoins, nier l'influence délétère. »

« Il y a donc dans l'atmosphère de Dax des émanations salines et balsamiques. »

Bornons ici cette citation déjà bien longue. Peut-être en examinant la situation actuelle, aurons-nous l'occasion de revenir au travail auquel nous l'avons empruntée. En attendant, voyons quelles sont les déductions qui découlent nécessairement de tout ce qui précède.

Il est de fait que lorsque Grateloup et Thore s'occupaient, chacun dans son temps, de la topographie de Dax au point de vue hygiénique et médical, les idées sur l'étiologie de la fièvre intermittente étaient les mêmes qu'actuellement, et que cette ville se trouvait alors dans des conditions d'insalubrité parfaitement établies en principe, et même telles qu'il y avait lieu d'être surpris que sa population fut indemne de la susdite fièvre. Mais puisque le danger de la situation se bornait alors à de simples préventions, la situation ayant complètement changé, ces préventions n'ont plus aucune raison d'être.

Malheureusement, il est de l'essence même des préjugés et de la tradition de se perpétuer en dépit des faits, du bon sens et de la saine raison et d'agir même sur les esprits les moins prévenus, quand elle est surtout de nature à jeter du discrédit ou de la défaveur sur les hommes ou sur les choses. En ce qui concerne Dax, par exemple, divers auteurs, sur la foi les uns des autres, et se répétant à plaisir jusques à nos jours, lui ont reproché son insalubrité ; à ses habitants la pâleur de leur teint, leur vie sédentaire et, de plus, leur inclination trop prononcée pour les plaisirs de la table ; mais je ne sache pas qu'aucun ait recherché la cause des particularités qui se rapportent à leurs mœurs ou à leurs habitudes, tout a consisté dans la contestation des faits plus ou moins bien observés. Il ne fallait pourtant pas un grand effort de génie ni de bien profondes études pour la découvrir ; car ces particularités se donnat la main et étant réciproquement la conséquence l'une de l'autre, le travail se bornait à trouver la cause de l'une d'elles. Par ce fait, la question eût été préventivement tranchée et nous n'aurions pas à nous en occuper aujourd'hui. Mais il devait appartenir à un profane, sinon de la résoudre, du moins de l'éclairer suffisamment pour qu'elle pût être discutée par d'autres et définitivement résolue.

Nous avons dit plus haut que les Dacquois pratiquaient par habitude une hygiène préventive très propre à paralyser l'action des miasmes délétères, déjà neutralisés en partie par les émanations balsamiques et salines répandues dans l'atmosphère. C'était dire, en ménageant leur légitime susceptibilité, ce que d'autres avaient écrit auparavant en termes formels, c'est-à-dire qu'ils étaient un peu trop adonnés aux plaisirs de la table. Mais je ne me donna point le tort de leur en faire un grief ; car, cet amour prononcé pour le bonne chère, comme celui qu'ils professaient pour la vie sédentaire, était une des nécessités de leur situation.

Ce serait faire injure au docte auditoire qui me fait l'honneur de m'écouter, de lui rappeler que le plus souvent — pour ne pas dire toujours — les usages, les mœurs et les habitudes des populations sont la conséquence forcée des conditions topographiques et climatériques dans lesquelles elles se trouvent placées. En ce qui concerne Dax, si jadis sa population était sédentaire, c'est qu'elle y était en quelque sorte physiquement et moralement contrainte.

Quels agréments pouvait-elle trouver en effet au dehors des remparts ? Absolument aucun. Rien d'attrayant ; rien pour égayer l'esprit ; rien pour reposer agréablement la vue. Des sentiers étroits, tortueux, sablonneux ou couverts de boue, et pour perspective des marais et des bois impénétrables. Dans de pareilles conditions, la promenade était bien moins un plaisir qu'un véritable supplice. Aussi, s'en abstenait-elle. Cette réclusion, à laquelle elle s'était forcément résignée, n'étant pas de nature à relever son teint, elle conservait cette pâleur caractéristique, particulière aux prisonniers. Ne lui fallait-il donc pas un dédommagement quelconque à cette existence cloîtrée, si peu en harmonie avec l'organisation et les dispositions instinctives de la race humaine ! Tout naturellement, elle l'avait trouvée à table, sans se douter d'abord qu'en combattant, par ce moyen, l'ennui inséparable d'une vie retirée et monotone, l'ennui qui tue infailliblement, elle atteignait en même temps au cœur et réduisait à l'impuissance un ennemi bien plus redoutable encore.

A Dax, il fallait manger, manger encore, manger toujours. Les habitants savaient autant par tradition que par expérience que c'était le meilleur et peut-être le seul moyen de triompher de l'ennemi qui les assiégeait de toute part. S'ils avaient pu l'oublier le proverbe indigène, spécialement applicable à la fièvre elle-même, et qui nous revient ici fort à propos, mais que nous ne saurions traduire, tant il a son cachet d'originalité pâtoise, le leur aurait rappelé.

Il fallait donc manger afin de se tonifier ; il fallait manger et s'y exciter au besoin. Aussi, l'ail, ce puissant stimulant et antisceptique, l'ail fébrifuge par excellence et non moins puissant prophylactique de la fièvre intermittente, entrait-il jusques à l'excès dans toutes les préparations culinaires. Cuit ou cru, on en mettait abondamment partout. Le légendaire chapon de Gascogne joua de très longue date ici un rôle considérable, car il était le déjeuner de la plupart des enfants, et constituait avec un verre de vin celui du peuple en général. Panacée universelle aux yeux de la population, c'est à ce condiment associé à une nourriture saine, abondante et substantielle, bien plus encore qu'à leur bonne constitution, comme on l'a prétendu, que les Dacquois furent redevables de leur triomphe sur un ennemi d'autant plus à craindre qu'il était non-seulement invisible, mais encore insaisissable.

Oui, je le répète, en observateur convaincu, c'est en cédant avec un certain entrain à cette tendance naturelle, instinctive, commune à tous les êtres organisés vivant ou végétant à la surface du globe, et qui les domine tous, sans exception, que les habitants de Dax parvinrent à en écarter les épidémies. C'est par la pratique de cette hygiène préventive qui y trouvait une satisfaction aussi attrayante que facile, que la ville de Dax, dont les ressources alimentaires sont immenses, des meilleures et des plus variées, dût, dans les conditions d'apparente insalubrité où elle se trouvait encore il y a une trentaine d'années, d'échapper à la fièvre intermittente et d'en avoir été, en tout temps comme aujourd'hui, à peu près indemne.

Hector SERRES.

CONSIDÉRATIONS

SUR

Les Boues Végéto-Minérales et Thermales

DE DAX

Ainsi que le démontrent la tradition, la chronique locale et les écrits des auteurs qui ont parlé des eaux chaudes de Dax, les bains de boues furent, de tout temps, dans cette station, la base du traitement thermal (1), et c'est en très grande partie à cette espèce de bains que la capitale de l'ancienne Aquitaine fut redevable de sa réputation comme ville d'eaux (2).

La chose est tellement vraie que de la pratique et de l'habitude elle était passée dans le langage. C'est ainsi que, tandis qu'on allait aux eaux de Bagnères, aux bains de Tercis, de Barèges ou de telle ou telle autre localité, pour Dax c'était tout différent ; on n'y venait ni aux eaux, ni aux bains, mais bien tout particulièrement aux *boues*.

Et cependant, malgré les services qu'il ne cesse de rendre, malgré les cures extraordinaires dont vingt siècles furent les témoins impartiaux, cures souvent inespérées, vraiment miraculeuses, et qui se reproduisent journellement sous nos yeux, une école sourdement hostile, semant adroitement l'indifférence et le dégoût sur ce mode de

(1) Le 12 juillet 1712, Marie-Anne de Neubourg, veuve de Charles II, roi d'Espagne, vint à Dax pour y prendre *les boues*. (Chron. de Dax, manuscrit Cazenave et archives de la commune).

Les bains destinés aux malades sont de grands trous pleins d'*eau bourbeuse*. On emploie ces bains ou *boues* pour la guérison de plusieurs maladies. (Obs. de Phys. par M. de Secondat ; pages 4 et 24 (1750).

(2) La réputation que la station de Dax s'est acquise doit être attribuée aux *miracles* opérés par les *boues* minérales. (Traité des eaux minérales, par F.-R. Cantetbert (1762).

.traitement, tendrait à le faire délaisser pour lui substituer tel ou tel des moyens ingénieux que l'hydrothérapie met à sa disposition.

Sans se préoccuper en aucune façon du préjudice multiple qui résulterait de cette substitution, les partisans de la dite école insinuent avec une apparente conviction, que dans le bain de boues, comme dans l'eau thermale, le seul agent actif et curatif est le calorique, d'où la conséquence logique qu'il peut sans inconvénient être supprimé, ou bien qu'une terre quelconque mélangée avec de l'eau commune, artificiellement chauffée, produirait partout les mêmes effets que les boues thermo-minérales naturelles. Autant vaudrait dire aux malades : N'allez ni à St-Amand, ni à Barbotan, ni à Dax; restez paisiblement chez vous; vous y trouverez sans déplacement les moyens curatifs spéciaux que ces stations thermales peuvent vous offrir.

Les promoteurs de cette doctrine, ont, même à Dax, d'assez fervents adeptes. A la vérité, il faut en convenir, les encouragements du dehors ne leur firent point défaut. En 1866 notamment, ils recevaient, sous une forme plus plaisante que sérieuse, mais d'une portée réelle, celui d'un organe de publicité fort autorisé, la *Gazette des eaux*. Dans un article plein d'humour et où l'esprit le plus fin et le plus dégagé pétillait à chaque ligne, malgré l'ingratitude du sujet ou son apparente stérilité, un de ses rédacteurs en voyage, sous le pseudonyme de *Viator*, se moque plaisamment de l'inventeur du bain de boues, et rendant un ironique hommage au courage du premier qui osa s'aventurer dans un de ces trous pleins du noir brouet, — c'est ainsi qu'il les qualifie — il le pose en véritable héros; de même qu'il compare ses imitateurs aux moutons de Panurge. Si l'esprit pouvait s'analyser, j'analyserais certainement ici, pour la joie de mes lecteurs, ces lignes pleines de désinvolture consacrées à la ville thermale, à ses boues et à l'aménagement qu'on projetait alors pour celles des Thermes; mais l'esprit ne s'analyse pas; c'est de l'esprit et rien de plus.

Malgré cette qualité ou peut-être à cause de cette qualité même, le fond de l'article et l'interprétation dont il était surtout susceptible, m'ayant parus plus propres à nuire à la station qu'à lui être utile, je jugeai à propos, afin d'en conjurer le danger, d'adresser au rédacteur en chef du dit journal, tout en reconnaissant ses bonnes intentions, quelques observations propres à éclairer l'auteur ou l'inspirateur de la note sur l'origine des boues, leur régime et leurs aménagements divers. M. Germond de Lavigne voulut bien me remercier de ma communication et pousser même l'obligeance jusqu'à lui consacrer, en attendant son insertion retardée, disait-il, par l'abondance des matières, un entrefilet beaucoup trop élogieux.

Ma lettre n'ayant jamais été publiée même par extraits et ne pouvant conséquemment y renvoyer mon lecteur, je vais en reproduire ici la partie essentielle. Les intéressés y trouveront peut-être, sinon un renseignement utile, du moins un sujet de sérieuse médidation.

« A Dax les boues végéto-minérales et thermales présentent
» actuellement trois variétés et la voie s'ouvre à une quatrième qui, si
» on n'y veille, les absorbera toutes un jour au préjudice de la station.
» Dans leur état primitif et naturel elles sont formées en proportions
» variables de quatre éléments principaux complexes, savoir : 1° du
» limon déposé par les débordements de l'Adour ; 2° (hypothétiquement)
» du résidu de l'évaporation consistant principalement en carbonate de
» chaux et de magnésie, en sosquioxyde de fer couverti en sulfure ;
» 3° d'un dépôt particulier analogue au précédent, provenant de l'action
» des oscillaires dont la grande avidité pour l'acide carbonique réduit
» et précipité à l'état de sous-carbonates les bi-carbonates terreux et de
» fer contenus dans l'eau thermale ; 4° de la substance même de ces
» corps organisés qui y naissent, vivent, meurent et s'y succèdent avec
» une abondance et une rapidité surprenantes. Quels que soient les
» aménagements auxquels elles aient été soumises, c'est dans cet état
» qui constitue la première variété que le hasard les offrit à ceux qui en
» firent les premières applications.

» A côté de cette première variété se placent tout naturellement,
» comme s'en rapprochant le plus sous tous les rapports, les boues
» abritées, et dont les réservoirs ne sont que le rayonnement même des
» griffons qui s'y trouvent comme captés. L'élément organique ne
» pouvant s'y produire faute de lumière solaire, on a ménagé dans leur
» voisinage des bassins à ciel ouvert, sujets au débordement de l'Adour
» et dans lesquels les oscillaires croissent en abondance. Quand
» celles-ci sont réduites à l'état de boue, on les répand dans les
» piscines afin d'entretenir leur activité primitive en leur restituant, à
» mesure qu'ils s'épuisent, leurs principes originels et l'élément
» organique en particulier.

» La troisième variété est représentée par des boues naturelles,
» logées dans des bassins de petite dimension, où elles sont maintenues
» dans leur état primitif de la même manière que les précédentes, dont

» elles ne diffèrent que par leur isolement de la source et parce qu'elles
» reçoivent l'eau thermale de haut en bas, ou par un léger courant qui
» se répand à la superficie sans guère pénétrer à l'intérieur, tandis que
» l'autre est incessamment traversée par un courant ascensionnel, ce
» qui est bien préférable.

» La quatrième variété qui n'existe pas encore, mais dont il est facile
» de prévoir la formation, comme nous l'avons dit plus haut, par la
» seule observation des tendances, variété qui résultera forcément de
» l'exhaussement et de l'occupation des terrains d'où les sources
» émergent, pourrait être représentée par des boues naturelles, déposées
» dans des bassins quelconques, comme les précédentes, mais qui,
» privées des ressources ordinaires, n'auraient pour se reconstituer et
» s'entretenir dans leur activité primitive qu'un courant d'eau thermale,
» soit ascendant, soit descendant ou superficiel. Cette variété
» incessamment lavée et dépouillée par cela même des principes
» organiques qui y entretiennent seuls des réactions dont l'importance
» n'est pas douteuse, puisqu'on leur doit la production du principe
» sulfureux, qui y joue, à notre sens, un rôle considérable comme agent
» thérapeutique, finirait par ne plus contenir, à part l'eau elle-même,
» que des éléments inertes, dont l'action purement mécanique, se
» réduirait à un simple massage, et tel qu'on pourrait l'obtenir partout
» ailleurs d'une argile calcaire quelconque. »

Voilà en ne les considérant qu'au seul point de vue de leur origine et
d'une classification basée sur l'aménagement, abstraction faite, alors
comme aujourd'hui, des établissements qui les utilisaient, mais qui
auraient pu facilement s'y reconnaître et se classer eux-mêmes. Voilà,
dis-je, une partie de ce que j'écrivais en 1866 au sujet des boues. Je
n'avais alors qu'un seul but, celui de prévenir tel ou tel mode
d'aménagement qui aurait pu avoir pour résultat d'en amoindrir les
vertus. Les conserver autant que possible dans les conditions de leur
type originel, telle était ma pensée, tel était le but indiqué, but qu'il
était aisé d'atteindre, tout en paraissant forcément s'en éloigner, par
l'exécution de travaux ou de constructions nécessaires à leur exploitation
et qui devait tôt ou tard changer l'état des choses. Or, ce type primitif
ou originel eut donc de tout temps pour base comme nous l'avons déjà dit,
le limon de l'Adour et le limon particulier à l'eau thermale, incessamment
produits et renouvelés sur les sources elles-mêmes et sous l'action
vivifiante des rayons solaires.

Soit conviction, soit amour du merveilleux, soit plutôt calcul de leur part, il y a des personnes qui, ne croyant pas devoir admettre comme réelle cette origine des boues, ne cessent de répéter qu'elles arrivent du sein de la terre et que ce sont de véritables éjections de nature volcanique, analogues sinon semblables au produit des salses, comme on en trouve aux environs de Modène et de Terra-Pilota en Sicile. Quoique cette opinion ne mérite sous aucun rapport d'être discutée, je prendrai néanmoins la peine de faire remarquer que les boues de Dax, dans aucune partie quelconque de la ville, sans même en excepter celles des fossés, ne reposent ni sur de petits, ni sur de grands cratères ; qu'on n'y remarque aucune espèce d'agitation, que les gaz qui s'en dégagent par intervalle, sans effort et sans bruit, sont presqu'entièrement formés d'azote, tandis que les salses sont sujettes à de véritables éruptions, dont les jets dépassent quelquefois deux mètres, et que les gaz qui les accompagnent sont inflammables.

Il est un autre fait que je ne puis passer sous silence et contre lequel ma conscience me fait un devoir de protester, c'est la qualification de naturelles qu'on se plaît à donner aux boues, comme s'il y avait entr'elles d'autres distinctions que celles que je viens de faire moi-même, ou enfin qu'il y en eut en réalité d'artificielles. Ce n'est pas à Dax, où elles ont toutes sans exception la même origine, qu'il faut chercher cette espèce ou variété. Que chacun vantant sa marchandise prétende qu'elle est meilleure que celle de tel ou tel de ses confrères, il n'y aurait à cela rien à reprendre, puisque sur toutes choses, chacun en fait autant ; mais s'attribuer ostensiblement, sans raison aucune, un caractère spécial pour le refuser aux autres et même les en dépouiller absolument, c'est pousser la chose un peu trop loin et s'exposer même à de très-légitimes représailles, qui pourraient bien avoir tôt ou tard des conséquences regrettables. Et en supposant même qu'il y en eut d'artificielles, cela prouverait-il contre leur efficacité ? Ignore-t-on donc que comme toutes les choses, douées de quelque mérite, les boues ont eu leur contrefaçon. M. Lullier Winslen nous apprend (1) qu'en 1743 celles de St-Amand furent imitées par Morand et que les épreuves qu'il fit à Lille et à Paris furent couronnées de succès ?

L'origine adourienne des boues, en ce qui se rapporte spécialement à leur partie solide, étant un fait patant, admis, désormais incontestable

(1) Dict. des sciences méd. T. 3. (1812).

il serait illogique de rechercher ailleurs que sur les bords du fleuve le berceau du bain dont elles sont l'élément absolu. Toute opinion contraire serait non-seulement en opposition avec les tendances naturelles, l'histoire de l'humanité et le simple bon sens, mais encore avec la tradition locale et populaire qui l'y place. Celle-ci fait même remonter le premier bain de boue ou plutôt la puissance de ses effets à l'époque de l'occupation de Dax, par l'armée romaine, sous le règne d'Auguste César, et attribue la gloire et le bénéfice de cette découverte à un chien rhumatisé, presque totalement perclus, que le hasard ou l'instinct particulier à sa race avait conduit dans l'un ou l'autre de ces trous ou cloaques, dont les berges de l'Adour étaient littéralement criblées.

On voudra bien remarquer que cette date constitue, à elle seule, un argument sérieux en faveur de l'opinion du *Viator* de la *Gazette des Eaux* qui croit lui que « c'est à Dax que le bain de boues fut inventé et » que St-Amand, Barbotan le bien nommé, Loèche et autres ne sont que » de modestes plagiaires. J'espère bien un jour, ajoute-t-il, avoir le » temps, l'histoire à la main, d'en établir la preuve. »

S'il m'était permis de m'associer aux recherches du spirituel écrivain, je dirais ici que Pline dans son chapitre de la diversité des eaux, après avoir placé celles de Dax en tête des plus remarquables (1), dit en outre dans celui où il traite en général de leurs usages et de leurs propriétés, qu'on emploie également leurs boues ou limons avec succès à la condition de la faire dessécher au soleil après s'en être frictionné ou les avoir appliquées sur la peau (2).

En traçant ces lignes, je me suis demandé à quelle station pourrait bien se rapporter l'observation de l'illustre naturaliste ; car, évidemment, ici comme en toutes choses, mais ici, particulièrement, la pratique devançant la théorie, il a fallu être témoin de la chose, l'avoir expérimentée ou vu expérimenter avant de la traduire en précepte. Or, n'ayant retrouvé, malgré les plus minutieuses recherches, ni dans le présent, ni dans le passé d'aucune des stations thermales possédant des boues, si ce n'est à Dax, le moindre indice ou la trace la plus légère de ce mode particulier de traitement, qui consiste à les faire sécher au soleil après s'en être enduit le corps, j'ai dû forcément en conclure que

(1) Emicant benignè passimque in plurimis terris, alibi frigidœ, alibi calidœ, alibi junctœ sicut in *Tarbellis aquitanica gente* (Pline lib. XXXI. Cap. 2.)

(2) Utuntur et cœno fontium ipsorum utiliter, sed ita si illitum sole inarescat. (Pline lib. XXXI. Cap. 6.)

c'est dans cette station que Pline ou ses commentateurs l'avaient observé.

Comme on le voit, toute s'accorde et concourt à démontrer, sans qu'il soit nécessaire de recourir à d'ingénieuses fables, qu'à Dax l'usage des bains de boues remonte à une haute antiquité. Mais aussi, il faut bien le reconnaitre, nulle part au monde la nature ne l'avait autant favorisé, non seulement en en faisant tous les frais par une adroite, luxueuse et incomparable combinaison de ses éléments, mais encore par leur situation des plus favorables, dans un lieu des plus accessibles, très-fréquenté, comme le sont et le furent en tout temps les bords non escarpés des rivières.

Qui ne se souvient encore de ces petits et grands cloaques, creusés dans l'onctueuse alluvion, traversés par l'eau thermale, mais disparus aujourd'hui sous le remblai et le pavé du pont? C'était le rendez-vous du peuple des campagnes. Là, chacun s'installant à sa guise dans toutes les postures, sous les yeux des passants, n'offrait souvent à la pudeur d'autre voile qu'un enduit de boue noire sulfureuse, dans laquelle il s'était plongé ou dont il s'était frictionné. On aurait pu croire, donnant ainsi raison, après 18 siècles, à l'opinion de Pline, qu'il la faisait sécher au soleil pour en activer les effets, tandis que s'il restait exposé à ses rayons, c'est qu'en réalité il lui était impossible faute d'abri de s'y soustraire.

Ces trous ou cloaques formaient autant de petits laboratoires ou des réactions ou des décompositions nécessaires s'opéraient incessamment. C'était le véritable état naturel des boues ; le médicament providentiel, le médicament par excellence. On y voyait naître et s'y développer, avec une rapidité surprenante, les algues ou limon qui contribue à en faire un agent thérapeutique si puissant. Maintenant l'état extérieur de cette partie du gisement thermal ayant totalement changé d'aspect, et n'étant plus le même, il serait impossible d'y vérifier le fait de l'origine des boues et de leur formation, si nous n'avions eu la prévoyance, en 1869, de faire concéder par la ville à la Société des Thermes la piscine publique appelée « *le trou des pauvres* » et sur laquelle j'avais appelé l'attention de l'administration municipale en 1848 (1).

Les soins dont cette piscine est devenue l'objet et la sollicitude qui s'attache à sa conservation suffisent pour en démontrer l'importance. On n'a pas oublié les immenses services qu'elle rendit aux indigents,

____

(1) *Echo de l'Adour* (voir).

ni que des malades de la classe élevée y trouvèrent souvent, à la faveur des ténèbres, une guérison vainement cherchée ailleurs. Quant aux griffons qui lui faisaient cortége, sans ajouter à sa renommée, ceux qui en étaient les plus rapprochés, au nombre de quatre, ont été captés dans un bassin commun d'où leurs eaux se répandent au dehors, par deux cannelles, à la température de 59°.

Voici d'ailleurs l'analyse des dites boues telle que nous la trouvons résumée dans un mémoire présenté à la Société d'Hydrologie de Paris, par MM. les docteurs Delmas et Larauza (1).

« Séchées à une température de 100° jusqu'à ce qu'eles aient cessé » de perdre de leur poids, elles m'ont fourni à l'analyse, dit M. Guyot- » Dannecy, les résultats suivants :

Silice.	796	51
Alumine	76	21
Proto-sulfure de fer.	29	31
Oxyde de fer.	24	68
Magnésie	46	32
Chlorure de sodium.	01	29
Matière organique combustible.	50	97
Iode		
Brôme	4	71
Potasse très sensible		
Perte.		
Boues séchées.	1,000	

En transcrivant cette analyse, j'y remarque l'absence absolue de toute espèce de sels de chaux. Ce fait étant contraire à mes prévisions et à ce que j'ai avancé ici et ailleurs, touchant le rôle des oscillaires dans la production des dépôts, j'ai jugé à propos d'en vérifier l'exactitude. Un simple essai qualificatif sur d'anciennes boues, soigneusement conservées, m'a démontré que le carbonate de chaux, tout aussi bien que celui de magnésie, entrait en quantité notable dans leur composition. Evidemment, cette omission ne peut être attribuée qu'à un oubli, à moins, toutefois, que l'auteur de l'analyse, dont la compétence n'est pas douteuse, ne soit tombé sur un échantillon qui n'en contenait pas, ce qui certes a bien pu arriver.

(1) Etude comparative sur les stations de boues minérales françaises et allemandes (Paris, 1872).

Ceci nous amène tout naturellement à déterminer la part contributive en éléments de chacun des deux limons composant les boues. D'un côté, la silice et l'alumine, qui en sont la base et comme l'excipient, sont fournies par l'Adour. Nous avons, d'autre part, la magnésie, la chaux et la majeure partie de la matière organique qui le sont par les algues, comme aussi l'iode et le brôme. Quant au fer, il a évidemment une double origine, celui que les algues enlèvent à l'eau thermale et celui qui se trouve normalement dans le limon adourien. On comprend, par ces détails, à quoi se réduiraient les boues si elles étaient privées du limon végétal qui naît dans l'eau thermale. Elles ne seraient dans ce cas que de l'argile à briques détrempée.

Mais il serait temps de savoir aussi quelle est ou plutôt qu'elles sont les algues qui constituent particulièrement le dit limon. Jusques à ces derniers temps, j'avais supposé qu'une seule espèce y jouait le rôle principal et presqu'absolu, tant elle avait absorbé mon attention par ses caractères saillants, la beauté de sa forme et l'éclat de ses teintes. Négligeant ses caractères intimes, et en ne la considérant guère que dans son habitat, j'avais cru devoir la rapporter à l'*oscillaria Greteloupii* (Bory) (1), et c'est dans cette conviction que je me suis plu, chaque fois que j'ai eu l'occasion d'en parler, à lui conserver ce nom spécifique, comme un légitime tribut d'hommages à la mémoire du savant, de l'ami, du compatriote qui honora Dax, sa ville natale, autant par ses qualités aimables que par ses travaux scientifiques et son amour de la science : J'ai dit Sylvestre de Greteloup.

Mais M. Paul Petit, le savant spécialiste, qui en a récemment donné une description (2), l'a reconnue, suivant Rabenhorst, pour l'*oscillaria tenuis* d'Agardh. Var. i calida. Il croit cependant que c'est une espèce distincte. Ce serait à son avis *l'oscillaria Calida*, ag. Il a constaté que cette algue tache le papier en bleu. J'ai fait la même remarque, il y a déjà bien longtemps. Cette coloration serait due à la phycocinanine qui sort des cellules mortes, déchirées ou en voie de désorganisation. Non seulement l'algue dont il s'agit colore, dans certaines conditions d'existence, le papier en bleu, mais elle m'a même fourni des teintes roses, rougeâtres, violacées, plus ou moins vives, passant par degrés insensibles de l'une à l'autre de ces teintes et se confondant dans le

____

(1) Botanicum Gallicum, page 993. 6 Os : major.

(2) Bulletin de la Société botanique de France. — Tome xxvii, 1880, page 76.

même échantillon. Ce phénomène a été attribué à une modification de la matière colorante amenée par la putréfaction et à laquelle Nées d'Esenbeck, qui l'observa le premier, imposa le nom de Suprochrôme des deux mots grecs putride et couleur.

Ce n'est point ici le lieu de nous étendre à ce sujet, ni même de résumer les diverses opinions émises par les chimistes modernes sur les matières colorantes des algues. La question étant encore controversée et très compliquée, nous nous bornerons à rappeler que les recherches dont elles furent l'objet, à une époque relativement reculée, la firent attribuer à une substance voisine de l'albumine, à cause de son analogie avec la couleur retirée du blanc d'œuf, par Caventou et Bonastre à l'aide du traitement par l'acide hydrochlorique.

Quoique beaucoup moins remarquable que celle dont il vient d'être question, il est un autre oscillaire dont le rôle n'est pas moindre que le sien. Sans lui donner toute l'attention qu'elle méritait, je l'avais bien souvent rencontrée, çà et là, dans de petites rigoles d'écoulement; mais depuis que la température de la piscine des pauvres a été réduite au degré des bains ordinaires, c'est-à-dire depuis qu'elle marque de 32° à 37°, suivant le point de sa surface où on l'observe, elle l'a complètement envahie, et doit, conséquemment, occuper une place importante dans la formation du limon végétal. On n'a pas d'idée de sa force végétative ou de la rapidité de son développement. Son diamètre n'est que le tiers de celui de *l'os. calida* (P. Petit). Ses articles sont de moitié plus longs que leur diamètre. Sa couleur verte n'a rien de remarquable, différant encore en cela de sa congénère qui se distingue par une teinte variant du vert foncé éclatant au vert bleuâtre. On sait d'ailleurs que celle-ci a des mœurs différentes de l'autre et qu'elle se plaît tout particulièrement dans les sources ou réservoirs dont la température est de 45° ou oscille entre 36° et 50°, comme je l'ai indiqué (1).

Bien que sous certain rapport elle en soit inséparable, ne nous laissons pas plus longtemps distraire par cette question du sujet principal et revenons à nos boues.

Nous avons avancé, quelque part, que les boues de Dax formaient une espèce particulière n'ayant d'analogue que celle de Préchacq,

---

(1) *Journal des mines*, page 498 (1871). — Considération sur les eaux thermales de Dax. Bulletin de la Société de Borda, page 35 (1876).

village situé dans la vallée de l'Adour à trois lieues de Dax. Dans leur savant et consciencieux travail, MM. les docteurs Delmas et Larauza ont démontré la vérité de notre assertion et prouvé en outre que nulle part les boues médicinales ne réunissaient, comme chez nous, l'ensemble des caractères naturels qui en facilitent l'emploi. Pour ne les comparer qu'aux plus célèbres, nous ferons remarquer qu'à St-Amand on est obligé de les chauffer, leur température initiale étant trop basse et orcillant seulement entre 23° et 24°. Quant à celles de Franzensbad, elles subissent diverses manipulations consistant particulièrement, après les avoir enlevées de leurs gisements ou marécages qui les produisent, à les exposer à l'air pendant tout l'automne et l'hiver, puis à les dessécher ; après quoi on les pulvérise pour les utiliser suivant les besoins avec de l'eau chauffée. A Dax, au contraire, soit qu'on les utilise directement sur les griffons, soient qu'elles aient été déposées dans des piscines grandes ou petites, dans l'état même où la nature les produit, elles sont incessamment traversées par un courant d'eau thermale et maintenues à des températures qu'on peut faire varier à volonté et graduer suivant les indications.

Ne pouvant en expliquer la cause, et obligé de rester dans le domaine des faits touchant l'action des bains de boues, je me bornerai à répéter que dès que la chimie eut fait assez de progrès pour démontrer qu'aucune substance ne différenciait les eaux communes des eaux thermales, les observateurs qui constataient journellement l'efficacité de celles-ci furent tout naturellement portés à supposer qu'elles devaient contenir un agent insaisissable, une sorte d'esprit volatil qui n'existait pas dans les autres. Bien certainement, Chaptal partageait cette opinion quand il disait que ceux qui s'occupaient de l'examen des eaux minérales ne pouvaient qu'analyser leur cadavre. A plus forte raison, l'illustre savant aurait-il pu le dire en particulier des boues dont il est ici question et dont les effets sont si extraordinaires qu'ils portent à faire douter des propriétés des eaux elles-mêmes. L'idée que cet agent présumé pouvait bien être le fluide électrique, fut émise ensuite sous forme interrogative par le Dr Patissier. La question soulevée, il y a soixante ans par ce savant hydrologue a-t-elle été résolue ? Etranger à l'hydriatrie, je ne saurais le dire ; mais ce qui me paraît certain, c'est que cette idée a progressé et qu'elle s'est même beaucoup répandue, car le vulgaire attribue généralement à l'électricité le rôle principal dans l'action curative des eaux thermales. Si cette opinion est fondée, elle est encore bien plus applicable aux boues qu'aux eaux thermales elles-mêmes. Celles-ci, en effet, plus ou moins chargées du fluide originel, restent dans l'état où la nature les produit. Les principes qui les minéralisent, s'y trouvant dans un équilibre parfait, n'y donnent lieu ni à des décompositions, ni à des combinaisons nouvelles. Le temps, lui-même, n'apporte aucun changement à leur constitution. Dans les boues, au contraire, il se fait un travail incessant. Sous l'influence d'une température plus ou moins élevée, les éléments du limon minéral et ceux du limon végétal se dissocient pour donner lieu à des produits nouveaux, aussi, y avons-nous constaté la présence de l'acide sulfhydrique, de sulfites, d'hyposulfites et de sulfures, etc., qui n'y existaient pas originairement et qui sont le résultat de réactions bien connues, et dont la plupart se prêtent à des définitions faciles et certaines.

Or, on sait que les courants électriques sont en raison directe de l'action chimique, c'est tout autant qu'il en faut pour comprendre pourquoi on obtient de l'emploi des boues des effets très supérieurs à ceux obtenus par celui des eaux.

Mais, pour que ces réactions s'établissent dans les conditions et au degré voulus pour produire leurs effets électro-chimiques, il faut un certain laps de temps. Les deux limons réunis et immédiatement appliqués après leur réunion, sans élaboration préalable et d'une durée suffisante, n'ayant pas, conséquemment, acquis la vitalité nécessaire, ne produiraient certainement pas les effets qu'on peut sûrement attendre des vieilles boues. Telle est l'opinion de la *Gazette des eaux* (1). Telle est aussi celle de MM. les docteurs Delmas et Larauza (2). En ce qui me concerne, je ne puis que m'associer à cette manière de voir, mais en insistant d'une manière toute particulière, pour que des apports fréquents de nouvelles boues viennent remplacer dans les piscines, à mesure qu'ils s'épuisent, leurs éléments actifs et primitifs.

Je ne sais si j'en ai dit assez pour faire comprendre que, quels que soient les changements que les progrès de toute sorte puissent amener sur les lieux d'émergeance des sources, où les boues se produisent, il sera toujours facile de suppléer la nature et de les reconstituer partout ailleurs dans les conditions où elle les fournit.

(1) *Gazette des Eaux*, 12 avril 1866.

(2) Etude comparative des boues.

Il suffira pour cela de faire arriver sur un point donné, par des moyens quelconques, le limon adourien et l'eau thermale à une température qui, ne dépassant pas 45°, ne soit pas inférieure à 36°. Toutefois, il ne faudra jamais confondre la boue de la fontaine chande avec la boue proprement dite, dont il est ici question. Dans le dépôt de la fontaine chaude, en effet, les carbonates de chaux et de magnésie sont les éléments principaux. A eux seuls ils en constituent presqu'entièrement la masse. Dans les autres, au contraire, c'est la silice et l'alumine qui dominent. Cela se conçoit aisément quand on considère que l'Adour, bornant forcément son rôle, — même en temps de débordement, — à refouler les eaux de la fontaine chaude, ne peut pénétrer lui-même dans le bassin pour y déposer son limon. Il suit de là que la silice et l'alumine, qui s'y trouvent en réalité, n'y existent qu'en très petite quantité et en grande partie accidentellement.

« La clinique de la station de Dax, disent MM. Delmas et Larauza, » ressemble à la fois à celles de Franzensbad, de Saint-Amand, de » Barbotan et de Néris, etc.

» On y traite avec succès à Dax, le rhumatisme simple ou goutteux, articulaire ou musculaire et souvent les lésions articulaires diverses plus ou moins graves conséquence de ces diathèses. On en obtient aussi d'excellents effets dans le traitement des lésions chroniques consécutives aux grands traumatismes, aux plaies par armes de guerre, de blessures graves, d'ulcères, d'*accidents syphilitiques* anciens.

« Les névralgies, surtout celle du nerf sciatique, les paralysies consécutives aux lésions des centres nerveux, au rhumatisme ou à l'hystérie, les affections névro-pathiques, les névroses, les chloroses, l'anémie, *les affections de l'organe utérin* se rencontrent encore très souvent à cette station thermale. »

Ce qui témoigne incontestablement surtout en faveur de leurs puissantes propriétés curatives, c'est le concours considérable de malades qui y venaient chercher leur guérison même au temps où il n'y avait encore aucun établissement. Il importe donc de réagir contre ces tendances de délaissement que nous avons signalées, car il y va d'un double intérêt, l'intérêt de l'humanité souffrante et celui de la fortune de la station. Il est hors de doute que les boues végéto-minérales et thermales de Dax sont, sinon un véritable trésor, du moins un des éléments les mieux éprouvés et des plus certains de la prospérité locale. Elles constituent une espèce distincte bien supérieure, sous une infinité de rapports, à leurs congénères de France et d'Allemagne, à ces dernières surtout, dont on tire pourtant un parti considérable. Aussi avons-nous de la peine à comprendre qu'on veuille les sacrifier légèrement à des méthodes insuffisamment éprouvées. Pourquoi donc, nous qui cherchons à imiter dans un foule d'institutions ces peuples Allemands, si éminemment pratiques, ne les imiterions-nous pas dans celles où il nous est si facile de les surpasser ; car il ne faut pas oublier que sous le rapport du climat, de la situation géographique ou de relation et des ressources de toute sorte qui lui sont propres, la ville de Dax a le droit d'être classée parmi les stations de premier ordre, et qu'il n'en est peut-être aucune qui possède, sous un ciel éminemment favorable, une richesse thermo-minérale supérieure à la sienne.

A peine connu, si ce n'est par de courtes et rares apparitions et le plus souvent dépourvu de sa blanche et caractéristique parure, l'hiver n'y apparaît ordinairement que comme un simple trait d'union étroitement placée entre un automne prolongé et un printemps précoce. Si pendant l'été, on est quelquefois autorisé à lui reprocher la pesanteur de son atmosphère, il est juste de reconnaître qu'en compensation la mer y envoie, fréquemment alors, sur l'aile animée d'une brise légère, mais parfaitement ressentie, ses vivifiantes et salutaires effluves.

Bien différente d'ailleurs de la plupart des villes d'eaux, dont la fortune, naturellement périodique, est tout aussi éventuelle qu'essentiellement éphémère, cette antique et célèbre station peut en tout temps, grâce à la douceur de son climat, tenir ses portes grandes ouvertes et recueillir sans cesse et à pleines mains les bénéfices d'une industrie balnéaire des plus considérables.

Comme station d'hiver, en particulier, elle offre au valétudinaire un excellent abri contre l'humide et froide saison, et c'est en vain qu'on chercherait en France un lieu moins accessible à ses rigueurs et où l'on puisse avec plus de sécurité en braver impunément les intempéries.

Ici, en effet, la température, relativement élevée, est en outre bien moins sujette qu'ailleurs à ces transitions brusques, intempestives, toujours redoutées, souvent funestes qui sont l'un des caractères saillants du climat maritime et du climat pyrénéen, beaucoup trop prônés. Que de phthysiques, en proie à des désordres que l'un ou l'autre avait provoqués n'ont dû qu'à la salutaire influence de l'atmosphère, éminemment sédative de Dax, un soulagement inespéré et vainement cherché ailleurs.

En outre de l'excellence de son climat, de la prodigieuse abondance de ses eaux, de leur efficacité bien connue, et notamment de celle de ses boues thermales, si justement vantées, comme aussi de tous ses autres avantages naturels, la station emprunte à ses ressources territoriales, qui sont immenses, puisqu'elles sont généralement exportées au loin, une importance toute particulière. N'est-elle pas en effet, le centre et l'entrepôt général d'une contrée des plus fertiles et des plus favorisées en produits alimentaires ? Tout y afflue ; rien n'y manque, et nous ne craignons pas d'affirmer qu'il n'est aucune localité qui possède en propre plus d'éléments de bien-être matériel et où les choses de la vie soient meilleures et à meilleur marché.

Trop peu connu encore, malgré tout ce qui en a été déjà dit, cet heureux concours de circonstances que la nature s'est plue à grouper avec autant de bonheur que de prodigalité, constitue une situation pleine d'avenir, et Dax, qui n'en retire encore qu'un bénéfice relativement minime, a beaucoup à gagner à ce qu'il soit remis en évidence.

Y travailler, c'est donc servir à la fois deux intérêts dignes d'une égale solicitude. C'est dans cette conviction que simple pionnier de la science, j'ai voulu y contribuer encore une fois, mais très probablement la dernière. L'occasion ne pourrait être ni plus favorable, ni mieux choisie, ni plus féconde ; car elle réunit, dans les murs de Dax et pour la gloire de la cité, des notabilités scientifiques et médicales, qui, comprenant leur haute mission et sa noble indépendance, sont à la recherche de tout ce qui peut être utile à l'humanité souffrante, et ne dédaignent aucun des moyens, si vulgaires qu'ils puissent paraître, de les délivrer des maux dont elle est affligée. Nous avons donc le ferme espoir qu'elles s'associeront à nos vœux et que la station de Dax continuera à grandir dans une progression croissante à partir de ce jour, jusqu'à ce qu'elle soit enfin parvenue au rang que la nature nous paraît lui avoir assigné.

Pour y aider efficacement, il importera que, de mieux en mieux éclairée, sur le rôle important de l'industrie balnéaire et sur l'influence qu'elle doit nécessairement exercer sur toutes les autres industries locales, il importera, dis-je, que l'administration lui accorde, à l'avenir, son concours intelligent, et une protection toute spéciale qui, malheureusement, lui fit trop longtemps défaut.

Hector SERRES.

NOTE

SUR

LA SOURCE BARZUN-BARÈGES

DESCENDUE A LUZ

La source Barzun, qui sourde près de Barèges, a des qualités précieuses qui, depuis longtemps, l'ont fait estimer et rechercher par les malades.

Cette source est sulfureuse, silicatée, très-riche en barègine et contient une quantité notable de gaz azote, à l'état libre.

Comme l'altitude et le climat de Barèges sont défavorables pour beaucoup d'états morbides qui peuvent bénéficier de la source Barzun, on a eu la pensée de la faire descendre jusqu'à la vallée de Luz, où les baigneurs trouveront plus de ressources locales, un site extrêmement gracieux, un climat agréable et par suite une cure plus facile et plus profitable.

Cette opération a été effectuée en 1881, et un établissement élégant et confortable a été construit au centre de la vallée de Luz, sur cette belle avenue de peupliers qui conduit à Saint-Sauveur et qui est encadrée et protégée de tous côtés par de magnifiques montagnes entourant le bassin du Gave de Pau de forêts verdoyantes et de rochers sourcilleux.

Avant de commencer l'exploitation à Luz, il était très important de vérifier dans quelles conditions se trouvait notre source, après avoir parcouru 7 kilomètres, avec une différence de niveau de 600 mètres.

Dès que les travaux d'aménagement furent complets et que la buvette, les bains, douches et pulvérisations eurent fonctionné à Luz, je m'empressai, au mois de septembre 1881, avec M. Trapet, pharmacien en chef de l'hôpital militaire de Barèges, de faire des expériences pour reconnaître la température et le degré sulfhydrométrique de l'eau de Barzun amenée à Luz.

Comme il fallait s'y attendre, le débit était resté le même, la température avait perdu 4 à 5 degrès ; ce qui n'a pas une grande importance puisque l'eau n'ayant à Barèges que 29 degrès, on la faisait chauffer en partie et qu'on la fera chauffer de même à Luz pour les bains et certaines douches. Cette différence de température ira du reste en s'amoindrissant à mesure que les tuyaux et les manchons d'enveloppes s'échaufferont par le passage continu de l'eau, et, en été surtout, par la chaleur de l'atmosphère ambiante et l'action directe des rayons de soleil sur le terrain parcouru par les tuyaux de descente.

Quant à la sulfuration nous la trouvâmes, avec un étonnement mêlé de satisfaction, *identique* à celle qui avait été constatée bien des fois à Barèges sur la même fontaine prise à son griffon.

Nous nous préparions à répéter ces expériences pour en vérifier l'exactitude, lorsque M. Filhol, professeur à la Faculté des sciences et directeur de l'École de médecine de Toulouse, si compétent en ce genre de recherches, vînt lui-même à Luz et trouva des chiffres tout à fait conformes aux nôtres. C'est ce qui ressort d'une communication faite par ce savant à l'Académie de médecine de Paris, dans la séance du 18 octobre 1881, et qui se termine par cette phrase :

« Il résulte de ce qui précède que l'eau de la source Barzun a été
» conduite à Luz sans éprouver une altération sensible, ce qui me paraît
» autoriser à penser qu'elle aura conservé toutes ses propriétés au point
» de vue thérapeutique... (Bulletin de l'acad. de méd. t. x, p. 1246). »

En attendant que M. Filhol ait publié le mémoire qu'il prépare sur la composition de l'eau de Barzun puisée à Luz, nous mettons, ci-après, en regard les deux analyses faites par ce chimiste, la première en 1860 à Barèges, la deuxième en 1881 à Luz ; on verra que le principe sulfuré n'est pas représenté de la même façon dans ces deux analyses ; dans la première, le principe sulfuré est figuré par du sulfure de sodium, dans la dernière, conformément aux vues actuelles de quelques chimistes hydrologues, le sulfure primitif est considéré comme s'étant dédoublé en sulfhydrate et en soude hydratée.

Il semble aussi, d'après ces deux analyses, que la minéralisation totale de Barzun soit plus forte actuellement qu'elle ne l'était en 1860 ; mais cela sera expliqué plus tard par le savant directeur de l'École de médecine de Toulouse.

Il y a enfin une foule de principes nouveaux dans le travail de 1881 qui avaient été soupçonnés antérieurement et qui ont été démontrés par l'analyse spectrale ; mais ces principes n'existent qu'à l'état de traces et leur action thérapeutique est très problématique.

COMPOSITION DE LA SOURCE BARZUN

à Barèges en 1860 :		à Luz en 1881 :	
Sulfure de sodium. . . .	0 g. 0291	Sulfhydrate de sodium .	0 g. 0185
Chlorure de sodium. . .	0 0520	Soude hydratée	0 0132
Silicate de soude	0 1074	Chlorure de sodium . . .	0 0410
id. de chaux	0 0082	Silicate de soude	0 0910
id. de magnésie . .	0 0034	Carbonate de soude, de	
Sulfate de soude.	0 0212	chaux, de magnésie. .	0 0350
Iodure de sodium	traces.	Sulfate de soude.	0 0997
Borate et phosphate de		id. de potasse. . . .	0 1056
soude	traces.	Iodure de sodium	traces.
Oxyde de fer.	traces.	Phosphate de chaux. . .	traces.
Matière organisée. . . .	0 0500	Acide borique	traces.
Total pour 1 litre . .	0 g. 2713	Carbonate de lithium . .	traces.
		Baryte, strontiane. . . .	traces.
		Fer, magnésie	traces.
		Total pour 1 litre . .	0 g. 3043

Aujourd'hui donc, avec l'autorité d'un savant aussi habile, il est permis de soutenir que la source Barzun en descendant à Luz n'a rien perdu de ses qualités précieuses et que les malades retrouveront dans le nouvel établissement ses applications bienfaisantes et variées, dans des conditions topographiques et météorologiques bien plus avantageuses.

C'est là un fait pratique important, qu'on ne saurait trop mettre en lumière, car il assure à cette station thermale un brillant avenir.

Au point de vue scientifique et il a là une épreuve remarquable et un problème d'hydrologie minérale très-heureusement résolu.

On a déjà réussi à conduire des sources sulfureuses loin de leur point d'émergeance. Sans remonter à l'antiquité et vérifier sur les textes si les *Aquæ Albulæ* furent menées de Tibur à Rome, pour alimenter les thermes de Néron, nous citerons les travaux récents faits à Aix en Savoie, à Amélie-les-Bains et à Cauterets, pour la source des œufs.

Mais c'est la première fois qu'une source sulfureuse est menée aussi loin de son point d'émergence sans rien perdre de ses qualités chimiques. Cela tient à deux choses : d'abord à l'inaltérabilité de la source Barzun, et de tout le groupe de Barèges, qui jouit d'une fixité extraordinaire dans ses principes constitutifs, ce qui donnait déjà des garanties pour le succès de l'opération.

Ensuite, la descente des eaux a été exécutée dans d'excellentes conditions, avec toutes les précautions indiquées par la science, c'est-à-dire à tuyaux toujours pleins, et sans la moindre introduction d'air. Les tuyaux employés sont cylindriques, en poterie vernissée, d'un calibre de 4 à 5 centimètres ; leurs paroies sont très-épaisses, ils s'emboîtent exactement les uns dans les autres, ils sont lutés hermétiquement, enfouis dans une tranchée de un mètre de profondeur, sur les accotements de la route Nationale n° 21, ils sont enveloppés d'un manchon de ciment de 25 à 30 centimètres d'épaisseur.

Une autre difficulté résultait de la différence énorme de niveau entre le départ et l'arrivée, qui est de 550 mètres à racheter sur un parcours de 6 kilomètres 600 mètres.

On a eu recours, pour éviter les fortes pressions et les coups de béliers, à un système de cuvettes en fonte émaillée, à soupapes de sûreté, interrompant le tuyautage tous les 500 mètres et servant de regards pour surveiller l'écoulement, donner issue aux gaz accumulés, et parer aux accidents qui pourraient survenir dans le parcours du canal.

Ces divers moyens ont permis de mener à bonne fin une entreprise hardie, qui fait honneur à celui qui l'a conçue et à ceux qui l'ont exécutée. Mais la fixité naturelle de l'eau de Barzun a été l'élément principal du succès.

Maintenant qu'il est bien avéré que la source Barzun descendue à Luz possède toutes les propriétés qui ont fait sa réputation à Barèges, que la situation des nouveaux thermes au centre de la vallée de Luz assure à cette station un climat délicieux, une altitude moyenne, un site des plus agréables, une facilité d'accès, un bien-être et un confort qui doivent lui donner des éléments nouveaux d'efficacité et de prospérité, il convient de bien préciser les indications de la cure de Barzun et de fixer les malades et les médecins sur les vertus particulières de cette source précieuse.

D'abord, comme effet général sur l'organisme, nous devons noter une action tonique, un réveil des fonctions de nutrition, un remontement général, propriétés qui appartient à beaucoup de sources minérales et que Barzun possède à un haut degré. Cette action est puissamment aidée par le milieu hygiénique, par des appareils de balnéation très perfectionnés et par des ressources hydrothérapiques complètes.

Signalons ensuite un effet sédatif très manifeste sur le système nerveux, les affections qui en dérivent et les phénomènes d'éréthisme qui compliquent beaucoup de maladies. Les bains de Barzun agissent victorieusement contre ces accidents, ils produisent un calme et un bien-être qui sont ressentis par tous les malades et même les personnes bien portantes qui en font usage. Ils abaissent le poul et la calorification, apaisent l'excitation nerveuse innée ou acquise, générale ou localisée et cela avec une grande puissance.

Pendant l'immersion le corps se couvre de bulles de gaz, la peau devient douce et onctueuse, les membres s'assouplissent, les douleurs disparaissent ; on se sent, à la suite, léger et dispos ; et le sommeil qui était agité, devient calme et réparateur. Ces phénomènes physiologiques sont très marqués et d'autant plus précieux que c'est la seule source sulfureuse qui les possède à ce degré.

Comme nous l'avons dit ailleurs avec plus de détails, ces eaux sont excellentes pour combattre les névroses, les névralgies rhumathismales ou autres qu'elles soient périphériques, ou qu'elles se manifestent sur les organes intérieurs.

Cette action générale s'exerce encore très favorablement contre l'anémie, la chlorose, la dysménorrhée et ses complications, ainsi que sur le lymphatisme et ses diverses manifestations.

Quant aux effets spéciaux, localisés de la source de Barzun, ils portent d'abord sur l'enveloppe cutanée et ses altérations multiples, surtout contre les dermatoses sécrétantes, vives, ou qui ont de la tendance à passer à l'état aigu.

Son action est aussi très manifeste et très prononcée sur les muqueuses ; elle opère des modifications très heureuses et très rapides des catarrhes ou irritations chroniques de la gorge, du larynx, des bronches, etc. L'asthme sec ou humide, l'emphysème pulmonaire sont soulagés par nos eaux, et aussi par le séjour dans un climat tempéré et égal, situé à une altitude moyenne de 600 mètres, qui est très favorable à ce genre de maladies, et où l'on pourrait très facilement établir une de ces *sanatoria*, dont on a tant parlé dans les Pyrénées.

D'autres localisations importantes sont justiciables de Barzun, ce sont celles des organes spéciaux de la femme et de leurs annexes, et celles de l'appareil urinaire dans les deux sexes.

Ceci nous amène à comparer les effets de notre source avec ceux des stations voisines et à établir les caractères différentiels qui existent entre notre médication et la leur, de façon à bien déterminer les mérites spéciaux qui les distinguent.

Ainsi, par rapport à Barèges, Barzun a une action similaire bien plus adoucie ; et aux personnes nerveuses, irritables, pléthoriques, congestionnées, qui ont besoin d'une médication sulfureuse, nous offrons des eaux qui s'adaptent parfaitement à leur tempérament.

Il en est de même pour les affections qui ont de la tendance à s'enflammer, à passer à l'état aigu. Nous pouvons agir efficacement sans provoquer d'accidents. C'est en cela que Barzun était utile et le sera toujours près de Barèges, pour préparer les malades à la cure de cette station et pour atténuer les poussées inflammatoires ou l'excitation nerveuse provoquées par elle.

Il faut ajouter que pour certaines affections, le rhumatisme par exemple, pour les constitutions faibles, impresionnables, les poitrines délicates, le climat et l'altitude de Barèges, offrent des inconvénients et des dangers sérieux ; à Luz, ou n'aura rien de semblable à redouter.

Les eaux de Barzun sont encore plus douces, plus calmantes que celles de St-Sauveur; elles exercent sur l'élément nerveux, si prédominant dans les maladies des femmes, une sédation plus prompte et plus manifeste.

Sans doute les eaux de Barzun ont une action moins profonde, moins intime, et leurs effets résolutifs des engorgements de l'appareil utéro-ovarin sont moins accentués que ceux de St-Sauveur ; mais Barzun s'adresse à des cas légers bien plus nombreux : catarrhes du col et du corps de l'utérus, irritations, granulations, engorgements, dérivant, soit du lymphatisme pur, soit de l'herpétisme ou de l'arthritis.

Quant à l'effet sédatif plus prononcé de Barzun, il s'explique par la proportion différente de ses principes constitutifs ; la barègine et l'azote à l'état libre, y sont bien plus abondants qu'à Saint-Sauveur. C'est à cette richesse en azote, qui est de 26 centimètres cubes par litre, que nous attribuons la vertu principale de Barzun de calmer l'éréthisme nerveux d'une façon si rapide et si complète. En attendant que cette action soit démontrée directement et expérimentalement, nous devons nous en rapporter à l'observation des médecins Espagnols, qui ne doutent pas du fait, et ont organisé une classe d'eaux minérales *nitrogènes (azotadas)*, qui donnent lieu à des applicatioes particulières et méthodiques du gaz azote administré en inhalations. Sous peu, nous établirons à Luz des appareils du genre de ceux qui fonctionnent à *Panticosa* et nous publierons les résultats obtenus par une méthode nouvelle en France et que Barzun permet seul de réaliser.

Sans contester à la station de Cauterets ses applications thérapeutiques variées, et surtout la spécialisation particulière de la *Raillère* contre les maladies des voies respiratoires, nous croyons que cette dernière trouve, dans l'altitude et le climat de Cauterets, des conditions défavorables et quelquefois une contre indication formelle.

De plus, les eaux de Cauterets, comme celles de beaucoup de sources sulfureuses thermales des Pyrénées, sont altérables ; ce qui fait que leur richesse minérale, constatée aux griffons, n'existe plus sur les lieux d'emploi.

Aussi, pour l'exportation, nous ne craignons pas de recommander l'eau de Barzun, comme étant préférable à toutes les autres par sa complète inaltérabilité, aujourd'hui incontestable, et par les garanties qu'elle offre pour les cures faites à distance.

Pour nous résumer en quelques mots et préciser d'une manière étroite et sûre les indications médicales de la source de Barzun, nous dirons qu'elle exerce une action générale tonique et à la fois sédative du système nerveux ; que son action élective locale se porte principalement sur la peau et les muqueuses et plus spécialement encore sur les altérations des voies respiratoires et des organes génito-urinaires.

Dr ARMIEUX.

CONGRÈS SCIENTIFIQUE

DE

DAX

SESSION DE 1882

MÉMOIRES

PREMIÈRE SECTION

(SCIENCES PHYSIQUES ET NATURELLES)

RECHERCHES

SUR

QUELQUES FORAMINIFÈRES

A L'EFFET D'OBTENIR

Des Preuves à l'appui de la classification de certains organismes vaseux

Par M. le Mis de FOLIN.

Parmi les organismes particulièrement intéressants que procura l'exploration du *Travailleur* en 1880, se trouvèrent quelques exemplaires d'une enveloppe vaseuse provenant d'assez grandes profondeurs. En raison de leurs dimensions relativement considérables, il est probable qu'elles avaient été déjà vues. Sans doute leur ressemblance avec des tubes d'Annélides avaient fait supposer qu'elles appartenaient à cette classe d'animaux. Nous nous étions nous-même laissé aller à commettre cette erreur, car, assez fréquemment nous en avions rencontré dans nos dragages de la Fosse de Cap Breton et nous n'y avions attaché aucune importance, attendu qu'elles semblaient toujours abandonnées de leurs habitants. Nous aurions probablement conservé cette insouciance à leur égard si notre attention n'avait pas été attirée sur une particularité qui nous frappa plus qu'elle ne l'avait fait autrefois parce qu'elle se montra plus fréquente, nous remarquions qu'un grand nombre de sujets présentaient deux ou trois étranglements qui les divisaient en autant de segments réunis par une sorte de gorge. L'examen nous fit voir en outre qu'ils étaient fermés à l'une de leurs extrémités, quelquefois aux deux. Les ayant donc soigneusement étudiés, il nous fut démontré que ces sortes de tubes, ou bourses qui paraissaient composées de vase constituaient à elles seules un animal très particulier dont nous avons ailleurs donné une description. A ce moment, ayant eu l'occasion d'écrire à notre ami, le savant Rhizopodiste anglais, M. H. Brady, pour le consulter sur quelques autres organismes, nous recevions avec sa réponse les deux premières parties de ses « *Notes on some of the Reticularian Rhizopoda of the Challenger expedition* ». Et dans celles-ci nous trouvions la description et la figure d'une enveloppe vaseuse dont il avait fait son genre *Pelosina*. Par déférence pour l'autorité de l'éminent spécialiste, nous basant sur quelques analogies, nous avons rangé un certain nombre de nos spécimens parmi les *Pelosina*. Cependant si les figures nous montrent des organismes ressemblant aux nôtres dont quelques-uns sont segmentés, comme le sont ceux du Challenger, la description ne répond pas du tout à ce que nous avons observé, puis scrupuleusement constaté. D'après M. Brady, les Pelosina telles qu'il les a examinées, ne seraient que des enveloppes au dedans desquelles devrait habiter l'animal, elles seraient formées de vase dont la consistance serait due à une sorte de compression résultant de l'accumulation qui produit en même temps l'épaisseur. Ce n'est point ainsi que nous trouvons nos sujets établis et l'animal qui en fait partie n'habite pas l'enveloppe de cette façon. Comme il peut bien se faire que malgré tout il y ait plus de concordance que de dissemblance entre nos sujets et ceux du Challenger, nous maintiendrons au moins une partie d'entre eux dans le genre *Pelosina* jusqu'à ce que par des comparaisons, il ait été décidé si cela doit être.

La découverte de ces spécimens conduisit à celles d'autres corps vaseux qui se présentèrent sous des formes variées, ne se montrant quelquefois que comme des concrétions amorphes sans contours nettement définis, de simples petites masses de vase concretée sans aucune apparence d'une règle quelconque de formation. Examinées avec soin, elles présentaient des caractères assez différents pour être séparés en neuf types de genres bien distincts y compris les *Pelosina*.

L'expédition de 1881 nous a procuré un assez grand nombre de spécimens des mêmes organismes et parmi eux il s'en trouve qui ne peuvent être assimilés à aucun des premiers. Leur réunion forme donc un groupe suffisamment représenté pour qu'il en résulte une nouvelle catégorie. Mais à quelle classe d'animaux peut-on les attribuer, leur étude seule peut fournir des indications à ce sujet, elle est donc non seulement utile mais indispensable, c'est ce qui nous a décidé à essayer de l'entreprendre. Elle nous montra que ce groupe des Vaseux présentait plusieurs caractères analogues nous dirons mieux identiques avec les Rhizopodes réticulaires. Cependant leur apparence et surtout leur grande taille faisait tout d'abord repousser toute idée d'assimilation. Par leur aspect ils étaient trop dissemblables pour qu'on puisse soupçonner entre les deux la moindre affinité. Tels étaient les arguments qui nous furent opposés aussitôt que nous exprimions la pensée d'un rapprochement. Et lorsque nous eûmes acquis les preuves de caractères semblables qui l'appuyaient, sans les récuser on nous observa, qu'ils ne suffisaient pas et qu'il fallait également montrer que ces organismes émettaient des pseudopodes, bien plus qu'il fallait faire voir la circulation granuleuse de ceux-ci. Evidemment après ces constatations le fait serait parfaitement clair, mais pour le moment nous ne pouvons fournir de telles preuves. Les animaux sur lesquels on devrait expérimenter proviennent tous de grandes profondeurs, ils n'arrivent entre nos mains qu'après avoir subi une énorme dépression à laquelle leur vie ne résiste pas, ils sont morts bien avant d'arriver à la surface des eaux. Quelques efforts que nous ayons fait afin d'observer sur les organismes ramenés quelques signes d'existence, nous n'avons jamais réussi à saisir le moindre indice de vie, pas le moindre mouvement, la plus faible contraction, la plus petite rétraction; sans aucune exception nous n'avons pu que constater qu'ils étaient morts depuis un certain temps, nous nous hâtions cependant, sans perdre aucun instant après l'arrivée de la drague, de les soumettre à l'examen. Il ne faut donc pas songer à observer les phénomènes vitaux susceptibles de les caractériser avant d'avoir trouvé le moyen de les ramener dans les conditions normales de leur existence, c'est-à-dire, dans de l'eau conservant la pression à laquelle elle est soumise sur les fonds où on les drague.

S'il ne nous est pas permis, ainsi qu'on le voit, de donner satisfaction à ces exigences que nous devons regarder comme légitimes, il ne nous est pas possible non plus de rejeter les animaux découverts et de les abandonner à l'oubli. Les ayant remarqué, nous avons le devoir de les faire connaître et comprenant toute la circonspection que nous devons apporter en leur assignant une place dans la nomenclature, nous les classerons, en raison de motifs sérieux résultant d'observations scrupuleuses, en les rapprochant des Rhizopodes réticulaires. Mais ce sera seulement à titre de probabilité et sous toutes réserves jusqu'à ce que des certitudes viennent assurer la position réelle qu'ils doivent occuper.

Nous avons également le devoir de faire connaître toute entière l'étude qui nous a conduit à ces conclusions, car il est nécessaire que l'on sache d'abord quelles sont les similitudes d'organisation qui existent entre notre groupe de Vaseux et les Rhizopodes, puis aussi comment nous sommes parvenus à les reconnaître.

Après avoir essayé de divers moyens, nos tentatives n'ayant produit aucun résultat concluant, nous avons songé à employer la méthode des comparaisons. C'est-à-dire que nous avons cherché si nous ne reconnaîtrions pas quelques caractères généraux sur des types bien avérés qui se retrouveraient également sur nos sujets.

Nous avons donc soumis à une analyse sérieuse de nombreuses séries de Foraminifères appartenant aux groupes non douteux des Porcelanés et des Vitreux. Puis nous avons examiné de même les Arénacés, les Spiculacés, les Globigerinacés et les Pâteux. Enfin les mêmes expériences ont été faites sur les Vaseux.

Par la relation de ces diverses opérations qu'on va lire, on verra quelles ont été renouvelées bien des fois sur les mêmes types, car nous désirions non seulement obtenir la certitude d'un fait, mais constater aussi son caractère absolu par des concordances répétées.

On nous suivra pas à pas dans la recherche de nos preuves, on verra comment elles ont été obtenues et par quelles relations elles se relient entre elles, et montrent l'identité des caractères.

Sans nous inquiéter de l'ordre zoologique, nous avons examiné un certain nombre de genres, nous les plaçons ici, d'après la chronologie des analyses.

La première opération a pour sujet l'examen du Foraminifère qui paraît être le plus répandu de tous, l'*Orbulina universa.*

En cherchant bien parmi le nombre énorme d'échantillons de cette espèce qui peuvent être facilement réunis, on n'aura pas de peine à en trouver quelques-uns dans lesquels on apercevra par transparence le Sarcode, il se montre comme une tache sombre au dedans du globule. Beaucoup ne laissent rien voir, leur opacité est peut-être trop forte ou bien toute trace de l'animal a disparue. Lorsqu'on brise l'enveloppe de celles dans lesquelles les restes de l'animal sont demeurés, on remarque qu'ils n'occupent qu'une faible partie de la capacité intérieure et qu'ils se sont appliqués en se desséchant sur une portion assez minime de la concavité.

En faisant dissoudre l'enveloppe dans l'acide azotique, elle fait effervescence et disparaît en laissant libre le Sarcode.

Nous noterons les cas où le traitement par l'acide donne lieu à l'effervescence et montre l'intervention d'une sécrétion calcaire dans la formation de l'enveloppe, nous verrons qu'elle n'est pas toujours de cette nature.

Si, après avoir écarté toutes les parties du Sarcode que contenait l'Orbulina, on examine le liquide dans lequel elle a été dissoute, on aperçoit de petits lambeaux de matière organique mêlés à des corpuscules extrêmement fins et à côté d'eux d'autres corpuscules un peu plus forts, parfois même assez gros, grains de quartz, filaments paraissant avoir appartenu à des végétaux, fragments de spicules et autres. Tous étaient incorporés aussi bien que la matière organique dans l'épaisseur de l'enveloppe, on s'en assure aisément en choisissant des fragments d'orbulina, sur les surfaces desquels il ne reste aucune trace de l'animal. Pour plus de sûreté nous les avons fait macérer dans de l'eau distillée, nous les avons soigneusement lavés et rincés et ce n'est qu'alors qu'ils ont été traités par l'acide.

La dissolution obtenue, nous avons constaté dans le liquide la présence de la matière organique et celle des corpuscules.

En répétant l'expérience un grand nombre de fois, faisant dissoudre tantôt la paroi interne, tantôt la surface du dehors de l'enveloppe, ce qui est facile en imbibant d'acide avec la pointe d'un petit pinceau, la seule partie que l'on veut attaquer et faire disparaître ; nous avons pu nous convaincre qu'elle se composait de trois couches distinctes, une au-dedans et une au-dehors, toutes deux produites par une sécrétion calcaire, puis une intermédiaire qui est composée de protoplasme et de corpuscules qui lui sont mélangés ; ils sont presque tous très fins et tenus et sont incorporés, tandis que de plus grands paraissent fixés sur la surface du mélange montrant des saillies qui se noient dans les sécrétions. On saisit parfaitement ces détails lorsque les deux couches calcaires ont disparu ; ils sont corroborés quand on a fait dissoudre seulement une des deux couches secrétées, il est alors facile de les reconnaître et de les étudier en les examinant par transparence à travers les trous ronds de la couche restante. On peut également alors très bien s'assurer que la partie protoplasmique forme une enveloppe complète tandis que celles qui sont secrétées sont percées de deux séries de trous très régulièrement arrondis, les uns d'assez grande dimension relativement, les autres plus petits. Ceux-ci se trouvent dans les intervalles laissés libres par les premiers. Nous pensons que l'enveloppe protoplasmique est formée la première et que c'est sur elle que se déposent les sécrétions des deux autres. Ce n'est pas la première fois que ce que nous venons de dire a été observé et nous croyons que l'enveloppe de matière organique a été vue et indiquée par Schultze. On reconnaîtra du reste, peu à peu, que ce mode de formation des demeures est général.

Pour examiner le sarcode, nous le faisons d'abord macérer quelque temps dans de l'eau distillée, puis nous le triturons ou le broyons en l'écrasant entre deux lames de verre. Dans un cas comme dans l'autre, nous le voyons perdre de l'intensité de sa couleur à mesure que son épaisseur diminue ; de brun presque noir qu'il paraissait être, il devient d'un fauve de plus en plus clair et quand il se trouve réduit à sa plus simple expression, comme ténuité il est à peu près incolore. Lorsqu'il est écrasé et réduit en une couche mince, on aperçoit sans peine qu'il est mélangé à une quantité considérable de corpuscules étrangers, grains de sable très menus, véritable poussière ; puis à d'autres plus considérables, grains de quartz, débris de petits tests, fragments de spicules, filaments végétaux, etc. Ce fait qui se constate on ne peut plus facilement, comme on le verra en nous suivant, étant commun à tous les Rhizopodes réticulaires en général, devient un caractère qui leur est propre. Nous parlons ainsi parce que nous l'avons observé chez tous les animaux que nous avons examinés, quelque soit le groupe auquel ils appartenaient. En réfléchissant, on comprend de suite qu'il n'a rien d'étonnant ; on s'explique la nécessité où se trouve un organisme qui ne consiste qu'en une mucosité presque fluide et par cette raison manquant tout à fait de consistance, d'en produire une artificielle, qui le mettra en état de présenter une résistance si faible qu'elle puisse être à certaines pressions et à des exigences d'état. En s'incorporant de petits corps durs et solides, il augmente la densité de la matière, il donne à celle-ci une force plus grande ou plutôt le moyen de l'exercer dans toute sa plénitude en lui procurant des points d'appui, la rendant ainsi plus capable de fonctionner, car certaines fonctions lui sont imposées qu'elle ne pourrait assurément remplir sans cette vigueur ainsi empruntée. On peut facilement se figurer la situation dans laquelle se trouverait l'animal de l'Orbulina, comme celui de tout autre Rhizopode, s'il était réduit à sa valeur intrinsèque. Presque liquide, sans rien d'affermi, de stable, de fixe, et cependant obligé de bâtir cette petite sphère d'une si parfaite régularité, son enveloppe. On comprend l'impossibilité où se trouverait ce protoplasme fluide d'une mollesse extrême et cependant obligé de maintenir la rectitude d'une formation non-seulement géométrique, mais en même temps rigide puisqu'elle est solide. Il ne pourrait assurément conserver l'équilibre nécessaire et se trouverait bientôt entraîné par un poids plus grand que le sien, appartenant à une masse en opposition de nature avec lui, ce serait un continuel déraillement. Mais si par l'immixtion de corpuscules relativement lourds le protoplasme rétablit une supériorité en sa faveur, il parviendra non-seulement à équilibrer mais aussi à vaincre les forces et les résistances, il deviendra dès lors capable de bâtir sa demeure et c'est peut-être uniquement pour remplir cette fonction qu'il a besoin de forces. C'est donc, ainsi que nous l'avons dit, une nécessité inhérente à la nature inférieure du protoplasme, un de ces merveilleux moyens que le Créateur met à la disposition de ses créatures pour leur venir en aide afin qu'elles remplissent leur but. C'est un squelette artificiel que se procure le protoplasme, et de trop faible qu'il était, il devient ainsi suffisamment fort, assez du moins pour ce qu'il doit accomplir.

Alors, parce qu'il nous paraît que ces corpuscules qui composent avec la matière organique une sorte de pâte, dans laquelle ils font un office analogue à celui d'une charpente osseuse, car ils semblent en effet servir d'ossements, constituer un squelette qui doit servir de soutien à l'animal, nous les appellerons des *Pseudostes*. Nous en reconnaîtrons de deux sortes, les mineurs et les majeurs ; les premiers ne sont que des grains de poussière, des atômes dont le nombre est infini, on dirait presque la farine dans une bouillie, le sable dans du mortier. Les autres sont beaucoup plus volumineux et plus rares ; ils consistent en grains de quartz, débris de tests ou petits tests, fragments de spicules, filaments végétaux, etc.

Pour diviser plus aisément le sarcode, nous nous servons d'un petit pilon en verre que l'on peut facilement façonner au chalumeau et au moyen duquel la trituration s'opère dans un peu d'eau. La matière organique se trouve peu à peu comme désagrégée, elle s'étend en une surface dont l'étendue est considérable en raison du volume qu'elle avait. Sur l'ensemble, on distingue fort bien les pseudostes majeurs qui sont plus ou moins grands suivant les espèces. Sur les bords se sont répandues les parties les plus finiment broyées, puis en dehors de la masse générale quelques couches des plus réduites sont éparses, et autour d'elles on aperçoit en suspension dans le liquide de petits flocons qui sont les lambeaux les plus simplifiés du sarcode. Ce sont eux qu'il nous importe d'étudier, car l'animal sarcodique dont toutes les parties sont identiques, n'est composé que de la réunion de ces parcelles. En examinant d'abord la masse compacte ou les parties qui forment des centres, car il arrive qu'on désunit parfois par fragments, on trouve une coloration bien affaiblie déjà si on la compare à ce qu'elle était avant la trituration : elle n'est plus que fauve de brun foncé qu'elle était, et cette nuance perd encore de son intensité à mesure que l'épaisseur se divise et que les couches deviennent de plus en plus minces. En même temps on reconnait de plus en plus facilement la présence des pseudotes mineurs incorporés dans le protoplasme, mais c'est surtout sur les flocons dont nous venons de parler qu'ils sont mieux appréciables puisque ceux-ci fournissent l'expression la plus simple du Sarcode (1) comme épaisseur, aussi leur nuance s'est-elle réduite à un jaune paille si clair qu'on pourrait dire qu'ils sont presqu'incolores. Ces minimes parcelles se montrent de même que les couches fines, et les surface de masses épaisses sous l'aspect d'un tissu à cellules irrégulières. Sur les flocons on juge bien que cette apparence n'est due qu'aux pseudostes qu'ils contiennent. Ceux-ci étant diaphanes et cristallins ne se distinguent pas du protoplasme qui leur communique la même teinte que lui. Les seules lignes de leurs contours sont visibles et elles divisent la couche dans laquelle ils sont inserrés de la même façon que si elle était cellulaire. Si l'on observe sous un fort grossissement l'illusion ne persiste pas, on se rend alors bien compte du mélange, on reconnait les corpuscules étrangers à l'irrégularité de leurs dimensions et de leurs formes tantôt courtes ou allongées, anguleuses et arrondies, on voit bien qu'il n'y a pas toujours juxtaposition, que les espaces qui les séparent ne sont ni égaux ni semblables. On remarque également que le mélange doit s'opérer par couches car on ne reconnait aucune superposition des pseudostes. Assurément on pourrait se considérer comme édifiés après de semblables constatations ; cependant, afin d'établir le fait sur des preuves de toutes sortes, on peut soumettre le sarcode trituré à l'action de l'acide sulfurique et cette action rend on ne peut plus évidente l'incorporation

(1) Nous croyons devoir distinguer le protoplasme du sarcode rhizopodique, le premier étant la matière mucilagineuse pure qui devient sarcode rhizopodique par l'addition des pseudostes.

des pseudostes au protoplasme. Voici ce qui se produit : peu à peu la masse diminue, on la voit perdre sa couleur, se désagréger, les grains de quartz, les fragments de spicules sous la forme de petits batonnets, les parcelles végétales se désunissent, semblent s'écarter les uns des autres, il est aisé de saisir la différence de situation qui s'est produite, de prisonniers ils sont devenus libres, car après un temps suffisant il ne reste plus sur la lame de verre où le sarcode avait été trituré que les corpuscules solides, que les pseudostes majeurs et mineurs.

Nous ne pensons pas que c'est trop nous avancer en disant, que nous pouvons considérer la constitution de ces flocons que nous venons de reconnaitre, comme étant le principe rudimentaire de celle du sarcode rhizopodique, et cela nous suffira pour le reconnaître, toutes les fois que nous constaterons le même état de choses. Nous avons été entraînés en nous occupant du sarcode de l'*Orbulina* à traiter cette question un peu largement afin de montrer immédiatement ce mélange du protoplasme aux pseudostes comme caractère général et comme un criterium sûr. Nous ferons voir qu'en effet il appartient à tous les animaux que nous examinerons et, de plus, comme on le remarquera, propre à toutes les catégories de Rhizopodes réticulaires, c'est-à-dire que nous avons déjà un premier point commun.

DEUXIÈME OBSERVATION

Rotalina

C'est encore un Foraminifère dont l'animal est bien avéré sarcodique qui fournira le sujet de cette seconde observation, ce sera la *Rotalina Becarii*. Si nous faisons dissoudre dans l'acide, il se produit une très-vive effervescence, la périphérie de la coquille disparaît la première, puis la destruction s'étend vers le centre où se trouve la portion la plus solide une sorte d'axe épais qui, pour se fondre, met plus de temps que les autres parties, c'est sur lui que la dissolution se termine. Lorsqu'elle est complète, si l'on examine le liquide dans lequel elle s'est opérée, on y remarque un grand nombre de corpuscules, grains de sable, fragments de spicules, filaments végétaux, débris divers, etc., qui se trouvaient incorporés au produit de la sécrétion qu'on vient d'éliminer et qui par suite se trouvent libres. A côté d'eux se trouvent des parcelles de matière organique extrêmement petites et qui contiennent des pseudostes, des parcelles de sarcode Rhizopodique conséquemment. Elles paraissent avoir formé un ensemble très-mince, une simple couche que l'action de l'acide a pu bien facilement diviser ; quoi qu'il en soit, sur ce point leur présence rend évidente l'intervention du sarcode dans la constitution de la coquille des Rotalina.

Si nous examinons ensuite les parties que contenait le dedans du test, nous trouvons on ne peut plus apparente une enveloppe d'apparence chitineuse (1) composée d'autant de segments qu'il y avait de loges, lesquels sont réunis par un petit canal tibulaire (2). Ces espèces de poches paraissent ouvertes sur leur bord externe et semblent par suite être formées par deux feuillets ou lobes. Les premiers de ces segments n'ont pas encore la forme normale, mais ils la prennent assez rapidement et dès lors régulière, elle est la même pour tous. C'est-à-dire qu'ils adoptent celle des loges qu'ils tapissaient indubitablement. Ceux du milieu sont évidemment plus épais que les autres, aussi sont-ils d'une nuance plus foncée. Les derniers deviennent tellement fins et minces qu'on les distingue avec peine, ils paraissent presque toujours plissés. L'ensemble de ces segments qui forment une sorte de tunique est la reproduction exacte de la coquille interne. Elle est solide et consistante, car on peut facilement lui faire perdre son cours en spirale pour l'étendre en ligne droite. Elle est très transparente, ce qui permet de reconnaître immédiatement si elle contient encore le sarcode, car il arrive assez souvent qu'il a disparu. Lorsqu'il s'y trouve, il se distingue aisément à sa couleur plus foncée inégalement teintée suivant l'épaisseur des parties. On peut facilement l'extraire des segments où il se trouve, cependant on ne l'en arrache pas entièrement, il reste toujours, sur quelques points des parois, des couches adhérentes qui semblent aussi bien liées à celles-ci qu'elles le sont entre elles. En triturant le sarcode, on le trouve composé de protoplasme mêlé à des pseudostes tout comme celui de l'Orbulina et si on le soumet au traitement par l'acide sulfurique il donne également les mêmes résultats que ceux que la première observation a permis de constater.

(1) Nous disons d'apparence chitineuse, car si l'enveloppe présente cet aspect, elle pourrait cependant être simplement un état particulier et analogue du protoplasme transformé ainsi pour remplir une fonction particulière.

(2) Pas toujours bien apparent.

TROISIÈME OBSERVATION.

Ce sont des Cristellaria que nous traitons par l'acide. Leur dissolution s'opère avec une vive effervescence et lorsqu'elle s'est accomplie on trouve dans le liquide des corpuscules et des lambeaux de sarcode. Nous mettons quelques sujets à part et nous arrêtons sur eux l'opération presque à son début, alors qu'elle n'a pu produire d'effet que sur la partie tout-à-fait superficielle du test, et déjà nous voyons épars autour du spécimen les grains de sable, les débris de spicules, les fragments de matière organique, mais tous sont rares et les derniers excessivement menus. Lorsqu'elle est continuée et que la disparution de la coquille est complète, on peut remarquer que le nombre des corpuscules et la quantité de sarcode se trouvent en proportions assez considérables. On aperçoit des lambeaux qui ont dû appartenir à la tunique, cependant nous nous trouvons fort embarrassés pour la trouver, malgré le nombre de sujets soumis à l'opération et examinés, nous ne parvenons pas à préciser la place qu'elle occupe. Après bien des tâtonnements, voici par quel moyen nous avons réussi à saisir sinon le fait certain au moins quelque chose. Nous avons écrasé à sec ou simplement imbibées d'eau distillée quelque coquilles et nous avons examiné ces débris. Ils nous montrèrent que la surface interne du test se présentait à l'œil avec une apparence sarcodique, c'est-à-dire qu'elle se montrait matte presque terne et comme tachetée ou vermiculée par des pseudostes d'une extrême finesse. En traitant séparément un de ces fragments par l'acide et en suivant l'opération, nous avons vu se détacher une pellicule extrêmement fine qui faisait corps avec le test tout en tapissant la surface interne. La trituration de quelques-uns de ces débris nous a fait voir en outre qu'ils contenaient une quantité notable de matière organique à l'état de sarcode. Observant ensuite les cassures c'est-à-dire les épaisseurs, elles ont montré indépendamment des traces bien visibles de couches se superposant les unes sur les autres, le même aspect vermiculé dont il vient d'être question, évidemment dû à la présence du sarcode dans toutes les couches. D'après ces diverses remarques, il nous semble probable que la tunique est en relation d'une part avec la matière organique contenue dans le test et de l'autre avec l'animal sarcodique. Celui-ci paraît assez souvent renfermé dans une sorte de capsule qui ne serait autre chose qu'un segment de tunique plus adhérent à l'animal qu'au test et dans ces cas on voit bien que la relation est plus intime avec le sarcode du dedans qui fait alors bien mieux corps avec la membranne (1). Ordinairement il ne renferme que des pseudostes mineurs, il est rare qu'on en découvre quelques-uns de majeurs, cependant il s'en trouve.

QUATRIÈME OBSERVATION.

Nous traitons des *Biloculina* par l'acide et dès le commencement de l'opération qui a lieu avec effervescence, des couches extérieures du test se dégagent des corpuscules et des parcelles de sarcode, lorsqu'elle est terminée, ces éléments, devenus libres, sont fort nombreux. Parmi les premiers nous remarquons des filaments qui doivent avoir appartenu à des végétaux et dont la longueur et parfois le diamètre sont proportionnellement si considérables que c'est avec étonnement qu'on les voit sortir du test dans l'épaisseur duquel ils étaient renfermés. L'animal sarcodique est appliqué sur les parois des loges en une couche assez mince, mais sous les rebords des marges on rencontre de temps en temps des parties plus épaisses en forme de boudins.

Ce sarcode contient des pseudostes mineurs et majeurs. Les solutions des premiers sujets nous avaient montré quelques fragments qui ne pouvaient provenir que d'une tunique. Après bien des tentatives sans succès pour la découvrir, nous en vînmes à traiter séparément des fragments de tests fracturés à cet effet ; il fut possible, en suivant la dissolution, de remarquer qu'après l'élimination des premières couches ce qui restait prenait un aspect sarcodique très caractérisé. Conduit par là à broyer dans un peu d'eau quelques morceaux de tests, ils formèrent une sorte de bouillie qui à l'œil ressemblait à du kaolin et qui, sous le microscope, se montra composée de corpuscules et de matière organique en assez forte proportion ; ceci se rapportait du reste avec ce qu'avait donné la dissolution par l'acide. En traitant cette bouillie par le même réactif, la sécrétion calcaire disparut, les corpuscules et les lambeaux de sarcode demeurèrent dégagés de même qu'à l'ordinaire, seulement nous fîmes cette remarque que l'acide agissait plus vigoureusement en raison de la réduction des particules de

(1) Il est possible que les parties sarcodiques unissant l'animal à la tunique et celle-ci au sarcode contenu dans l'enveloppe, fines et tenues se séparent en séchant plutôt de l'un que de l'autre, suivant les circonstances de leur dessication.

sarcode, les divisant encore, ce qui mettait en mouvement les pseudostes, puisque dans les courants qui se produisaient circulaient de petits corps arrondis qui, peut-être, étaient des globules protoplasmiques. Il nous fut encore permis de reconnaître quelques parcelles de tunique, mais ce ne fut qu'en prenant le dessus d'un test qui une fois bien lavé et dégagé de tout ce qui aurait pu être un fragment de sarcode et le traitant par de l'acide dilué afin que la dissolution eut lieu sans violence, que nous parvînmes à dégager la membrane. Elle parut avec son aspect chitineux, retenant encore des grains de quartz, des débris de spicules et des parcelles de sarcode. Comme ce fut dans la partie concave qu'elle apparut après que la couche superficielle fut enlevée et qu'elle ne recouvrait pas celle du dehors, nous pouvons croire qu'elle est placée entre les deux, dans l'épaisseur du test. La présence des pseudostes majeurs qui s'y trouvaient encore attachés ainsi que des parcelles de sarcode confirmerait cette opinion qui demande cependant d'être appuyée par de nouvelles expériences, mais comme cette question ne nous importe pas ici, nous ne nous y arrêterons pas pour le moment. Ce qu'il nous fallait, c'était la constatation de l'existence de la tunique et nous l'avons obtenue.

CINQUIÈME OBSERVATION

Des *Triloculina* soumises à l'observation ne nous donnent aucune peine, elle nous montrent un test se dissolvant avec effervescence et dégageant dès leur présence dans l'acide des corpuscules et des parcelles de sarcode en assez grand nombre. Aussitôt la décomposition obtenue, on aperçoit très facilement la tunique, elle apparaît comme un long sac ou boyau ayant en longueur plusieurs fois le diamètre de la coquille et présentant plusieurs étranglements ou retrécissements de son diamètre. Pendant l'opération, elle se remplit de gaz et se trouvant ainsi gonflée, elle représente un chapelet de boudins, dès que le dégagement du gaz cesse, elle se vide, s'affaisse, les parois se collent les unes aux autres et parfois une portion de gaz se trouve emprisonné et demeure renfermé comme dans une vessie, sur ce point la tunique reste naturellement gonflée et conserve une forme arrondie. C'est dans ce sac que se trouve le sarcode, nous ne l'avons jamais vu que disséminé et rare, un peu amassé seulement vers les dernières parties de la tunique. On reconnaît parfaitement le mélange de protoplasme et de pseudostes. Une remarque que nous regardons comme importante, c'est que des tests de sujets morts depuis longtemps, une dizaine d'années, ne contenaient plus que des corpuscules, la matière organique avait disparue, de même que dans la tunique qui seule subsistait claire et limpide, un peu plus pâle seulement que chez des sujets capturés plus fraîchement.

SIXIÈME OBSERVATION

Il arrive parfois que certains spécimens de *Quinqueloculina* montrent sans qu'il soit besoin de les décomposer, l'immixtion dans leur test d'une notable quantité de grains de sable et autres corpuscules et c'est surtout les parties formées en dernier lieu qui sont les plus arénacées. Mais ce n'est pas seulement la présence de ces éléments étrangers, à la sécrétion qu'il nous importe de constater, nous traiterons donc ces Foraminifères comme nous l'avons déjà fait pour d'autres. La décomposition a lieu avec effervescence, et lorsque l'opération est terminée, on aperçoit le sarcode contenu dans la tunique formant ensemble des boudins resserrés vers les points qui occupaient les extrémités des loges. En suivant la dissolution du test, on les voyait déjà se dégager peu à peu. La tunique nous a semblé d'une grande finesse, et le sarcode y paraît bien mieux enraciné au dedans et même au dehors, on peut, en observant attentivement les boudins, remarquer sur leur surface des parcelles de sarcode qui y sont encore attachées. Celui qui se trouve au dedans de la gaîne, car ici la membrane en a tout à fait l'air, est comme de coutume mélangé de pseudostes. Après la décomposition du test, l'animal qui s'y trouvait renfermé est comme abandonné au milieu d'une quantité considérable de corpuscules dont une bonne partie sont encore réunis par le protoplasme. On l'aperçoit aisément recouvrant les grains de quartz, les spicules, les débris végétaux, passant de l'un à l'autre en remplissant l'espace qui les sépare, il s'y trouve à l'état de sarcode Rhizopodique car on peut bien apercevoir les pseudostes mineurs qu'il contient surtout quand il déborde de quelque large corpuscule ou lorsqu'il les a abandonné.

L'habitude de ces analyses permet de reconnaître ce sarcode aux caractères physiques qu'il montre, et qui sont conformes à ceux que présentent les types qui ont été fournis par les animaux non douteux observés les premiers. Mais comme il est essentiel d'avoir des preuves à donner, nous ne nous sommes pas contenté de ce seul jugement résultant d'un simple examen, nous avons donc traité le produit de la décomposition par l'acide sulfurique. Après un certain temps on reconnaît que le protoplasme se trouve éliminé, il diminue peu à peu et sur certains points il ne reste plus que les pseudostes nets et parfaitement séparés les uns des autres. Le changement qui s'est opéré est facile à saisir et ne peut laisser subsister aucun doute. Cependant comme il nous reste encore quelques scrupules, la matière organique paraissant plus abondante ici dans la composition des tests, qu'elle ne l'est en celle de ceux que nous avons déjà examinés, il nous paraît bon. en raison de cette intervention plus large, de montrer que c'est bien du sarcode rhizodopique que nous apercevons. Nous avons donc soumis à une autre épreuve, les grains de sable, les spicules, mêlés à cette matière et dont bon nombre sont encore réunis en groupes par elle, à l'action de réactifs ayant la propriété de colorer le protoplasme. Nous nous sommes servi du picrocarminate et du vert de methyle et nous avons vu que les petites masses de sarcode se coloraient en rouge et en vert, que les pseudostes apparaissaient encore malgré la coloration tandis que les grains de sable nus demeuraient cristallins et sans couleur. Nous avons également vu sur des fragments de quartz les parties recouvertes de sarcode rouges ou vertes et à côté d'elles celles où il n'y en avait pas rester transparentes et incolores comme du verre.

En résumé, on constate sur les *Quinqueloculina* la présence de la tunique, celle de la matière organique (sarcode) dans la composition du test, enfin celle des pseudostes dans le sarcode qui est contenu dans la tunique.

SEPTIÈME OBSERVATION

Bien que souvent les tests de *Lingulina* soient à demi transparents, leur traitement par l'acide qui a lieu en produisant une vive effervescence montre cependant qu'ils contiennent un assez grand nombre de corpuscules et une quantité assez notable de matière organique. Ce qui nous a particulièrement frappé de nouveau, c'est la longueur de certains filaments végétaux, qui sont insérés dans l'épaisseur de la coquille, fait dont nous nous sommes assuré cette fois en suivant le cours de la décomposition. Nous les avons, vu mis à nu, avant que les parois intérieures ne fussent dissoutes, de plus nous avons remarqué que sur quelques points de leurs surfaces adhéraient des parcelles de sarcode, nous les avons éprouvé par l'acide sulfurique et le pricrocarminate. La tunique ne s'obtient pas toujours d'une façon satisfaisante, elle est facilement réduite en lambeaux si elle se trouve d'une grande finesse ou bien si elle est plutôt sarcodique que chitineuse ce qui arrive quelquefois. Lorsqu'on la rencontre en cet état elle se fond dans l'acide sulfurique tandis que quand elle est membraneuse elle persiste en se débarrassant du sarcode qui s'y inserrait. D'autres fois elle est solide et paraît avoir dû revêtir tout l'intérieur du test sans que nous ayons pu préciser la façon dont elle passe d'une loge à l'autre, n'ayant pu reconnaître la position exacte qu'elle occupe. Ce point, ainsi que quelques autres, qui ont fixé notre attention dans le cours de nos observations, ne nous importent pas pour le moment, c'est pourquoi nous n'avons pas cherché à obtenir des éclaircissements qui demandent une étude à part que nous poursuivrons en d'autre temps. Nous nous contentons donc actuellement de constater la présence dans le test, des corpuscules, de la matière organique, l'existence d'une tunique et l'immixtion des pseudostes dans le sarcode.

HUITIÈME OBSERVATION

Les *Nodosoria radicula* nous fournissent un remarquable exemple et une preuve frappante de l'intervention du sarcode dans le test. Quoique solide, celui-ci se dissout très aisément dans un mélange d'une partie d'acide et de dix parties d'eau distillée, et malgré la faiblesse de cette dilution l'effervescence est assez prononcée. Aussitôt que celle-ci se produit, la sécrétion en disparaissant met en liberté des bandes de sarcode reposant sur une pellicule d'une ténuité indescriptible. Elles sont arrachées de la place qu'elles occupaient entre les côtes longitudinales qui ornent la coquille et elles se montrent très nettement séparées les unes des autres sur toute la partie correspondant à la convexité des loges tandis qu'elles sont réunies aux environs des sutures aussitôt que la saillie des côtes a disparu. Il est clair pour nous que celles-ci sont entièrement formées de sécrétion et qu'elles servent seulement de renforts et de soutiens à l'ensemble du test, constituant en quelque sorte sa charpente. Les bandes sarcodiques que nous avons observées sur tous les spécimens soumis à l'épreuve paraissent former une première tunique ou plutôt la véritable enveloppe consolidée par la sécrétion, car elle fait corps avec elle. Voici comment nous comprenons cette formation qui, si nous ne nous trompons pas, est assez curieuse pour être notée. Les bandes de chaque loge, réunies par le haut et le bas, constituent de petits ballons dont les onglets ne seraient pas au complet, il en manquerait un sur les deux qui seraient nécessaires, mais ce vide serait rempli par la sécrétion qui produirait les côtes à cet effet, elle s'étendrait pour les relier aux rubans au dedans et au dehors et recouvrirait ceux-ci d'une couche qui les rendrait solides. Indépendamment de cette première tunique, il en existe une seconde qui entoure le sarcode central, elle consiste parfois en une simple pellicule si fine que chaque bulle de gaz qui s'échappe la déchire en se gonflant et en projette les lambeaux, en d'autres cas elle paraît sarcodique et sous une assez notable épaisseur elle se montre adoptant la forme de la loge à laquelle elle appartenait ; c'est ainsi qu'elle entoure le sarcode principal qui est composé de protoplasme et de pseudostes.

NEUVIÈME OBSERVATION

Le genre *Uvigerina* nous paraît présenter les mêmes particularités que celui qui a fourni le sujet de la précédente observation. Nous avons trouvé sur les spécimens qui ont été traités des corpuscules et de la matière organique dans la composition du test, nous avons de plus constaté l'existence d'une tunique et la présence des pseudostes dans le centre sarcodique. La décomposition s'opère avec effervescence.

DIXIÈME OBSERVATION

Les *Spiroculina* se décalcifient avec effervescence, ils nous montrent les trois points recherchés. Nous avons en outre remarqué que le sarcode rhizopodique est chez eux plus riche en protoplasme que celui des animaux dont il a déjà été question, il en résulte naturellement que les pseudostes y sont moins abondants.

ONZIÈME, DOUZIÈME ET TREIZIÈME OBSERVATIONS

Nous constatons les trois faits qui nous intéressent sur les genres *Marginula*, *Polystomella* et *Polymorphina* dont le traitement par l'acide donne à lieu l'effervescence, chez les derniers la tunique qui revêt les parois intérieures des loges semble sarcodique.

QUATORZIEME OBSERVATION

Les coquilles fines et fréquemment hyalines des *Dentalina*, dont la transparence parfois semble telle qu'on les dirait limpides, montrent cependant par la décalcification que leur test contient des corpuscules et de la matière organique. Il est assez difficile d'obtenir la tunique, ou bien elle est trop vieille et se dissout aussitôt qu'elle est imbibée, ou elle est trop légère et se trouve déchirée et réduite en lambeaux presque méconnaissables par suite de l'action de l'acide. Ce n'est qu'en répétant un grand nombre de fois la décomposition de bien des tests qu'on parvient à la dégager à peu près en entier ou par larges fragments, que l'on peut alors facilement reconnaître. Elle apparaît comme une membrane chitineuse, excessivement fine et assez souple. Le corps sarcodique contient des pseudostes, non-seulement on les sent résister sous la pression, on les entend craquer sous l'effort qu'elle exerce, on les voit aussi sous un grossissement convenable.

QUINZIÈME, SEIZIÈME, DIX-SEPTIÈME, DIX-HUITIÈME, DIX-NEUVIÈME ET VINGTIÈME OBSERVATIONS

Elles ont eu pour objet des *Globigerina,* des *Clavulina,* des *Bulimina,* des *Valvulina*, des *Peneroplis* et des *Tinoporus*. Tous ont montré les trois points cherchés. Les derniers nous ont paru présenter quelques particularités dans leur formation, ayant de l'analogie avec celle de quelques orbitolites dont nous allons parler.

VINGT-UNIÈME OBSERVATION

Les *Orbitolites* et leur décalcification nous ayant fourni des résultats peu d'accord avec ce que Carpenter a écrit à leur propos, nous avons répété les expériences, les multipliant afin d'obtenir des constatations non équivoques. Et si nous n'avions pas réussi à réunir des preuves qui nous paraissent irrécusables, si nous ne les avions pas sous les yeux, subsistant afin d'être produites au besoin, nous éprouverions assurément de l'appréhension en relatant des faits qui ne concordent pas complètement avec ce qu'exprime ce savant dont l'autorité est si hautement établie. Nous parlerons cependant avec d'autant moins d'hésitation que la recherche de ces preuves nous a montré combien il était facile de les laisser échapper sans les saisir, combien aisément sans être aperçues, elle s'évanouissaient souvent devant l'investigation. Enfin, combien ces difficultés se présentent sans qu'on puisse les détourner car elles varient suivant des causes presque toujours insaisissables. Pour bien faire, il serait nécessaire de régler la marche de chaque expérience, d'après la situation du sujet qui doit y être soumis et celle-ci change suivant bien des circonstances qui sont parfaitement inappréciables. Cet état dépend, en effet, de bien des choses, il faudrait connaître la provenance du spécimen, savoir s'il a été pris mort ou vivant, si la mort est déjà ancienne, s'il était jeune, adulte, vieux, bien ou mal développé et tant d'autres encore dont le plus grand nombre ne peuvent ressortir d'aucun indice. Il en résulte tant de résultats négatifs, insignifiants ou trompeurs que nous avons compris comment certaines particularités pouvaient échapper au plus habile observateur et que ce ne pouvait être qu'après de nombreuses constatations, qu'après avoir vu les mêmes faits se reproduire bien des fois, qu'il était possible d'avoir quelque confiance dans les résultats obtenus.

Il est fort probable que si nous avions commencé la série de nos observations par les Orbitolites, nous n'aurions rien vu de ce que nous avons trouvé. Mais comme aucun des Foraminifères déjà examinés n'avait manqué de se montrer pourvu de la partie qu'il nous importait de trouver, nous regardions son existence comme dépendant d'un principe qui ne pouvait être subitement renversé. Conséquemment imbu de cette idée que la tunique devait se rencontrer chez les espèces de ce genre tout comme chez les autres, nous nous sommes appliqués sans nous décourager à sa recherche.

Employant un procédé qui nous avait déjà réussi, nous fîmes en sorte d'en découvrir quelques traces parmi tout ce qui subsistait après la décalcification. Dans l'amas nous reconnûmes des parcelles qui avaient été déchirées et projetées avec une certaine violence par le dégagement de l'acide carbonique, la chose fut facilement vérifiée en observant la décomposition. Elles étaient minces et il fut aisé de voir que si on parvenait à les réunir, elles formeraient une sorte de nappe, ou de membrane que nous devions finir par trouver et qui nous était indispensable pour dissiper toute espèce de doute. Les sujets sur lesquels nous opérions en premier lieu, appartenaient à l'*Orbitolites tenuissimus*. En suivant les effets de la dissolution sous le microscope, nous remarquions une fois la première couche disparue, que ce qui restait du test prenait une teinte fauve presqu'orangée, il était aisé de voir que le sarcode s'étalait comme une lame intercallée dans l'épaisseur de la sécrétion et était appliquée sur toutes les autres parties du test, la coloration était en effet répandue partout sans lacune. Le difficile restait à faire, il fallait dégager cette lame qui évidemment était la membrane dont nous avions obtenu des parcelles, nous ne réussimes qu'après plusieurs essais. Ce fut une nappe plutôt sarcodique que chitineuse qui fut mise à jour et qui ne présentait aucune autre solution de continuité que de petites fentes qui correspondaient aux places qu'occupaient les trabécules, elles sont peut-être dues à ce que la membrane y étant plus légère a facilement disparu. Son examen nous a confirmé dans notre pensée qu'elle est appliquée sur les parois internes des loges et qu'elle traverse les cordons épais sur lesquels s'opèrent les sutures.

Il nous semble aussi que le sarcode principal se lie à celui de cette membrane ce que nous croyons avoir remarqué déjà chez quelques autres Foraminifères. Le test de cette Orbitolite contient en outre de la matière organique et des corpuscules. N'étant pas bien certain d'avoir eu sous les yeux quelques portions du centre sarcodique, nous n'en reparlerons pas et nous nous en rapporterons à ce que présente celui d'une autre espèce sur lequel l'observation est des plus faciles comme on va le voir.

L'*Orbitolites crassa*, est une espèce fort remarquable que nous avons découvert il y a quelques années dans des échantillons de fonds pris dans la rade de Nouméa et qui nous furent envoyés par le commandant Guillain, alors Gouverneur de la Nouvelle-Calédonie. Elle fut décrite dans les « Fonds de la mer » (Tome I, p. 253) par notre collaborateur et ami le docteur Paul Fischer.

Les spécimens employés se trouvaient en des états de conservation assez différents, on pouvait le préjuger à leur aspect, l'expérience le fit clairement voir. Quelques-uns furent entièrement dissous, il ne restait après l'opération que du sarcode en lambeaux si minimes qu'on l'aurait dit délayé, mais en quantité telle qu'il était facile de juger que la capacité des cellules devait être insuffisante pour le loger complètement. D'autres fournirent des fragments de sarcode, de dimensions beaucoup plus considérables et telles qu'il aurait fallu plusieurs loges pour les contenir, ils occupaient donc une partie de l'Orbilite fort notable. Dans les deux cas, si nous n'avons obtenu que des fragments c'est que probablement les sujets n'étaient pas parfaitement conservés et que sans doute il y avait eu un commencement de décomposition du protoplasme, et en effet, il n'avait plus partout sa cohésion habituelle. Lorsqu'il s'est agi de spécimens qui, selon toute apparence se trouvaient en bon état, l'effervescence a présenté quelques particularités inusitées et que nous avons notées. Elle s'est d'abord montrée vive et telle que d'habitude tant que l'action du réactif n'a porté que sur les surfaces du dehors, croûte qui, malgré son peu d'épaisseur, contenait de la matière organique et des corpuscules. Mais quand celle-ci eut disparue, nous trouvions, mise à nue, une masse sarcodique de même forme et de même dimension que l'Orbitolite, que nous avions complète quelques instants auparavant. Elle était d'une nuance brun verdâtre, assez claire, et exactement semblable aux fragments que nous avions déjà vus. Lorsque l'élément calcaire fut complètement dissous, l'effervescence ayant cessé, la masse n'avait changé ni de forme ni de volume, elle formait un tout compact dont la nuance s'était un peu éclaircie. L'étude que nous en fîmes nous a montré que la sécrétion en s'unissant au sarcode le solidifiait sur certaines parties pour établir les cloisons séparant les loges. C'est-à-dire, une preuve bien claire de l'intervention du protoplasme dans la composition de ce que l'on appelle le test. Il se montre ici à l'état de sarcode rhizopodique en une masse relativement imposante, facile à observer et qui permettra avec des sujets, qui, après avoir été traités par l'acide osmique auront été conservés dans un mélange d'eau de glycérine et de thymol, d'en faire une étude qui apportera assurément quelque lumière sur leur organisation. La masse sarcodique contient des pseudostes en abondance et quelques-uns sont assez volumineux, nous croyons avoir aussi reconnu la tunique en apercevant de petites poches paraissant membraneuses et remplies du sarcode qui était contenu dans les loges, elles devaient en tapisser les parois, on les distingue assez facilement dans la masse en raison de leur transparence. Ce sont les seules traces qui restent des cellules. Nous n'avons pas voulu pousser plus loin les recherches désirant avant tout conserver nos preuves en état de montrer ces premières constatations dont l'importance nous paraît déjà assez grande.

VINGT-DEUXIÈME OBSERVATION

Quelques sujets d'*Orbiculina*, que nous avons fait dissoudre dans de l'eau acidulée nous ont confirmé ce que nous avions observé chez l'*Orbitolites tenuissimus*. Nous avons obtenu un disque tantôt fort mince, une pellicule plutôt sarcodique que chitineuse, d'autres fois épais et assez chargé de sarcode mais toujours plein et sans solution de continuité. La dissolution s'opère avec effervescence et laisse indépendamment de la nappe dont nous venons de parler, des corpuscules et des parcelles de matière organique.

VINGT-TROISIÈME OBSERVATION

Des spécimens de *Cornuspira* traités par l'acide se décomposent avec effervescence, le calcaire ayant disparu on aperçoit les corpuscules et la matière organique qu'il contenait. Quelques exemplaires ne nous ont pas montré autre chose, il en fut au contraire qui nous donnèrent des lambeaux membraneux puis une tunique complète chitineuse, un long sac s'enroulant en spirale en s'élargissant à mesure qu'il s'éloigne du centre. Cependant il nous a paru que cette membrane n'est pas toujours ainsi, elle est parfois sarcodique et se désunit assez facilement, il nous a semblé aussi qu'elle est faiblement liée aux sutures et que par suite les tours de spire se détachent facilement les uns des autres. En tous cas elle forme un disque aussi complet que le test. Le sarcode nous a paru dans les conditions ordinaires.

VINGT-QUATRIÈME OBSERVATION

Un sous genre du *Cornuspira*, les *Cylindrospira* nous montrent par la décomposition le test contenant des corpuscules et de la matière organique. Le sarcode principal qui est assez chargé de pseudostes est contenu dans un long tube mi-chitineux mi-sarcodique qui s'applique sur les parois internes du cylindre spiral constituant la loge unique des Cylindrospira et dont le diamètre d'abord à peine perceptible va toujours en s'agrandissant. Les différents tours de spire sont reliés entre eux par une lame chitino-sarcodique. On peut la remarquer dès les premiers effets de dissolution, elle paraît comme un limbe entourant la

périphérie du spécimen sur lequel on expérimente. On la distingue
également bien quand une certaine portion du calcaire a disparue, alors
on la voit soudée à tous les tours du cylindre les réunissant de telle
sorte qu'elle et eux forment un ensemble qui n'est interrompu que par
les brusqueries de l'effervescence. Nous avons observé ici des lames
d'une finesse telle que lorsqu'elles n'étaient pas signalées par quelques
parcelles de sarcode elles étaient positivement invisibles. Nous avons
également remarqué que dans quelques cas, après les avoir
parfaitement reconnues, il arrivait qu'en les laissant séjourner dans
l'acide elles disparaissaient tandis que nous les avons conservés sans
peine dans d'autres circonstances. Cette remarque nous fait supposer
que les pellicules que nous considérons comme chitineuses n'ont peut-
être pas complètement toutes les propriétés de la chitine. Qu'elles
pourraient bien être un composé de matière organique, de protoplasme
et de la sécrétion calcaire et que suivant la plus ou moins grande
proportion de celle-ci dans le composé, il serait plus ou moins
inattaquable par le réactif. Nous nous sommes bornés à constater chez
ce sous genre l'existence des trois points que nous cherchions, cependant
nous avons noté quelques autres particularités qui nécessiteront une
étude spéciale.

VINGT-CINQUIÈME OBSERVATION

Nous avons également un autre sous genre du Cornuspira qui provient
des dragages du *Travailleur* nous l'avons désigné sous le nom de
Atractospira. Les trois espèces que nous avons rencontrées soumises
au traitement par l'acide nous ont donné les mêmes résultats que ceux
observés chez les Cylindrospira, test renfermant des corpuscules et
des parcelles de sarcode, sarcode principal présentant les mêmes
particularités et contenant des pseudostes, membrane qui revêt les
parois internes du tube et qui s'étend dans la partie solide entre les
différents tours de spire.

VINGT-SIXIÈME OBSERVATION

Des *Alveolinas* d'assez grande taille que nous avons recueilli dans
ces mêmes échantillons de fonds de Nouméa qui nous ont procuré

l'*Orbitolites crassa* ont présenté les mêmes particularités que celle-ci. Nous avons reconnu, en effet, une légère enveloppe composée de calcaire secrété mêlé à des parcelles de sarcode qui recouvre une masse sarcodique dans laquelle se trouve un squelette, une sorte de charpente uniformément établie et composée comme l'enveloppe. C'est par séries longitudinales qu'il nous parait que l'organisme s'accroît en s'enroulant autour d'un axe de telle sorte qu'une section transverse décrit une spire. L'effervescence se produit comme nous l'avons indiqué lorsqu'il s'est agi de l'*Orbitolites crassa*.

VINGT-SEPTIÈME OBSERVATION

Kalamopsis, n. a.

Involucrum irregulariter subcylindricum, tubularium, elongatum, ad unam extremitatem closum, ad alteram forsan apertum, subvitreum, interdum inflatum sicut geniculatum.

Ces tubes noueux, subcylindriques, se fermant en s'arrondissant à une de leurs extrémités sans que nous puissions dire comment ils sont à l'autre l'ayant toujours trouvée avec une apparence fracturée, ne pouvaient manquer d'attirer notre attention quand nous les aperçûmes pour la première fois. C'était dans les résidu du dragage du 15 juin 1881, exécuté par 3307 mètres, nous les avons retouvé ensuite dans plusieurs autres notamment dans celui de 1223 métres le 6 août. Leur examen nous les fit bientôt reconnaître comme vitreux et les restes de l'animal qui nous laissèrent voir tous les caractères que nous avions déjà bien souvent constatés sur des Foraminifères authentiques, nous permit de conclure que cette nouvelle forme devait appartenir à cette classe d'animaux. Nous avons donné à ce genre le nom de *Kalamopsis*, en raison de l'aspect que présentent les tubes, les renflements qui de distance en distance simulent des nœuds de roseau, les faisant ressembler à la tige de cette plante.

Kalamopsis Vaillanti, s. n.

Ethymol. Dédié au Professeur Léon Vaillant.

Involucrum tubularium, tenue, subhyalinum, primum hemisphærà irregulare occlusum, dein subcylindricum sed sensim restringens ;

postea extremitatem inflatione obvolutam, persequens et ad novum geniculum adveniens.

long. ? .   diam. $1^{mm} — 1^{mm},5$.

Nous dédions cette espèce à notre excellent compagnon et ami le Professeur Léon Vaillant comme témoignage des bons souvenirs qui nous sont restés de nos relations pendant les explorations. De plus, c'est justice car c'est lui qui prit le soin de recueillir les produits du dragage dans lesquels elle fut trouvée pour la première fois.

Elle est remarquable en ce sens qu'elle pose dans la catégorie des Foraminifères vitreux une forme analogue à celle des Bathysiphons du groupe des pâteux. Suivant toute apparence elle commence par une sorte de demi-sphère fermant un tube qui s'allonge en s'amincissant légèrement peu à peu. A une certaine distance de la partie fermée, le tube s'arrête, une portion de sa partie extrême se trouve enveloppée par un renflement dont la forme rappelle celle du point de départ, la forme initiale, ce qui simule assez exactement les nœuds d'un roseau· De nouveau l'allongement s'opère en diminuant insensiblement le diamètre pour arriver à un second nœud, nous en comptons trois sur les plus longs spécimens que nous avons rencontrés sans pouvoir dire s'il s'en trouve quelquefois davantage, les extrémités opposées à celle que nous avons trouvée fermée paraissant toujours brisées. Par le même motif nous ne pouvons savoir si le tube est fermé aux deux bouts ou si l'un d'eux demeure ouvert. Le test est mince et serait à peu près lisse si assez fréquemment des coquilles des Globigerines surtout ne se trouvaient en partie inserrées dans son épaisseur trop faible pour les contenir en entier, la majeure partie fait alors saillie et se détache en blanc sur la couleur bleuâtre que le sarcode imprime par transparence à l'enveloppe demi-vitreuse. Le cylindre n'est pas toujours allongé en ligne droite, il est quelquefois courbé et d'autres fois presque tortueux.

Le test renferme des corpuscules, non seulement ceux qui sont entièrement compris dans son épaisseur, mais encore ainsi que nous venons de le dire, d'autres trop considérables pour être entièrement contenus. La matière organique s'y montre très abondante ; nous pensons qu'il y a bien un tiers de protoplasme dans la composition du test, la sécrétion entrerait pour un second tiers et les corpuscules pour le reste. Nous croyons d'après cela que cette enveloppe peut être regardée comme un des points de transition qui existent entre les arenacées et celles où la sécrétion dominant elles deviennent porcelanées ou vitreuses. Il y a en ceci une étude particulière à faire ; nous nous proposons de l'entreprendre. Le sarcode paraît peu abondant, au lieu d'être brun, il se montre d'une couleur noirâtre assez foncée, on le trouve par petites masses attenant à une tunique qui tapisse les parois intérieures du tube, ces masses paraissent indépendantes les unes des autres, mais nous croyons qu'elles entrent facilement en relation par l'intermédiaire de la tunique qui est de nature, ainsi qu'on va le voir, à remplir ce rôle. Elle est, en effet, sarcodique, et cependant jouit de la propriété d'être aussi souple et aussi consistante qu'une membrane, car elle se replie facilement, se déplie de même et ne se divise pas aussi aisément que le sarcode, c'est donc qu'il se trouve là en un état particulier. Nous avons vainement cherché si elle n'était pas soutenue par une base chitineuse, nous n'avons jamais trouvé aucune trace qui puisse permettre de s'arrêter à cette hypothèse. Il y a donc lieu de la considérer comme sarcodique et son état permet même de la regarder comme le type des tuniques de cette sorte, ce qui la rend propre à relier par des effets de coalescence les parties séparées du sarcode central. L'examen auquel nous avons soumis ces masses séparées de sarcode nous l'a montré bien pourvu de pseudostes et parmi ceux-ci se trouvaient des Foraminifères complets paraissant même d'une fraicheur telle qu'on pourrait croire qu'ils ont vécu ainsi logés, quoique d'une taille relativement considérable.

VINGT-HUITIÈME OBSERVATION

Les Globigerinacés, catégorie que nous avons ainsi désignée parce que les enveloppes de tous les genres qui en font partie présentent au dehors un revêtement composé de tests parmi lesquels les Globigerines et les Orbulines dominent, nous ont fourni quelques sujets d'observation. Ce caractère serait bien suffisant pour permettre d'assigner au groupe une position nettement définie, mais elle peut également être autorisée par le mode très particulier suivant lequel ces enveloppes sont formées et qui pourrait à lui seul servir à les ranger en une place à part.

Les diverses formes qui en font partie sont, nous l'avons dit, complètement recouvertes au dehors d'Orbulines et de Globigérines dont la saillie ne dépasse pas les deux tiers de leur volume environ. Si on plonge le sujet dans l'acide dilué, les tests de ces Foraminifères se décomposent et ce que l'on peut remarquer d'abord c'est qu'ils montrent tous la tunique qui tapissait leurs parois intérieures, ainsi que le sarcode central. L'apparence que celui-ci présente permet de croire que malgré leur immobilisation ces organismes ont vécu à la place où ils se sont trouvés rivés bien malgré eux sans doute pour qu'ils puissent servir par leur réunion à la protection d'un autre. Après leur disparition il ne reste plus qu'une sorte de réseau à mailles charnues, épaisses et profondes, formant de véritables alvéoles dans lesquelles se trouvaient enchassés les petites sphères. Ce réseau est composé de sarcode et les pseudostes y sont souvent de grande taille ; il parait reposer sur une fine tunique aussi sarcodique qui devait tapisser tout le dedans. Nous avons obtenu d'une forme analogue à celle des *Rhabdammina* et que nous avons nommée *Rhabdamminopsis*, des tubes rameux débarrassés de leurs Orbulines et qui nous montrent le réseau et ses mailles, au fond desquelles on aperçoit la tunique et dont quelques-uns conservent encore le sarcode central. Nous pouvons donc dire avec assurance que les Globigerinacés montrent des enveloppes dans lesquelles les corpuscules sont abondants ainsi que le sarcode et que celui-ci contient des pseudostes celui des mailles comme le central. Les trois points cherchés s'y trouvent donc.

VINGT-NEUVIÈME OBSERVATION.

Un autre groupe, celui des Spiculacés, également bien caractérisé par son enveloppe exclusivement composée de fragments de spicules, nous fournit quelques particularités assez remarquables et d'une constatation facile. Si l'on plonge les formes différentes qui appartiennent à ce groupe dans l'acide, elles ne donnent lieu à aucune effervescence, même lorsqu'on emploie l'acide pur. Cependant les enveloppes s'amollissent, deviennent souples sans se désagréger et acquièrent une grande transparence qui permet d'apercevoir aisément leur contenu. En détachant les spicules et en les écartant on peut dégager une longue tunique ou gaîne qui paraît sarcodique, au-dedans de laquelle on trouve parfois le sarcode central. Mais cette décomposition de l'enveloppe ne peut s'opérer qu'avec une pointe dure, on sent que pour désunir les éléments il faut rompre un lien qui les maintient encore solidement attachés l'un à l'autre et lorsque cette rupture est effectuée on peut voir qu'elle s'est produite sur des parcelles de sarcode qui divisé à l'infini s'interpose entre chaque brin de spicule et les fixe entre eux. Il nous paraît clairement que ce sarcode dans cette fonction doit recevoir par l'ingérence d'un élément que l'acide élimine, la faculté de se solidifier assez pour que sa puissance d'adhérence soit suffisante au maintien de la réunion des parties. On en trouve la preuve en comparant la rigidité de l'enveloppe normale avec la souplesse qu'elle acquiert dans l'acide, son élasticité et sa flexibilité deviennent telles alors que l'on peut facilement, de rectiligne qu'elle était, la plier, lui faire décrire des sinuosités, des courbes, des cercles même sans la rompre. Cette catégorie nous offre donc aussi les trois points cherchés.

Ainsi que nous venons de le dire, l'expérience nous montre que le sarcode joue un rôle important dans l'édification des enveloppes spiculacées. Nous trouvons qu'il remplit exactement le même office pour celles qui sont arénacées, seulement dans la composition de celles-ci, il ne s'allie pas toujours au même élément pour acquérir la force d'adhérence nécessaire. Tantôt nous le trouvons combiné au carbonate de chaux, tandis que d'autrefois nous voyons que c'est un oxide de fer, qui donne la force à la liaison et peut-être apercevrons-nous bientôt d'autres éléments servant aussi à produire les mêmes effets. Pour le moment nous voici déjà en présence de deux éléments de liaisons. D'une part, celle-ci s'opère par l'effet du sarcode uni à la chaux, ou bien c'est avec le fer qu'il s'allie. Nous n'hésitons pas à considérer ces combinaisons comme le véritable lien qui réunit et maintient solidement les différents corps composant les enveloppes. Nous ne dirons donc plus que c'est un ciment, car il nous paraît qu'il y a plus ici qu'un simple effet d'érection d'une demeure, ainsi que nous l'apercevions naguères. Il ne s'agit plus de bâtir en cimentant, mais de développer certaines parties de l'animal, c'est donc un travail purement organique qui s'opère, et nous pensons que dans ces conditions non-seulement l'enveloppe fait partie de l'organisme, mais encore qu'elle vit avec lui. Nous n'hésitons pas à nous prononcer ainsi, nous fondant sur des expériences qui nous paraissent concluantes.

En effet, si on calcine des enveloppes arénacées, elles conservent leurs formes maintenues faiblement par un des éléments subsistant, mais elles tombent en poussière sans le moindre effort, car la combinaison a perdu la matière organique qui a été brûlée, celle-ci ne se trouvant plus en jeu, la liaison a perdu toute sa valeur, n'a plus aucune force.

Si au contraire on traite les mêmes enveloppes par l'acide azotique, le calcaire ou le fer se dégage, abandonne la matière organique, laquelle demeurant seule, maintient la liaison mais faiblement aussi. Assez cependant pour que l'enveloppe subsiste en sa forme, s'amollisse seulement, prenne de la souplesse et ne puisse être désagrégée dans la plupart des cas que par arrachement, déchirement du sarcode qui s'interpose entre les matériaux. M. Brady exprime la pensée que la silice pourrait bien aussi remplir un rôle dans la liaison des enveloppes arénacées ; nous n'avons jamais rien observé de nature à nous le faire supposer ; toutes celles que nous avons traitées n'ont donné lieu qu'à ces deux alternatives : élimination de la matière organique par le feu, de la chaux ou du fer par l'acide azotique, aucune n'a résisté. Comme conséquence, ne pouvons-nous pas conclure que si l'un des deux agents de liaison perd sa force aussitôt que l'autre disparaît, c'est que celle-ci est due à leur combinaison.

TRENTIÈME OBSERVATION

Au nombre des Arenacés dont les enveloppes sont formées à l'aide du calcaire, se trouvent les *Textilaria,* les *Lituola* et les *Verneuilina.* Ce sont ceux-ci que nous avons examinés.

Traitées par l'acide, ces formes donnent lieu à une vive effervescence, le résultat de leur dissolution consiste en un amas de grains de quartz de diverses tailles et de sarcode divisé à l'infini, souvent on le voit demeurant adhérent au sable, Puis au milieu du tout se trouve parfois une magnifique tunique d'apparence chitineuse. Elle représente l'ensemble de toutes les loges réunies ; souvent elle est vide. Dans quelques cas elle contient du sarcode central plus ou moins abondant ; très rarement on la voit pleine ou à peu près. Cette tunique ne se rencontre pas toujours, il arrive fréquemment que les enveloppes sont vides ou qu'elles ne contiennent plus que des tuniques en si mauvais état qu'elles ne se révèlent que par des fragments déchirés. Une fois de plus nous constatons que l'enveloppe est en partie organique, qu'il se trouve une tunique et que le sarcode central est toujours le même ou plutôt se présente toujours avec la même apparence et contient des pseudostes.

TRENTE-UNIÈME OBSERVATION.

Nous avons expérimenté sur quelques-uns des Arénacés ferrugineux *Rhabdammina, Hyperammina. Marsipella, Astrorhiza*, etc. Dans l'acide sans effervescence ils perdent assez promptement leur couleur rougeâtre l'oxide de fer étant dégagé, ce qui les rend également mous et susceptibles d'être aisément désagrégés sous la faible pression d'un petit pinceau. Avec son aide on étend les éléments qui composent l'enveloppe laquelle se trouvant alors répandue sur un plan, montre les parcelles de sarcode déchiré en devenant libres par le détachement ou adhérant encore aux matériaux solides. Au milieu de cet amas de grains de sable, de fragments, de spicules et de matière organique s'allonge la tunique contenant le sarcode central en plus ou moins grande quantité, sur certains de ses points on découvre quelques-unes des attaches qui la relient au sarcode de l'enveloppe. On peut également observer qu'assez souvent elle se trouve interrompue aussi bien que son contenu et qu'il existe ainsi des lacunes très nettes qui pourraient laisser supposer que deux ou trois animaux distincts vivent dans la même enveloppe. Nous pensons que ces solutions de continuité ne sont que momentanées et que les différentes parties qu'on aperçoit ainsi séparées les unes des autres peuvent se réunir par coalescence. Nous avons encore observé que chez quelques-uns de ces organismes allongés la tunique est d'un diamètre relativement très-faible, de beaucoup moindre que celui du tube enveloppe, que celui-ci fort épais emploie dans sa constitution une quantité de sarcode qui formerait une masse plus considérable que celle contenue dans la tunique. Nous apercevons donc une prédominance de la matière organique employée, sur celle qui ne l'est pas, ce qui nous paraît fournir un argument en faveur de l'idée que l'une vit aussi bien que l'autre.

Chez d'autres espèces au contraire il semble que la composition de l'enveloppe est très simplifiée, le sarcode est très peu abondant, la liaison s'en ressent naturellement elle est beaucoup plus faible, la désunion des parties est beaucoup plus facile et s'opère même parfois d'elle-même aussitôt l'immersion dans l'acide même dilué. Il est assez difficile de trouver la tunique de ces organismes qui paraît se décomposer plus facilement aussi, néanmoins nous avons pu constater son existence et rencontrer chez les Arénacés calcaires en général les trois points caractéristiques que nous cherchions.

TRENTE-DEUXIÈME OBSERVATION.

Une forme Arénacée ferrugineuse, le genre que nous avons nommé *Premnammina,* nous donne plus de facilité que la plupart des autres pour reconnaître l'intervention du sarcode dans la composition de son enveloppe. Sa formation a beaucoup de rapport avec celle des Globigerinacés, chaque grain de sable ou chaque spicule se trouvecomme serti par un cordon sarcodique formant les mailles d'un réseau que l'on obtiendrait complet si l'on parvenait à en dégager toutes les parties solides enchassées. Lorsque l'on a dégagé l'oxide de fer et que la couleur ayant disparu l'enveloppe est devenue transparente, on distingue bien le réseau et quand on a opéré la désagrégation il est aisé d'en apercevoir les mailles ainsi qu'une très fine membrane sarcodique qui en remplit les fonds en tapissant la paroi interne. Ici encore nous remarquons une telle abondance de sarcode qu'il nous paraît impossible qu'il n'ait été destiné qu'à remplir le rôle d'un ciment alors qu'une bien moindre quantité suffirait. Nous le croyons au contraire tout en remplissant ces fonctions, destiné à entrer en relation avec le centre vital et à vivre aussi bien que lui. Nous en trouvons une preuve en un organisme qui provient du dragage opéré le 13 juin 1881 par 2018 mètres.

Il constitue un nouveau genre que nous avons appelé *Hemicrypta,* parce que le sarcode ne s'y trouve qu'à demi caché. L'organisme est en effet composé d'une sorte de cordon sarcodique dont la base est une membrane d'apparence chitineuse qui représente la tunique et qui fixe sur sa surface des grains d'Actinote, sans cependant la recouvrir entièrement. La sarcode semble ainsi circuler entre les grains en se montrant dans les intervalles qui souvent sont largement ouverts et le laissent à nu, il adopte une forme allongée quelquefois rameuse ce qui lui donne quelque ressemblance avec les *Rhabdammina.* Comme ce cordon constitue à lui seul la partie animale de cet arénacé, que l'acide lui fait perdre sa force d'adhérence en dissolvant le fer qu'il contient ainsi que cela a lieu ailleurs, il est clair qu'il est dans la même situation que le sarcode employé à la formation de l'enveloppe des *Premnammina* en particulier et de toutes les autres en général, de plus on doit remarquer qu'il représente le sarcode central. C'est donc en lui seul, puisqu'il n'y a que lui que réside la vie et conséquemment puisque dans ce cas la chose est possible, elle doit l'être également dans tous les autres. Ce n'est pas, du reste, le seul fait de ce genre qui peut servir de preuve à l'exactitude de cette opinion, nous aurons l'occasion de les mettre en évidence, en décrivant les organismes sur lesquels on peut l'observer.

Le sarcode des *Premnammina* paraît être contenu dans de petites poches qui seraient en quelque sorte une seconde tunique ; nous en avons trouvé jusqu'à trois dans le même sujet à une seule loge cependant, ou, du moins, qui nous a paru tel.

Les *Psammosphoera* ont leurs enveloppes établies de la même façon que celle des *Premnammina*.

Ces arénacés qui présentent, ainsi que nous venons de le montrer, une nuance assez bien caractérisée dans le mode de formation de leurs enveloppes, nous ont donné lieu de constater également chez eux l'existence des trois points que nous cherchions.

Si nous résumons ce qui résulte de toutes ces observations si parfaitement concordantes, il nous sera permis de dire : que dans tous les tests comme dans toutes les enveloppes, il y a intervention du sarcode que nous désignerons dans ce cas sous le nom de sarcodesme et de corpuscules étrangers pour les former.

Qu'indépendamment de l'enveloppe extérieure, on en trouve une seconde au dedans qui paraît chitineuse quelquefois, tandis que d'autres fois elle semble sarcodique.

Que le sarcode central enfermé dans cette seconde enveloppe que nous désignons sous le nom de tunique est toujours mélangé à des corpuscules que nous appellerons Pseudostes.

Nous avons donc ainsi reconnu trois caractères qui, par la constance de leur réunion constatée sur un nombre suffisant de Rhizopodes réticulaires permettent de conclure qu'ils sont communs à tous les animaux de cet ordre. Il est donc naturel de considérer cette réunion comme un criterium au moyen duquel il sera permis d'introduire parmi eux tous ceux chez lesquels elle se rencontrera.

Ainsi que nous l'avons dit, le triage des produits des dragages du *Travailleur* nous a fourni une série de formes vaseuses qui, en raison des différences qu'elles présentent ont pu être séparées pour constituer plusieurs genres. Ils ont reçu les noms de *Pelosina, Mallopela, Stephanopela, Ilyosphœra, Dendropela,* etc. Eux-mêmes ont montré des caractères distincts qui ont donné lieu de les diviser en un assez grand nombre d'espèces ; et comme toutes nous offrent sans contest cette réunion des trois caractères qui a été le but de nos recherches, il nous est donc permis de considérer ces organismes vaseux comme appartenant aux Rhizopodes réticulaires. Ajoutons que nous avons constamment vu le sarcode ayant le même aspect aussi bien chez ces derniers que chez tous les autres. C'est donc bien une nouvelle catégorie qui doit prendre place avec les autres et assurément une des plus curieuses.

Tel est le résultat des recherches auxquelles nous nous sommes livrés, elles ont nécessité des travaux qui nous ont fait apercevoir quelques particularités qu'il serait utile de bien étudier. Ils ont donné lieu en outre à quelques remarques qui nécessitent quelques nouvelles recherches que nous avons réservées pour ne pas encombrer le sujet qui seul devait nous occuper pour le moment. Ces questions, soulevées par quelques-uns des incidents survenus pendant la décomposition des enveloppes n'ont pas toutes la même importance, cependant comme elles peuvent servir à faire plus exactement connaître les animaux dont il est question ici, nous nousproposons de les rechercher de nouveau. Il en est une surtout qui devra plus particulièrement attirer notre attention elle est relative à la formation des enveloppes et des tests qui nous parait reposant sur un même principe, suivre un mode commun à toutes les espèces.

Biarritz, mai 1882.

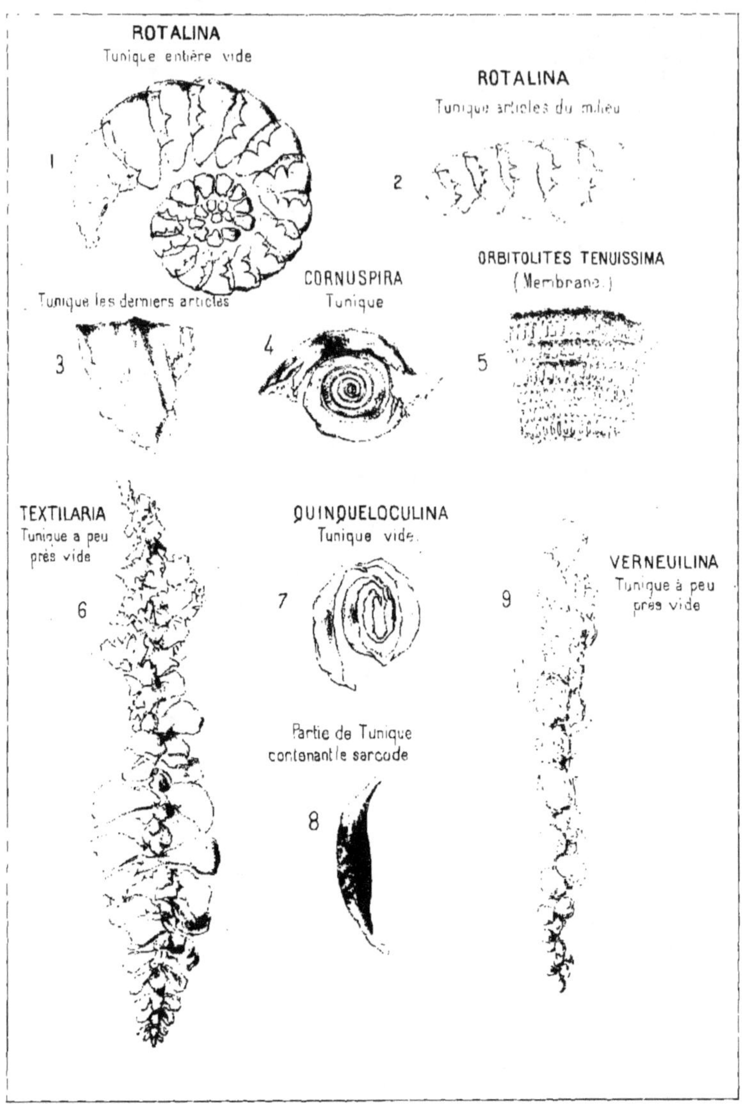

ROTALINA
Tunique entière vide
1
ROTALINA
Tunique articles du milieu
2
Tunique les derniers articles
3
CORNUSPIRA
Tunique
4
ORBITOLITES TENUISSIMA
(Membrane)
5
TEXTILARIA
Tunique a peu
près vide
6
QUINQUELOCULINA
Tunique vide
7
Partie de Tunique
contenant le sarcode
8
VERNEUILINA
Tunique à peu
près vide
9

RECHERCHES

SUR

L'HIBISCUS OU KETMIE ROSE

DU SUD-OUEST

Une de nos plantes les plus remarquables du Sud-Ouest est certainement la belle Ketmie à fleurs roses qui croît le long de l'Adour, dans son cours inférieur, et sur les bords des lacs de la côte. Elle fut signalée pour la première fois chez nous par Thore, au commencement de ce siècle (1), et, de son temps, elle était très abondante, surtout aux environs de l'étang de Lit et près du Vieux-Boucau. De nos jours, elle est devenue beaucoup plus rare. J'en ai trouvé quelques pieds, l'automne dernier (1881), à l'embouchure de la Leyre dans le bassin d'Arcachon, au quartier de Lamothe, commune de Biganos, et c'est là jusqu'à présent sa limite extrême vers le nord de notre région. De plus, ayant visité la côte depuis Arcachon jusqu'à Bayonne en septembre 1880, je ne l'ai trouvée ni à Léon ni à Lit, et ce n'est qu'au Vieux-Boucau et à Soustons que j'en ai vu quelques pieds. Elle n'est plus à Bayonne et, le long de l'Adour, n'existe qu'autour de Dax et de St-Etienne-d'Orthe. Il semble donc que ce soit une plante en retraite, destinée probablement à disparaître dans un temps plus ou moins limité.

Thore avait d'abord rapporté cette plante à l'*Hibiscus palustris* L. ou Ketmie des marais. Plus tard il en fit une espèce distincte sous le

---

(1) Essai d'une Chloris des Landes. — Dax, 1803, et Promenade sur les côtes du golfe de Gascogne. — Bordeaux, 1810.

nom d'*Hibiscus roseus*, pour la principale raison que ses fleurs sont entièrement d'un rose délicat, tandis que, selon Lamarck, elles étaient toujours d'un blanc-jaunâtre, à onglets des pétales pourpres, dans la Ketmie des marais. Il donne aussi pour différence qu'elle a des feuilles à pétiole plus court que les pédoncules floraux et à limbe 2-3 fois plus long que le pétiole. Cette nouvelle dénomination, introduite d'abord dans la première édition du *Flora gallica* de Loiseleur (1) a été acceptée depuis par tous les botanistes, et il est probable que j'eusse fait comme tout le monde et que je ne me fusse pas préoccupé de l'état civil de cette plante sans la circonstance suivante. Traversant à la fin du mois d'août dernier les marais qui avoisinent New-York et l'embouchure de l'Hudson (Etats-Unis), je fus étonné de rencontrer en grande abondance un *Hibiscus* qui, par son aspect, par son port, par la couleur de sa fleur, par sa station, par tout enfin, rappelait à s'y méprendre l'*Hibiscus* que j'avais recueilli l'année précédente dans le Sud-Ouest de la France. Or cette Ketmie des Etats-Unis n'était autre chose que l'*Hibiscus Moscheutos* L. Très frappé de ce fait, je commençai immédiatement en Amérique une enquête botanique que je continuai plus tard au Muséum d'Histoire naturelle de Paris et à Bordeaux. De l'examen approfondi auquel je me suis livré, il est résulté pour moi la conviction que l'*Hibiscus roseus* de Thore n'est pas autre chose qu'un *H. Moscheutos* L. J'ajouterai qu'il en est de même de l'*Hibiscus aquaticus* de la haute Italie et des marais du Pô, ainsi que d'un autre *Hibiscus* trouvé en Asie Mineure.

Parmi les nombreuses espèces de Ketmies aujourd'hui connues, il en est quelques-unes seulement qui, étant herbacées, vivaces, dépourvues d'épines, à fleurs roses ou lavées de rouge apparaissant à la fin de la saison, peuvent être rapprochées de la nôtre. Elles habitent toutes l'Amérique du Nord : ce sont les *Hibiscus militaris* Cav., *H. grandiflorus* Michx., et *H. Moscheutos* L. A ce dernier se rapporte l'*Hibiscus palustris* L. Cette prétendue espèce, en effet, que Linné (1) distingue de l'*H. Moscheutos*, bien qu'il en ait le port, par ses fleurs plus grandes, à pédoncule axillaire, non adné au pétiole et plus long que lui, et qu'il indique en Virginie et au Canada, n'a été retrouvée nulle part dans

(1) *Bot. gall.* Lois. p. 434.

(2) *Species*, p. 976.

aucun de ces deux pays, pas plus que dans l'espace intermédiaire. Il y a longtemps que l'*H. palustris* a disparu de toutes les Flores de l'Amérique du Nord, et en présence des variations florales qu'offre l'*H Moscheutos*, on s'explique très bien une méprise du grand naturaliste.

Les trois espèces dont nous venons de parler se distinguent assez nettement les unes des autres. L'*H. militaris* est très glabre dans toutes ses parties, à feuilles supérieures en fer de flèche, à calice renflé et à graine poilue. L'*H. grandiflorus* et l'*H. Moscheutos*, ne sont pas glabres, ont toutes les feuilles ovales et aigües, un calice non renflé et des graines glabres ou à peu près ; ils se distinguent ensuite l'un de l'autre en ce que l'*H. grandiflorus* a des feuilles velues des deux côtés, avec une capsule également velue, tandis que l'*H. Moscheutos* a des feuilles velues en dessous et glabres en dessus, avec la capsule glabre. Cette dernière espèce habite seule la côte, tandis que les deux autres se trouvent dans l'intérieur des terres, en Pensylvanie et dans l'Illinois. Notre Ketmie du Sud-Ouest habitant aussi la côte, ayant aussi des feuilles ovales aiguës, velues en dessous et glabre en dessus, une capsule et des graines glabres, ainsi qu'un calice non renflé, n'a de rapports immédiats qu'avec l'*H. Moscheutos*. Ce serait donc à la rigueur son plus proche congénère connu, s'il fallait l'en tenir pour distinct et si tout ne nous portait pas au contraire à l'identifier avec lui.

La meilleure de toutes les démonstrations serait de mettre sous les yeux des échantillons eux-mêmes. Malheureusement un accident de mer ayant détruit les miens pendant le retour en Europe et ceux que j'ai demandé à M. Le Roy, conservateur *of Torrey and Meissner Herbarium*, à New-York, n'étant pas encore arrivés, je ne puis avoir recours à ce moyen.

Asa Gray (1) dans son excellente Flore des Etats-Unis du Nord décrit
» ainsi l'*H. Moscheutos L.* : « Feuilles ovales, aiguës, dentées, les
» inférieures à trois lobes, blanches et veloutées en dessous, glabres
» ou à peu près en dessus ; pédoncule uniflore, parfois adné à la base
» avec le pétiole ; calice non renflé ; capsule et graines lisses ou à peu
» près. — Marais saumâtres le long de la côte ; remonte parfois les
» rivières sous l'influence de la marée (par exemple jusqu'à Harrisburg
» Pens.); se trouve aussi au lac Onondaga (New-York) et plus à l'Ouest

______

(1) *Manual of the Botany of the Northern United States*, New-York, 1880.

» sous l'influence des sources salées. — Corolle de 5-6' de diamètre,
» rose clair ou blanche avec ou sans œil cramoisi. »

En comparant à cette description celle que Thore nous donne de
l'*Hibiscus* du Sud-Ouest dans sa *Chloris des Landes*, on n'y trouve
aucune différence. Voici ce qu'il en dit : « Tige herbacée, très simple ;
feuilles ovales, comme à 3 lobes, drapues en dessous ; fleurs axillaires ;
pédoncule genouillé. » Les auteurs venus après lui, en allongeant cette
description sommaire, ne lui ont rien ajouté d'essentiel, si ce n'est la
couleur rose uniforme de la fleur indiquée par Thore lui-même.

En examinant, d'autre part, les échantillons d'*H. Moscheutos* et
d'*H. roseus* du Sud-Ouest conservés dans l'herbier du Muséum de Paris,
et en les comparant entre eux, on peut se convaincre de leur parfaite
similitude. Les caractères qui, dans certains cas donnés, semblent
établir une différence, tels que la longueur relative du pédoncule et du
pétiole, l'indépendance ou l'entraînement de ce dernier, la nuance plus
ou moins claire ou foncée des fleurs varie souvent sur le même
échantillon. Je ne parle pas des feuilles qui sont encore plus variables
et auxquelles il est impossible d'attribuer une figure un peu exacte.

Il n'y a pas jusqu'aux stations de ces plantes qui ne fournissent
encore un argument à l'appui de ma thèse. Aux Etats-Unis, l'*H. Moscheutos*
croît le long de la côte soumis à l'influence de l'eau de mer, remonte
les fleuves avec la marée, ou s'installe dans l'intérieur auprès des
sources salées. Dans le Sud-Ouest de la France, l'*H. roseus* de Thore
habite aussi les bords marécageux d'étangs voisins de la mer, se trouve
sur l'Adour, au port de Lannes et à St-Etienne-d'Orthe, où la marée
remonte, et ne vient aux environs de Dax qu'à la faveur d'un sol
imprégné de sel gemme. On sait, en effet, que des mines de sel sont
exploitées à Dax même et à St-Pandelon, au bord du Luy, localités
classiques de notre Ketmie. Ce rapprochement dans les mœurs d'une
plante, à tant de distance, n'est pas un des moins curieux.

Quant à la Ketmie qui croît sur les bords du Pô et près des lagunes
de l'Adriatique, elle a des fleurs généralement jaunâtres à fond rouge
comme certains échantillons des Etats-Unis. Elle a été appelée d'abord
H. aquaticus, par De Candolle, puis rapportée par Savi (Cent. I. p. 126),
à l'*H. palustris* L. et plus récemment par Bartoloni (*Flora italica*) à
l'*H. roseus* Th. En effet, elle ne diffère pas autrement de notre plante
du Sud-Ouest.

Enfin on trouve dans l'herbier du Muséum de Paris un échantillon d'*Hibiscus* à fleurs roses, recueilli par Aucher-Eloy, dans le Pont, en Asie Mineure et déterminé par Spach sous le nom d'*H. roseus* Th. Il présente aussi tous les caractères des plantes précédentes, c'est-à-dire ceux de l'*H. Moscheutos* L.

Ce qui a porté les botanistes classificateurs à voir plusieurs espèces distinctes là où en bonne logique il ne doit y en avoir qu'une seule, c'est beaucoup plus l'éloignement géographique des diverses stations qu'autre chose. Mais si la plante d'Europe affecte surtout d'avoir des fleurs d'un rose uniforme en France, et des fleurs blanc-jaunâtre à fond rouge en Italie, nous ne pouvons oublier qu'aux Etats-Unis, elles ont indifféremment l'une ou l'autre couleur, dans la même localité. L'indépendance de la fleur et de la feuille florale n'est pas plus générale dans la plante du Sud-Ouest de la France que dans la plante d'Amérique, les échantillons des herbiers sont là pour le prouver. La description donnée par Asa Gray pourra désormais servir de diagnose pour l'*Hibiscus Moscheutos* L. Ainsi comprise, et dans ses nouvelles limites cette espèce sera encore beaucoup moins polymorphe que la plupart de celles que nous admettons.

L'histoire naturelle de cette Ketmie soulève deux ou trois questions secondaires qui ont aussi leur intérêt.

Cornu ou Cornutus, docteur en médecine de la Faculté de Paris, qui a publié en 1635 une *Histoire des plantes du Canada*, décrit l'*Hibiscus Moscheutos* L., la seule espèce du genre qui existe du reste dans le pays, et dit positivement qu'elle est originaire d'Afrique, où elle croît dans les bois. Il la qualifie (p. 144) d'*Althœa rosea peregrina, sorte Rosa Moscheutos Plinii*, faisant ainsi allusion au passage où Pline traitant des roses, ajoute, à la fin de son énumération, qu'il y en a encore une autre, portée sur une tige de mauve, qu'on appelle *moscheuton* (1). Tournefort répétant la phrase de Cornutus, appelle la plante : *Ketmia africana, populi folio* (2). Il est évident que Linné a emprunté le qualificatif de *moscheutos* à ces auteurs. Mais je ne sais d'où peut venir l'affirmation de Cornutus, reproduite par Tournefort, à savoir que cette plante est africaine. Elle semble parfaitement chez elle sur la côte nord-est des Etats-Unis, et jusqu'à présent elle n'a pas été

(1) Plin. lib. xxi, ch. 4.

(2) *Institutiones,* p. 100.

indiquée en un seul point de l'Afrique où se trouvent cependant beaucoup d'autres *Hibiscus.*

C'est ensuite la raison de son aire géographique étendue à trois grandes parties du monde qui doit attirer l'attention. En Amérique, en Europe et en Asie, elle paraît limitée à quelques marais voisins de la mer, placés à peu près sous la même latitude. Elle a besoin d'air marin ou d'eau salée pour vivre et se développer à l'aise, et c'est en Amérique qu'elle rencontre ses meilleures conditions d'existence. Quoi qu'en disent Cornutus et Tournefort, c'est là sa vraie patrie, c'est de là qu'elle est partie pour s'introduire partout où elle se trouve. On peut admettre, en effet, qu'elle a été apportée en Europe et chez nous par les oiseaux de mer grands voiliers qui fréquentent les côtes marécageuses des deux mondes, pour être transportée ensuite par un moyen analogue en Asie Mineure. Il se pourrait même que les apports se soient succédés à diverses époques. De ce que Thore soit le premier à avoir signalé cette plante dans le Sud-Ouest de la France, au commencement de ce siècle, il ne s'en suit pas forcément qu'elle fut d'introduction récente chez nous, d'autant plus qu'il la trouva très abondante. Néanmoins, il peut sembler étonnant qu'une si belle plante ait échappé à Tournefort qui herborisa autour de Bayonne, dans l'automne de 1688, au moment où il se rendait en Espagne, si elle y existait déjà de son temps. Il ne la mentionne pas dans la partie de sa *Topographie botanique* qui a rapport à cette région (1), et s'il en existe un échantillon dans son herbier, au Muséum de Paris, il est malheureusement, comme le reste, sans indication de localité. D'un autre côté, ce n'est que tout récemment que la plante a été trouvée au bord du bassin d'Arcachon, ainsi que je l'ai rappelé plus haut, et pourtant cette localité avait été minutieusement visitée, il y a quelques vingt ou trente ans par Chantelat, auteur d'un *Catalogue des plantes observées à La Teste et aux environs,* qui ne la mentionne pas.

Sa présence en Italie serait beaucoup plus ancienne si l'on prenait à la lettre deux vers de Virgile, qui dans ses *Églogues* fait souvent revivre, on le sait, ses souvenirs d'enfance autour de Mantoue, où la plante existe encore de nos jours :

. . . .

Hœdorumque gregem viridi compellere hibisco (Ecl. II, v. 30.)

. . . .

(1) Lapeyrouse. — *Histoire des Plantes des Pyrénées,* t. i.

Conduire un troupeau de chevreaux une baguette d'hibisque à la main.

. . . .

Dum sedet et gracili fiscellam texit hibisco (Ecl. X, v. 71.)

. . . .

Tandis que, tranquillement assis, il confectionne des paniers en hibisque.

Les tiges de l'*Hibiscus Moscheutos* L. qui sont longues, droites et flexibles peuvent, en effet, servir à faire des badines ou des baguettes pour paniers et corbeilles, et puisque Pline de son côté a connu une rose à pied de mauve qui pouvait provenir du même pays, on pourrait admettre l'existence de cette plante en Italie dès l'époque romaine. N'oublions pas cependant que le terme d'Hibiscus pouvait s'appliquer dans l'esprit du poëte à la guimauve officinale, plante très-commune du bord des eaux, dont les tiges ont les mêmes caractères.

Dʳ J. GUILLAUD.

LE SABLE DES LANDES

SON ORIGINE, SA COMPOSITION ET SON AGE

Alios, garluche, minerai de fer, tourbe, dunes et étangs.

Ce n'est pas tout d'une pièce qu'ont surgi les Pyrénées. Seule, la partie orientale de la chaîne se dressait au terme de la période crétacée, en face d'un vaste bassin qui recouvrait encore une grande portion du Sud-Ouest de la France et les contrées voisines de l'Espagne. De grands courants charriaient les produits de la décomposition et de la dénudation des montagnes vers cet estuaire, qu'ils comblaient de leurs sédiments, formant dans leur course et à leurs embouchures des dépôts lacustres ou mixtes ; plus loin, dans la mer des dépôts franchement marins ; et parfois aussi, des dépôts alternatifs ou simultanés, lacustres et marins, selon le changement de niveau des fonds immergés.

Ainsi ont été formées les couches des trois étages des terrains tertiaires qui se présentent à nous sous divers aspects : roches dures et compactes, grès de cohésion variable ; marnes, argiles et sables de couleurs différentes. Le soulèvement définitif des Pyrénées ayant plus tard entraîné l'émersion de tous ces dépôts, les fleuves continuèrent à charrier les débris des montagnes ; et à la suite de froids excessifs qui ont inauguré cette dernière phase de la formation de la croûte du globe, ils portèrent au loin des rochers empêtrés dans leur enveloppe de glace, et plus loin, des galets dont le volume décroissait jusqu'à la dimension des sables, en raison de la longueur de leur course, déposant dans leurs eaux plus tranquilles des masses argileuses. Leur lit s'étant peu à peu réglé, selon les pentes naturelles et la résistance du sol, ces cours d'eau qui sont actuellement les Gaves, l'Adour, la Garonne et leurs affluents creusèrent les vallées, et ils achevèrent de donner au bassin subpyrénéen son relief actuel.

Toutes ces assises n'ont point conservé leur état originaire ; quelques-unes ont été dérangées par des événements postérieurs ; d'autres ont été détruites, puis remaniées et déposées à nouveau ; mais la plupart ont conservé dans leurs strates, feuillets authentiques de leur histoire, des débris fossiles qui ne laissent aucun doute sur leur chronologie.

On n'en peut dire autant cependant de l'une de ces formations, l'une aussi des plus intéressantes par son étendue, par sa puissance et on peut ajouter par le rôle qu'elle joue dans la production du sol. Nous voulons parler du manteau sableux qui recouvre une grande partie des Landes et de la Gironde, entre l'Adour et la Garonne depuis le rivage de l'Océan, avec une épaisseur fort variable et que Dufrenoy estime à une vingtaine de mètres en moyenne (1). Cette formation est composée de sables quartzeux à grains arrondis, blancs ou jaunâtres, déposés en lits assez régulièrement stratifiés ; ils renferment dans leur masse, des dépôts argileux, des lignites, et des grès à ciment ferrugineux. Ils reposent sur des couches tertiaires bien caractérisées ; mais leurs strates incohérentes, dépourvues d'éléments calcaires, n'ont pas conservé les restes des végétaux ou des animaux contemporains, permettant de jeter quelque lumière sur leur origine ; et on en est réduit, pour déterminer leur âge relatif, pour préciser leur relation de succession et l'époque exacte de leur dépôt, à s'arrêter à leur étude stratigraphique comparée à celle des gisements de formations sur l'âge desquelles il ne peut s'élever aucun doute.

Aussi l'origine des sables, donne-t-elle lieu à des appréciations différentes ; et tandis que les uns admettant qu'ils ne sont que la restitution des formations antérieures, profondément remaniées par les flots, les considèrent avec les savants auteurs de la carte géologique des Landes, MM. Raulin et Jacquot, comme le couronnement de la série

______

(1) Un forage à Liposthey y accuse 82 mètres de sable, et on peut admettre que leur épaisseur varie en moyenne dans les Landes de 10 à 40 mètres.

tertiaire, d'autres veulent les confondre avec le *diluvium* quaternaire, ceux-ci, se fondent sur les relations, existant entre le sable des Landes et quelques dépôts diluviens, de cailloux roulés principalement, et admises depuis Dufrenoy, que l'on recouvre sur la rive droite de la Garonne et du côté de la Chalosse vers les Pyrénées. Le dépôt des sables ne pouvait, en effet, quand il s'est produit, être circonscrit par deux fleuves qui n'existaient pas encore ; et il est très naturel, très rationnel, de chercher sur leurs deux rives, la relation des dépôts qu'ils traversent. Mais en étudiant avec soin ces dépôts, on s'aperçoit qu'ils ont une origine antérieure aux évènements de la période quaternaire ; dans un mémoire publié en 1862, M. Jacquot ayant montré qu'ils sont pliocènes, il faut conséquemment admettre l'origine tertiaire du sable des Landes.

Nous faisons pour faciliter nos études scientifiques, des divisions tranchées, et nous admettons ensuite des classifications qui ne sont pas toujours absolument confirmées par les observations ultérieures. On s'était habitué aussi dans l'enfance de la géologie à envisager les formations variées de divers étages, comme le résultat de cataclysmes épouvantables. Et cependant, il a bien fallu reconnaître, sans nier la part due aux évènements de ce genre, que le plus souvent les choses ne se passent pas autrement que celles que nous voyons se passer sous nos yeux. Ceux qui ont étudié les formations faluniennes, savent quelles difficultés on rencontre pour placer une limite précise entre les faluns miociènes et pliocènes, en l'absence de grands bouleversements géologiques, et dans les conditions d'immersion et d'émersion fort lentes où se sont déposés ces étages. Ces conditions n'ont pas varié pour les dépôts pliocènes et les dépôts quaternaires qui leur ont succédé ; et l'étude de ces dépôts peut amener à des conclusions différentes, suivant les points que l'on observe et les limites où l'on confine ses observations lorsque manquent les débris paléontologiques, et qu'on n'a d'autre guide que la stratification des assises terrestres.

Les couches multiples variant de quelques millimètres d'épaisseur à plus d'un décimètre et formant la masse quartzeuse du sable des Landes, reposent directement sur divers étages des terrains tertiaires dont quelques-uns semblent avoir subi un violent travail d'érosion avant ce dépôt ; le plus souvent, ils se lient dans leurs stratifications concordantes avec les faluns les plus récents, ou avec les sables fauves ; et ils forment avec ces deux groupes, le dernier étage des terrains tertiaires. Cette succession immédiate et les relations du sable quartzeux qui termine la série, avec les formations franchement quaternaires à ses limites à l'Est vers le Gers, ne sauraient laisser aucun doute sur l'exactitude de cette déduction stratigraphique.

Telle est du reste, la conclusion où nous conduisent encore nos propres observations. A Maurrin, l'église est bâtie sur un coteau formé comme la plupart des coteaux du voisinage, se ramifiant de l'Est à l'Ouest un peu obliquement au cours de l'Adour, d'une masse alluviale d'argile ou de glaise jaunâtre. Cette formation glaciaire qui revêt plusieurs des coteaux du Gers, diffère essentiellement des dépôts stratifiés pliocènes, et elle se lie intimement au *diluvium* quaternaire surmontant les coteaux? Elle est ocreuse et elle renferme parfois des rognons ferrugineux ou des concrétions ayant la forme des racines qu'elles ont remplacées. Leur dépôt paraît s'être fait en masse boueuse, qui s'est desséchée, et dont les fendillements irréguliers se sont garnis vers la partie supérieure, d'une matière sableuse et grise ; tandis que vers le bas, la masse ocreuse a englobé des rognons d'argile blanche très pure, qui semblent avoir été enlevés aux couches argileuses qui manquent sur certains points du voisinage, et sur lesquelles repose la masse jaunâtre. Sous ses formations argileuses, vient immédiatement un banc de sable blanc quarzeux ; ce sable affleure à Maurrin vers le Nord et il ty forme le sol et le sous sol de la vallée qui s'étend vers Artassens et Laglorieuse. Il a les caractères minéralogiques du manteau sableux, et il en fait évidemment partie. Vis-à-vis Castandet, ce même banc de sable aquifère, connu à Maurrin, affleure sur les versants Nord au-dessous des mêmes formations diluviennes, vers Pujo-le-Plan et St-Gein, où il continue les arènes sableuses, pour reparaître à peu près au même niveau, au-dessus des *faluns*, et caractériser le sol de cette contrée.

Au-dessous du Clavé en se rapprochant de l'Adour, le sable ¦quarzeux blanc et stratifié vient sous l'argile blanche et bigarrée, utilisée pour la fabrication de la poterie, comme celle de Laluque avec laquelle elle est minéralogiquement identique ; et ces deux formations de sable et d'argile parfaitement liées l'une à l'autre, apparaissent encore au Sud de St-Gein vers Hontanx où elles affleurent sur les accotements des routes, au-dessus des sables fauves et pliocènes supérieurs aux faluns, et au-dessous des masses diluviennes et quaternaires à concrétions ferrugineuses, et toujours dépourvues du caractère fissile affecté par les dépôts tertiaires.

Un peu au Sud du Clavé, encore vers l'Adour, à Troudebœuf, l'argile a été érodée et le sable a disparu en partie ; il n'est resté de ce sable, que les couches inférieures passant à un gravier de cailloux quartzeux, que l'on retrouve à quelques kilomètres plus au Sud, mais beaucoup plus gros, superposés à une couche de sables rougeâtres, renfermant des fragments carbonisés, et qui reposent eux-mêmes sur l'argile marneuse, utilisée dans les briqueteries des environs, argile à modules calcaires et qui n'est autre que la *molasse supérieure* de l'Armagnac, s'étendant de l'Adour vers les Landes. Ces cailloux quartzeux blancs, sont séparés à Troudebœuf, par l'argile ocreuse des coteaux, du *diluvium* qui couronne cette éminence, et qui continue au fur et à mesure du creusement de la vallée, de s'y déposer jusqu'au lit actuel de l'Adour, placé à 5 kilomètres des premiers dépôts, et 60 mètres plus bas. Mais les cailloux blancs qui servent de lit au sable et les galets ternes du *diluvium* supérieur et évidemment très récent, sont fort différents par leur composition minéralogique : les galets inférieurs sont purement quartzeux, tandis que les supérieurs sont pyroxèniques et granitiques ; le sable qu'ils donnent n'a aucun rapport avec les sables blancs siliceux qui se lient aux galets inférieurs, et ils n'ont aucun rapport entre eux.

La vallée que l'Adour a creusé, jusqu'à entamer la *molasse calcaire,* a été formé aux dépens des assises *pliocènes* que l'on retrouve de l'autre côté de l'Adour, où une roche grésiforme remplace les sables rouges ou fauves, et où les sables blancs sont surmontés d'argile blanche, puis de dépôts diluviens, comme au nord. Les assises pliocènes que l'on retrouve du côté de l'Adour au-dessus de la molasse et du côté de St-Gein au-dessus du falun jaune, sont en remontant : 1° des sables fauves passant au grès ; 2° des graviers ou des sables quartzeux blancs, avec des bancs distincts d'argile blanche à leur partie supérieure (à Castandet), intercallés dans les strates sableuses (vers St-Gein), à la façon de la plupart des gisements argileux des Landes ; puis 3° viennent, accusant un certain remaniement des couches d'argile pure et la destruction partielle des sables quartzeux, les dépôts diluviens *quaternaires* et *récents.*

Il ne paraît guère possible, en présence de pareils rapports stratigrafiques, que l'on peut constater encore, sur les tranchées de la voie ferrée, entre Grenade et Mont-de-Marsan, à la limite sud des arènes sableuses, d'assimiler aux derniers dépôts diluviens, celui des sables quartzeux ; et si ceux-ci se lient à des dépôts diluviens, tels qu'il en abonde vers la Chalosse et même vers le Béarn avec un volume qui grossit en raison du rapprochement des roches qui les ont fournis, ce n'est assurément pas à ceux de la période quaternaire. Si du reste, il eut pu rester quelque doute là-dessus, ce que nous avons observé à Bargues, à quelques kilomètres en aval de la Douze près Roquefort, aurait achevé notre conviction.

Un petit ruisseau descend, du moulin de Bargues vers la Douze, une pente d'une vingtaine de mètres sur environ 500 mètres. Il attaque les assises des divers terrains qu'il parcourt ; et roulant ensuite ses eaux en cascades, ont peut suivre sur ses rives érodées, en quelques instants, une série fort intéressante et assez complète de formations tertiaires, jusqu'aux derniers dépôts quaternaires. Au-dessus d'une assise miocène à *mytilus antiquorum*, surplombe un banc de *lignite* ; puis au-dessus d'une mince couche de sable, résiste au torrent, le *falun* jaune à *cardita jouanneti* ; surmonté d'une assise rosée de sables argileux pétris de cérites, et dont les strates supérieures sont abondamment pourvues de coquilles fossiles, de gastéropodes surtout ayant conservé leurs couleurs, et qui caractérisent à Saubrigues, une formation pliocène des mieux déterminées. Sur ce *falun* coquillier, reposent très directement les *sables quartzeux* qui forment le sol de la contrée ; et dans leurs strates, se trouvent des filons argileux ayant conservé des débris de coquilles mixtes ; puis assez près de la surface affleure un banc de *calcaire lacustre*, où abondent bien conservés, des *planorbes*, des *lymnées*, des *paludines* et quelques *Helix*, dont l'origine pliocène ne saurait être sérieusement contestée. Enfin, viennent sur quelques points seulement, au-dessus des sables, des couches minces *marneuses* que l'on peut considérer comme la part faite à ces dépôts, par la formation quaternaire. Mais quant au dépôt d'eau douce qui nous a montré la première découverte de coquilles fossiles dans les sables, elle ne saurait laisser aucun doute sur l'origine tertiaire de la formation des sables, sur l'origine antérieure par conséquent aux évènenements qui ont inauguré la période quaternaire.

Il existe cependant des dépôts sableux sur quelques points des Landes, d'une formation plus récente que celle des dépôts originaires. La période quaternaire qui a recouvert de diluvium les coteaux du Gers et de la Chalosse, a bien pu apporter quelques lambeaux sableux et les ajouter aux anciennes assises. De plus, il faut bien reconnaître que cette vaste formation, ne s'est pas brusquement arrêtée. Et quand on songe que ce n'est qu'avec une extrême lenteur que s'est produite l'émersion du plateau des Landes où il n'est resté aucune trace de dislocations violentes; quand on songe à cette longue série d'oscillations du sol, révélée par les émersions et les immersions des temps géologiques et qui se continuent toujours, ainsi que nous le verrons bientôt, il est impossible d'admettre une pareille interruption. Il est vrai, que ces phénomènes plus récents ont plutôt un caractère de modification que celui d'une formation réelle; et nous nous bornerons à donner ici deux exemples de ces remaniements.

A Saint-Julien-en-Born, à la Pétuille, le sable a été profondément raviné avec sa formation aliotique, par la mer qui est venue reconstituer le sol par des apports sableux pareils à ceux qu'elle avait emporté. A Castets, les maisons du village sont construites sur un plateau accidenté dont les surfaces ont le même niveau; mais celles de l'Ouest sont bâties sur un sol qui a été remanié de fond en comble et qui a rempli un cirque de quelques centaines de mètres de diamètre, s'ouvrant sur la mer et dont les parois formaient une falaise creusée par les flots et recomblée ensuite. Aussi, les maisons de l'Est reposent sur des lits sableux au-dessous desquels on retrouve l'*alios* et un peu plus bas le *lignite,* tandis que les lits sur lesquels reposent celles bâties à l'Ouest, n'ont ni *alios* ni *lignite ;* et c'est par deux opérations bien distinctes, que le plateau tel qu'il est aujourd'hui, a été formé de lits de sable, dont après tout la composition minéralogique est la même (1). C'est ce plateau, que les deux ruisseaux qui se rejoignent un peu au-dessous de Castets, ont creusé assez profondément, pour montrer à nu la double formation et y faire leur lit, comme les Gaves, l'Adour, la Garonne et leurs affluents ont creusé le leur, à travers les dépôts glaciaires d'abord, les assises tertiaires ensuite, formant le sous-sol de la contrée.

Nous avons plusieurs fois jusqu'ici parlé de *lignite* et d'*alios*. Avant d'aller plus loin, il convient peut-être de s'expliquer sur ces formations et quelques autres spéciales aux arènes sableuses des Landes.

Le *lignite* est un dépôt végétal de plantes aquatiques : Joncs, carex, massettes, etc., décomposés en partie et stratifiés sur plusieurs points des Landes, au milieu de la formation siliceuse. Nous avons compté

---

(1) La stratification des deux dépôts est assez différente; quoique toujours horizontales, les strates du cirque ont une épaisseur moyenne de 2 centimètres et demi ; les lits des sables reconstitués en ont 12.

dans un dépôt pareil, à Castets, jusqu'à dix feuillets pour un centimètre ; et comme le lignite y mesure 0ᵐ 80 c. d'épaisseur, on pourrait admettre pour une seule émersion durant le dépôt sableux, de 7 à 8 cents ans. Ailleurs, dans les Landes, le lignite varie par sa composition, avec les plantes qui l'ont donné ; et à Laluque, il se montre avec une puissance de plusieurs mètres ; mais partout, il est à cause de sa combustion incomplète due à son peu de densité, vu l'époque trop récente de sa formation, et par suite de la présence des pyrites qu'il contient, impropre aux usages de l'industrie.

A Castets, on peut mesurer de 4 à 5 mètres encore, de sables stratifiés au-dessus du *lignite* jusqu'à l'*alios*. Celui-ci forme une croûte brune passant au noir, dont la cohésion varie avec ses nuances, et qui se retrouve d'une manière assez générale dans le sous-sol, et assez près de la surface habituellement, sur toute l'étendue de la région sableuse. C'est un grès agglutiné par un ciment végétal : l'*uhurine* et dontla cohésion paraît avoir été déterminée ou favorisée du moins par la présence d'une petite quantité d'oxyde de fer, fournie par des circonstances météoriques ou cosmiques particulières. Son épaisseur varie de quelques centimètres à 1ᵐ 50 c. ; et sa profondeur dans les couches sableuses, semble varier comme la pénétration des racines ou s'embrancher comme elles, selon la quantité ou l'abondance des détritus accompagnant ces racines.

La végétation qui couvre le sol, celle des bruyères principalement, paraît favoriser encore la cohésion de l'alios ; et les carriers qui l'extraient le préfèrent, parce qu'il est plus noir ou mieux nourri, disent-ils. Néanmoins, là où les atterrissements ont amoncelé sur l'alios de nouvelles couches de sable, la végétation, même celle des bruyères, ne forme point une nouvelle croûte aliotique et la coloration du sol par le détritus des racines n'entraînent nullement sa cohésion ; il manque évidemment une ou plusieurs circonstances qui ne se retrouvent plus comme·elle existaient quand l'alios se forma à la surface de la presque totalité des sables. Il n'a rien de commun aux dépôts recueillis par la dépression du sol ; et on le retrouve avec les mêmes qualités de couleur et de cohésion, d'épaisseur même sur les sols plats et sur les monticules parfois assez élevés au-dessus des niveaux voisins, où il s'arrondit avec les ondulations de la surface, agglutinant sans distinction toutes les strates horizontales d'une certaine profondeur. Il est bon de remarquer aussi, que sous le lignite, les couches sableuses imprégnées de matières végétales en décomposition, restent absolument friables malgré leur coloration ; et ce n'est pas la seule présence des détritus, qui agglutine les sables, qui en fait de l'alios. Il a fallu une végétation abondante générale et des circonstances toutes spéciales, pour former l'alios, telles qu'on les pourrait sans doute concevoir à l'époque la plus voisine de leur émersion.

Les sables avaient alors une fécondité plus grande, due à la présence des débris organiques laissés par la mer (1) ; la végétation était activée encore, par la chaleur humide attestée en Europe par la flore pliocène (2); des circonstances météoriques pareilles à celles qui ont permis plus tard encore le dépôt des minerais de fer, auront apporté l'élément qui paraît indispensable à la cimentation des sables par les produits de la décomposition végétale ; et c'est probablement de la sorte, que s'est formé jadis à la surface du sol, l'alios ou le *lapas*, si nuisibles par son imperméabilité aux racines des plantes, et qui peut servir, quand sa cohésion est suffisante, à construire des murs de peu d'élévation.

On ne doit pas confondre *l'alios* avec un autre grès à ciment plus franchement ferrugineux, connu sous le nom de *Garluche*. Celui-ci, s'est formé superficiellement aussi, dans la dépression du sol marécageux, et il est dû au dépôt de divers oxides de fer qui ont vigoureusement agglutiné les grains de sable ; et sa formation se lie à celle des *minerais* de fer qui se présentent sous la forme de grains de grosseur variable ou de racines et de débris ligneux, où le fer s'est substitué au végétal. Ces minerais, ont longtemps alimenté quelques usines métallurgiques des Landes ; mais ils sont peu à peu abandonnés. Les dépôts ferrugineux, sont bien postérieurs à l'émersion des sables et d'une origine relativement fort récente.

Nous en dirons autant des *tourbières*, dépôts de plantes venues dans les dépressions d'un sol humide : joncs, fougères, mousses, bruyères, etc., croissant, puis se décomposant sur place, et formant une matière analogue à celle des *lignites ;* mais plus légère et plus friable. Le dessèchement des marais, a fort réduit depuis quelques années, l'aire où se déposent les *tourbes*, dont la formation est au reste très rapide. Ainsi dans les dépressions voisines de Lapalu, on constate

---

(1) L'alios donne de l'azote à l'analyse.

(2) Cette chaleur a encore été constatée au commencement de l'époque quaternaire, par M. de Mortillet.

sur les couches de la tourbe les traces de l'incendie de 1765, et la couche d'environ un mètre, formée au-dessus des cendres, n'est guère plus épaisse que celle qui se trouve au-dessous. On l'utilise dans les feux d'affinerie des forges de Castets.

Mais revenons aux oscillations du sol, et essayons de constater leur continuation jusques dans les phénomènes actuels. L'Ile d'Ys, a déjà disparu en face des côtes de Brest, et la mer qui envahit le Cotentin, a profondément creusé les grèves du Mont St-Michel. La pointe de Grave recule, et la distance de la côte à Cordouan qui n'était que de 5 kilomètres en 1830, en mesure sept ; vis-à-vis Arcachon, on aperçoit au fond des vagues, les débris de forêts englouties ; à Andernos, les flots rejettent des armes et des ustensiles de pierre des temps préhistoriques ; on parle d'une ville Noviomagus, d'un temple de Jupiter, engloutis par la mer ; les baigneurs d'Uchet, ont dû reculer en vingt ans, trois fois leurs châlets toujours menacés ; les rochers qui protégeaient Biarritz, s'effondrent et la ligne des falaises recule ; à St-Jean-de-Luz, la mer a avancé de 140 mètres depuis le siècle dernier, et l'envahissement des sables rejetés au rivage, a recouvert le Vieux Mimizan, enseveli les paroisses de St-Girons de l'Est, de St-Jean de Vielle, etc. ; ils avancent et leur marche est telle qu'à St-Girons, le cadastre accuse un avancement de 104 mètres en 26 ans.

Il n'est guère permis en présence de ces faits, de douter de l'affaissement du littoral. Depuis le soulèvement des Alpes, l'Europe centrale s'abaisse, tandis que se relèvent les régions situées au-dessus du 55° de latitude boréale ; et d'après M. L. Quenault, qui s'est rendu compte du mouvement de nos côtes, elles s'abaisseraient annuellement d'environ deux centimètres, tandis que dans le même temps sur quelques points, la mer reprendrait une douzaine de mètres au rivage. Le fait est, qu'en comparant la carte de Cassini avec celle de M. Lousteau, dressées à 80 ans de distance, on peut constater vis-à-vis Messanges, une différence en moins à la côte, de près de 800 mètres ; mettons-en la moitié si l'on veut, et cela suffit encore à notre démonstration.

Le fond de la mer est à peine de quelques brasses le long de nos côtes, et les bas fonds ne commencent guère qu'au delà de 20 kilomètres. Là, ils s'abaissent rapidement, indiquant une sorte de terrasse, plus éloignée des côtes vers le Nord, s'en rapprochant davantage vers le Sud. Tout porte à croire, que cette terrasse appartient aux formations tertiaires miocènes, et qu'il fut un temps, dont on peut calculer la durée

par celui que met la mer à se rapprocher de nous actuellement, où ces
assises d'argiles pareilles à celles que les flots pousse en fragments au
rivage, formaient une falaise, analogne à celle de Biarritz vers Guéthary
et qui contenait la mer dans des limites plus précises. Ce ne serait dès
lors, qu'après avoir franchi cet obstacle, par suite de l'affaissement
graduel du sol, que l'Océan aurait rejeté à la côte le sable de ses bas
fonds avec celui qu'elle avait érodé en les triturant ensemble pour les y
accumuler sous forme de bourrelets ou de *dunes.*

Ces bourrelets dùrent avoir peu d'importance d'abord, et se former
bien plus loin de la zone qu'ils occupent, puisque la voie stratégique
des Romains, *camin, roumiou*, recouverte par l'étang de Vielle, avait
été tracé sur un sol évidemment libre et fort accessible ; aujourd'hui,
leur hauteur vers La Teste arrive à 80 mètres, tandis qu'elle décroît
vers Bayonne. Les *dunes* forment une série de bourrelets de diverses
hauteurs parallèles au rivage, séparés entre eux par des vallées
appelées *lettes.* Le sable qui la forme, trituré et remanié tant de fois,
devient d'une ténuité extrême, et l'action des vents sur le sommet des
dunes, pousse ce sable vers l'intérieur. La marche incessante des
sables obstrue ainsi les nombreux cours d'eau qui descendent du faîte
des Landes ; et leur reflux forme au pied des dunes, une série de lacs
qui prennent selon les lieux où ils sont formés, le nom d'étangs de
Tosse, de Soustons, de Léon, de Lit, d'Aureilhan, de Biscarrosse (1), de
Cazaux, d'Arcachon, de Lacanau et de Hourtis, déversant le trop plein
du reflux par des *courants* tournés vers le Sud, et dont l'obliquité tient
à la même cause d'obstruction qui a amené la formation des étangs et
à la direction vers le Sud des courants sous-marins. Le curage des
courants, pratiqué avec soin depuis quelques années, a fort réduit au
profit de la culture, l'aire des étangs et contribué à l'assainissement du
littoral. Mais l'érosion des côtes continue son travail ; elle a fermé les
vieux hâvres par les sables que rejettent les flots, et qui recouvrent
déjà, le pays peut-être des Cocosates de César dont on ne peut trouver
la place sur nos cartes, et d'une manière plus sûre, celui des habitants
de quelque paroisse dont il n'est plus question depuis le moyen-
âge.

Ainsi, enfin, se reconstituent ou se modifient les sables des Landes

(1) Bisk-ar-osse, en Escualdun : Colline aux eaux tranquilles.

depuis leur dépôt originaire ; ainsi se poursuivent dans le cours des âges, les changements du bassin subpyrénéen, selon les lois de transformations générales, révélées par nos observations.

Léon MARTRES.

COMMUNICATION DE M. LÉON MARTRES

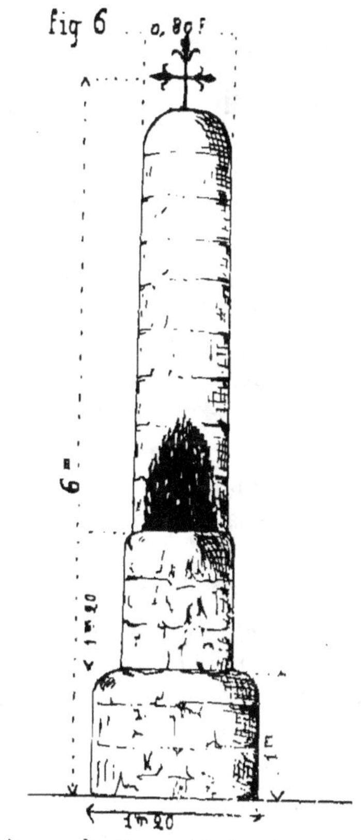

Colonne d'asile de Vielle-St-Girons

SABLE DES LANDES

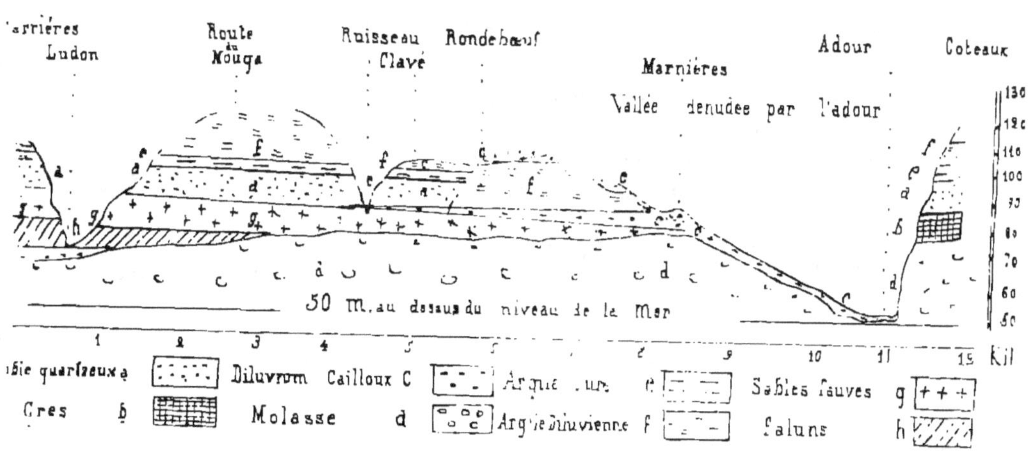

Sable quartzeuse a		Diluvium Cailloux C		Argile sur e		Sables fauves g
Gres b		Molasse d		Argile diluvienne f		Faluns h

ÉTUDE

Sur le Gouf ou Fosse de Cap-Breton. — Sa structure. — Effets des courants. — Son inaltérabilité. — Sa destination. — Dax port de mer.

Un des phénomènes les plus extraordinaires que l'on puisse rencontrer dans la nature, s'observe à Cap-Breton, dans le Golfe de Gascogne, tout-à-fait en face du Boudigau.

C'est l'existence d'une immense vallée sous-marine désignée, sur les cartes, sous le nom de Fosse de Cap-Breton et que les habitants du pays appellent Gouf.

Cette vallée, d'une profondeur considérable, a son point de départ à une distance inconnue, dans la haute mer, et vient se terminer à quatre cents mètres de la côte.

A partir de ce point, jusqu'à la distance de cent cinquante mètres de la baisse de basse mer, c'est un talus escarpé.

Ce talus donne à son extrèmité supérieure, c'est-à-dire, à cent cinquante mètres de la plage, trente-neuf mètres de profondeur ; à sa partie inférieure, c'est-à-dire, à son point de départ de la Fosse, il mesure quatre-vingt-dix-huit mètres.

Le Gouf, à son cul-de-sac, au pied du talus, offre une profondeur de cent seize mètres ; à mesure qu'il se prolonge vers le large, il devient de plus en plus profond : ainsi, à trois mille des terre, au point désigné sur la carte de M. Beautemps-Beaupré sous le nom de Champ-de-Falère, la sonde donne deux cents mètres de profondeur ; à la distance de cinq milles, à l'endroit connu sous le nom de Champ-des-Vaches, elle ne donne pas moins de trois cent trente-trois mètres de profondeur.

Pour se rendre un compte exact des différences de profondeur entre la Fosse et les plateaux voisins, qui s'étalent au Nord et au Sud, comparons quelques points entr'eux.

En regard des cent seize mètres de profondeur du Gouf, on trouve :

Sur le plateau Sud, quatorze mètres ;

Sur le plateau Nord, vingt mètres.

En face des deux cents mètres de profondeur du Gouf, on rencontre :

Sur le plateau Sud, vingt-cinq mètres ;

Sur le plateau Nord, trente mètres.

Vis-à-vis des trois cent trente-trois mètres de profondeur de la Fosse, il n'y a sur le plateau sud, que trente-un mètres ;

Sur le plateau Nord, trente-trois mètres.

La direction du Gouf est perpendiculaire à la côte ; sa largeur, à son extrémité-orientale, est de mille à douze cents mètres ; elle augmente graduellement, à mesure qu'on s'éloigne vers l'ouest ; en sorte que, sa forme générale peut être comparée à celle d'un V, dont l'ouverture serait tournée du côté du large.

Son fond est exclusivement composé de vase molle et de vase dure, ce n'est que dans quelques endroits très clairsemés que l'on rencontre un peu de sable, mêlé à la vase.

Les côtés du Gouf sont taillés à pic ; çà et là on trouve sur ses flancs des rochers dont le niveau supérieur ne dépasse pas le fond des plateaux latéraux.

Un seul point, connu des Cap-Bretonnais, fait exception à cette règle : c'est l'endroit désigné sur les cartes sous le nom de Roches-du-Prat : là, un jour, nos filets, pour la pêche aux chiens de mer, s'arrêtèrent à quarante mètres de profondeur, tandis que d'après les connaissances acquises ils auraient dû descendre à cinquante-un mètres.

On soupçonna donc, avec raison, un obstacle : On se mit en mesure de retirer les filets ; mais ils étaient fortement retenus ; on fit de grands efforts et on finit par les arracher, entièrement déchirés, et rapportant, entremêlée dans les mailles de leurs lambeaux, une branche de corail gris, que nous avons précieusement conservée.

Cette branche de corail nous a dévoilé la nature de l'obstacle, en même temps que son existence.

Ce pied de corail couvre une surface de très-peu d'étendue ; car bien qu'on ait placé maintes fois depuis, les filets au même endroit, on ne l'a plus rencontré.

En revanche, il a une hauteur de onze mètres, ce qui lui a valu, de la part de nos pêcheurs, le nom de chandelier.

C'est donc par erreur, qu'un Ingénieur hydrographe de mérite a avancé que ces rochers s'élevaient jusqu'à la surface de la mer, et qu'ils provoquaient des brisants qu'il fallait éviter.

Cette erreur, manifeste pour nous, qui avons scruté les diverses parties de la Fosse, jusqu'à la distance de neuf milles, peut se constater à l'œil nu.

Cette merveille incomparable d'une vallée énorme, creusée dans les entrailles de la terre au fond des abîmes de la mer, confond la raison humaine.

Et cependant, si son existence est un problème insoluble, le maintien de son intégrité n'est pas moins inexplicable, au milieu des causes naturelles diverses qui, dans l'opinion des savants, auraient dû la combler dès son origine.

Tout n'est que mystère dans l'explication des phénomènes de cette Fosse prodigieuse : les lois de la physique elle-même en sont bannies, et c'est en vain, que mille hypothèses, plus ou moins hasardées, ont jailli de l'esprit des observateurs pour en éclairer les ténèbres.

Laissons donc les explications de côté, puisqu'elles ne peuvent satisfaire ni la science, ni la curiosité. Contentons-nous d'observer les faits, et de les exposer, pour en tirer des conséquences pratiques.

Cette étude nous amène naturellement à décrire les courants, qui sillonnent la Fosse dans tous les sens, selon les circonstances, et à constater les effets qu'ils produisent sur elle.

Les courants de la mer, aux abords de la Fosse, peuvent se partager pour l'étude, en deux catégories, parce qu'ils n'obéissent pas tous aux mêmes lois et ne procèdent pas de la même origine.

Nous les distinguerons sous les noms de courants généraux et de courants spéciaux.

Nous donnons le nom de courants généraux, aux courants de la pleine mer, c'est-à-dire, à ceux qui règnent au large de la ligne des brisants.

Nous réservons le nom de courants spéciaux, aux courants qui règnent entre la ligne des brisants et la terre, à peu de distance du Gouf, au Nord et au Sud.

Ces deux sortes de courants sont tout-à-fait dissemblables entr'eux.

Les courants généraux ou du large n'obéissent qu'à l'action des vents ; ils sont aussi variables qu'eux, tant sous le rapport de la direction, que sous le rapport de l'intensité.

Les courants spéciaux, au contraire, n'ont qu'un rapport secondaire avec l'action des vents, ils sont uniquement soumis aux influences des phénomènes de la Fosse.

En raison de la grande profondeur du Gouf, la mer y est toujours plus calme que sur les plateaux latéraux. Aussi les brisants, que ses ondes produisent à terre, sont-ils infiniment moindres, que ceux du reste de la côte.

Par conséquent, la côte du Gouf reçoit, du fait des vagues, une moindre quantité d'eau, que les plages voisines du nord et du sud.

Or, comme l'eau cherche toujours son niveau, au fur et à mesure que les grosses vagues des plateaux latéraux roulent vers le rivage, les eaux qu'elles apportent incessamment du large se dirigent du nord et du sud, tout le long de terre, vers la dépression que leur offre le niveau moins élevé du Gouf.

De là, l'origine de ces deux courants spéciaux, qui sont d'autant plus sensibles par un temps calme, que la mer est plus grosse.

On aperçoit alors, en se plaçant sur un point élevé de la côte, soit au sommet d'une dune, soit au pied du sémaphore ou à l'extrémité de l'estacade, un phénomène singulier : deux courants qui, dans les mêmes circonstances atmosphériques, et au même instant, courent en sens contraire, l'un vers l'autre, jusqu'à ce qu'ils rencontrent chacun de son côté, l'ouverture du Gouf ; ils y pénètrent, mais celui qui arrive du sud contourne le flanc sud de la Fosse et s'infléchit au large, celui qui vient du nord, dévie aussi au large, en contournant son flanc nord, et tous les deux vont se heurter vers l'axe du Gouf, à une distance variable selon leur vitesse, laquelle dépend de l'état de la mer sur les plateaux. Après leur choc, ils se confondent pour n'en former qu'un seul qui s'amortit et finit par disparaître, à la distance de un à deux milles.

Quand le temps est calme et qu'une mer de fond sévit sur les plateaux, ces courants présentent à la surface du Gouf, un bouillonnement, accompagné de remous, absolument comme le courant rapide d'un fleuve.

Lorsque la mer de fond est accompagnée d'un fort vent du large, la force de ces courants, marchant en sens inverse de la houle, produit deux lignes de clapotis énorme, se dessinant admirablement, au milieu de l'uniformité de la houle, qui se dirige vers la terre.

Ces courants spéciaux prennent naissance à cinq kilomètres environ au nord et au sud de la Fosse.

Par une grosse mer, ils ont une vitesse de cinq à six nœuds ; plus la mer est belle, plus ils sont faibles et quand la mer est tout-à-fait plate, ils sont à peu près nuls.

Incontestablement, tous ces courants, sans exception, soulèvent au fond de la mer des masses de sable sur les plateaux nord et sud, quand la mer est agitée et bouleversée par les tempêtes ; il ne saurait y avoir de doute à cet égard : car, lorsque nos filets de pêche sont surpris par le mauvais temps, et qu'ils séjournent sur les plateaux, au fond de la mer, pendant huit ou dix jours, on ne les retrouve plus à la même place.

Ils ont parcouru quelquefois un espace de cinq à six kilomètres ; de plus, ils sont mêlés d'une manière inextricable, ramenés sur eux-mêmes en plusieurs doubles et parfois pelotonnés en une grosse houle, bien que les filets de chaque barque occupent, en longueur, un espace de douze à quinze cents mètres.

Il semblerait que lorsque ces masses de sable sont mises en mouvement sur les plateaux latéraux, les courants généraux, tantôt du nord, tantôt du sud, devraient les rejeter dans la Fosse et la combler.

Or, il est avéré que jamais le sable des plateaux voisins, ne descend dans les grands fonds du Gouf.

Les sondages exécutés en 1826, et renouvelés en 1860, par les Ingénieurs hydrographes de la marine, ont constaté qu'il n'y avait pas la moindre différence dans les diverses profondeurs du Gouf ; et nos pêcheurs qui, de génération en génération, se livrent à la pêche aux chiens de mer dans la Fosse, avec des filets dormants, ont toujours constaté que les profondeurs, dans les mêmes lieux, sont invariables ; qu'il faut toujours le même cordage pour arriver au fond dans ses mêmes endroits ; de plus, les pierres attachées aux filets, pour les faire couler, sont toujours empâtées de vase, lorsqu'on les ramène à bord.

Et cependant ces courants généraux traversent le Gouf dans tous les sens. Les bouées de nos filets, qui surnagent, en font foi.

Nous devons constater, toutefois, que leur action ne se fait sentir que dans les couches d'eau supérieures, et d'une épaisseur égale aux couches d'eau, qui recouvrent les plateaux.

L'expérience de tous les temps a démontré que, lorsque nos filets, surpris par la tempête, ont séjourné quelques jours dans ces grands fonds, ils y ont demeuré immobiles.

On les retrouve, non-seulement à la même place, mais allongés et bien tendus, tels, en un mot, qu'on les a placés.

Les courants spéciaux, qui courent, comme nous l'avons déjà dit.

tout le long de terre, vers la Fosse, avec une vitesse d'autant plus grande, que les vagues sont plus puissantes, entraînent, eux aussi, non-seulement les sables de la plage, soulevés par les vagues, mais encore les galets qui s'y rencontrent.

On n'a qu'à se mettre dans l'eau, aux heures de basse-mer, dans les endroits peu profonds, pour les sentir fouetter les jambes.

Et malgré la violence, parfois extraordinaire de ces courants, il a toujours été impossible de constater le moindre changement dans la profondeur des eaux, non-seulement de l'ouverture du Gouf, mais encore du talus qui la relie à la côte.

Ce phénomène singulier, tout-à-fait en opposition avec les lois de la physique, déroute toutes les notions des savants et défie toute explication.

Il n'en existe pas moins ; le fait brutal est là ; c'est un secret de la nature.

Nous pouvons donc conclure de l'expérience des siècles passés, que les siècles futurs laisseront le Gouf, comme ils l'auront trouvé, et tel que nous le voyons aujourd'hui.

Grâce à sa profondeur et au calme relatif de ses eaux, qui en est la conséquence, le seul point, abordable par les gros temps, des côtes du golfe de Gascogne, entre l'embouchure de la Gironde et l'embouchure de l'Adour, se trouve à Cap-Breton.

Lorsque, pendant les tempêtes, les vagues déferlent avec furie, sur les plateaux nord et sud, jusqu'à deux et trois kilomètres au large, l'œil attentif de l'observateur contemple avec étonnement la faiblesse des lames du Gouf, qui viennent briser à cent cinquante mètres à peine du rivage.

Jamais les coups de mer n'y sont assez violents pour empêcher le plus frêle navire de commerce d'y aborder.

Il est constant que tout navire battu par la tempête, qui s'y réfugie, sauve son équipage et son chargement.

Le fond du Gouf offre un mouillage très-sûr ; le fait est acquis ; c'est l'expérience qui le démontre.

Nous avons présent à l'esprit le souvenir d'un brick français, qui affalé dans le Golfe et ne pouvant plus se relever, se décida à mouiller dans la Fosse : il tint bon sur son ancre pendant vingt-quatre heures ; mais la tempête, au lieu de céder, redouble de fureur ; le capitaine craignant pour son navire qui était vieux, se décida à faire côte.

Nous avons encore un exemple plus remarquable.

L'*Épervier*, aviso à vapeur de la marine de l'Etat, fut surpris par la tempête, dans le Golfe de Gascogne, pendant qu'il faisait route pour Bayonne ; il se présenta à l'embouchure de l'Adour ; mais l'état de la mer, sur la barre, ne lui permit pas d'entrer ; il regagna le large : malheureusement une voie d'eau considérable, qui s'était déclarée à bord, éteignit les feux de la machine.

Le commandant résolut alors de chercher la Fosse de Cap-Breton pour y mouiller et y attendre du secours, il l'atteignit sur le soir, et y jeta l'ancre.

L'équipage passa toute la nuit à pomper ; au point du jour les hommes étaient exténués de fatigue et l'eau montait rapidement dans la cale.

Cependant le navire tenait parfaitement sur son ancre ; mais le commandant Labado jugeant la situation désespérée, et prévoyant que dans quelques heures, le bateau allait couler sur place, se décida à filer le cable par bout, et à courir sur la côte à la voile, pour sauver son équipage.

Et, en effet, les quarante-neuf hommes, qui montaient le navire, furent sauvés, et avec eux, tout le matériel du vaisseau, y compris les chaudières à vapeur.

Un troisième fait s'est passé plus récemment encore.

Il y a environ trois ans, un bateau de pêche des côtes de Bretagne fut rejeté par des vents violents du nord, au fond du Golfe de Gascogne ; à la tombée de la nuit, se trouvant près de la côte, et ayant rencontré par hasard, une mer beaucoup plus calme, que celle qu'il venait de parcourir, il jeta l'ancre, sans savoir où il était.

Vers le matin ce bateau fut aperçu par une pinasse de Cap-Breton qui le supposa en détresse et se porta à son secours.

Le bateau mouillé dans le Gouf, avait parfaitement tenu toute la nuit sur son ancre, les vents ayant ensuite passé à l'Est, il gagna le large.

La nature qui a si heureusement doué la Fosse de Cap-Breton, de tous les avantages, capables de favoriser la navigation, nous l'offre comme avant-port naturel, tel qu'il n'y en a pas de pareil dans le monde entier ; et elle semble inviter le génie de l'homme à l'utiliser, en la mettant en communication avec un port, au moyen d'une rivière ou d'un canal.

L'attention des hommes spéciaux s'est, il est vrai portée, à diverses reprises, sur ce magnifique phénomène de la nature.

Napoléon Ier en 1804 ; Napoléon III en 1859, après avoir lui-même visité le Gouf, par terre et par mer, ordonnèrent un commencement de travaux qui se poursuivent mollement aujourd'hui, malgré la bonne volonté des Ingénieurs, qui aperçoivent d'heureux horizons pour l'avenir de ce port.

Une ébauche d'estacade pleine sur le côté Sud de l'embouchure de la rivière, a déjà donné les meilleurs résultats.

Le Chenal toujours perpendiculaire à la mer, s'est creusé d'une manière considérable et donne un accès facile aux navires d'un petit tonnage.

Que serait-ce, si l'embouchure de la rivière était encaissée entre deux jetées pleines, qui s'avanceraient dans la mer, jusqu'à la rencontre d'une profondeur de dix mètres d'eau ?

Je n'ignore pas que lorsqu'on n'a étudié que superficiellement, les phénomènes qui se passent aux abords du Gouf, on est naturellement porté à les assimiler à ceux qui se produisent sur le reste de la côte ; et on se demande, s'il ne se formerait pas là, comme ailleurs, une barre à l'entrée de la rivière.

Pour répondre à cette objection, il importe de considérer le mode de formation des barres et de voir si les circonstances qui les produisent peuvent se rencontrer ici.

Tout le monde sait que les barres sont des bourrelets de sable et de gravier amoncelés à l'entrée des fleuves et des rivières et qu'elles sont le produit de la résultante de trois forces, qui se neutralisent : — courant d'une rivière — courant du littoral — résistance des vagues.

Or, le courant du littoral, en longeant la côte, viendrait heurter perpendiculairement la jetée pleine ; et pour continuer sa route il serait obligé de changer de direction et de se dévier vers le large ; mais il tomberait dans les grands fonds et il rentrerait alors dans les conditions du courant spécial de la Fosse.

Nous avons démontré déjà que les courants spéciaux ne déposent pas du sable dans le Gouf.

Il est d'autres raisons encore, qui militent en faveur de l'opinion qu'il ne se formerait pas de barre à l'embouchure d'une rivière, qui déverserait ses eaux dans la Fosse, si elle était protégée par deux jetées pleines, jusqu'à une profondeur de neuf mètres seulement.

C'est un fait d'observation, prouvé par l'expérience de chaque jour, que les ondes du large, qui parcourent la Fosse de l'Ouest à l'Est, ne brisent en arrivant à terre, que par trois mètres de profondeur, avec les mers moyennes, par cinq mètres avec les mers grosses et par huit mètres trente centimètres avec les mers exceptionnellement grosses.

D'où il suit, que si l'embouchure de la rivière est conduit entre deux jetées pleines à plus de huit mètres trente centimètres de profondeur, à neuf ou dix mètres, par exemple, la vague ne brisera jamais à l'embouchure de la rivière ; elle brisera en dedans des jetées, au point où elle rencontrera moins de profondeur qu'il ne lui en faut, pour la faire départir. Mais, entre les deux jetées, elle est à l'abri du courant du littoral et conséquemment des trois forces nécessaires pour produire les barres, l'une fera défaut : le courant du littoral.

Donc, pas de barre possible à Cap-Breton.

Si au lieu d'une petite rivière comme le Boudigau qui, dans les plus fortes crues ne donne pas plus de un mètre à un mètre cinquante de profondeur, on amenait dans la Fosse, entre deux jetées, les eaux d'un fleuve comme l'Adour, ou d'un grand canal qui mesurerait seulement neuf mètres de profondeur, qu'arriverait-il ?

On aurait alors devant les yeux le magnifique spectacle de la communication sans brisants, de la haute mer avec une rivière, dans ce Golfe de Gascogne si redouté, à juste titre, des navigateurs.

C'est alors qu'on pourrait, comme dans le XIV° siècle, donner de nouveau au port de Capbreton le nom de port de Dioü : — port de Dieu ou port providentiel.

Est-il nécessaire après l'exposé complet des phénomènes que présente le Gouf de Cap-Breton, de répondre à une objection, fort timide il est vrai, de quelques pessimistes qui se demandent si un grand fleuve comme l'Adour, en se déversant dans la Fosse, ne la comblerait pas ?

On n'a qu'à leur rappeler qu'à diverses reprises, dans le cours du XIIe du XIIIe et du XIVe siècles, l'Adour a eu son embouchure dans le Gouf de Cap-Breton ; et le Gouf est toujours là, aujourd'hui comme autrefois.

On peut même ajouter que le port de Bayonne n'a jamais été aussi florissant qu'aux époques où l'Adour passait à Cap-Breton, pour rejoindre la Fosse ; et c'est encore alors que les navires du plus fort tonnage de ces temps-là, fréquentaient son port.

La précieuse collection des vieux manuscrits, que renferme la bibliothèque de la ville de Bayonne, l'attestent d'une manière irrécusable.

Mais à défaut de l'Adour, ramené dans son ancien lit vers le Gouf, quoique cette opération ne présentât aucune difficulté sérieuse, avec les moyens dont dispose aujourd'hui le Génie ; à défaut, dis-je, de l'Adour, ne pourrait-on pas rejeter sur Cap-Breton, un autre grand courant, par exemple, le courant d'un canal, qui amasserait les eaux de tous les étangs du Marensin, pour former l'entrée du port ?

Et dans ce siècle des vastes entreprises ; dans ce siècle, où la science a mis à la disposition de l'industrie, des moyens mécaniques si puissants ; à une époque où les capitaux abondent d'une manière incroyable, serait-ce bien difficile de relier, par ce canal, avec l'Océan, la ville de Dax, qui deviendrait ainsi l'intermédiaire obligé entre les provenances de la mer et les contrées du midi ?...

Que faudrait-il donc pour réaliser ce projet ?

Tout simplement donner soit l'idée de créer le canal des Landes ; et au lieu de le diriger de Dax sur Saubusse, pour l'emboucher à l'Adour, le rejeter sur Cap-Breton par St-Vincent-de-Tyrosse ; là, on rencontrerait la vallée marécageuse, qui coupe les communes de Benesse-Maremne, Angresse et Soorts, et jette ses eaux dans le Gouf, sous le nom de rivère de Bouset.

Qu'il me soit permis, en terminant, de recommander cette étude aux méditations des hommes compétents, des capitalistes et des représentants du département des Landes ; trop heureux, si elle pouvait contribuer pour une part, si minime qu'elle fût, à la prospérité de notre pays.

Dr DE DUPLAA DE GARAT.

Cap-Breton, le 17 avril 1882.

DU CRAPAUD

Son utilité au point de vue de la culture en général et de l'horticulture en particulier.

MESSIEURS,

J'ai l'honneur de vous présenter un ensemble de préparations destiné à établir positivement de quoi se nourrit le crapaud et, par conséquent, de quelle utilité il est pour nos cultures.

Ce n'est pas vous, Messieurs, que je dois chercher à persuader, ce sont les habitants de la campagne qui conservent, à l'égard de ce batracien inoffensif, des préjugés remontant à l'antiquité la plus haute et je ne m'adresse à vous que pour trouver appui et crédit auprès de ceux que je désire convaincre de leur funeste erreur.

A quoi tiennent les préjugés malheureux qui portent la généralité des hommes à détruire ces animaux qu'ils devraient bien plutôt protéger, puisqu'ils sont les défenseurs de leurs récoltes? La laideur de ce reptile est, à mon avis, la seule cause de la répulsion qu'on a pour lui et sa condamnation par le célèbre Lacépède est évidemment basée sur la difformité de cet animal; autrement comment ce naturaliste, auteur de travaux sans nombre, et si estimés, sur les reptiles, aurait-il oublié de rechercher si cet animal ne possède pas, comme tant d'autres, des qualités qui rachètent, et au delà, ses désavantages extérieurs.

Le crapaud, qui autrefois était en grande abondance dans toutes nos contrées, disparaît chaque jour avec une rapidité effrayante; surtout dans les régions du Midi de la France où les insectes sont de plus en plus nuisibles à nos cultures.

Pour arrêter la destruction complète du crapaud, je demande à

Messieurs les membres du Congrès scientifique assemblés à Dax, de vouloir bien formuler un vœu de protection en faveur du batracien méconnu et d'accorder leur patronnage à mon modeste travail.

S'il en est ainsi, je le publierai sous forme de brochure courte et claire, afin de le rendre plus accessible aux habitants des campagnes qui, faute de ressources, ne peuvent acheter de gros et coûteux volumes.

Je suis persuadé que la lecture de cette simple note ferait changer d'avis beaucoup de personnes et leur permettrait, par quelques expériences, faciles à exécuter, de contrôler la justesse de mes assertions.

Les crapauds se nourrissent généralement d'insectes, de limaces, de limaçons, de vers et de petits rongeurs ; les jeunes rats eux-mêmes ne doivent pas être épargnés lorsque ce reptile parvient à se faufiler dans les trous où la femelle les a placés pour les abriter. Il est essentiellement vorace et englobe dans son large corps les diverses proies que la nuit fait sortir de leurs retraites.

Telle est la nourriture principale du crapaud commun, le plus gros et le plus connu (*Bufo Vulgaris*) de Laurenti, (*Bufo Pluvialis*) de Lacépède, que je voudrais voir désigner sous le nom de (*Bufo Utilis*), crapaud bienfaisant, dénomination protectrice, qui assurerait son existence et le vulgariserait davantage chez les cultivateurs.

Aussi ne saurais-je trop recommander à nos horticulteurs, qui sont dans l'obligation d'employer des ouvriers pour détruire les ravageurs de leurs plates-bandes, d'introduire dans leurs jardins, comme auxiliaires, un certain nombre de ces animaux suivant l'étendue du terrain cultivé. Ces crapauds feront à eux seuls plus d'ouvrage que le meilleur ouvrier ; car c'est la nuit surtout que les destructeurs de nos récoltes et de nos plantations paraissent, ou bien par les journées pluvieuses, moment où les cultivateurs sont obligés de rentrer au logis, soit pour s'abriter, soit pour prendre le repos nécessaire à la réparation de leurs forces.

Comme on le voit, c'est au moment précis de la disparition forcée de l'homme que le crapaud, travailleur de nuit, guidé par son instinct et ses besoins d'alimentation, vient donner son concours sérieux et efficace à la conservation de nos récoltes.

Qu'il me soit permis de placer ici une preuve récente de sa voracité et en même temps de son utilité.

Parmi les crapauds préparés que je présente, s'en trouve un que j'ai pris dans un fossé du Pont-Long, plateau situé au nord de Pau. J'ai extrait du corps de ce sujet : cinq jeunes souris sans poil, deux limaces et beaucoup de débris d'insectes presque digérés.

En combien de temps avait-il dévoré cette quantité énorme de nourriture ? Je ne puis dire au juste le nombre d'heures ; cependant, l'état dans lequel se trouvaient encore les rongeurs indiquait suffisamment que ce travail s'était accompli depuis fort peu de temps.

Il faut donc tirer deux conséquences de ce fait : La première c'est que le crapaud ne se nourrit pas exclusivement d'insectes, que les rongeurs deviennent aussi, comme on l'a vu plus haut, sa proie ; la deuxième est que le nombre d'animaux dévorés par lui seul est vraiment considérable.

Le crapaud n'a comme défense contre les animaux que :

1° La dureté de sa peau qui lui sert de cuirasse ;

2° La liqueur visqueuse et brûlante qu'il fait à volonté sortir des nombreuses verrues dont toute la partie supérieure de son corps est recouverte.

Assez dangereux pour les animaux de petite taille qui l'attaquent, ce liquide est à peu près inoffensif pour nous, lorsqu'on ne l'introduit pas en certaine quantité dans la circulation générale du sang.

La bouche de ce reptile étant dépourvue de dents palatines ne lui sert qu'à avaler les proies diverses dont il se nourrit, et s'il mordait, par extraordinaire, aucun inconvénient ne pourrait en surgir.

Je citerai à l'appui l'anecdote suivante empruntée à Pennant ; elle concerne le crapaud de M. d'Arcott et a trait à la domesticité, à la docilité et à la longévité de cet animal.

« Un crapaud avait établi son logis sous un escalier; on le laissa sans lui porter grande attention, puis on lui donna quelques insectes ; ces soins indifférents d'abord, ensuite réguliers, familiarisèrent l'animal au point que lorsqu'il apercevait de la lumière dans la maison, il s'approchait et se laissait prendre et placer sur une table où il trouvait un repas préparé à son intention et composé de vers, mouches, insectes, viande et cloportes. Après avoir fixé, un instant les animaux placés devant lui, il restait immobile, puis lançait tout-à-coup sa langue sur l'un d'eux et le mettait dans sa bouche, aidé dans cette manœuvre par le gluant de sa langue. Chaque soir, on renouvelait l'expérience sans qu'il soit survenu le moindre désagrément pour les personnes qui assistaient à ce repas. Il n'est point indiqué d'âge, même approximatif, à cet animal, au jour où il fut remarqué pour la première fois ; mais il vécut dans cette espèce de domesticité par 36 ans.

Il était d'une grosseur énorme.

Ce crapaud était devenu l'objet d'une curiosité générale : les dames elles-mêmes demandaient à voir le crapaud familier. Il est probable qu'il eût vécu longtemps encore, si un corbeau, apprivoisé également, ne l'eût attaqué à l'entrée de son gîte et ne lui eût crévé un œil. A partir du jour de cet accident le crapaud languit et mourut dans l'année.

J'ai vu, dit encore Pernnant, pêcher aux environs de Paris des crapauds par milliers : ils n'avaient d'autre destination que l'alimentation et, abstraction faite du préjugé qui les concerne, les cuisses se vendaient aussi facilement que celles des grenouilles. Ce n'est donc que par préjugé qu'on ne les utilise pas comme nourriture.

Que de contes n'a-t-on pas faits sur les crapauds, sur leur pouvoir de charmer hommes et animaux par leur seul regard ; n'a-t-on pas dit et cru qu'en les réduisant en poudre on pouvait les employer comme sudorifique. On les appliquait vivants sur le corps pour attirer les humeurs et pour faire passer les maux de tête, etc.

Comme on le voit, si d'un côté on leur trouvait des défauts et si on leur en attribuait même qu'ils n'avaient pas, d'aute part, on leur donnait des vertus dont la médecine moderne ne fait aucun cas.

Pour en revenir à mes observations, il y a une quarantaine d'années, beaucoup de personnes peuvent s'en souvenir, à la suite de grandes et chaudes pluies d'été, l'on voyait surgir de tous côtés un grand nombre de crapauds. Eh bien ! ne disait-on pas, sans sourciller, que ces animaux étaient tombés du ciel avec la pluie, au lieu d'y voir la transformation naturelle des têtards nés au printemps dans les conditions les plus propices.

Aujourd'hui que ce reptile massacré sans relâche n'existe presque plus, l'on ne voit plus ces fameuses pluies de crapauds ; cependant il pleut encore et les insectes que la batracien dévorait, devenus plus tranquilles par la destruction de leur ennemi, vont en augmentant chaque jour.

Il serait à désirer que dans tous les musées cantonaux et scolaires, figurât une collection d'anoures, c'est-à-dire de ces reptiles sans queue, soit représentés par des gravures, soit préparés par l'art de l'empaillage avec une inscription faisant connaître l'utilité que l'homme peut retirer du crapaud.

Et que l'on ne craigne pas, en le protégeant, de le voir à son tour envahir nos champs ; non, il a déjà trop d'ennemis naturels, sans que nous en augmentions nous-même le nombre.

Dans l'eau, les anguilles, les brochets, et tous les gros poissons lui font la guerre, surtout au moment où il y va pour y déposer ses œufs.

A terre, les serpents, les canards, les cigognes et plusieurs oiseaux de proie en font leur nourriture, et si dans une propriété, par suite d'accroissement, ils venaient à se multiplier outre mesure, le remède serait bien facile pour les cultivateurs ; en plaçant quelques volailles dans l'endroit où une éclosion trop abondante de batraciens aurait eu lieu, les choses seraient promptement remises en bon ordre.

Si l'on veut domestiquer le crapaud pris parmi les espèces les plus connues, il faudrait à mon avis pour cent mètres carrés de terrain :

Deux gros crapauds bienfaisants (*Bufo Utilis*) ou quatre crapauds verts (*Bufo Veridis*), qui est le plus petit et le plus variable en couleurs. Ces derniers valent, je crois, mieux pour les jardins clos.

En introduisant ainsi ces précieux auxiliaires dans nos propriétés, l'on peut être assuré, dans un temps plus ou moins déterminé, de voir complètement disparaître les limaces, les petites coquilles ou limaçons, les insectes de toute espèce et les animaux plus ou moins nuisibles à nos cultures. Double avantage, puisqu'il nous permettra d'espérer une meilleure récolte et, en même temps, nous évitera le déboursé, souvent sérieux, qu'occasionne la location des ouvriers affectés à la recherche et à la destruction des différents insectes nuisibles.

Pour protéger nos amis les crapauds contre les divers genres de destruction auxquels ils sont en butte, on n'aura qu'à placer dans le jardin un ou plusieurs petits tas de pierres, aménagés de telle façon qu'ils puissent leur servir de refuge et d'abri contre leurs ennemis naturels.

Afin de faciliter leur reproduction dans les endroits éloignés de l'eau, il faudra tout uniment placer à proximité du refuge un récipient à fleur de terre et assez grand pour que la femelle du crapaud puisse, au printemps, venir y déposer ses œufs.

Quelques jours après l'on pourra voir se former des têtards qui grandiront promptement et en se développant, formeront des crapauds complets.

Bien que je n'aie mentionné ici que le crapaud bienfaisant et le crapaud vert, qui se trouvent encore dans toutes les régions de la France, il est evident que toutes les espèces, mêmes étrangères, sont également utiles et méritent une égale protection.

Je veux, avant de terminer, dire de même quelques mots des raniformes, serviteurs dont l'utilité est non moins incontestable.

La grenouille rousse, qui habite plus sur terre que dans l'eau, où elle ne séjourne que pour la ponte des œufs, a des formes plus élégantes, plus élancées que le crapaud; elle habite indifféremment dans les champs, les vignes et les bois et se trouve dans toutes les parties de l'Europe; elle se nourrit d'insectes et de petits mollusques; mais les animaux qu'elle dévore sont beaucoup plus petits que ceux absorbés par les crapauds.

Elle aussi, hélas! n'échappe pas à la destruction et cependant, comme le crapaud, elle nous est très-utile: laissons-la donc également accomplir son œuvre, qui est de nous aider suivant ses moyens.

Si mes conseils sont suivis, les champs et les jardins seront préservés de bien des dévastations.

Il reste nos parterres: là tout est délicat, agréable à l'œil, et la vue du crapaud ou des grenouilles rousses serait loin de donner de l'attrait à ces fleurs si élégantes, si belles, si riches de coloris; aussi, semble-t-il que le Créateur, dans sa sagesse infinie, l'a prévu, car comme auxiliaire utile de nos jardiniers-fleuristes, il a créé un animal d'espèce, d'instinct, d'utilité, de conformité semblable au crapaud avec cette différence qu'il lui a donné tout en partage: grâce, élégance de formes, couleur agréable, regard doux, sympathique et agilité. Je veux parler de la jolie *Rainette*, laquelle est loin de causer de la répulsion et qui, tout aussi utile que les autres batraciens, détruit les insectes imperceptibles, les larves, les petits mollusques nus, et les moucherons qui viennent dévorer, jusque dans nos serres, nos fleurs les plus belles.

Eh bien, je le demande à tous, que conclure de tout ce qui précède, sinon: *Protection au lieu de destruction?*

Que nous fait la laideur naturelle des Bufoniformes, puisque c'est principalement la nuit qu'ils sortent pour accomplir ici-bas la tâche qui leur est assignée dans la nature.

Témoignons-leur la reconnaissance qu'ils méritent pour les services qu'ils nous rendent en ne les détruisant jamais volontairement; laissons-les s'accroître pour la défense de nos cultures et par suite de nos propres intérêts.

E. PETIT,

Naturaliste préparateur, membre de plusieurs Sociétés savantes.

NOTE

SUR LES

MARNES A FOSSILES TERRESTRES

ET D'EAU DOUCE

DE GAAS

Les marnières de Gaas sont connues de tous les paléontologistes qui se sont occupés des terrains tertiaires comme ayant fourni le plus beau type de faune marine oligocène du midi de l'Europe (Etage tongrien, d'Orbigny ; miocène inférieur pour la plupart des auteurs français). Ces marnes sont des dépôts littoraux effectués sous des eaux plus ou moins profondes ; plus profondes à Espibos (marnière inférieure à grands strombes), moins profondes à Larrat où la faune accuse avec certitude un dépôt d'estuaire : couches ligniteuses, côtes d'*Halitherium*, profusion de natices et de cérites de la section des Potamidinées (*C. gibberosum*, Grateloup : *C. trochleare, C. subterebellum,* etc.), associées à la belle *Cyrena Brongniarti* et à quelques Néritines.

Grateloup a même décrit et figuré quelques espèces de coquilles submaritimes ou tout-à-fait terrestres, entraînées accidentellement du rivage à la mer et mêlées aux coquilles marines, comme on en voit tant d'exemples dans les dépôts littoraux de l'époque tertiaire ; à Cabanes, par exemple, près de Dax ; en Touraine ; à Paris, dans le bassin éocène, etc., etc.

Je rappelle ces espèces de Gaas citées par Grateloup :

Auricula sub-Judæ

qui à elle seule, avec le *Potamidu gibberosum,* suffirait pour donner l'idée d'un rivage asiatique.

Helix trochoides,

— depressa,

— aspera,

— contorta,

(dont les noms ont été modifiés par d'Orbigny).

Paludina? globulus.

et le remarquable *Ferussina* (nunc *Strophostoma*) *anastomœformis.*

La présence, dans le dépôt marin, de ces coquilles terrestres ou des coquilles d'eaux saumâtres, citées plus haut, attestait le voisinage d'une terre ombragée par une végétation forestière et mouillée par des eaux douces plus ou moins courantes, stagnantes probablement.

Ces inductions sont pleinement confirmées par la découverte récente à Gaas d'un dépôt marneux, situé en arrière des dépôts marins, et où l'on ne trouve absolument que des coquilles terrestres ou lacustres. C'est à MM. Camiade, dont le père avait déjà si heureusement servi les recherches de Grateloup, que je dois la connaissance de cette marnière, où les fossiles sont assez rares et où ils sont malheureusement dans un état de fragilité et de friabilité déplorables, mais qui m'a permis cependant d'y reconnaître au premier coup d'œil une faune exclusivement continentale et intéressante à ce point de vue.

Cette marnière qui dépend de la métairie du Bis et qui a été ouverte pour les besoins d'une tuilerie, est située près du bourg de Gaas, entre le Pin et Nolibos ; à la naissance des eaux qui séparent les terres de Tartas et de Larrat de celles de Garanx. Elle est sensiblement à la même hauteur, mais plus en arrière que la grande marnière supérieure de Larrat ; par conséquent plus haut que la carrière à polypiers de Tartas et que la marnière à grands strombes d'Espibos.

C'est évidemment le dépôt du ruisseau qui débouchait à la mer vers Larrat et Tartas, ou des eaux forestières et stagnantes de cette plage marécageuse, que le paléontologiste reconstitue facilement en idée à l'aide de ces diverses données.

Les espèces ne sont pas très nombreuses, mais elles sont intéressantes, et je les décrirai avec soin et tâcherai de les faire figurer ; car elles n'ont pas été connues de Grateloup, et ne se retrouvent pas, sauf une ou deux peut-être, dans son atlas.

Je me borne aujourd'hui à les indiquer :

L'espèce la plus caractéristique est le

Strophostoma anastomœformis, Grateloup.

A en juger par les débris de la marnière du Bis, cette étrange coquille de la famille des Cyclostomidées, qui n'a plus d'analogue vivant bien voisin, n'était pas rare, était même fort commune sur le rivage Gaasien.

Plus commune encore était une coquille assez grande, 50 millim. et plus, de forme allongée et limnoide que j'avais prise d'abord pour une Limnée, mais qu'après un nouvel examen et de nouveaux matériaux, je rapporte maintenant sans hésiter au genre *Glandina*, voisin par la forme des Achatines, et à laquelle je suis heureux d'attacher le nom de M. Camiade. Ce sera

La Glandina Camiadei.

Le type Glandine est aujourd'hui Méditerranéen, mais surtout Mexicain.

Une autre coquille non rare était un Cyclostome de la taille de notre *C. elegans* et que, en l'état imparfait de conservation des échantillons, je ne puis pas distinguer du *Cyclostoma antiquum* de Brongniart.

Les *Helix* sont représentées par une assez grosse espèce commune, non ombiliquée, déprimée, à dernier tour très enveloppant, qui rappelle assez l'Helix fossile *janthinoides* de Castelnaudary.

Je lui donne provisoirement le nom de :

Helix Henrici.

Avec cette grosse espèce, on trouve des débris assez nombreux d'un Helix que je crois pouvoir rapporter avec certitude à

L'*Helix Oxystoma*, Thomœ.

Et une autre espèce plate, ombiliquée, à test mince mais fortement strié, qui est, peut-être, mais avec beaucoup de doute

L'*Helix Depressa* de Grateloup (sub. d'Orbigny).

Enfin une *Clausilia Gaasensis;* nouvelle espèce étroite, finement côtelée, pouvant atteindre 35 à 40 millim. dont la bouche m'est malheureusement inconnue.

Et un petit *Planorbis Gaasensis*

espèce à tours ronds, peu nombreux, mesurant 10 millim. de diamètre, et à ouverture marginée.

Je reviendrai sur la signification paléontologique de ces espèces dont quelques-unes sont connues déjà; je dirai seulement : que le *Strophostoma*, d'ailleurs déjà cité à Gaas par Grateloup, a été trouvé aussi par lui dans les couches subséquentes d'Abbesse et de Mandillot, et paraîtrait même se trouver jusque dans le falun supérieur d'Orthez !

Que le *Cyclostoma elegans*
et l'*Helix oxystoma*

sont deux espèces du calcaire de Beauce inférieur, ou des calcaires correspondants dans la vallée de la Garonne ;

Que cette faune terrestre, ou lacustre, paraît donc bien à sa place, géologiquement et paléontologiquement à la partie supérieure des couches marines tongriennes de Gaas ;

Et qu'elle peut représenter ou annoncer, tout au moins, la période d'exhaussement et d'émersion continentale qui a succédé dans toute l'Europe à la période de la mer tongrienne, et qui est partout représentée, excepté dans le bassin de l'Adour, par le grand dépôt du *calcaire lacustre de la Beauce, sensu lato.*

R. TOURNOUER.

TABLE DES MATIÈRES

PROCÈS-VERBAUX DES SÉANCES GÉNÉRALES

PROCÈS-VERBAUX DES SÉANCES DE SECTION

PREMIÈRE SECTION (Sciences Physiques et Naturelles).

DEUXIÈME SECTION (Sciences médicales)

TROISIÈME SECTION (Archéologie historique et archéologie préhistorique)

MÉMOIRES

PLANCHES ET CARTES

ADDENDA

I

Ajouter le passage suivant au procès-verbal de la séance du 6 mai, de la section d'histoire et d'archéologie :

« M. Dufourcet soumet à l'assemblée une photographie et des
» estampages représentant le portail du XVe siècle de l'Eglise de Saint-
» Julien-en-Born, et les inscriptions qui se trouvent sur le tympan de ce
» portail que personne n'a encore pu déchiffrer.

» Le Révérend Père Labat dit qu'on ne sait rien sur cette église.

» M. Palustre croit que les inscriptions doivent se lire de la manière
» suivante :

» L'une : M. B. D. ianes, ou lanes K.

» Me Benoit, ou Bernard, de ianes, ou de Lanes, chanoine.

» L'autre : P.D. (globe des chartreux), Magi de Sorge.

» Les armoiries placées au-dessus de ces noms sont celles des
» personnages auxquels ils s'appliquaient. Celle des Magi de Sorge sont
» assez bien conservés ; peut-être les trouverait-on dans l'*Armorial*
» *de Guyenne*.

» Celles qui sont au-dessous appartiennent à un archevêque de
» Bordeaux de la maison de Foix. Or, on sait que le Born dépendait du
» diocèse de Bordeaux qui a eu à l'époque de la construction du
» portail de Saint-Julien, deux archevêques de cette noble famille.

» On pourra, peut-être aussi, trouver dans les armoriaux de la
» contrée, les autres armoiries qu'on voit sur cette porte ; elles sont
» dans un état de conservation suffisante pour être parfaitement
» reconnues. »

II

Ajouter au compte-rendu de la séance de clôture :

« Avant de se séparer, le Congrès tout entier, sur la proposition de
» M. le Président de la troisième section, a voté les deux vœux suivants :

» Le premier est adressé à la municipalité de Dax et demande que,
» conformément aux conclusions de M. Léon Palustre, dans la
» communication verbale par lui faite à la séance générale du 5 mai, le

» portail gothique de notre église *soit démonté avec soin et reconstruit*
» *le plus tôt possible et sans restauration, aucune,* contre le mur
» extérieur de la sacristie, du côté du jardin.

» Dans le second, on expose à l'administration le danger qui menace
» l'abside de l'église de Saint-Paul-lès-Dax, classée comme monument
» historique, et on demande la construction d'un mur de soutènement,
» ou, tout au moins, la prise des précautions nécessaires pour faire
» disparaître tout danger. »

NOTE RECTIFICATIVE

III

A ajouter au mémoire de M. le D᠎r Dejeanne sur les voies anciennes
de l'Aquitaine :

« Parmi les difficultés que nous avons rencontrées, une des plus
» grandes assurément, a été pour nous la détermination du point de
» départ de la voie depuis *Lugdunum Convenarum.* Nous avions suivi
» sur le terrain le segment qui s'étend de *Aquæ Convenarum* (Bagnères-
» de-Bigorre), jusqu'au delà de Labarthe-Neste ; de plus nous avions
» constaté que certains auteurs faisaient mention de voies anciennes
» établies sur la rive gauche de la Neste, ainsi que d'un édicule élevé à
» *las Toureilles* près de Montréjeau.

» Notre rédaction porte les traces des incertitudes par lesquelles
» nous sommes passé et nous croyons nous être trompé dans
» l'interprétation d'un passage du travail souvent cité par nous. *Les voies*
» *romaines en Gaule, voies des Itinéraires* etc., p. 30 note 36.

» Les 26 lieues ne conduisent qu'au point où la voie qui jusque-là
» suit la direction est-ouest incline brusquement au sud pour atteindre
» St-Bertrand à deux lieues de ce coude.

» Or ces deux lieues très certainement gauloises ne sauraient
» atteindre *las Toureilles*, qui est situé à une distance double, et nous
» avons invoqué, à tort, l'autorité du travail résumé par M. Bertrand et
» qui serait plutôt en faveur de l'opinion émise par MM. Morel et Gantier
» qui font aboutir au Basert la voie arrivant de Toulouse et qui aurait
» franchi la Garonne à Valentine.

» Nous le répétons, pendant l'époque gallo-romaine des voies se
» tenaient sur les deux rives de la Neste et de la Garonne.

» En reportant *à las Toureilles*, le point de départ de la grande voie,
» nous nous éloignons de St-Bertrand, de quatre lieues gauloises
» environ. Or dans les *Voies Romaines* etc., p. 8, les troisième et
» quatrième exemples d'embranchement font mention de distances
» égales.

» Invoquons les considérations développées dans la page 17 du
» même travail ; « quand deux voies se rencontraient avant une station,
» la dernière distance n'était sur l'une de ces voies comptée que jusqu'à
» l'embranchement, le tronçon commun étant considéré comme
» n'appartenant qu'à une seule des deux directions.

» Il est donné plusieurs exemples de ce fait général qui est appelé
» loi des embranchements.

» Appliquant cette loi au cas particulier que nous occupe, la distance
» de St-Bertrand *à las Toureilles* serait comptée sur la voie de
» *Lugdunum ad Aginum*.

» De *las Toureilles* à *Aquæ Convenarum* (Baguères-de-Bigorre) en
» suivant le tracé que nous indiquons, le chiffre XVI de l'itinéraire
» d'Antonin serait rigoureusement exact.

» Dans un dénombrement de 1606 concernant la commune de
» Lannemezan, il est fait mention de la *grande Poutge* ou *chemin venant*
» *de Montréal à la Barraque et à Bagnères*. — Cette *grande Poutge*
» était selon nous un reste de l'ancienne voie romaine qui se tenait à
» partir de *la Barraque* entre les cours d'eau descendant, les uns au
» midi vers la Neste, les autres au nord vers la Garonne. — Ces crêtes
» partant du plateau de Lannemezan se continuaient, en passant au
» nord de Montréjeau, à l'est de cette ville. — De l'édicule qu'elles
» rencontraient sur leur passage partait vers St-Bertrand ce tronçon de
» la voie *ad aginum* étudié par MM. Morel et Gantier (*Voie romaine ab*
» *Aquis Tarbellicis* etc. p. 50) et que nous-même venons de parcourir.
» Cet embranchement après avoir traversé une première fois la
» Garonne gagnait St-Bertrand par le Basert et par le pont St-Just.

» Au nord *d'oppidum novum* (Lourdes), notre grande voie passait
» près d'un autre atterrissement, le plateau de Ger, près des tombelles
» d'Ossun et de Bartrès, non loin des landes de Pontacq. — De ces
» plateaux partent en éventail plusieurs rivières, *l'Ousse, le Gabas*, etc.,
» aussi que des centre-forts les séparant et portant sur leurs cimes des
» voies probablement anciennes.

» Dans les Basses-Pyrénées nous trouvons également les landes du

» Pont-Long qui séparaient les *Osquidates* de la montagne de ceux de
» la plaine.

» Doit-on attribuer aux populations préceltiques comme semble
» l'indiquer notre rédaction, l'établissement des *tumulus* qui se trouvent
» en si grand nombre sur le parcours de notre voie ? Les fouilles
» remarquables que M. le colonel Pothier a fait exécuter nous
» renseignent jusqu'à un certain point (Musée d'Artillerie de Tarbes).

» Certaines tombelles ne renferment que des armes de pierre et des
» urnes d'une forme particulière. D'autres contiennent du bronze. Ces
» tombelles paraissent avoir été établies avant les invasions gauloises.

» Dans d'autres tombelles, le fer apparait, rare d'abord, abondant
» ensuite, des vases affectant des formes différentes se mêlent aux
» premiers. Ces tombelles ont été évidemment établies après la venue
» des Celtes, elles doivent être attribuées au peuple Aquitain formé
» par la réunion des gaulois avec les populations qui les avaient
» précédés.

» M. Piette dans son remarquable travail sur les tumulus de Bartrès
» et d'Ossun, publié dans les matériaux, tome XII, p. 522 et suivantes,
» déclare *qu'il n'y a aucun inconvénient à considérer comme celtiques*
» *ceux de ces tumulus dans lesquels on a trouvé du fer.* »

J.-M. DEJEANNE.

ERRATA

Page cix ; 25ᵉ ligne. — Au lieu de *Balassac*, lire *Banassac*.

Page cxiv ; en titre. — Au lieu de *Séance du 6 Mai*, lire : *Séance du 4 Mai.*

Page cxxi. Le 14ᵉ alinéa doit se lire ainsi : « *M. Taillebois* a déjà » publié quelques observations sur les *inscriptions* de Dax ; quant à celle » de Saint-Michel-Escalus, elle a été publiée par M. l'Abbé Dutiné. » M. Taillebois aurait continué ce travail si le temps le lui avait permis ; » mais il le terminera pour l'insérer dans le bulletin du Congrès. Il s'est » occupé d'une *borne milliaire* dont un fragment est déposé au Musée » de la Société. Il y en a une autre dans les Basses-Pyrénées. »

Même page ; dernière ligne. — Ajouter dans la parenthèse, après : *consulaires*, ces mots : *et impériales jusqu'à Néron.*

Page cxxii. La 6ᵉ ligne doit être lue ainsi : A Momuy, 3 à 4,000 pièces (Sans bracelets ni fibules).

Même page ; 7ᵉ ligne. — Lire : *avec des bijoux Vandales.*

Page cxxvi ; 20ᵉ ligne. — Au lieu de verais, lire : *vernis.*

Page cxxviii ; 6ᵉ ligne. — Au lieu de systématique, lire *symptomatique.*

Page cxxix ; 36ᵉ ligne. — Au lieu de Gulos, lire : *Julos.*

Page cxxxii ; 20ᵉ ligne. — Au lieu de M. Blamard, lire : *M. Blancard.*

Page 48 ; 17ᵉ ligne. — Au lieu d'*occidentaux*, lire : *orientaux.*

Page 52 ; dernière ligne. — Retrancher le deuxième mot : *autre.*

Page 53 ; 3ᵉ ligne. — Au lieu de tradition, lire : *traditions.*

Page 54 ; IV, 1ʳᵉ ligne. — Au lieu de carroborer, lire : *corroborer.*

Page 86 ; 18ᵉ ligne. — Au lieu de probalités, lire : *probabilités.*

Page 88 ; II. 10ᵉ ligne. — Au lieu de *de*, lire : *des.*

Page 87 ; 29ᵉ ligne. — Au lieu de *par*, lire : *pas.*

Page 277 ; 3ᵉ ligne. — Au lieu de toute, lire : *tout.*

Page 266 ; 18ᵉ ligne. — Au lieu de sallants, lire : *saillants.*

Page 258 ; 35ᵉ ligne. — Au lieu de contestation, lire : *constatation.*